ENCYCLOPÉDIE SCIENTIFIQUE

PUBLIÉE SOUS LA DIRECTION DU Dr TOULOUSE

BIBLIOTHÈQUE DE MÉCANIQUE APPLIQUÉE ET GÉNIE

DIRECTEUR M. D'OCAGNE

Dynamique Appliquée

PAR

LÉON LECORNU

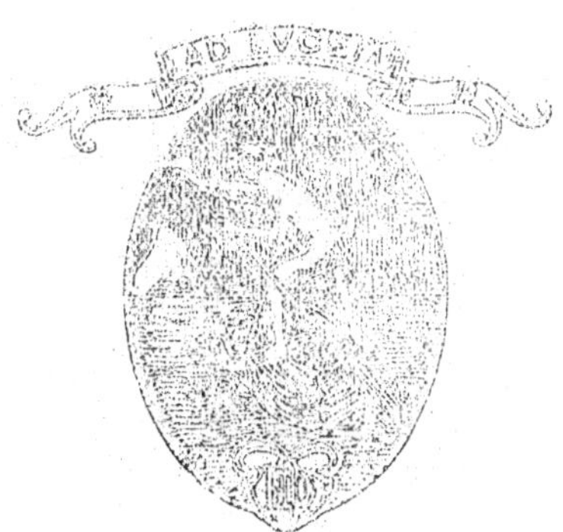

O. DOIN ET FILS, ÉDITEURS, PARIS

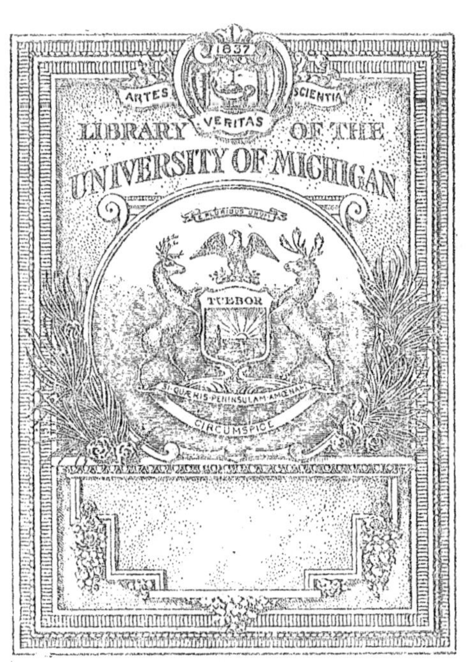
1837
ARTES
VERITAS
SCIENTIA
LIBRARY OF THE
UNIVERSITY OF MICHIGAN
TUEBOR
SI QUÆRIS PENINSULAM AMŒNAM
CIRCUMSPICE

Octave DOIN, éditeur, 8, place de l'Odéon, Paris

ENCYCLOPÉDIE SCIENTIFIQUE

Publiée sous la direction du Dr TOULOUSE

BIBLIOTHÈQUE

DE MÉCANIQUE APPLIQUÉE ET GÉNIE

Directeur : M. D'OCAGNE

Ingénieur des Ponts et Chaussées
Professeur à l'École des Ponts et Chaussées
Répétiteur à l'École Polytechnique

On oppose assez volontiers, dans le domaine de la mécanique appliquée, l'homme de la théorie à l'homme de la pratique. Le premier, enclin aux spéculations abstraites, est tenu pour préférer aux problèmes qu'offre la réalité ceux qui se prêtent plus aisément aux solutions élégantes et, par suite, pour être disposé à négliger, en dépit de leur importance intrinsèque, telles circonstances qui seraient de nature à entraver le jeu de l'instrument analytique ; le second, au contraire, uniquement soucieux des données de l'empirisme, pour regarder toute théorie scientifique comme un luxe superflu dont il vaut mieux se passer.

Ce sont là des tendances extrêmes contre lesquelles il convient de se mettre en garde. S'il est vrai que certains esprits, séduits par l'imposante beauté de la science abstraite, ont quelque répugnance à se plier aux exigences de la réalité, généralement difficiles à concilier avec une aussi belle harmonie de forme, que d'autres, en revanche, par crainte des complications qu'entraîne à leurs yeux l'appareil analytique, — peut-être aussi, parfois, en raison de leur manque d'habitude à le manier, — tendent à méconnaître les éminents services qu'on en peut attendre, il n'en reste pas moins désirable, pour le plus grand bien des applications, de voir réaliser l'union la plus intime de la théorie et de la pratique, de la théorie qui coordonne, synthétise, réduit en formules simples et parlantes les faits révélés par l'expérience, et de la pratique qui doit, tout d'abord, les en dégager. La vérité est que l'une ne saurait se passer de l'autre, que toutes deux doivent progresser parallèlement. Ce n'est pas d'hier que Bacon l'a dit : « Si les expériences ne sont pas dirigées par la théorie, elles sont aveugles ; si la théorie n'est pas soutenue par l'expérience, elle devient incertaine et trompeuse. »

Développant cette pensée, un homme qui, dans un domaine important de la Mécanique appliquée, a su réaliser, de la façon la plus heureuse, cette union si désirable, s'est exprimé comme suit[1] : « ... La théorie n'a point la prétention de se substituer à l'expérience ni de se poser en face d'elle en adversaire dédaigneux. C'est l'union de ces deux opérations de l'esprit dans une règle générale pour la recherche de la vérité qui constitue l'essence de la méthode : la théorie est le guide qu'on prend au départ, qu'on interroge sans cesse le long de la route, qui instruit toujours par ses réponses, qui indique le chemin le plus sûr et qui découvre l'horizon le plus vaste. Elle saura réunir dans une

1 Commandant P. Charbonnier : *Historique de la Balistique Extérieure à la Commission de Gâvre*, p. 6.

même explication générale les faits les plus divers, conduire à des formules d'un type rationnel et à des calculs d'une approximation sûre.

« La science aura plus d'audace parce qu'elle aura une base plus large et plus solidement établie. Les résultats expérimentaux, au lieu de faire nombre, viendront à chaque instant contribuer à asseoir la théorie, et ce n'est plus en eux-mêmes que les faits seront à considérer, mais suivant leur place rationnelle dans la science. La théorie saura mettre l'expérimentateur en garde contre les anomalies des expériences, et l'expérience, le théoricien contre les déductions trop audacieuses de la théorie. »

Ces quelques réflexions pourraient servir d'épigraphe à la première moitié de la présente Bibliothèque consacrée à la Mécanique appliquée. Elles définissent l'esprit général dans lequel sont conçus ses volumes : *application rationnelle de la théorie, poussée aussi loin que le comporte l'état actuel de la science, aux problèmes tels qu'ils s'offrent effectivement dans la pratique, sans rien sacrifier des impérieuses nécessités de celle-ci à la plus grande facilité des déductions de celle-là.*

Il ne s'agit pas, dans l'application scientifique ainsi comprise, de torturer les faits pour les forcer à rentrer, vaille que vaille, dans le cadre de théories, plus ou moins séduisantes, conçues *à priori*, mais de plier la théorie à toutes les exigences du fait ; il ne s'agit pas de forger des exemples destinés à illustrer et à éclairer l'exposé de telle ou telle théorie (comme cela se rencontre dans les Traités de mécanique rationnelle où une telle manière de faire est, vu le but poursuivi, parfaitement légitime), mais de tirer de la théorie toutes les ressources qu'elle peut offrir pour surmonter les difficultés qui résultent de la nature même des choses.

Quand les problèmes sont ainsi posés, ils ne se prêtent généralement pas à des solutions aboutissant directement à des formules simples et élégantes; ils forcent à suivre la voie plus pénible des approximations successives : mais définir par une première approximation l'allure générale d'un phénomène, puis, par un effort sans cesse renouvelé, arriver à le serrer de plus en plus près, en se rendant compte, à chaque instant, de l'écartement des limites entre lesquelles on est parvenu à le renfermer, c'est bel et bien faire œuvre de science ; et c'est pourquoi, dans une Encyclopédie qui, comme son titre l'indique, est, avant tout *scientifique*, la Mécanique appliquée a sa place marquée au même titre que la Mécanique rationnelle.

La seconde moitié de la Bibliothèque est réservée aux divers arts techniques dont l'ensemble constitue ce qu'on est ordinairement convenu d'appeler le Génie tant civil que militaire [1] et maritime.

Ici, de par la force même des choses, l'exposé des principes s'écarte davantage de la forme mathématique pour se rapprocher de celle qui est usitée dans le domaine des sciences descriptives. Cela n'empêche d'ailleurs qu'il n'y ait encore, dans la façon de classer logiquement les faits, d'en faire saillir les lignes principales, surtout d'en dégager des idées générales, possibilité d'avoir recours à une méthode vraiment scientifique.

Telle est l'impression qui se dégagera de l'ensemble de cette Bibliothèque dont les volumes ont été confiés à des spécialistes hautement autorisés, personnellement adonnés à des travaux rentrant dans leurs cadres respectifs et, par cela même, pour la plupart du moins, ordinairement détournés du labeur de l'écrivain dont ils ont occasionnellement accepté la charge en vue de l'œuvre de mise au point dont les conditions générales viennent d'être indiquées.

1 Le mot étant pris dans sa plus large acception et s'étendant tout aussi bien à la technique de l'*Artillerie* qu'à l'ensemble de celles qui sont plus particulièrement du ressort de l'arme à laquelle on applique le nom de *Génie*.

Il convient d'ajouter que le programme de cette Bibliothèque, — dont la liste ci-dessous fait connaître une première ébauche, susceptible de revision et de compléments ultérieurs, — s'étendra à toutes les parties qui peuvent intéresser l'ingénieur mécanicien ou constructeur, à l'exception de celles qui ont trait soit aux applications de l'Electricité, soit à la pratique de la construction proprement dite, rattachées, dans cette Encyclopédie, à d'autres Bibliothèques (29 et 33).

Les volumes seront publiés dans le format in-18 jésus cartonné ; ils formeront chacun 400 pages environ avec ou sans figures dans le texte. Le prix marqué de chacun d'eux, quel que soit le nombre de pages, est fixé à 5 francs. Chaque volume se vendra séparément.

Voir, à la fin du volume, la notice sur l'ENCYCLOPEDIE SCIENTIFIQUE, pour les conditions générales de publication.

TABLE DES VOLUMES

ET LISTE DES COLLABORATEURS

Les volumes publiés sont marqués par un *

1. **Statique graphique.**
2. **Résistance des matériaux,** par A. Mesnager, Ingénieur des Ponts et Chaussées, Professeur à l'École des Ponts et Chaussées.
3. **Stabilité des constructions.**
4. **Cinématique appliquée. Théorie des mécanismes,** par E. Euverte, ancien capitaine d'artillerie.

* 5. **Dynamique appliquée. Problèmes généraux,** par L. Lecornu, Ingénieur en Chef des Mines, Professeur à l'École Polytechnique.

6. **Régulation du mouvement.**
7. **Chronométrie** par J. Andrade, Professeur à la Faculté des Sciences de Besançon.
8. **Hydraulique générale,** par A. Boulanger, Professeur à la Faculté des Sciences de Lille.
9. **Pneumatique générale.**
10. **Machines hydrauliques.**
11. **Pompes et ventilateurs.**
12. **Air comprimé.**
13. **Moteurs thermiques,** par E. Jouguet, Ingénieur au corps des Mines.
14. **Machines à vapeur.**
15. **Machines à combustion interne,** par A. Witz, Professeur à la Faculté libre des Sciences de Lille, Correspondant de l'Institut.

16. **Turbines à vapeur.**

17. **Chaudières et condenseurs.**

18 a. **Outils et machines-outils pour le travail des métaux sans enlèvement de matière**, par C. CODRON, Ingénieur, Professeur à l'Institut industriel de Lille.

18 b. **Outils et machines-outils pour le travail des métaux par enlèvement de matière**, par C. CODRON.

18 c. **Outils et machines-outils pour le travail du bois**, par C. CODRON.

18 d. **Machinerie de l'industrie du tabac et des matières similaires**, par E. BELOT, Directeur des tabacs au Havre.

19. **Appareils de levage**, par G. ESPITALLIER, Lieutenant-colonel du génie territorial.

20. **Câbles télédynamiques et transporteurs aériens**, par A. GISCLARD, Lieutenant-colonel du génie territorial.

21. **Mécanique des explosifs**, par E. JOUGUET.

*22 a. **Balistique extérieure rationnelle. Problème principal**, par P. CHARBONNIER, Chef d'escadron d'Artillerie coloniale.

*22 b. **Balistique extérieure rationnelle. Problèmes secondaires**, par le Commandant CHARBONNIER.

22 c. **Balistique extérieure expérimentale**, par le Commandant CHARBONNIER.

*22 d. **Balistique intérieure**, par le Commandant CHARBONNIER.

22 e. **Tir des armes portatives**, par H. BATAILLER, Capitaine d'artillerie.

23. **Résistance des bouches à feu.**

*24. **Mécanique des affûts**, par J. CHALLÉAT, Capitaine d'artillerie.

25. **Armes automatiques**, par L. CHAUCHAT, Chef d'escadron d'artillerie.

26. **Artillerie de campagne**, par PALOQUE, Chef d'escadron d'artillerie.

27. **Théorie du navire**, par BOURDELLE, Ingénieur de la Marine, Professeur à l'École du Génie maritime

28 a. **Constructions navales. Coque**, par J. Rougé, Ingénieur principal de la Marine.

28 b. **Constructions navales. Accessoires**, par J. Rougé.

29. **Machines marines**, par P. Drosne, Ingénieur de la Marine.

30. **Chaudières marines**, par P. Drosne, Ingénieur de la Marine.

31. **Torpilles.**

32. **Navigation sous-marine**, C. Radiguer, Ingénieur de la Marine.

33. **Navigation aérienne**, par R. Soreau, Ingénieur, ancien élève de l'École polytechnique.

*34. **Technique du Ballon**, par G. Espitallier.

35 a. **Ponts en maçonnerie.** Calculs et construction, par A. Auric, Ingénieur des Ponts et Chaussées.

35 b. **Ponts métalliques.** Calculs, par Pigeaud, Ingénieur des Ponts et Chaussées.

35 c. **Ponts métalliques.** Construction, par Pigeaud.

35 d. **Ponts suspendus et Ponts à transbordeur**, par Leinekugel Le Cocq, Ingénieur de la Marine, Ingénieur de la maison F. Arnodin, et G. Arnodin Ingénieur constructeur.

36. **Infrastructure des routes et chemins de fer.**

37. **Chemins de fer. Superstructure.**

38. **Locomotives à vapeur**, par Nadal, Ingénieur au corps des Mines, Adjoint à l'ingénieur en chef du matériel des chemins de fer de l'État.

39 a. **Chemins de fer. Matériel de transport. Voitures à voyageurs**, par E. Biard. Ingénieur principal à la Cie de l'Est.

39 b. **Wagons à marchandises**, par E. Biard.

39 c. **Freinage du matériel de chemin de fer**, par P. Gosserez, Ingénieur au service du matériel roulant à la Cie de l'Est.

40. **Chemins de fer. Exploitation technique.**

41. **Chemins de fer d'intérêt local.**

42. **Chemins de fer funiculaires et à crémaillère.**

43. **Tramways urbains.**

44. **Automobiles.**

45. **Bicyclettes et motocyclettes.**

46. **Navigation intérieure. Rivières et Canaux.**

47. **Fleuves à marées et estuaires.**

48. **Travaux maritimes.**

49. **Phares et signaux maritimes**, par RIBIÈRE, Ingénieur en Chef des Ponts et Chaussées.

50. **Hydraulique urbaine et agricole.**

51 a. **Mines. Méthodes d'exploitation**, par L. CRUSSARD, Ingénieur au corps des Mines, Professeur à l'École des Mines de Saint-Étienne.

51 b. **Mines. Travaux au rocher et fonçage des puits.**

51 c. **Mines. Services généraux.**

52. **Ponts militaires**, par G. ESPITALLIER.

53 a. **Fortification cuirassée**, par L. DE MONDÉSIR, Lieutenant-Colonel du Génie, Professeur à l'École supérieure de Guerre.

53 b. **Technique des cuirassements et bétonnage des places fortes**, par G. ESPITALLIER.

NOTA. — La collaboration des auteurs appartenant aux armées de terre et de mer, ou à certaines administrations de l'État, ne sera définitivement acquise que moyennant l'approbation émanant du ministère compétent.

ENCYCLOPÉDIE SCIENTIFIQUE

PUBLIÉE SOUS LA DIRECTION

du Dr TOULOUSE, Directeur de Laboratoire à l'École des Hautes-Études

Secrétaire général : H. PIÉRON, Agrégé de l'Université.

BIBLIOTHÈQUE DE MÉCANIQUE APPLIQUÉE ET GÉNIE

Directeur : M. D'OCAGNE

Ingénieur des Ponts et Chaussées, Professeur à l'École des Ponts et Chaussées
Répétiteur à l'École polytechnique.

DYNAMIQUE APPLIQUÉE

DYNAMIQUE
APPLIQUÉE

PAR

Léon LECORNU

Ingénieur en chef des Mines
Professeur à l'École Polytechnique et à l'École supérieure des Mines

---

Avec 113 figures dans le texte

PARIS
OCTAVE DOIN, EDITEUR
8, PLACE DE L'ODÉON, 8

1908

ERRATA

Page	ligne	au lieu de	lire
21	1re	B et C	A et C
21	4	$\frac{m''}{m'}$	$\frac{m''}{m}$
21	8	$\frac{m''}{m}$	$\frac{m''}{m'}$
24	4 en remontant	$\frac{1}{2}$	2
74	14	des forces	des moments des forces.
99	15	sin φ	cos φ
118	10	$<$	$>$
128	3	inférieur	supérieur
130	16 et 18	$2f$	$-f$
131	2 en remontant	F_1	F
138	1	$\frac{N}{T}$	$\frac{T}{N}$
138	4	$\mu K^2 g \sin \alpha$	$\mu R^2 g \sin \alpha$
139	4	$\frac{K^2 + R^2}{K^2}$	$\frac{K^2 + R^2}{R^2}$
141	dernière	$\frac{K^2}{K^2 + R^2}$	$\frac{R^2}{K^2 + R^2}$
147	5	vitesse initiale	vitesse initiale de glissement
177	3	F	N
179	1 et 6 en remontant	$\frac{R^2}{K^2}$	$\frac{K^2}{R^2}$
180	6	contient $1 + \frac{R^2}{K^2}$	constant $1 + \frac{K^2}{R^2}$
185	9	$\frac{4}{15}$	$\frac{4}{15\pi}$

L. Lecornu. — Dynamique appliquée.

Page	*ligne*	*au lieu de*	*lire*
199	11 et 13	—	(permuter T_1 avec T_n)
216	7 et 16	v	v_0
220	14	verticale	non verticale
227	3	v'_0	v'_1
227	9	$v'_1 = - v_0$	$v_1 = - v_0$
228	4	v'	v'_1
228	7	$(v'_0 - v_1)$	$(v'_0 - v'_1)$
237	12	petit	grand
244	2 en remontant		(*ajouter*) : Dans ce déplacement virtuel les éléments de la barre ne changent pas sensiblement de longueur, et par suite le travail virtuel des percussions intérieures est nul.
245	3	$V_1 - V$	$V - V_1$
254	2 en remontant	b	$\frac{b}{\omega^2}$
261	dernière	—	permuter les exposants $\frac{\alpha}{\beta - \alpha}$ et $\frac{\beta}{\beta - \alpha}$
263	dernière	$n\frac{\pi}{\mu}$	$n\lambda\frac{\pi}{\mu}$
266	4	$\frac{2\pi}{\mu}$	$\frac{2\pi}{k}$
275	12	$a = \frac{\pi C}{4\omega^2}$	$\frac{\pi C}{4\omega^2} - a$
275	4 en remontant	$\frac{\pi C}{4\omega^2}$	$\frac{m\pi C}{4}$
283	11	—	supprimer le facteur C et ajouter C à l'intégrale indéfinie.
292	2 en remontant	—	(*ajouter*) : abstraction faite d'un facteur g^2.
298	9	$\varepsilon_k + 1$	$\varepsilon_k < 1$
303	7 en remontant	n	p
304	8 en remontant	y	x
306	8	$\frac{2\lambda}{\omega}$	$\frac{2\lambda}{\omega^2}$

Page	*ligne*	*au lieu de*	*lire*
306	8	$2\omega^2$	$\frac{2}{\omega^2}$
310	9	$\frac{\omega^2 - q^2}{\omega^2}$	$\frac{\omega^2 - q^2}{q^2}$
311	8	$= - \frac{1}{24}$	$= - 1 - \frac{1}{24}$
322	2	$\frac{\theta_0^2}{24}$	$\frac{\theta_0^2}{48}$
330	13	$mL^2 + \mu x$	$mL + \mu x$
339	5 en remontant	$\frac{\theta + \varphi}{\varphi}$	$\frac{\theta + \varphi}{\theta}$
342	3 en remontant	$- M\omega$	$- Mw$.
363	6 et 7	ρ	$m\rho$
363	11 en remontant	ω	ω'
365	6 en remontant	80	86
367	10	$\mu\omega r$	$\mu\omega ra$
368	9	φ	q
368	10	$\sin r$	$\sin \varepsilon$
369	16 et 19	f	$\frac{f}{a}$
379	dernière	$\frac{m_1 rl}{\omega}$	$m_1 rl$
380	9 et 14	ω	λ
391	Fig.	z	h
393	3 en remontant	P	$\frac{P}{g}$
393	dernière	—	effacer : +
394	4 en remontant	$a - a_0$	$a_0 - a$
395	1	$\frac{v_0^2}{2g} - \frac{v_0^2}{2g}$	$\frac{v_0}{2g} - \frac{v^2}{2g}$
396	3 en remontant	v_2	v_1
401	10	$2 \sin^2 i$	$- 2 \sin^2 i$
401	13	$2 \operatorname{tg}^2 i$	$- 2 \operatorname{tg}^2 i$
403	2	λ	λ^2
403	4	$\frac{27\lambda^2}{4K}$	$\frac{4K}{27\lambda^2}$
407	dernière	—	(effacer les deux signes —)

Page	*ligne*	*au lieu de*	*lire*
408	5 et 11	S	KS
410	3	100 chevaux	10 chevaux
413	3, 6, 7	$\sin\theta$	$\cos\theta$
420	10	dt	$d\theta$
423	4 en remontant	z	2
426	13	15°	18°
433	15	—	(*ajouter*) : en projection sur la normale à AB.
433	3 en remontant	AB	la normale à AB
437	avant-dernière	h	hF
438	5	$Q + R$	$\frac{Q + R}{2}$
453	6	$\mathfrak{T}$ désignant...	$2\mathfrak{T}$ désignant...
458	5	OM	OE
466	4	$An\gamma$	An
473	7	$+ 2\alpha s$	$- 2\alpha s$
486	14	$Q\frac{Fa}{b}$	$Q - \frac{Fa}{b}$
487	13	L	S
488	14	$\sqrt{L^2 - x^2}$	$\sqrt{L - x}$
501	8 en remontant	$\frac{1}{2}$	$\frac{1}{4}$
501	5 en remontant	f	$\frac{1}{f}$
503	10 en remontant	supérieur	inférieur
505	11 en remontant	décroît	croît
505	10 en remontant	détente	extension
511	11	σ	6
521	6 en remontant	$\frac{1}{\omega}$	ω
522	11	$\frac{AM}{OH}$	$\frac{AM}{OA}$
523	10 en remontant	1904	1894
529	21	128	28
530	9	457	157
531	13 en remontant	209	518

AVANT-PROPOS

La mécanique rationnelle et la mécanique technique n'ont guère d'autre parenté que celle du nom. La première est une science mathématique. Les *êtres de raison* qu'elle considère : points matériels, solides indéformables, corps parfaitement polis, fils inextensibles et infiniment flexibles, fluides sans viscosité, etc. ne se rencontrent pas plus dans la nature que les lignes et les surfaces géométriques. Appliquant à ces conceptions abstraites un petit nombre de postulats, elle établit par voie de déduction un enchainement de théorèmes, dont la plupart demeurent sans application pratique. Les techniciens conçoivent leur science d'une tout autre manière. Ils empruntent à la mécanique rationnelle quelques données générales comme les principes de la statique et le théorème des forces vives ; puis, sans craindre d'avoir recours à des hypothèses discutables, à des aperçus peu rigoureux, ils obtiennent, l'observation aidant, des formules d'un caractère empirique. C'est ainsi qu'à côté de la théorie mathématique de l'élasticité s'est édifiée la théorie de la résistance des matériaux; à côté de l'hydrodynamique, l'hydraulique, etc.

Il est évidemment désirable que ces deux mécaniques

allient davantage leurs efforts; l'une et l'autre ne peuvent que gagner à ce rapprochement. Depuis longtemps Poncelet, Saint-Venant, Phillips, Résal, pour ne parler que des morts, ont cherché à créer une *mécanique appliquée* capable de satisfaire à la fois les théoriciens et les praticiens. Leur méthode peut se résumer de la manière suivante : attaquer les problèmes que pose l'industrie en utilisant toutes les ressources de la mécanique rationnelle et s'avancer, de cette manière, aussi loin que possible; puis, quand les difficultés mathématiques deviennent trop grandes, entrer dans la voie des approximations successives, en ayant soin de ne négliger que ce que l'on a reconnu être réellement négligeable. C'est en somme, la méthode qui, dans la mécanique céleste, a donné les merveilleux résultats que l'on sait. Mais, dans les questions techniques, les données sont trop compliquées et trop incertaines pour qu'il ne soit pas nécessaire de recourir fréquemment au contrôle de l'expérience. Souvent il arrive que cette épreuve, tout en laissant subsister la forme des relations prévues par la théorie, conduit à modifier les valeurs numériques des coefficients.

Le présent volume s'inspire de ces considérations. Il a pour objet principal l'étude des propriétés générales des machines, abstraction faite des questions concernant la thermodynamique ou l'électricité industrielle; mais je n'ai pas cru devoir m'occuper exclusivement des machines proprement dites. J'ai essayé de grouper un ensemble d'exemples propres à montrer comment doivent être abordées scientifiquement les recherches pratiques qui relèvent de la dynamique. Je serais heureux si les ingénieurs qui voudront bien me lire éprouvaient l'impression que la mécanique rationnelle ne sert pas uniquement à la conquête des diplômes. Il m'a fallu effleurer beaucoup de sujets en renvoyant, pour plus de développements, aux traités spéciaux concernant chacun d'eux : mon plan consistait en effet à tracer des méthodes sans entrer dans des détails qui m'eûssent entraîné beaucoup trop loin.

La première partie est un rapide résumé des principales théories de la mécanique rationnelle ; les résultats sont, la plupart du temps, énoncés sans démonstration. Elle rappelle ce qu'il est nécessaire de savoir pour comprendre sans difficulté le reste de l'ouvrage.

DYNAMIQUE APPLIQUÉE

PREMIÈRE PARTIE

RÉSUMÉ DES THÉORIES DE LA MÉCANIQUE RATIONNELLE

CHAPITRE PREMIER

THÉORIE DES VECTEURS

1. — On rencontre en mécanique deux sortes de grandeurs. Les unes (volume, masse d'un corps, force vive, etc.) sont caractérisées entièrement par leur valeur numérique; on les appelle des *grandeurs scalaires*. Les autres, par exemple les vitesses et les forces, ont à la fois une valeur numérique et une certaine direction. On les appelle des *grandeurs dirigées* ou encore des grandeurs vectorielles. Une grandeur vectorielle se représente conventionnellement au moyen d'un vecteur, c'est-à-dire d'un segment de droite OA partant d'un point O appelé origine ou point d'application du vecteur et aboutissant à un point A qui est dit l'extrémité du vecteur. La droite indéfinie à laquelle appartient le segment s'appelle le support ou la ligne d'action du vecteur.

2. **Addition des vecteurs.** — L'addition géométrique des vecteurs consiste à transporter ceux-ci les uns à la suite des autres, sans changer leur grandeur et leur direction, de telle façon que l'extrémité de chaque vecteur soit l'origine du suivant. La droite joignant l'origine du premier vecteur à l'extrémité du dernier est dite la *somme géométrique* ou encore la résultante des vecteurs donnés, qu'on appelle les vecteurs composants ou *composantes*. La grandeur et la direction de la résultante sont indépendantes de l'ordre dans lequel se fait l'addition.

Si l'on projette sur un plan quelconque, parallèlement à une direction quelconque, ou bien sur une droite quelconque, parallèlement à un plan quelconque, la figure formée par une résultante et ses composantes la projection de la résultante est la résultante des projections des composantes.

3. **Application à la notion du centre de gravité.** — La notion du centre de gravité, qui joue un rôle fondamental en mécanique, se rattache à l'addition géométrique des vecteurs.

Etant donné un système quelconque de n points A_1, A_2, ... A_n et un système de n coefficients numériques m_1, m_2, ... m_n que nous appellerons les *masses* en nous réservant de revenir sur la signification mécanique de ce mot, formons l'expression :

$$S = m_1 PA_1 + m_2 PA_2 + \dots + m_n PA_n$$

dans laquelle PA_1, PA_2, ... PA_n sont les vecteurs joignant un même point arbitraire P aux points donnés. Cette expression représente la résultante des n vecteurs concourants $m_1 PA_1$, $m_2 PA_2$. ... $m_n PA_n$, résultante qui varie en grandeur et en direction avec la position de P. Il existe une position G de P et une seule pour laquelle S est nul.

Cette position G est dite le centre de gravité du système. Pour une autre position quelconque de P, le vecteur PG est la somme géométrique des vecteurs m_1PA_1, ... m_nPA_n divisée par la somme des masses.

En projection, rectangulaire ou oblique, sur un plan ou un axe quelconque, la projection du centre de gravité est le centre de gravité de la projection des points A_1, A_2, ... A_n, effectuée sans modifier les masses. Si x_k, y_k, z_k désignent les coordonnées du point A_k et M la masse totale Σm_k, les coordonnées ξ, η, ζ du centre de gravité sont données quels que soient les axes, par les formules :

$$M\xi = \Sigma m_k x_k \qquad M\eta = \Sigma m_k y_k \qquad M\zeta = \Sigma m_k z_k.$$

Nous supposerons toujours les axes disposés de telle façon que, pour l'observateur placé les pieds à l'origine O et la tête vers les z positifs, l'axe Oy soit vu à droite de l'axe Ox.

4. **Produit de deux vecteurs.** — On distingue en mécanique deux sortes de produits.

1° Le *produit géométrique*, appelé aussi produit scalaire, est la grandeur scalaire égale au produit des longueurs des deux vecteurs multiplié par les cosinus de l'angle compris. Si X, Y, Z et X', Y', Z' sont les projections des vecteurs sur trois axes rectangulaires, leur produit géométrique a pour valeur $XX' + YY' + ZZ'$.

2° Le *produit vectoriel* de deux vecteurs concourants OA, OB est un troisième vecteur OC partant de O, perpendiculaire au plan AOB, numériquement égal à l'aire du parallélogramme construit sur OA et OB, c'est-à-dire à

OA : OB sin AOB et dirigé de façon que pour un observateur placé la tête en O, la tête en C le vecteur multiplicateur OB soit vu à droite du vecteur multiplicande OA. Si l'on représente ce produit vectoriel par OA × OB, l'on a évidemment OA × OB = — OB × OA.

5. **Moment d'un vecteur.** — Le moment d'un vecteur AB par rapport à un point O est un vecteur OM perpendiculaire au plan AOB, numériquement égal au double du triangle AOB, et dirigé de telle façon que pour l'observateur placé les pieds en O, la tête en M, le demi plan MOB soit à droite du demi plan MOA. Ce moment ne diffère pas du produit vectoriel OA × OB.

Le moment d'un vecteur par rapport à un axe est la projection, sur cet axe, du moment par rapport à un point quelconque de l'axe (on vérifie que le choix de ce point n'influe pas sur la valeur de la projection).

Etant donné un ensemble quelconque de vecteurs concourants, le moment de leur résultante par rapport à un point quelconque est la somme géométrique des moments des vecteurs composants; son moment par rapport à une droite quelconque est la somme algébrique des moments des vecteurs composants.

Si L, M, N désignent les moments, par rapport à trois axes rectangulaires Ox, Oy, Oz d'un vecteur appliqué en un point (x, y, z) et ayant pour projections X, Y, Z, l'on a :

$$L = Zy - Yz \qquad M = Xz - Zx \qquad N = Yx - Xy$$

L, M, N sont en même temps les projections, sur les trois axes, du momemt du vecteur par rapport à l'origine.

6. **Couple de vecteurs.** — Un couple de vecteurs est l'ensemble de deux vecteurs égaux, parallèles et de direction contraire, dont les lignes d'action ne coïncident pas.

La somme géométrique des moments des vecteurs d'un couple par rapport à un point quelconque de l'espace est représentée par un vecteur perpendiculaire au plan du couple, numériquement égal à l'aire du parallélogramme construit sur les deux vecteurs du couple, et orienté de telle façon que, pour un observateur, orienté de même manière et ayant les pieds à l'origine de l'un des vecteurs du couple, l'extrémité de l'autre vecteur soit vue à droite de l'origine de celui-ci. Le vecteur remplissant ces conditions s'appelle *moment* ou *axe* du couple. On remarque qu'il est défini uniquement par sa grandeur et sa direction; son origine demeure arbitraire. Tous les couples de même aire qui sont situés dans des plans parallèles et sont orientés de la même façon ont même axe représentatif.

Le moment d'un couple par rapport à une droite quelconque est la somme des moments, par rapport à cet axe, des deux vecteurs du couple.

On appelle couple résultant de plusieurs couples donnés un couple dont l'axe est la résultante des axes de ces couples. Le moment d'un couple résultant par rapport à une droite quelconque est la somme des moments des couples composants.

7. **Systèmes équivalents.** — Deux systèmes de vecteurs sont dits *équivalents* quand ils ont même somme de moments par rapport à toutes les droites de l'espace. Il faut et il suffit, pour l'équivalence, que, pour les deux systèmes, la somme géométrique des vecteurs soit la

même ainsi que la somme des moments par rapport à une seule droite de l'espace.

Un système de vecteurs est équivalent à zéro quand la somme des moments par rapport à toute droite de l'espace est nulle.

Si deux systèmes S_1 et S_2 sont équivalents et si l'on change les signes de tous les vecteurs de S_2 de manière à former un nouveau système S'_2, l'ensemble des deux systèmes S_1 et S'_2 constitue un système total qui est équivalent à zéro.

8. **Réduction d'un système de vecteurs.** — Réduire un système donné de vecteurs, c'est trouver un système équivalent et plus simple.

Un système quelconque peut être réduit à un vecteur R appliqué en un point arbitraire A et à un couple G. Le vecteur R n'est autre chose que la résultante de translation de tous les vecteurs donnés. Quand on fait varier la position de A, le couple G varie, mais la projection de son axe sur la direction de R demeure invariable. Quand A se trouve sur une certaine droite, appelée l'*axe central*, qui est parallèle à R, l'axe de G prend lui-même la direction de R.

Quand le système donné est équivalent à un vecteur unique, l'axe du couple G est perpendiculaire sur R quelle que soit la position choisie pour A. Réciproquement, si, après avoir choisi A on constate que R n'est pas nul et que l'axe de G est perpendiculaire sur R, le système équivaut à un vecteur unique.

Un système de vecteurs parallèles est toujours réductible à un vecteur unique, pourvu que la somme algébrique de ces vecteurs ne soit pas nulle. Si l'on fait varier la direction commune des vecteurs donnés sans charger leur grandeur, non plus que leur point d'application, et en laissant de même sens ceux qui étaient d'abord de même sens, la droite d'application du vecteur équivalent passe par un point fixe qui est le centre de gravité des points d'application considérés comme ayant des masses (positives ou négatives) proportionnelles aux vecteurs correspondants.

CHAPITRE II

CINÉMATIQUE

9. **Cinématique du point.** — La position d'un point M est connue si l'on connaît le vecteur OM $= r$ qui joint un point donné O à ce point M. Pour définir le mouvement d'un point M, il suffit de connaitre r en fonction du temps. Soit $r = f(t)$. Il est bien entendu qu'il s'agit ici d'une *fonction géométrique* donnant, à la fois, la grandeur, la direction et le sens de r.

La vitesse v du mobile est la dérivée géométrique du rayon vecteur : $v = f'(t)$. Si l'on porte à partir d'une origine fixe O′ le vecteur O′M′ $= v$, le lieu de M′, quand M se meut, est une courbe appelée *hodographe*.

L'accélération j est la première dérivée géométrique de la vitesse et par conséquent la seconde dérivée géométrique du rayon vecteur : $j = f''(t)$. On peut dire encore que l'accélération est la vitesse du point M′ qui décrit l'hodographe.

L'accélération d'un point mobile est située dans le plan osculateur de la trajectoire. On peut la décomposer suivant la tangente et suivant la normale principale. Sa composante tangentielle a pour valeur $\frac{dv}{dt}$, la dérivée étant prise ici au sens algébrique. Sa composante normale est centripète et égale à $\frac{v^2}{\rho}$, ρ désignant le rayon de courbure.

Le mouvement peut être regardé comme résultant à chaque instant d'un mouvement uniforme vt effectué suivant la tangente et d'un mouvement uniformément accéléré $\frac{1}{2}\gamma t^2$ effectué suivant la direction de l'accélération. Cette quantité $\frac{1}{2}\gamma t^2$, qui est infiniment petite du second ordre, se nomme la *déviation*.

Dans le cas particulier du mouvement circulaire, le rayon est constant. On désigne alors par *vitessse angulaire* la quantité $\omega = \frac{v}{\rho}$ qui est le quotient par dt de la rotation éprouvée dans le temps dt par le rayon de la circonférence. L'accélération centripète peut alors s'écrire $\omega^2\rho$.

Etant donné un mouvement plan quelconque, le rayon vecteur r balaie dans le temps dt une aire élémentaire $d\text{A}$. Le quotient $\frac{d\text{A}}{dt}$ s'appelle la *vitesse aréolaire*. Si θ est l'angle du rayon vecteur avec une direction fixe du plan, la valeur de la vitesse aréolaire est $\frac{1}{2} r^2 \frac{d\theta}{dt}$. On peut encore l'exprimer au moyen du produit $\frac{1}{2} pv$, dans lequel p désigne la distance de l'origine à la tangente.

10. **Mouvement d'un couple de points.** — Quand deux points M, N se meuvent d'une façon quelconque, la dérivée, par rapport au temps, de la longueur MN est égale à la différence des projections sur cette direction des vitesses des extrémités. En particulier, si une droite est de longueur invariable, les vitesses des extremités ont même projection sur la direction de la droite.

11. **Mouvement d'un ensemble de points.** — Soit un système quelconque de points se mouvant d'une façon

quelconque. Prenons une origine fixe arbitraire et désignons par R le rayon vecteur du centre de gravité, par r le rayon vecteur de l'un quelconque des points affecté de la masse m, par M la masse totale. Il résulte de ce qui a été dit précédemment que l'on a à chaque instant la relation géométrique

$$MR = \Sigma mr.$$

En prenant deux fois de suite la dérivée géométrique, on obtient les relations

$$MV = \Sigma mv$$
$$MJ = \Sigma mj$$

qui déterminent la vitesse V et l'accélération j du centre de gravité.

12. **Cinématique du solide.** — Le mouvement le plus simple est la *translation*, dans laquelle tout les points ont des vitesses identiques.

Quand le solide possède une droite fixe son mouvement est une *rotation autour d'un axe* formé par cette droite. La position du solide est définie par la position de l'un quelconque de ses points. La vitesse angulaire ω du mouvement circulaire est la même pour tous les points et s'appelle la vitesse angulaire du solide. On la représente par un vecteur numériquement égal à ω et dirigé suivant l'axe dans un sens tel que pour un observateur orienté de la même façon la rotation paraisse s'effectuer de gauche à droite. La vitesse linéaire d'un point quelconque du corps est identique au moment, par rapport à ce point, du vecteur qui représente la vitesse angulaire.

Dans le *mouvement parallèle à un plan*, toute section

du solide parallèle à ce plan est une figure invariable, et l'on se trouve ainsi amené à considérer le mouvement d'une figure plane dans son plan. Ce dernier mouvement peut être obtenu par le roulement d'une courbe de grandeur invariable sur une courbe fixe appelée la base. Le point de contact des deux courbes s'appelle le centre instantané de rotation. La figure mobile tourne à chaque instant autour de ce centre, avec une vitesse angulaire égale à la somme des courbures des deux courbes, multipliée par la vitesse de déplacement du centre instantané le long de la base.

Dans la *rotation autour d'un point fixe*, si l'on considère une sphère ayant pour centre ce point, elle intercepte sur le solide une figure sphérique de grandeur invariable dont le mouvement à la surface de la sphère peut être obtenu en faisant rouler sur une courbe fixe sphérique une courbe sphérique liée au solide. En joignant au point fixe les points de ces deux courbes, on obtient deux cônes, de même sommet, qui roulent également l'un sur l'autre. Le mouvement élémentaire du solide est une rotation autour de la génératrice de contact : celle-ci s'appelle pour ce motif l'axe instantané de rotation.

Portons sur l'axe instantané un vecteur ω ayant son origine au point fixe et représentant la vitesse angulaire de rotation à l'instant considéré.

L'extrémité de ce vecteur se meut avec une vitesse que l'on appelle l'accélération angulaire et que l'on représente par un vecteur φ issu également du point fixe. L'accélération d'un point quelconque du solide est la résultante de l'accélération due à la rotation ω, regardée comme constante, et de la vitesse due au vecteur φ considéré comme une vitesse de rotation.

Quand l'axe instantané de rotation est fixe par rapport au solide, il est fixe dans l'espace, et réciproquement.

Le mouvement le plus général d'un solide s'obtient en imprimant à la fois au solide une translation égale à celle de l'un de ses points et une rotation autour de ce point. On trouve à chaque instant un mouvement hélicoïdal (mouvement d'une vis dans son écrou) ; mais la position de l'axe de la vis et le pas de celle-ci varient avec le temps.

13. **Composition des mouvements d'un solide.** — Le problème général à résoudre est le suivant :

Etant donné un ensemble quelconque de translations et de rotations infiniment petites, déterminer un mouvement, aussi simple que possible, tel qu'il donne à lui seul en chaque point du corps, une vitesse identique à la résultante des vitesses dues aux mouvements donnés.

Pour résoudre aisément ce problème, on peut remarquer tout d'abord qu'un couple de rotations ω, $-\omega$ produit en un point quelconque de l'espace une vitesse identique au moment de ce couple et indépendante, par conséquent, de la position du point. Ce couple équivaut donc à une translation ; réciproquement chaque translation peut être remplacée par un couple de rotations. Il suffit par suite de considérer un ensemble de rotations autour d'axes donnés. Chacune d'elles étant représentée par un vecteur, on est ramené au problème général de la réduction d'un système de vecteurs.

Cas particuliers. Des rotations concourantes peuvent être remplacées par une rotation unique, qui est leur résultante géométrique. Des rotations parallèles dont la somme n'est pas nulle se composent en une rotation parallèle égale à leur somme. Une rotation et une translation perpendiculaire se composent en une rotation unique, égale et parallèle à la première.

14. **Mouvement d'un solide au contact d'un solide fixe.** — Le déplacement élémentaire du solide mobile peut être considéré comme résultant : 1°) d'une translation effectuée dans le plan tangent commun, 2°) d'une rotation autour d'une droite du plan tangent, 3°) d'une rotation autour de la normale. Ces trois mouvements s'appellent respectivement : le *glissement*, le *roulement*, le *pivotement*.

CHAPITRE III

DYNAMIQUE DU POINT

15. **Principes fondamentaux.** — Les principes fondamentaux de la dynamique ont été, dans leur ensemble, formulés par Newton. On peut les réduire à trois qui sont le principe de l'inertie, dont l'origine remonte à Kepler; le principe de l'indépendance des effets des forces, aperçu par Galilée; enfin, le principe d'égalité de l'action et de la réaction.

Principe de l'inertie. — L'énoncé donné par Newton est le suivant :

« Tout corps persiste dans l'état de repos ou de mou-
« vement en ligne droite dans lequel il se trouve à moins
« que quelque force n'agisse sur lui et ne le contraigne à
« changer d'état ».

Il faut entendre cet énoncé comme s'appliquant au centre de gravité du système ou bien supposer le corps assez petit pour qu'on puisse faire abstraction de la rotation autour du centre de gravité. Un pareil corps s'appelle un point matériel, et l'on peut alors donner au principe de l'inertie la forme plus mathématique que voici :

Un point matériel qui n'est sollicité par aucune force possède une vitesse constante en grandeur et en direction (vitesse nulle dans le cas particulier du repos).

L'accélération étant la dérivée géométrique de la vitesse, il revient au même de dire qu'en l'absence de toute force l'accélération d'un point matériel est nulle. L'essence des forces étant inconnue, on convient de mesurer la force par son effet, c'est-à-dire par l'accélération imprimée à un point matériel. Supposons pour l'instant que le point matériel parte du repos et prenne un mouvement rectiligne. Nous admettrons que la force est un vecteur mj, égal au produit de l'accélération j par un facteur numérique m. Ce vecteur a la même direction que l'accélération; le point matériel considéré est dit le point d'application de la force.

Principe de l'indépendance. — Quel que soit l'état de repos ou de mouvement d'un point matériel, quelles que soient les forces appliquées à ce point, l'accélération qu'il éprouve est, à chaque instant la somme géométrique des accélérations que produiraient séparément ces diverses forces agissant sur le même point au repos.

En d'autres termes, l'effet d'une force, c'est-à-dire l'accélération, demeure le même en toutes circonstances, et, s'il y a plusieurs forces, leurs effets s'ajoutent indépendamment les uns des autres.

Principe d'égalité de l'action et de la réaction.— Principe énoncé en ces termes par Newton :

« *L'action est toujours égale et opposée à la réaction, c'est-à-dire que les actions de deux corps l'un sur l'autre sont toujours égales et dans des directions contraires* ».

Il faut de nouveau sous-entendre que les corps sont assimilés à des points matériels, ce qui arrive quand leurs dimensions sont très petites vis-à-vis de la distance qui les sépare. Tel est par exemple le cas pour le soleil et une planète ou pour deux planètes. Quand cette condition n'est pas remplie, il faut concevoir chaque corps comme composé par la réunion d'une infinité de points matériels : la loi s'applique alors à chaque couple de points.

Le principe d'égalité de l'action et de la réaction ou, en termes plus brefs, le principe de l'action et de la réaction permet de comparer des forces appliquées à deux points matériels distincts, tandis que ceux de l'inertie et de l'indépendance ne visaient que des forces appliquées à un même point, et l'on est ainsi amené à définir la *masse* d'un point matériel, notion aussi fondamentale en mécanique que celles d'espace et de temps.

16. **Masse.** — Soit F l'action mutuelle de deux points A,B et supposons qu'il n'y ait pas d'autres forces agissant sur ces deux points. Nous savons que l'accélération de A peut être représentée par $\frac{F}{m}$, m désignant un certain coefficient, constant pour le point A. De même l'accélération j' de B est $\frac{F}{m'}$. F étant le même en vertu du principe de l'action et de la réaction, l'on a $mj = m'j'$, c'est-à-dire que les accélérations j, j' des deux points en présence sont dans le rapport $\frac{m'}{m}$.

Appliquons maintenant à A une autre force F_1 et soit j_1 l'accélération correspondante. On a $j_1 = \frac{F_1}{m}$. La même force F_1 appliquée à B lui communiquerait l'accélération $j'_1 = \frac{F_1}{m'}$ et l'on voit que l'on $\frac{j_1}{j'_1} = \frac{j}{j'} = \frac{m'}{m}$. Ainsi les accélérations communiquées par une même force quelconque aux deux points A et B sont toujours dans le même rapport $\frac{m'}{m}$.

Supprimons le point B et remplaçons-le par un autre point matériel C. Soit $\frac{m''}{m}$ le rapport des accélérations éprouvées dans ces conditions par B et C. Un raisonnement identique prouve qu'une même force quelconque appliquée à ces deux points leur communique des accélérations qui sont dans le rapport $\frac{m''}{m'}$.

Enfin, mettons en présence B et C. L'expérience (notamment l'observation des phénomènes astronomiques), montre que, pour ce couple de points, les accélérations sont dans le rapport $\frac{m''}{m}$.

Donc, d'une manière générale :

On peut attribuer à chaque point matériel un coefficient caractéristique m, *tel que l'accélération due à une force* F *ait pour valeur* $\frac{F}{m}$, *quelle que soit la force et quel que soit le point.*

Le coefficient m constitue par définition la masse du point,

Il résulte de ce qui précède, que les masses ne sont définies que par leurs rapports, et que, par suite, l'unité de masse peut être choisie arbitrairement. On peut, si on le préfère, choisir arbitrairement l'unité de force, et l'unité de masse s'en déduit. Dans la mécanique industrielle, on prend généralement pour unité de force le poids du kilogramme, tel qu'il est défini dans le système métrique; les unités de longueur et de temps sont le mètre et la seconde. La valeur numérique de l'accélération due à la pesanteur est alors $g = 9{,}81$. Si P est le poids d'un corps en kilogrammes sa masse est $m = \frac{P}{9.81}$. On obtient l'unité de masse en choisissant P de telle façon que m prenne la valeur *1*. L'unité de masse est donc la masse d'un corps pesant $9^{kg}{,}81$.

Dans le système C. G. S, dont nous n'aurons pas à faire usage dans ce volume, les unités fondamentales sont le centimètre, la seconde et le gramme-masse ; l'unité de force s'en déduit et porte le nom de dyne (c'est à peu près le poids d'un milligramme). Il est logique de prendre comme unité fondamentale l'unité de masse au lieu de l'unité de poids parce que la masse d'un corps donné est invariable tandis que le poids varie avec la latitude et avec l'altitude. De cette manière, aux trois idées primordiales d'espace, de temps, de matière sur lesquelles repose essentiellement la mécanique on fait correspondre trois quantités numériques : la longueur, la durée, la masse.

17. **Quelques définitions.** — *Quantité de mouvement* d'un point. Produit de la masse par la vitesse : mv.

Force vive d'un point. Produit de la masse par le carré de la vitesse : mv^2.

Impulsion élémentaire d'une force. Produit de la force par l'élément de temps : Fdt.

Impulsion d'une force dans un intervalle de temps $t_1 - t_0$. Intégrale des impulsions élémentaires :

$$\int_{t_0}^{t_1} Fdt.$$

Travail élémentaire d'une force. — Produit de la force F par le déplacement ds de son point d'application projeté sur la direction de la force : $Fds \cos (F, ds)$.

Travail d'une force pour un déplacement quelconque de son point d'application : intégrale des travaux élémentaires $\int Fds \cos F, ds$, prise sur la courbe parcourue par le point d'application.

18. **Equations du mouvement.** — Nous supposons jusqu'à nouvel ordre qu'il s'agit d'un point entièrement libre. La dynamique du point matériel est résumée par l'équation fondamentale :

$$mj = F$$

exprimant que les deux vecteurs F et j ont même direction et sont dans le rapport constant m. On peut considérer cette équation en disant qu'il y a équilibre entre les deux vecteurs F et $-mj$. Ce dernier est, par définition, la *force d'inertie*.

En projetant sur trois axes rectangulaires, on obtient, pour représenter le mouvement, trois équations différentielles du second ordre, dont l'intégration introduit six constantes arbitraires : pour déterminer ces six constantes, il faut connaître, à l'instant initial, la position du point et sa vitesse. Si l'on possède, en fonction du temps et de six constantes, l'expression des coordonnées x, y, z, on peut, par de simples dérivations, en déduire les dérivées x', y', z', par rapport au temps. On a ainsi un système de six équations entre x, y, z, x', y', z' et le temps, équations qui renferment six constantes, indépendantes. Eliminant alors cinq constantes, on obtient une relation de la forme

$$f(x, y, z, x', y', z', t) = C,$$

C désignant la constante qui subsiste. Une pareille relation s'appelle une *intégrale du problème*. Il y a six intégrales distinctes, et pas davantage. Si on peut les trouver, le problème est complètement résolu. Il arrive souvent qu'on ne peut en trouver que quelques-unes, dont chacune fait connaître une propriété intéressante du mouvement.

19. **Théorèmes généraux.** — Il existe trois théorèmes généraux déduits des équations du second ordre, et facilitant souvent la recherche des intégrales :

I. *Théorème des quantités de mouvement.* — En projection sur un axe fixe, la variation de la quantité de mouvement dans un temps fini quelconque est égale à l'impulsion de la force.

II. *Théorème du moment de la quantité de mouvement.* La variation du moment de la quantité de mouvement par rapport à un axe fixe est égale à l'intégrale des moments des impulsions élémentaires.

III. *Théorème de la force vive.* — La variation de la force vive est égale au double du travail de la force.

Le théorème de la quantité de mouvement est utile quand la projection de la force sur l'axe considéré dépend uniquement du temps ; si en particulier cette projection est nulle, la projection de la quantité de mouvement est constante.

Le théorème du moment de la quantité de mouvemen s'emploie quand le moment de la force dépend uniquement du temps. Si, en particulier, la force rencontre l'axe considéré, le moment de la quantité de mouvement est constant. On démontre sans peine que si l'on considère un plan perpendiculaire à l'axe, et si l'on joint la trace de l'axe à la projection du point, l'aire dA balayée, dans le temps élémentaire dt, par ce rayon vecteur, multipliée par la masse, est égale à la moitié du moment de la quantité de mouvement multipliée par dt. C'est ce qu'exprime la relation : $\frac{1}{2} m \frac{dA}{dt} = M$, dans laquelle M désigne le moment de la quantité de mouvement. Quand la force rencontre constamment l'axe, M est constant et alors l'aire finie A varie proportionnellement au temps.

Le théorème de la force vive est surtout intéressant quand il existe une *fonction de force*. On dit qu'il y a fonction de force si le travail élémentaire effectué par la force pour un déplacement quelconque du point d'application est la différentielle d'une fonction $\varphi(x, y, z)$ des coordonnées. φ est alors la fonction de force. Quand cette fonction existe, la variation de force vive au bout d'un temps quelconque est égale au double de la variation de la fonction. On appelle *potentiel* la fonction de force changée de signe. D'après cette définition, la somme de la demi force vive et du potentiel est une quantité constante.

20. **Surfaces de niveau.** — En égalant la fonction de force à une constante arbitraire, on obtient une famille de surfaces qui sont les *surfaces de niveau* ou surfaces équipotentielles. La force est normale en chaque point de l'espace à la surface de niveau passant en ce point et dirigée du côté où la fonction de force est croissante. Si l'on considère deux surfaces de niveau infiniment voisines, leur distance est en raison inverse de la grandeur de la force. Il résulte de là que deux surfaces de niveau consécutives ne peuvent se couper sans que la force devienne infinie. Chaque fois qu'un point mobile sous l'action de la force revient à la même surface de niveau, sa vitesse reprend la même grandeur.

21. **Equilibre du point.** — Un point est en équilibre quand il est et demeure au repos. Il faut et il suffit pour cela que la force résultante qui le sollicite soit nulle. S'il y a une fonction de force, les positions d'équilibre sont celles pour lesquelles la fonction a ses dérivées partielles en x, y, z égales à zéro. L'équilibre est stable quand le point

abandonné sans vitesse ou avec une très petite vitesse au voisinage d'une position d'équilibre, demeure indéfiniment au voisinage de cette position. Il est instable dans le cas contraire. S'il existe une fonction de force, l'équilibre est stable ou instable suivant que cette fonction présente un maximum ou un minimum. Il peut arriver que la fonction, tout en ayant ses dérivées nulles, ne présente ni maximum ni minimum : par exemple elle peut être croissante dans certaines directions et décroissante dans d'autres directions. En ce cas, l'équilibre doit être encore regardé comme instable. Parfois la fonction est croissante dans toutes les directions, sauf pour les directions tangentes à certaines lignes ou à certaines surfaces, la fonction demeurant constante le long de ces directions particulières. On est alors dans le cas de l'équilibre indifférent.

22. **Mouvement sur une courbe.**— Lorsqu'un point est assujetti à demeurer sur une courbe, son accélération j diffère à chaque instant de l'accélération j' qu'il prendrait s'il était libre. On peut tenir compte de cette circonstance en adjoignant à la force donnée une force N capable de produire une accélération égale à la différence géométrique $j - j'$. Cette force N, équivalente à la présence de la courbe, s'appelle la *réaction* de la courbe. On admet que si la courbe est parfaitement polie, la réaction lui est normale.

La position du point sur la courbe dépendant d'un seul paramètre, il suffit d'une seule équation pour définir son mouvement. Si la courbe est parfaitement polie, cette équation est fournie par le théorème des forces vives : car, en vertu de l'hypothèse faite sur N, le travail de cette force inconnue est constamment nul. La pression du point sur la courbe est égale à — N ; elle est la résultante de la composante normale de la force donnée et de la *force centrifuge*. Celle-ci est dirigée suivant la normale principale, en sens inverse de la direction allant vers le centre de courbure, et elle a pour valeur $\frac{mv^2}{\rho}$, ρ désignant le rayon de courbure.

Les positions d'équilibre sur la courbe sont celles pour lesquelles la force donnée est normale à la courbe ; l'équilibre est stable quand, dans le voisinage de la position d'équilibre, la composante tangentielle de la force est dirigée vers cette position ; il est instable dans le cas contraire. S'il y a une fonction de force, on peut encore dire que l'équilibre est stable ou instable suivant que cette fonction, étudiée sans quitter la courbe, présente un maximum ou un minimum.

23. **Mouvement sur une surface.** — Lorsqu'un point est assujetti à demeurer au contact d'une surface parfaitement polie, on admet que l'action de cette surface équivaut à une force N dirigée suivant la normale. Il y a ainsi 4 inconnues qui sont les coordonnées x, y, z du point et la réaction N de la surface. Les 3 équations du mouvement d'un point libre et l'équation de la surface fournissent les 4 relations nécessaires.

Les positions d'équilibre sur la surface sont celles pour lesquelles la force donnée est normale à la surface. On trouve au sujet de la stabilité, des résultats analogues à ceux que nous venons d'énoncer à propos d'une courbe.

Menons par le point considéré M trois axes rectangulaires mobiles avec lui et ainsi définis : MT est la tangente à la trajectoire dirigée dans le sens de la vitesse ; MN est la normale à la surface dirigée vers le centre de courbure de la section normale passant par MT ; MP est une perpendiculaire aux deux autres. Si l'on appelle F_t, F_n, F_p les composantes de la force donnée suivant ces trois axes, ρ le rayon de courbure de la section normale, ρ_g le rayon de courbure géodésique de la trajectoire (c'est-à-dire le rayon de courbure de sa projection sur le plan tangent), on peut écrire les trois équations suivantes, dites *équations intrinsèques du mouvement.*

$$m\frac{dv}{dt} = F_t, \qquad \frac{mv^2}{\rho} = F_n + N \qquad \frac{mv^2}{\rho_g} = F_p.$$

Quand, en particulier, il n'y a aucune force appliquée, ces équations montrent que v est constant, que le rayon de courbure géodésique de la trajectoire est infini (ligne géodésique), et que la réaction est égale à $\frac{mv^2}{\rho}$.

24. **Mouvements relatifs.** — Un mouvement est dit relatif quand il est étudié par rapport à des axes mobiles. Le problème du mouvement relatif d'un point se traite par les mêmes méthodes que le problème du mouvement absolu à condition d'adjoindre à la force directement appliquée deux forces fictives, dites forces apparentes, qui sont la *force d'inertie d'entraînement*, et la *force centrifuge composée.*

La force d'inertie d'entrainement s'obtient en multipliant par la masse m et changeant de signe l'accélération que posséderait le point si, à l'instant considéré, il se trouvait relié invariablement aux axes mobiles.

La force centrifuge composée s'obtient en multipliant par m et changeant de signe l'accélération complémentaire. Celle-ci est le double du produit vectoriel (n° 4) de la rotation instantanée et de la vitesse relative.

CHAPITRE IV

STATIQUE DES SYSTÈMES

25. **Liaisons.** — On dit qu'un point est assujetti à certaines *liaisons* lorsque, quelles que soient les forces appliquées, il ne peut se déplacer que d'une certaine manière : par exemple un point posé sur une surface rigide ne peut, par hypothèse traverser cette surface. On appelle force de liaison une force capable de remplacer l'effet de la liaison.

Les liaisons qui se rencontrent en pratique peuvent se ramener aux trois catégories suivantes :

1° Un point est assujetti à se mouvoir sur une courbe ou sur une surface fixe.

2° Deux surfaces sont assujetties à demeurer en contact.

3° Deux points sont assujettis à demeurer à distance invariable l'un de l'autre.

Dans ces trois cas, on vérifie que, si la liaison est respectée, le travail des forces de liaison est nul. Ceci suppose toutefois que pour les deux premières catégories il n'existe pas de frottement. Nous admettrons en outre que les liaisons sont bilatérales, et voici ce qu'on entend par ce mot.

Soit un point posé placé au contact d'une surface. Assimilons ce point à une petite sphère. Si la sphère repose simplement sur la surface, elle ne peut traverser celle-ci, mais rien ne l'empêche de s'en écarter; si, au lieu de cela, la sphère est maintenue par une surface parallèle à la première et telle que l'écartement des deux surfaces soit égal au diamètre de la sphère, celle-ci ne peut se mouvoir que tangentiellement à la surface donnée. Dans le premier cas, la liaison est unilatérale; elle est bilatérale dans le second.

Le caractère général des liaisons bilatérales consiste en ce que tout déplacement élémentaire compatible avec les liaisons peut être changé de signe sans perdre cette propriété.

26. **Théorème du travail virtuel.** — On appelle *déplacement virtuel* d'un point un déplacement imaginé sans s'inquiéter de savoir s'il se produit réellement. On appelle *travail virtuel* d'une force le travail qu'elle produit pour un déplacement virtuel de son point d'application.

Ceci posé, toute la statique des systèmes à liaisons bilatérales et sans frottement est résumée dans l'énoncé suivant :

La condition nécessaire et suffisante pour l'équilibre d'un système est que la somme des travaux des forces directement appliquées à ce système soit nulle pour tout ensemble de déplacements virtuels compatible avec les liaisons.

Cette condition se traduit par l'équation :

$$\Sigma\,(X\delta x + Y\delta y + Z\delta z) = 0$$

dans laquelle X, Y, Z désignent les composantes de la force appliquée au point dont les coordonnées sont x, y, z et δx, δy, δz représentent les composantes du déplacement virtuel de ce point. La sommation est étendue à tous les points du système. Chaque liaison peut être représentée par une équation $f = 0$ dans laquelle f est une fonction des coordonnées des points du système. La condition pour que cette liaison soit respectée est :

$$\sum \left(\frac{\partial f}{\partial x}\delta x + \frac{\partial f}{\partial y}\delta y + \frac{\partial f}{\partial z}\right) = 0.$$

S'il y a k liaisons, on a k conditions de cette nature, et en les joignant à l'équation fournie par le théorème du travail virtuel, on obtient un système de $k+1$ équations entre lesquelles on peut éliminer k quantités δ. Il vient ainsi une équation dont le premier membre est une fraction linéaire de $3n - k$ quantités δ, n étant le nombre des points du système, et comme ces $3n - k$ ne sont plus assujetties à aucune condition, il faut que leurs $3n - k$ coefficients soient nuls. On trouve finalement $3n - k$ équations qui jointes aux k équations de liaison fournissent $3n$ équations entre les $3n$ coordonnées ; et celles-ci sont par conséquent déterminées. Cette méthode analytique est due à Lagrange.

27. **Cas des liaisons unilatérales.** — Quand certaines liaisons sont unilatérales le théorème du travail virtuel fournit pour l'équilibre des conditions nécessaires, mais non plus suffisantes. Après avoir déterminé par ce théorème une position d'équilibre, il reste à calculer les forces de liaison et à s'assurer si elles ont le *sens voulu* pour agir efficacement. Par exemple, quand un point est posé sur une surface, il faut, pour l'équilibre, que la réaction de la surface soit dirigée vers le côté où se trouve le point.

Liaisons avec frottement. — Quand certaines liaisons sont affectées de frottements, le théorème des travaux virtuels ne demeure vrai qu'à condition de tenir compte des travaux virtuels des forces de frottement, forces qui ne sont pas données *à priori*, de sorte qu'on ne peut plus trouver par cette voie les conditions d'équilibre.

Liaisons non holonomes. — La théorie qui précède laisse également de côté le cas de certaines liaisons, appelées par Hertz non holonomes, dont l'exemple le plus simple est fourni par une surface assujettie à rouler et pivoter sans glisser au contact d'une surface fixe. Ce genre de liaison suppose l'action d'une force tangentielle qu'on obtient, en pratique, à l'aide d'un frottement suffisant. Si la liaison est respectée, c'est-à-dire s'il n'y a pas de glissement, le travail virtuel de cette force tangentielle est nul. Le théorème du travail virtuel demeure vrai; mais la liaison ne peut plus être exprimée par une équation $f = 0$ dans laquelle f renferme sous forme finie les coordonnées des points du système. Pour exprimer qu'il n'y a pas glissement, il faut exprimer que le glissement élémentaire est d'un ordre infinitésimal supérieur à celui des variations virtuelles δx, δy, δz. Nous n'insisterons pas davantage sur cette difficulté.

28. **Systèmes pesants.** — Quand les seules forces appliquées à un système sont les poids de ses éléments, le théorème du travail virtuel donne immédiatement la condition d'équilibre sous la forme suivante : il faut et il suffit que le déplacement virtuel du centre de gravité soit nul. Pour la stabilité de l'équilibre, il faut et il suffit que le centre de gravité soit le plus bas possible. Si le système peut prendre une infinité de positions dans lesquelles la hauteur du centre de gravité ne change pas, l'équilibre est

indifférent : tel est le cas d'une sphère, d'un cylindre, d'un cône homogènes posés sur un plan horizontal.

29. **Equilibre d'un solide.** — Le théorème du travail virtuel donne également, sans difficulté, les conditions d'équilibre d'un corps solide parfaitement rigide. Ces conditions sont les suivantes :

Solide entièrement libre. — Les forces appliquées doivent former un système de vecteurs équivalent à zéro.

Solide ayant un point fixe. — La somme des moments des forces par rapport au point fixe doit être nulle.

Solide ayant deux points fixes. — La somme des moments des forces par rapport à la droite joignant les deux points fixes doit être nulle.

Solide en contact avec un plan fixe. — La somme des projections des forces sur une droite quelconque du plan fixe et la somme des moments des forces par rapport à une normale quelconque au plan fixe doivent être nulles. Ces conditions sont suffisantes si la liaison du solide avec le plan est bilatérale, comme cela arriverait, par exemple, au contact d'un bloc de fer avec un plan fortement aimanté. Si aucune liaison ne s'oppose à la séparation du corps et du plan, il y a une condition supplémentaire à remplir. Soit par exemple un corps pesant reposant sur un plan horizontal. Supposons que le nombre des points de contact soit fini ; nous pouvons former un polygone convexe dont tous les sommets soient des points de contact, et tel que les autres points de contact, s'il en existe, soient intérieurs à son contour : c'est ce qu'on nomme le polygone d'appui. Pour que le corps soit en équilibre, il faut et il suffit que la verticale du centre passe à l'intérieur du polygone.

Les réactions des appuis se déterminent, dans les divers cas qui précèdent, en supposant ces réactions appliquées au corps, ce qui permet de considérer celui-ci comme entièrement libre, et écrivant alors les six équations d'équilibre d'un solide libre. Il peut arriver que le nombre des inconnues surpasse celui des équations qui les renferment, et alors le problème se présente sous forme indéterminée. C'est ainsi que, dans le cas du corps pesant qui repose sur un plan horizontal, les réactions du plan ne peuvent être déterminées par cette méthode dès que le nombre des points d'appui dépasse trois. Nous verrons ultérieurement comment disparait cette indétermination dans le cas des solides naturels.

30. **Equilibre des systèmes articulés.** — On entend par système articulé un ensemble de solides reliés par des articulations cylindriques ou sphériques. L'articulation cylindrique est une liaison telle que le mouvement relatif de deux corps entre lesquels existe cette articulation soit une rotation autour d'une droite déterminée. L'articulation est sphérique si la rotation autour d'une droite est remplacée par une rotation autour d'un point.

La disposition la plus simple est celle dans laquelle les corps sont placés les uns à la suite des autres comme les maillons d'une chaine. Admettons pour fixer les idées que toutes les articulations soient cylindriques et que, de plus, il n'y ait aucune liaison extérieure au système. Alors les conditions nécessaires et suffisantes pour l'équilibre sont les suivantes :

1° Les forces appliquées à l'ensemble doivent vérifier les six conditions d'équilibre d'un corps solide.

2° Les forces appliquées d'un même côté d'une articulation doivent avoir la somme de leurs moments nulle par rapport à l'axe de cette articulation.

Si certaines articulations cylindriques sont remplacées par des articulations sphériques, la seule modification dans les conditions d'équilibre consiste en ce que, pour ces articulations, la somme des moments par rapport à un axe est remplacée par la somme des moments par rapport à un point.

31. **Equilibre des systèmes flexibles.** — Lorsqu'un fil est en équilibre sous l'action de deux forces appliquées à ses extrémités, ces forces sont égales et sont dirigées suivant son prolongement. Soit F leur valeur commune ; si l'on brise le fil en un point, il faut, pour maintenir l'équilibre de chaque fragment, appliquer à sa nouvelle extrémité une force T, égale à F, qu'on appelle la *tension* du fil.

On entend par *polygone funiculaire* un fil flexible soumis à des forces données, qui agissent en certains points seulement du fil. Entre deux points d'application consécutifs le fil reste droit, et par conséquent la forme d'équilibre est nécessairement polygonale.

Une construction graphique très simple, connue sous le nom de polygone de Varignon, permet d'obtenir aisément cette forme d'équilibre. Elle consiste à faire, à partir d'une origine arbitraire, l'addition géométrique des forces, qu'on suppose données en grandeur et en direction. Ces forces devant avoir une résultante nulle, le polygone de Varignon est fermé, et l'origine choisie est l'un de ses sommets. En la joignant aux autres sommets on a une suite de droites qui sont parallèles aux côtés de la figure d'équilibre. De plus, la longueur de chacune de ces droites mesure la tension du côté correspondant de la figure d'équilibre.

32. **Courbe funiculaire.** — Si l'on suppose que les points d'application des forces agissant sur un fil en équilibre se rapprochent indéfiniment les uns des autres, le polygone funiculaire a pour limite une *courbe funiculaire.*

La tension en un point quelconque A de cette courbe est la résultante de la tension en un autre point quelconque B et de la somme géométrique des forces appliquées aux éléments de l'arc AB. En partant de cette remarque, il est facile d'écrire les équations de la courbe funiculaire. Appelons T la tension, s l'arc compté à partir d'une origine arbitraire, Xds, Yds, Zds les composantes rectangulaires de la force extérieure appliquée à l'élément ds. Nous avons :

$$d\left(T\frac{dx}{ds}\right) + Xds = 0,$$

$$d\left(T\frac{dy}{ds}\right) + Yds = 0,$$

$$d\left(T\frac{dz}{ds}\right) + Zds = 0.$$

La force extérieure Fds est située dans le plan osculateur correspondant à son point d'application. Si l'on désigne par F_t et F_n les projections de F sur la tangente et sur la normale principale et ρ le rayon de courbure, on obtient les deux relations :

$$\frac{dT}{ds} + F_t = 0 \qquad \frac{T}{\rho} + F_n = 0$$

qui sont dites les équations intrinsèques de l'équilibre.

Applications. — Un fil tendu sur une surface parfaitement polie possède une tension constante et prend la forme d'une ligne géodésique. La pression sur la surface varie en raison inverse de ρ, qui est alors le rayon de courbure de la section faite dans la surface par le plan normal contenant la tangente au fil.

Un fil pesant homogène a pour figure d'équilibre la courbe plane appelée *chainette*. L'équation de cette courbe peut toujours, par un choix convenable des axes, se mettre sous la forme :

$$y = \frac{a}{2}\left(e^{\frac{x}{a}} + e^{-\frac{x}{a}}\right)$$

a désignant une longueur qui est dite le *paramètre* de la chainette. La projection horizontale de la tension est constante ; sa projection verticale est égale au poids de la portion de fil comprise entre le point considéré et le point le plus bas. La tension elle-même varie proportionnellement à la hauteur.

33. **Statique des fluides.** — L'hydrostatique a pour objet la recherche des conditions d'équilibre des fluides parfaits. On dit qu'un fluide est parfait quand toute déformation d'une masse quelconque de ce fluide, effectuée sans changement de volume, n'entraine aucun travail des forces intérieures. (Voir ci-après n° 36.) Si l'on isole par la pensée une masse de forme arbitraire, chaque élément superficiel $d\sigma$ de cette masse éprouve, de la part du fluide ambiant, des actions dont la résultante est normale à $d\sigma$ et proportionnelle à cette aire infiniment petite. Représentons la par $pd\sigma$. p est une quantité finie qui s'appelle la pression du fluide. On démontre qu'en chaque point du

fluide la pression est indépendante de l'orientation de la surface $d\sigma$ sur laquelle elle s'exerce : c'est une fonction dépendant uniquement des coordonnées du point.

Soient Xdm, Ydm, Zdm les composantes de la force extérieure appliquée à la masse élémentaire dm au point dont les coordonnées sont x, y, z, et soit ρ la densité du fluide en ce point. Les équations d'équilibre sont :

$$\frac{\partial p}{\partial x} = \rho X \qquad \frac{\partial p}{\partial y} = \rho Y \qquad \frac{\partial p}{\partial z} = \rho Z.$$

On en déduit que l'expression

$$\rho\,(Xdx + Ydy + Zdz)$$

est une différentielle exacte, autrement dit que

$$Xdx + Ydy + Zdz$$

admet un facteur d'intégrabilité égal à la densité ρ. Quand il existe une fonction φ des forces extérieures l'on a

$$Xdx + Ydy + Zdz = d\varphi$$

d'où

$$dp = \rho d\varphi.$$

Les surfaces d'égale pression sont donc les surfaces de niveau $\varphi = \text{const}$: elles sont partout normales aux forces.

Dans le cas d'un fluide soumis uniquement à l'action de la pesanteur, l'on a $d\varphi = gdz$ et $dp = \rho gdz$. Pour un liquide ρ est constant, et l'on trouve alors

$$p = \rho gz + \text{const.}$$

ou bien

$$p = \varpi z + \text{const.}$$

en appelant ϖ le poids spécifique. Pour un gaz de température constante, la pression est proportionnelle à la densité. Soit k le rapport constant $\frac{p}{\rho}$. La formule devient :

$$dp = \frac{g}{k} pdr$$

d'où en appelant p_0 la pression pour $r = 0$:

$$p = p_0 e^{\frac{gr}{k}}.$$

Cette relation est le principe du nivellement barométrique (quand on néglige la variation d'intensité de la pesanteur avec l'altitude).

34. **Pression sur une paroi.** — La pression d'un liquide pesant sur une paroi solide de forme quelconque équivaut à une résultante, appliquée en un point arbitraire, et à un couple. Si la paroi forme une surface fermée, l'ensemble des pressions exercées sur la surface admet une résultante, égale et opposée au poids, appliquée au centre de gravité de la masse comprise dans cette surface (principe d'Archimède) : ce point d'application est le *centre de poussée*.

Dans le cas d'une paroi plane les pressions admettent toujours une résultante dont la grandeur est égale au poids d'un cylindre liquide ayant pour base l'aire de la paroi et pour hauteur la distance du centre de gravité de cette paroi au plan de charge (plan pour lequel la pression est nulle). Le point d'application de la résultante est en un point, appelé centre de pression, qui est situé plus bas que le centre de gravité de la paroi.

35. **Equilibre des corps flottants.** — Lorsqu'un corps flotte à la surface d'un liquide, le centre de gravité G de ce corps et le centre de poussée C du volume déplacé se placent sur la même verticale ; la ligne qui joint ces deux points est par conséquent nomale au plan de flottaison. Si l'on considère tous les plans P partageant le volume total dans le même rapport que le plan de flottaison, l'enveloppe de ces plans est une certaine surface S qu'on appelle la surface des centres d'égale carène. A chaque normale abaissée sur cette surface à partir du centre de gravité du corps correspond une position possible de la ligne GC : il suffit de placer cette normale verticalement et d'enfoncer le corps jusqu'à ce que le plan P correspondant se trouve au niveau de la surface du liquide, pour obtenir une position d'équilibre. Mais la plupart des positions qu'on trouve de cette manière ne sont pas stables.

CHAPITRE V

DYNAMIQUE DES SYSTÈMES DE POINT LIBRE

36. **Forces centrales.** — D'après le principe de l'action et de la réaction, deux points matériels quelconques exercent l'un sur l'autre deux forces égales dirigées suivant la ligne qui joint ces points, et de sens opposés. On admet que cette action mutuelle est uniquement fonction de la distance et n'est pas modifiée par la présence d'autres points matériels. Helmholtz a donné aux forces élémentaires ainsi définies le nom de *forces centrales*.

Forces extérieures et forces intérieures. — Considérons un point quelconque du système donné. Il est soumis à deux espèces de forces. Les unes, provenant des points étrangers au système, s'appellent les *forces extérieures*. Les autres, provenant des points qui font partie du système, sont dites *forces intérieures*. Les forces intérieures sont deux à deux égales et directement opposées ; il en résulte qu'elles forment un ensemble de vecteurs équivalent à zéro. Il en résulte aussi que, si le système est en équilibre, les forces extérieures vérifient les six conditions d'équilibre d'un solide ; mais ces conditions ne sont généralement pas suffisantes pour qu'il y ait équilibre.

On dit que des forces appliquées au système admettent une fonction si la somme des travaux élémentaires de ces forces est égale à la différentielle totale d'une fonction des coordonnées de points. On appelle potentiel la fonction des forces changée de signe. Les forces intérieures admettent toujours un potentiel ; on admet que ce potentiel est une fonction uniforme des coordonnées, c'est-à-dire qu'il reprend la même valeur chaque fois que tous les points reprennent les mêmes positions.

37. **Intégrales.** — Le mouvement d'un système de n points libres est défini par $3n$ équations différentielles du second ordre dont l'intégration introduit $6n$ constantes arbitraires permettant de se donner arbitrairement les positions et les vitesses initiales finies. La solution peut être représentée par un ensemble de $3n$ équations donnant, en fonction des temps et des $6n$ constantes, les valeurs des $3n$ coordonnées. On en déduit, par différentiation les dérivées des coordonnées, ce qui donne $3n$ nouvelles équations. Eliminant ensuite toutes les constantes sauf une, on obtient une relation de la forme :

$$\varphi(x_1, y_1, z_1, x_2, y_2, z_2, \dots x_n, y_n, z_n, t) = C$$

dans laquelle C est une constante arbitraire. Une pareille relation s'appelle une *intégrale* du problème. Il y a $6n$ intégrales distinctes, et pas davantage. Chaque intégrale fait connaître une propriété intéressante du mouvement. Les théorèmes suivants servent souvent à trouver des intégrales.

38. **Théorèmes généraux de la dynamique.**

I. Théorème des quantités de mouvement. *La dérivée de la somme des quantités de mouvement projetées sur un axe fixe est égale à la somme des projections des forces extérieures.*

Ce théorème a un corollaire qui constitue le théorème du mouvement du centre de gravité :

Théorème du mouvement du centre de gravité. *Le centre de gravité se meut comme un point ayant pour masse la somme des masses des points du système et soumis à la résultante de translation des forces extérieures.*

II. Théorème du moment cinétique. L'expression : *moment cinétique* est synonyme de : *somme des moments des quantités de mouvement.* Le théorème dont il s'agit s'énonce ainsi :

La dérivée, par rapport au temps, du moment cinétique relatif à un axe fixe quelconque est égale à la somme des moments des forces extérieures par rapport à cet axe.

Quand, en particulier, les forces extérieures ont un moment nul par rapport à un axe, le moment cinétique correspondant est constant. Ce résultat équivaut au *théorème des aires*, dont voici l'énoncé :

Théorème des aires. *Si la somme des moments des forces extérieures est nulle par rapport à un axe fixe et si l'on joint un point fixe de cet axe aux divers points du système, les aires décrites, en projection sur un plan perpendiculaire à l'axe, par ces rayons vecteurs, multipliées par les masses correspondantes, ont une somme qui varie proportionnellement au temps.*

Dans cet énoncé une aire est regardée comme positive ou négative suivant que la projection du rayon vecteur tourne dans le sens positif ou dans le sens négatif.

Parmi tous les plans passant par un même point fixe, il existe à chaque instant un plan pour lequel la somme des aires, définie comme ci-dessus, est plus grande que pour tous les autres. C'est ce qu'on appelle le *plan du maximum des aires* relatif au point considéré. Ce plan est perpendiculaire à l'axe résultant du moment cinétique. Quand les forces extérieures ont un moment résultant nul par rapport au point fixe considéré, le plan du maximum des aires est invariable.

Théorèmes de Résal. Ces théorèmes sont de simples interprétations du théorème des quantités de mouvement et de celui du moment cinétique. Voici leurs énoncés :

La vitesse de l'extrémité de la résultante des quantités de mouvement est identique à la résultante des forces extérieures.

La vitesse de l'extrémité du moment cinétique par rapport à un point fixe est identique au moment résultant des forces extérieures.

III. Théorème des forces vives. *L'accroissement élémentaire de la demi-force vive du système est égal à la somme des travaux élémentaires de toutes les forces.*

Il faut faire bien attention qu'ici les forces intérieures ne disparaissent pas, du moins en général.

Corollaire. *Quand il existe un potentiel pour l'ensemble des forces la somme de la demi-force vive et du potentiel est constante.*

Le théorème des forces vives permet de discuter les conditions d'équilibre d'un système soumis à des forces admettant un potentiel. La condition de stabilité de l'équilibre est que le potentiel soit minimum. Ce résultat comporte les mêmes restrictions que dans la dynamique du point.

39. **Emploi d'axes de direction fixe issus du centre de gravité.** — Avec de pareils axes, le théorème des quantités de mouvement projetées sur un axe n'apprend

rien : on constate simplement que cette projection est identiquement nulle. *Le théorème du moment cinétique et le théorème de la force vive subsistent sans modification.* Ajoutons que la force vive du système est égale à la force vive évaluée dans le mouvement relatif, augmentée de la force vive du centre de gravité.

On peut tirer de là les conséquences suivantes. On sait déjà que quelles que soient les actions développées par les forces intérieures, elles sont sans influence sur le mouvement du centre de gravité. Elles sont également incapables de modifier le moment cinétique par rapport à cet axe. Si, par exemple, un animal est abandonné, sans vitesse initiale, à l'action de la pesanteur, la somme des aires décrites, en projection sur un plan fixe quelconque, par les rayons vecteurs issus du centre de gravité est nulle. Néanmoins, il ne faut pas en conclure, comme on serait porté à le faire, que l'animal est incapable de se retourner. De même un homme peut pivoter sur la glace, lors même que celle-ci est parfaitement polie : s'il lève le bras en l'air, et décrit indéfiniment avec son poing une courbe fermée, son corps tourne en sens inverse d'un mouvement continu.

40. **Energie des systèmes.** — Nous avons vu que les forces intérieures sont considérées comme admettant un potentiel uniforme. Désignons celui-ci par U.

Si ΔT est la demi variation de force vive du système dans le passage d'une position à une autre et si Θ est le travail correspondant des forces extérieures, le théorème des forces vives donne :

$$\Delta T = \Theta - \Delta U$$

ou bien, en posant $T + U = H$

$$\Delta H = \Theta.$$

On appelle :

Energie cinétique la demi force vive T ;

Energie potentielle le potentiel U des forces intérieures ;

Energie totale ou simplement *énergie* la somme

$$H = T + U.$$

D'après cela : *la variation de l'énergie est égale au travail des forces extérieures*. S'il n'y a pas de forces extérieures, l'énergie est constante : c'est le *principe de conservation de l'énergie*.

L'énergie d'un système apparaît ainsi comme une sorte de réservoir de travail.

Pour étendre aux systèmes naturels ce principe de mécanique rationnelle, il est nécessaire d'admettre qu'aux deux formes, cinétique et potentielle, de l'énergie peuvent s'adjoindre d'autres formes révélées par les observations physiques et considérées comme équivalentes, telles que : l'énergie thermique, l'énergie électrostatique, etc., et que de même le travail reçu de l'extérieur peut arriver sous forme de chaleur, d'électricité, etc.

41. **Petits mouvements.** — Soit un système de n points libres soumis à des forces admettant un potentiel U. Si ce système est légèrement écarté d'une position d'équilibre stable, chacun des points se met à osciller. Le mouvement général du système peut être considéré comme résultant de la superposition de $3n$ *mouvements simples* définis de la manière suivante : Dans chaque mouvement simple, tout point du système présente une oscillation

rectiligne, pour laquelle le déplacement est une fonction sinusoïdale du temps ; les déplacements de tous les points s'effectuent synchroniquement. La force vive du système est la somme des forces vives dues aux $3n$ mouvements simples.

Admettons maintenant qu'en dehors des forces définies par le potentiel U, chaque point soit sollicité par une petite force perturbatrice de direction constante proportionnelle à sin ωt, ω étant une constante, la même pour tous les points. Si la période $\frac{2\pi}{\omega}$ diffère de celles de tous les mouvements simples du système, l'action des forces perturbatrices se traduit par un nouveau mouvement simple de période $\frac{2\pi}{\omega}$ qui se superpose aux $3n$ premiers. Mais si $\frac{2\pi}{\omega}$ se rapproche de l'une des périodes de ceux-ci, la stabilité se trouve détruite : quelque petites que soient les forces perturbatrices, l'amplitude des mouvements tend à augmenter démesurément.

CHAPITRE VI

DYNAMIQUE GÉNERALE DES SYSTÈMES A LIAISONS

42. **Principe de d'Alembert.** — On appelle, d'une manière générale *force d'inertie* d'un point une force égale et opposée à son accélération multipliée par sa masse.

Ce principe de d'Alembert consiste en ce que :

« *Il y a à chaque instant équilibre, en vertu des liaisons, entre les forces appliquées au système et les forces d'inertie* ».

On peut dès lors appliquer à la dynamique le théorème du travail virtuel à condition de tenir compte des forces d'inertie : la somme des travaux des forces données et des forces d'inertie est nulle, à chaque instant, pour tout ensemble de déplacements virtuels compatibles avec les liaisons.

Il importe de bien comprendre que ces déplacements virtuels, purement fictifs, n'ont aucun rapport avec le mouvement réel du système. Ils sont uniquement astreints à la condition de donner, comme en statique, une valeur nulle pour la somme des travaux des forces de liaison.

Comme la direction de chaque force de liaison dépend uniquement de la position actuelle de cette liaison, l'équilibre fictif résultant du principe de d'Alembert a lieu en vertu des liaisons regardées comme immobiles à l'instant considéré.

En se reportant à ce qui a été dit à propos de la statique,

on reconnait que l'équation générale de la dynamique est :

$$\sum \left[\left(X - m\frac{d^2x}{dt^2}\right)\delta x + \left(Y - m\frac{d^2y}{dt^2}\right)\delta y + \left(Z - m\frac{d^2z}{dt^2}\right)\delta z\right] = 0.$$

Les conditions fournies par les liaisons conservent la forme :

$$\sum \left(\frac{\partial f}{\partial x}\delta x + \frac{\partial f}{\partial y}\delta y + \frac{\partial f}{\partial z}\delta z\right) = 0$$

lors même que la fonction f renferme explicitement le temps. L'élimination des quantités δ se fait exactement comme en statique, et conduit à $3n$ équations déterminant en fonction du temps les $3n$ inconnues x, y, z.

On voit que, par ce procédé, les équations du mouvement s'obtiennent avec la même facilité que les conditions d'équilibre. Mais les équations auxquelles on parvient renferment les dérivées secondes des inconnues, de sorte que le problème est loin de se trouver résolu. La grosse difficulté de la dynamique, difficulté le plus souvent insurmontable, réside dans l'intégration de ces équations différentielles.

43. **Application des théorèmes généraux aux systèmes à liaisons.** — Les théorèmes généraux concernant les systèmes de points libres s'étendent aux systèmes à liaison, en remplaçant celles-ci par les forces de liaison correspondantes. Dans le théorème des quantités de mouvement et dans le théorème du moment cinétique, les liaisons intérieures, ne donnant lieu qu'à des forces intérieures, n'interviennent en aucune façon ; mais il n'en est pas de même des liaisons extérieures au système. Dans le

théorème des forces vives n'interviennent que les liaisons représentées par des équations qui renferment *explicitement* le temps.

44. **Percussions.** — On entend par force de percussion une force infiniment grande agissant pendant un temps infiniment court, de façon à imprimer à son point d'application une variation finie de vitesse, sans déplacer sensiblement ce point. Soit par exemple une force $\frac{ma}{\theta}$ de grandeur et de direction constantes, agissant pendant un temps donné θ sur un point libre de masse m placé d'abord au repos. La vitesse acquise au bout du temps θ est a et le chemin parcouru est $\frac{1}{2}a\theta$. Conservons à a une valeur déterminée et faisons tendre θ vers zéro. Nous obtenons à la limite une force de percussion.

En toute rigueur, il n'existe pas dans la nature de forces de percussion. Mais on conçoit que, dans certains cas, une force très grande puisse posséder *approximativement* les propriétés d'une pareille force, c'est-à-dire qu'elle fasse varier d'une quantité finie la vitesse de son point d'application dans un laps de temps assez court pour que, pendant ce temps, la position du point ne change pas sensiblement. Cette propriété subsiste lors même que le point serait déjà en mouvement au moment où il reçoit l'action de la force de percussion : car, vu la brièveté de cette action, la vitesse antérieurement acquise ne se traduit que par un déplacement négligeable, pourvu toutefois qu'elle ne soit pas trop grande.

Considérons un système en mouvement et appliquons à l'un de ses points une force de percussion. Nous pouvons, pendant la durée très courte de la pression, regarder le système comme immobile et négliger en outre l'effet des autres forces, qui sont incomparablement moins grandes. Le problème se trouve ainsi fortement simplifié.

Le théorème des quantités de mouvement, appliqué à un point libre qui reçoit une percussion, montre que la variation de la quantité de mouvement de ce point est égale à l'impulsion de la force de percussion. Pour abréger le langage, on appelle simplement « percussion » l'impulsion d'une force de percussion.

45. **Equation générale de la théorie des percussions.** — Si l'on écrit l'équation générale de la dynamique :

$$\sum\left[\left(X-m\frac{d^2x}{dt^2}\right)\delta x+\left(Y-m\frac{d^2y}{dt^2}\right)\delta y+\left(Z-m\frac{d^2z}{dt^2}\right)\delta z\right]=0$$

et si on l'intègre pour la durée θ d'une percussion, en considérant δx, δy, δz comme constants, ce qui est permis, puisque les liaisons ne se déplacent pas sensiblement, on est conduit au théorème suivant :

A l'instant où agissent des percussions, il y a équilibre, en vertu des liaisons du système entre ces percussions et les variations des quantités de mouvement, prises en changeant leur signe.

Le théorème des quantités de mouvement et celui du moment cinétique s'étendent aisément aux percussions; les percussions intérieures disparaissent d'elles-mêmes. On trouve ainsi qu'en projection sur un axe la variation de la somme des quantités de mouvement est égale à la somme des percussions extérieures et que par rapport à un axe la variation du moment cinétique est égale à la somme des moments des percussions extérieures.

46. **Théorème de Carnot.** — Le théorème des forces vives est d'une application plus difficile, parce qu'on n'a généralement aucune indication sur le travail des forces de percussion. Mais un théorème remarquable, dû à Carnot, permet souvent de tourner la difficulté. Il concerne le cas où, sans appliquer de percussions extérieures, on se borne à introduire brusquement de nouvelles liaisons. Ces liaisons développent des percussions intérieures qui produisent un travail négatif, entrainant une perte de force vive. Le théorème de Carnot fait connaitre cette perte. Voici son énoncé :

Quand on ajoute brusquement dans un système des liaisons persistantes, il y a une perte de force vive égale à la force vive qui correspond aux vitesses perdues ou gagnées.

La vitesse perdue ou gagnée par un point du système est, par définition, le vecteur qui, composé avec la vitesse initiale, donne la vitesse finale.

Le théorème de Carnot peut être généralisé dans les termes suivants :

La perte de force vive est égale à la force vive correspondante aux vitesses perdues ou gagnées, diminuée de deux fois le travail des percussions, évalué en supposant que chacune d'elles agisse pendant l'unité de temps sur son point d'application, animé de sa vitesse finale.

47. **Equations de Lagrange.** — On doit à Lagrange un procédé en quelque sorte automatique pour écrire les équations du mouvement d'un système comportant des liaisons sans frottement. S'il y a $3n$ coordonnées et k liaisons, on peut, au moyen des équations de liaison, exprimer toutes les coordonnées en fonction de $3n - k$

variables indépendantes $q_1, q_2, q_3 \ldots q_r$ $(r = 3n - k)$; le nombre r s'appelle le degré de liberté du système. Soit $2\mathrm{T}$ la force vive. Soit $\mathrm{Q}\delta q$ le travail développé par les forces quand l'un des paramètres q éprouve la variation virtuelle δq, les autres paramètres demeurant constants. Les équations de Lagrange sont :

$$\frac{d}{dt}\left(\frac{\partial \mathrm{T}}{\partial q'}\right) - \frac{\partial \mathrm{T}}{\partial q} = \mathrm{Q}.$$

Il y a r équations de cette nature. $\frac{\partial \mathrm{T}}{\partial q'}$, $\frac{\partial \mathrm{T}}{\partial q}$ sont les dérivées *partielles* de T par rapport à q' et à q. $\frac{d}{dt}\left(\frac{\partial \mathrm{T}}{\partial q'}\right)$ est la dérivée *totale* par rapport au temps de $\frac{\partial \mathrm{T}}{\partial q'}$. Ces équations ne sont applicables que dans le cas des liaisons holonomes.

Au moyen des équations de Lagrange, on étend aisément au cas des systèmes à liaisons les théorèmes concernant les petits mouvements d'un système de points libres (n° 41). La seule différence est que le nombre des mouvements simples, au lieu de s'élever à $3n$, est égal au degré de liberté du système.

Les équations de Lagrange peuvent s'étendre au cas des forces de percussion. Elles prennent alors la forme très simple :

$$\Delta\left(\frac{\partial \mathrm{T}}{\partial q'}\right) = \mathrm{P}$$

en appelant $\Delta\left(\frac{\partial \mathrm{T}}{\partial q'}\right)$ la variation éprouvée par $\frac{\partial \mathrm{T}}{\partial q'}$ dans la durée θ de la percussion considérée et désignant par P l'intégrale $\int_t^{t+\theta} \mathrm{Q}dt$.

CHAPITRE VII

DYNAMIQUE DES SOLIDES INVARIABLES

48. **Moments d'inertie.** — Etant donné un ensemble quelconque de points matériels, on appelle *moment d'inertie* par rapport à une droite la somme des produits de chaque masse élémentaire par le carré de sa distance à la droite. On appelle *rayon de gyration* la longueur dont le carré est égal au moment d'inertie divisé par la masse.

Si toutes les masses élémentaires sont transportées sur la surface d'un cylindre ayant pour axe la droite considérée et pour rayon le rayon de gyration, le moment d'inertie n'est pas modifié.

Le moment d'inertie par rapport à une droite quelconque est égal au moment d'inertie par rapport à une parallèle menée par le centre de gravité augmenté du produit de la masse totale par le carré de la distance des deux droites.

Les moments relatifs aux droites passant par un point donné O sont donnés par la formule :

$$I = A\alpha^2 + B\beta^2 + C\gamma^2 - 2D\beta\gamma - 2E\gamma\alpha - 2F\alpha\beta$$

dans laquelle I est le moment relatif à la droite ayant α, β, γ pour cosinus directeurs. A, B, C, D, E, F sont six quantités dépendant de la position du point ; les trois premières sont les moments d'inertie par rapport à des parallèles aux axes.

Si l'on porte sur la direction de la droite, à partir du point O, une longueur

$$OP = \frac{1}{\sqrt{I}},$$

le lieu de P est un ellipsoïde appelé *ellipsoïde d'inertie*. En prenant comme directions d'axes les directions principales de cet ellipsoïde, on fait disparaître D, E, F et l'on a simplement :

$$I = A\alpha^2 + B\beta^2 + C\gamma^2.$$

Ces directions sont dites directions principales d'inertie au point O ; les valeurs correspondantes de A, B, C sont les moments principaux d'inertie. Ces moments vérifient les inégalités :

$$A < B + C, \qquad B < C + A, \qquad C < A + B.$$

Les axes principaux d'inertie relatifs au centre de gravité s'appellent *axes centraux*.

49. **Rotation d'un solide autour d'un axe fixe.** — Si I désigne le moment d'inertie du solide relativement à l'axe fixe et ω la vitesse de rotation, le moment cinétique a pour valeur $I\omega$. Si donc L est le moment résultant des forces extérieures, on a la relation :

$$I\frac{d\omega}{dt} = L.$$

La position du corps peut être à chaque instant définie par l'angle θ que forment deux plans menés par l'axe, l'un fixe et l'autre lié au corps. Alors :

$$\omega = \frac{d\theta}{dt}.$$

L est une fonction qui peut dépendre de θ, de t, de $\frac{d\theta}{dt}$. L'équation générale du mouvement est donc de la forme :

$$I\frac{d^2\theta}{dt^2} = F\left(\theta,\ t,\ \frac{d\theta}{dt}\right).$$

Les pressions sur l'axe se déterminent par le même procédé qu'en statique ; mais elles dépendent ici des forces d'inertie. Si le solide n'est soumis à aucune force extérieure, et si l'axe de rotation est axe principal d'inertie pour l'un de ses points, A, les forces d'inertie sont équivalentes à une force passant en A, de sorte qu'en pareil cas l'axe n'éprouve de pression qu'au point A. On conclut de là qu'il suffit de fixer ce point pour que le solide, animé d'une rotation initiale autour de l'axe considéré, continue à tourner indéfiniment autour du même axe. C'est pourquoi les axes principaux d'inertie passant par un point fixe du corps sont appelés *axes permanents de rotation.* Si de plus, le point A est le centre de gravité, il n'est même pas nécessaire de fixer ce point, qui n'est soumis à aucun effort. En d'autres termes, un solide libre, qui n'est soumis à aucune force, et qui est lancé de manière à tourner, à l'instant initial, autour de l'un des axes d'inertie principaux relatifs au centre de gravité continue à tourner autour du même axe. On exprime cette propriété en disant que les axes d'inertie principaux relatifs au centre de gravité sont les *axes naturels de rotation.*

Quelles que soient les forces extérieures appliquées à un solide tournant autour d'un axe fixe, les conditions nécessaires et suffisantes pour que les forces d'inertie soient réductibles à une résultante unique sont que l'axe ne passe pas au centre de gravité et soit principal en l'un de ses points, A. La résultante des forces d'inertie est alors située dans le plan mené par A perpendiculairement à l'axe et rencontre le plan méridien contenant le centre de gravité en un point P qui est dit le *centre de percussion*. Ce point est situé à une distance de l'axe égale à $a + \frac{k^2}{a}$, a désignant la distance du centre de gravité à l'axe et k, le rayon de gyration relatif à la parallèle à l'axe menée par le centre de gravité.

Quand l'axe de rotation passe au centre de gravité, les forces d'inertie sont équivalentes à un couple dont le plan est perpendiculaire à l'axe.

50. **Effet d'une percussion.** — Supposons qu'un solide animé au temps t d'une vitesse angulaire ω autour d'un axe fixe reçoive une percussion dont le moment par rapport à l'axe soit L. La vitesse devient subitement ω' et l'on a :

$$I(\omega' - \omega) = L.$$

Pour que l'axe n'éprouve à ce moment aucune percussion provenant de ses liaisons, il faut et il suffit : 1° que l'axe soit principal en l'un de ses points, A ; 2° que la percussion s'exerce normalement au plan mené par l'axe et par le centre de gravité du solide ; 3° qu'elle rencontre ce plan au centre de percussion.

51. **Mouvement d'un solide autour d'un point fixe.** Si l'on considère trois axes fixes coïncidant, à l'instant considéré, avec les axes d'inertie principaux relatifs au point fixe et si l'on appelle p, q, r, les composantes de la rotation instantanée suivant ces trois directions ; L, M, N,

les composantes du moment résultant des forces; A, B, C, les moments d'inertie principaux, le théorème de Résal conduit aux trois équations :

$$A\frac{dp}{dt} + (C - B)qr = L,$$

$$B\frac{dq}{dt} + (A - C)rp = M,$$

$$C\frac{dr}{dt} + (B - A)pq = N.$$

Ces équations ne suffisent pas pour connaître le mouvement. On est obligé de leur adjoindre trois autres équations purement cinématiques qui expriment p, q, r au moyen des angles d'Euler φ, θ, ψ, et de leurs dérivées (on sait que les angles d'Euler sont trois variables indépendantes servant à définir la position d'un trièdre trirectangulaire d'orientation quelconque par rapport à un trièdre de référence).

Ces trois équations auxiliaires sont :

$$p = \frac{d\theta}{dt}\cos\varphi + \frac{d\psi}{dt}\sin\theta\sin\varphi$$

$$q = -\frac{d\theta}{dt}\sin\varphi + \frac{d\psi}{dt}\sin\theta\cos\varphi$$

$$r = \frac{d\varphi}{dt} + \frac{d\psi}{dt}\cos\theta.$$

L, M, N sont des fonctions données de

$$\varphi,\ \theta,\ \psi,\ \frac{d\varphi}{dt},\ \frac{d\theta}{dt},\ \frac{d\psi}{dt},\ t.$$

On a ainsi un système de six équations différentielles du

premier ordre entre les six inconnues p, q, r φ, θ, ψ; l'intégration est généralement impraticable.

Quand les moments L, M, N sont nuls, on obtient immédiatement les deux intégrales :

$$Ap^2 + Bq^2 + Cr^2 = h$$
$$A^2p^2 + Bq^2 + C^2r^2 = k^2.$$

dont la première est fournie par le théorème des forces vives tandis que la seconde exprime la constance du moment cinétique. Grâce à ces deux intégrales on peut éliminer deux des quantités p, q, r et la troisième est alors donnée par une intégrale elliptique. Le calcul des angles d'Euler se ramène ensuite à de simples quadratures.

52. **Méthode de Poinsot.** — On doit à Poinsot une solution géométrique fort élégante du problème concernant le cas où L, M, N, sont nuls. Considérons avec lui l'ellipsoïde d'inertie relatif au point fixe. Cet ellipsoïde roule et pivote, sans glisser, au contact d'un plan fixe, en tournant autour du diamètre qui aboutit au point de contact, et sa vitesse angulaire est dans un rapport constant avec la longueur de ce diamètre. Dans la suite du mouvement, le point de contact de l'ellipsoïde avec le plan fixe se déplace à la surface de l'ellipsoïde en décrivant une courbe appelée *polhodie*; il se déplace d'autre part sur le plan en décrivant une courbe appelée *herpolhodie*. La polhodie est l'intersection des deux ellipsoïdes (rapportés aux axes principaux d'inertie) :

$$Ax^2 + By^2 + Cz^2 = 1$$
$$A^2x^2 + B^2y^2 + C^2z^2 = \frac{k^2}{h}$$

dont le premier est l'ellipsoïde d'inertie.

La polhodie est une courbe transcendante, sans points d'inflexion ou de rebroussement.

Quand l'ellipsoïde d'inertie est de révolution, la polhodie et l'herpolhodie deviennent des circonférences, l'angle θ est constant, les angles φ et ψ varient proportionnellement au temps.

53. **Effet gyroscopique.** — Le calcul et l'expérience démontrent que, dans le mouvement d'un solide de révolution pesant, animé d'une rotation très rapide autour de son axe, fixé en un point, cet axe, s'il était au repos à l'instant initial *paraît* se déplacer normalement au plan vertical qui le contient. Un pareil résultat est tout différent de celui qu'on observerait si le solide n'avait pas de rotation propre, car il est clair que l'axe tomberait alors verticalement. C'est là un cas particulier d'un phénomène général connu sous le nom d'*effet gyroscopique.* L'effet gyroscopique est une conséquence de la coïncidence approchée qui existe entre l'axe du moment cinétique et l'axe de figure chaque fois qu'un solide de révolution tourne très vite autour de ce dernier. En réalité l'axe de figure est animé de petits mouvements très rapides auxquels ne participe pas l'axe du moment cinétique; mais celui-ci représente pour l'axe de figure une position moyenne autour de laquelle il oscille sans jamais s'en écarter d'une façon appréciable. Faisant alors abstraction de ces oscillations imperceptibles, on est conduit à appliquer à l'axe de figure lui-même le théorème de Résal, qui concerne comme l'on sait l'axe du moment cinétique.

Si nous revenons au cas du solide de révolution pesant mobile autour d'un point de son axe, nous voyons que le moment de la pesanteur par rapport à ce point est un vecteur perpendiculaire au plan vertical qui contient l'axe. Ce vecteur d'après le théorème de Résal, est identique à la vitesse de l'extrémité du vecteur représente le moment cinétique : si donc celui-ci est sensiblement dirigé suivant l'axe de figure, il faut bien que chaque point de cet axe se déplace horizontalement.

Le principe de l'effet gyroscopique permet également de calculer la force qui, appliquée en un point de l'axe, perpendiculairement à l'axe, est capable d'imprimer à ce point une vitesse donnée : on trouve que la force est perpendiculaire à la vitesse, proportionnelle au produit de cette vitesse par la vitesse de rotation et en raison inverse du carré de la distance du point d'application au point fixe.

54. **Effet d'une percussion.**— Une percussion appliquée à un solide mobile autour d'un point fixe fait éprouver aux composantes p, q, r, de la rotation suivant les axes principaux d'inertie des variations données par les formules :

$$(1) \qquad A\Delta p = \lambda \qquad B\Delta q = \mu \qquad C\Delta r = \nu$$

λ, μ, ν, désignant les composantes du moment de la percussion.

Au lieu d'appliquer au corps une percussion donnée, imaginons que nous fixions brusquement un second point. Le mouvement subséquent est une rotation de vitesse ω, autour de l'axe ainsi fixé. Si I désigne le moment d'inertie par rapport à cet axe, et si α, β, γ sont les cosinus directeurs, on a :

$$(2) \qquad I\omega = Ap\alpha + Bq\beta + Cr\gamma.$$

En particulier, si le nouvel axe de rotation et celui de

la rotation instantanée qui précède l'introduction de la nouvelle liaison sont conjugués, c'est-à-dire si chacun d'eux se trouve dans le plan diamétral conjugué de la direction de l'autre, on a $Ap\alpha + Bq\beta + Cr\gamma = 0$ et le solide est brusquement amené à l'immobilité.

55. **Mouvement d'un solide entièrement libre.** — Les équations du mouvement s'obtiennent en écrivant d'une part que le centre de gravité se meut sous l'action de la résultante de translation de toutes les forces, d'autre part que le mouvement autour du centre de gravité s'effectue comme si celui-ci demeurait fixe.

Si le solide éprouve une percussion, on adjoint aux équations (1) du numéro précédent les trois équations exprimant que la variation de la quantité de mouvement du centre de gravité est équipollente à la percussion. La demi variation de la force vive est égale au travail de la percussion, considérée comme une force ordinaire, de direction constante, qui agirait pendant l'unité de temps, en supposant que le point d'application possède une vitesse égale à la moyenne de ses vitesses réelles, initiale et finale. Si donc P représente la percussion et n_0, n_1, les projections, initiale et finale, de la vitesse du point d'application sur la direction de P, la demi variation de force vive du solide est $P(n_0 + n_1)$. Ce théorème subsiste dans le cas d'un solide soumis à des liaisons sans frottement.

On appelle paramètre de percussion l'expression

$$\rho = \frac{1}{M} + \frac{\lambda^2}{A} + \frac{\mu^2}{B} + \frac{\nu^2}{C}$$

dans laquelle M désigne la masse totale, A, B, C, les moments d'inertie principaux relatifs au centre de gravité

λ, μ, ν les moments, par rapport aux axes centraux, d'une percussion égale à l'unité, ayant la même ligne d'action que la percussion considérée. Si cette dernière a pour valeur P et si le point frappé possède une vitesse ayant pour projections initiale et finale sur la direction de la percussion n_0 et n_1 l'on a : $n_1 - n_0 = P\rho$. La variation de la force vive est $\frac{n_1^2 - n_0^2}{\rho}$.

CHAPITRE VIII

DYNAMIQUE DES FLUIDES

56. **Equations du mouvement.** — On admet que, dans un fluide parfait en mouvement, la pression sur chaque élément superficiel est, comme dans l'état de repos, normale à cet élément. Dès lors, d'après le principe de d'Alembert on passe des équations de l'hydrostatique (statique des fluides) à celles de l'hydrodynamique (dynamique des fluides) en adjoignant simplement aux forces qui agissent sur le fluide les forces d'inertie des molécules en mouvement. Soient x, y, z les coordonnées d'une molécule déterminée, ρ sa densité X, Y, Z, les composantes de la force extérieure. Les équations du mouvement sont :

$$\frac{d^2x}{dt^2} = X - \frac{1}{\rho}\frac{\partial p}{\partial x}$$

$$\frac{d^2y}{dt^2} = Y - \frac{1}{\rho}\frac{\partial p}{\partial y}$$

$$\frac{d^2z}{dt^2} = Z - \frac{1}{\rho}\frac{\partial p}{\partial z}.$$

Appelons u, v, w les composantes de la vitesse. $\frac{d^2x}{dt^2}$ est la dérivée *totale* de u par rapport au temps. Comme u dépend à la fois de x, y, z, et de t, et comme $\frac{dx}{dt}$, $\frac{dy}{dt}$, $\frac{dz}{dt}$

sont égaux respectivement à u, v, w, on peut, dans les équations précédentes, remplacer

$$\frac{d^2x}{dt^2} \text{ par } u\frac{\partial u}{\partial x} + v\frac{\partial u}{\partial y} + w\frac{\partial u}{\partial z} + \frac{\partial u}{dt}.$$

En transformant de la même façon les deux autres équations on obtient entre les cinq quantités u, v, w, ρ, p trois équations aux dérivées partielles de premier ordre, qui sont les *équations d'Euler*.

Une quatrième équation, dite de continuité, s'obtient en écrivant que chaque élément matériel conserve une masse invariable. Soit ω son volume. Sa masse est $\rho\omega$. On doit donc avoir $\rho\frac{d\omega}{dt} + \omega\frac{d\rho}{dt} = 0$. Des considérations purement cinématiques montrent que $\frac{d\omega}{dt}$ a pour valeur

$$\frac{\partial u}{\partial x} + \frac{\partial v}{\partial y} + \frac{\partial w}{\partial z}.$$

D'autre part la dérivée totale $\frac{d\rho}{dt}$ de la densité se calcule par le même procédé que pour $\frac{du}{dt}$ et l'on met ainsi l'équation de continuité sous la forme :

$$\rho\left(\frac{\partial u}{\partial x} + \frac{\partial v}{\partial y} + \frac{\partial w}{\partial z}\right) + u\frac{\partial \rho}{\partial x} + v\frac{\partial \rho}{\partial y} + w\frac{\partial \rho}{\partial z} + \frac{\partial \rho}{\partial t} = 0.$$

Dans le cas d'un fluide homogène et incompressible, ρ est constant. L'équation de continuité se réduit alors à :

$$\frac{\partial u}{\partial x} + \frac{\partial v}{\partial y} + \frac{\partial w}{\partial z} = 0$$

et cette équation, jointe aux trois équations d'Euler, suffit pour la détermination des quatre inconnues u, v, w, p.

Dans le cas d'une fluide compressible, ρ est une inconnue et il est nécessaire d'avoir une cinquième équation, qui doit être demandée aux propriétés physiques du fluide. Il existe une relation déterminée $F(p, \rho, \theta) = 0$ entre la pression, la densité et la température θ. En ayant recours à cette relation, on introduit une inconnue de plus; il manque donc encore une équation. Celle-ci ne pouvait être fournie que par la thermodynamique, mais, dans deux cas importants la relation $F(p, \rho, \theta)$ ne renferme pas θ. Le premier est celui où il n'existe aucune source de chaleur et où de plus les mouvements sont assez lents pour n'entraîner aucune variation de température : celle-ci peut alors être regardée comme constante dans toute la masse. Une pareille transformation est dite *isotherme*. Ce second cas est celui où, au contraire, les mouvements sont assez rapides pour que les échanges de chaleur soient négligeables. On admet que chaque élément conserve dans ces conditions une quantité de chaleur constante, c'est-à-dire qu'il éprouve une transformation *adiabatique*, et la thermodynamique enseigne qu'il existe, ici encore, une relation déterminée entre p et ρ.

57. **Conditions aux limites.** — Pour achever de déterminer le problème, il faut connaître les circonstances qui se produisent sur le pourtour de la masse fluide. Si, par exemple, il s'agit d'un liquide présentant une surface libre, on doit écrire que, pour tous les points de cette surface, la pression prend une valeur constante. Pour les parties du fluide qui sont en contact avec des parois solides, on écrit que les molécules placées, au temps t, contre chacune des parois, s'y trouvent encore au temps $t + dt$: ce qui revient à dire qu'il ne peut se former su-

bitement un vide entre la paroi et la surface continue constituée par ces molécules. On est ainsi conduit à l'équation :

$$u\frac{\partial F}{\partial x} + v\frac{\partial F}{\partial y} + w\frac{\partial F}{\partial z} + \frac{\partial F}{\partial t} = 0$$

qui doit avoir lieu pour tous les points de la paroi, fixe ou mobile, définie par l'équation

$$F(x, y, z, t,) = 0.$$

58. **Mouvement permanent.** — On dit que le mouvement est permanent lorsque, en chaque point de l'espace, la grandeur et la direction de la vitesse sont constantes ainsi que la pression et la densité. La trajectoire de chaque élément est alors une courbe fixe. Ce genre de mouvement est particulièrement intéressant à étudier au point de vue des applications.

Considérons un pareil mouvement ; admettons que les forces extérieures dérivent d'un potentiel indépendant du temps et que la pression soit fonction de la densité. Si l'on désigne par $2T$ le carré de la vitesse, par U le potentiel, par P l'intégrale $\int \frac{dp}{\rho}$, la fonction

$$H = T + P + U$$

est constante le long de chaque trajectoire.

Dans le cas d'un liquide incompressible soumis uniquement à l'action de la pesanteur, on a :

$$H = \frac{V^2}{2} + \frac{p}{\rho} + gz$$

de sorte qu'en appelant ω le poids spécifique, égale à ρg, on peut écrire :

$$\frac{V^2}{2g} + \frac{p}{\omega} + z = \text{Const.}$$

Cette relation constitue le théorème de Bernoulli. On appelle *hauteur due à la vitesse*, la quantité $\frac{V^2}{2g}$; *hauteur piézométrique*, l'expression $\frac{\omega}{p}$ qui représente la longueur de la colonne liquide produisant à l'état statique, la pression p ; *altitude*, l'ordonnée z.

On voit que, dans le mouvement permanent d'un liquide la somme de la hauteur due à la vitesse, de la hauteur piézométrique et de l'altitude est constante pour chaque trajectoire.

On peut encore exprimer ce fait en disant que, si l'on porte verticalement, au-dessus de chaque point de la trajectoire, la hauteur piézométrique, surmontée de la hauteur due à la vitesse, le lieu du point auquel on parvient ainsi est une courbe horizontale. Le plan horizontal contenant cette courbe s'appelle le *plan de charge*.

Pour un fluide compressible, l'équation de Bernoulli est remplacée par la suivante :

$$\frac{V^2}{2g} + \frac{1}{g}\int \frac{dp}{\rho} + z = \text{Const.}$$

Une autre relation importante, concernant le mouvement permanent des fluides compressibles, fait connaître le travail $\mathfrak{T}_i$ développé par les forces intérieures entre deux sections d'un filet soumises aux pressions p et p', pendant que ces sections sont traversées par la masse élémentaire μ. Cette relation est :

$$\mathcal{T}_i = \mu \int_p^{p'} p dw$$

w désignant le volume spécifique.

59. **Ecoulement d'un fluide pesant.** — Soit un liquide jaillissant, par un petit orifice en mince paroi, d'un réservoir ouvert à l'air libre et dans lequel la surface du liquide est maintenue, par une alimentation convenable, à un niveau constant. L'expérience montre que le liquide, au sortir du réservoir, présente la forme d'une veine dont la section transversale va d'abord en diminuant jusqu'à un certain minimum qu'on appelle la *section contractée*. Les filets, qui avaient d'abord convergé, deviennent, dans cette section qu'ils traversent normalement, sensiblement parallèles. On admet qu'à partir de la section contractée, les filets cessent de réagir les uns sur les autres, de sorte que la pression est alors égale à la pression atmosphérique en tous points de la section. Ceci posé, considérons un filet venant des parties du réservoir où la vitesse est sensiblement nulle et traversant la section contractée avec la vitesse V.

La formule de Bernoulli, appliquée à ce filet, devient :

$$V^2 = 2gh.$$

Ce résultat a été trouvé expérimentalement par Torricelli.

On appelle *dépense* ou *débit* le volume qui sort du réservoir dans l'unité de temps. Sa valeur est $Q = \omega V$, ω

désignant l'aire de la section contractée. Si Ω est l'aire de l'orifice et si l'on pose $\omega = m\Omega$, on a pour le débit :

$$Q = m\Omega V.$$

Le coefficient m est égal à 0,60 pour un orifice circulaire et à 0,62 pour un orifice carré.

Dans le cas d'un gaz, si l'on suppose l'écoulement adiabatique et si l'on néglige la hauteur du réservoir en présence de la hauteur correspondant à la chute de pression $p - p_0$ existant entre l'intérieur du réservoir et l'orifice, on trouve :

$$V^2 = 2\frac{\gamma}{\gamma - 1}\frac{p_0}{\rho_0}\left[1 - \left(\frac{p}{p_0}\right)^{\frac{\gamma-1}{\gamma}}\right].$$

Dans cette formule, due à Zeuner, γ désigne le rapport des chaleurs spécifiques à pression et à volume constant, ρ_0 est la densité correspondant à la pression atmosphérique p_0.

60. **Pertes de charge.** — Le théorème de Bernoulli n'est applicable à une veine liquide que si l'on peut négliger l'influence des frottements intérieurs (viscosité). Les élargissements brusques, les coudes, et en général toutes les discontinuités d'une conduite entrainent pour les filets fluides circulant dans cette conduite des *pertes de charge* locales qu'on peut regarder comme proportionnelles au carré de la vitesse. Les filets circulant au contact des parois éprouvent de leur coté des pertes de force vive, et par conséquent des pertes de charge, dues au frottement contre ces parois. A l'inverse des précédentes, ces pertes ne sont

sensibles que sur les longs parcours ; les filets ainsi ralentis frottent à leur tour contre les filets contigus qui ont une tendance à marcher plus vite qu'eux. Pareille action retardatrice se transmet de proche en proche, et ainsi se manifeste, d'une autre manière, l'influence de la viscosité.

La détermination des pertes de charge ne peut être faite en pratique qu'avec le concours de l'expérience ; elle échappe ainsi à la mécanique rationnelle et constitue l'un des objets principaux de l'*hydraulique*, science d'application que nous laissons de côté dans cet ouvrage. Nous n'aurons à revenir sur les propriétés des fluides que pour examiner la question de la résistance de l'air, importante au point de vue du rendement des machines et pour étudier la production du travail dans les moteurs à eau et à vent.

DEUXIÈME PARTIE

PROPRIÉTÉS MÉCANIQUES DES SOLIDES NATURELS

CHAPITRE PREMIER

ÉLASTICITÉ

61. Il n'existe pas dans la nature de solides rigoureusement indéformables. Tous sont plus ou moins élastiques : c'est-à-dire que l'application d'une force est toujours accompagnée pour eux d'une déformation. La théorie mathématique de l'élasticité a pour objet la détermination des relations existant entre les forces et les déformations correspondantes. Cette étude sort de notre programme; mais nous ne devrons jamais perdre de vue la propriété dont il s'agit, sans quoi nous nous heurterions souvent à des cas d'impossibilité ou d'indétermination. C'est ce que démontrent les exemples suivants.

62. **Cas d'impossibilité apparente.** — Soit une chaîne plate, (chaîne de bicyclette) formée de maillons identiques. Dressons-la sur une planche horizontale, puis, après avoir amarré invariablement les deux maillons extrêmes à des

points fixes A et B (*fig.* 1) enlevons la planche, de façon à faire intervenir l'action de la pesanteur. Les extrémités demeurant par hypothèse immobiles, la chaine, si elle est rigoureusement inextensible, ne peut prendre aucune déformation. L'équilibre sans déformation est donc *géométriquement nécessaire*; et cependant il est *mécaniquement impossible*. Soit en effet p le poids d'un maillon. S'il y a $2n$ maillons, la résistance du point fixe A peut être remplacée par une force verticale ascendante np et par une traction horizontale F. Considérons l'articulation C qui est séparée de A par x maillons. En désignant par l la longueur d'un maillon, et écrivant, conformément à la statique des systèmes articulés (n° 30), que la somme, par rapport à l'articulation C, des forces agissant à droite de C est égale à zéro, on obtient l'équation

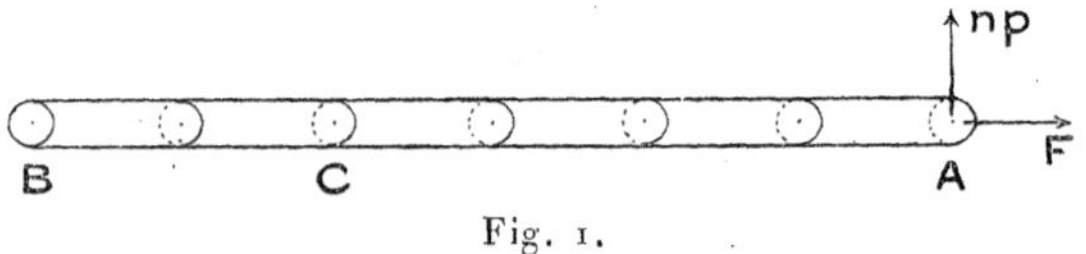

Fig. 1.

$$plx^2 = 2\,nplx$$

d'où

$$x = 2\,n,$$

équation absurde puisque x prend toutes les valeurs comprises entre 1 et $2\,n$.

Si l'on cherche à faire l'expérience, on constate que malgré toutes les précautions prises, la chaîne, dans son état d'équilibre, présente toujours une certaine courbure, indiquant ou bien que les attaches ont un peu cédé, ou bien que la chaîne a éprouvé un léger allongement.

En admettant, de prime abord, que la longueur de la chaîne surpasse la distance de ses extrémités, la théorie des systèmes articulés permet de déterminer la forme d'équilibre et de calculer la traction horizontale F exercée à chaque extrémité. La valeur de F est d'autant plus grande que la flèche est plus petite, et à la limite, pour une flèche nulle, on trouve une valeur infinie de F. Ce dernier résultat n'a par lui-même aucun sens : les forces infinies n'existent pas dans la nature. Le fait que F augmente indéfiniment nous avertit simplement que la chaîne ne peut être amenée à la forme rectiligne; si l'on fait croître F de plus en plus, la chaîne s'allonge jusqu'à ce qu'elle se rompe.

C'est toujours par l'apparition de forces de liaisons infinies que se manifeste la discordance entre la mécanique rationnelle et la mécanique réelle, et l'interprétation se fait toujours d'une façon analogue : dès que les forces de liaison deviennent très grandes, il n'est plus permis de négliger les déformations auxquelles elles donnent lieu.

63. **Cas d'indétermination apparente.** — Nous venons de voir un cas d'impossibilité. Rappelons maintenant le cas d'indétermination apparente déjà signalé au n° 29 au sujet d'un corps possédant plus de trois points de contact avec un plan fixe parfaitement poli. Si l'on applique au corps des forces connues telles que le système soit en équilibre, la mécanique rationnelle ne fournit que trois équations pour calculer les réactions des points d'appui : celles-ci sont donc susceptibles d'une infinité de valeurs.

Une indétermination analogue se rencontre dans la recherche des tensions d'un système quelconque de tiges rigides et inextensibles. Considérons n points reliés deux à deux par de pareilles tiges et sollicités par des forces données. Le nombre des tiges, et par conséquent le nombre des tensions inconnues, est $\frac{n(n-1)}{2}$. En écrivant que la résultante des forces appliquées à chaque point du système est égale à zéro, on obtient $3n$ équations renfermant à la fois les tensions et les forces données. Le système étant supposé en équilibre, celles-ci forment nécessairement un ensemble de vecteurs équivalent à zéro, ce qui donne six équations indépendantes des tensions. Ces six équations doivent être des conséquences des $3n$ équations précédentes, de sorte que, pour déterminer les $\frac{n(n-1)}{2}$ tensions, on possède seulement $3n - 6$ inconnues. La différence

$$\frac{n(n-1)}{2} - (3n - 6)$$

peut s'écrire :

$$\frac{(n-3)(n-4)}{2}.$$

Pour $n = 3$ et $n = 4$ le nombre d'équations est égal au nombre d'inconnues. Mais, dès que n surpasse 3, il y a plus d'inconnues que d'équations.

64. **Tensions intérieures — Coefficient d'élasticité.** — Ce dernier exemple donne une idée assez nette de la constitution des corps solides, tels que les envisage la mécanique rationnelle : ils sont regardés comme formés de points matériels dont les distances mutuelles sont toutes invariables, et cette invariabilité des distances équivaut à la présence des tiges inextensibles dont nous

venons de parler. Dans un solide naturel, au contraire, chaque tige doit être regardée comme susceptible d'éprouver un petit allongement dépendant de sa tension. Le problème change alors de face : les tensions, au lieu de constituer des inconnues distinctes, deviennent des fonctions des coordonnées, et, si l'on supprime les tiges par la pensée en leur substituant les tensions, on se trouve ramené au problème de l'équilibre d'un système de points libres, sollicités par des forces qui sont des fonctions connues des positions de ces points. La mécanique rationnelle donne, pour ce problème, une solution parfaitement déterminée.

On admet généralement, dans les applications, que l'allongement Δl éprouvé par une tige de section S et de longueur initiale l, sous l'action d'une force donnée F, uniformément répartie sur la section terminale peut être représenté par la formule $\Delta l = \frac{Fl}{ES}$, dans laquelle E désigne un coefficient constant, appelé *coefficient d'élasticité* ou *module de Young*. La théorie mathématique de l'élasticité permet d'établir que cette relation est sujette aux réserves suivantes :

1° La proportionnalité entre Δl et F suppose que F reste inférieur à une limite déterminée (*limite d'élasticité*).

2° La proportionnalité entre Δl et l n'est admissible que si la tige est très longue par rapport à ses dimensions transversales.

65. **Equilibre d'une table.** — Comme application très simple de la formule précédente, considérons une table plane et rigide, reposant sur un sol horizontal également plan et rigide par l'intermédiaire de n pieds égaux.

Assimilons ces pieds à des tiges pour lesquelles le raccourcissement soit proportionnel à la charge, et cherchons à calculer la charge de chaque pied.

Nous désignerons par l la longueur commune des pieds quand la charge est nulle. Nous supposerons que le poids propre de la table est négligeable, mais qu'on place sur elle un poids P. Prenons trois axes rectangulaires dont les deux premiers ox, oy soient dans le plan de la table, considéré avant l'adjonction du poids P, tandis que oz se dirige suivant la verticale descendante. Soient (dans le plan xoy) x, y les coordonnées de l'un quelconque des pieds et ξ, η celles du centre de gravité du poids P. Soit F_i la la charge éprouvée par le pied d'indice i.

La mécanique rationnelle fournit les trois équations :

$$(1) \qquad \left\{ \begin{aligned} \Sigma F_i &= P \\ \Sigma F_i x_i &= P\xi \\ \Sigma F_i y_i &= P\eta. \end{aligned} \right.$$

Si z_i désigne l'abaissement éprouvé par le point de la table qui correspond au pied d'indice i, l'on a, par hypothèse, $z_i = \frac{F_i}{E} l$. Nous admettons d'autre part que la table chargée reste plane. Soit

$$z = ax + by + c$$

son équation ; l'on a les n équations :

$$z_i = ax_i + by_i + c$$

ou bien :

$$F_i = \frac{E}{l}(ax_i + by_i + c).$$

Entre ces n équations, éliminons les 3 coefficients inconnus a, b, c. Il reste $n - 3$ équations qui, jointes aux trois équations (1), donnent n équations permettant de calculer les charges F_i. Il est à remarquer que le résultat est indépendant du coefficient d'élasticité E, celui-ci disparaissant en même temps que a, b, c.

On voit que les charges des pieds, et par conséquent les réactions du sol se trouvent parfaitement déterminées, quel que soit le nombre des pieds.

Suspension d'une locomotive. — On peut traiter d'une manière analogue le cas d'une locomotive reposant sur plusieurs essieux par l'intermédiaire de ressorts. Chacun de ces ressorts est réglable, c'est-à-dire qu'on peut allonger ou raccourcir les tiges par l'intermédiaire desquelles il supporte le corps de la machine. Cette opération fait varier la tension correspondant, pour le ressort considéré, à une position donnée de la machine : cela revient à remplacer l'équation $z_i = \frac{F_i}{E} l$ par $z_i = \frac{F_i}{E} (l - h_i)$, dans laquelle h_i désigne une constante *arbitraire*. La présence de pareilles constantes permet de modifier, dans les ateliers, la répartition de la charge sur les essieux, sans autres limites de variation que celles résultant des équations (1).

66. **Poutre encastrée.** — D'une façon générale, la mécanique rationnelle est, comme nous l'avons vu, impuissante à renseigner sur le *détail* des efforts qui se développent à l'intérieur d'un solide sollicité par des forces données : elle ne fournit que des résultats globaux.

Soit par exemple une poutre horizontale ABCD (fig. 2)

encastrée dans un mur MM'. Si nous considérons une section droite quelconque EF, la partie de la poutre située à droite de cette section éprouve, de la part de l'autre partie, des efforts de liaison qui doivent faire équilibre au poids P de cette partie EFCD.

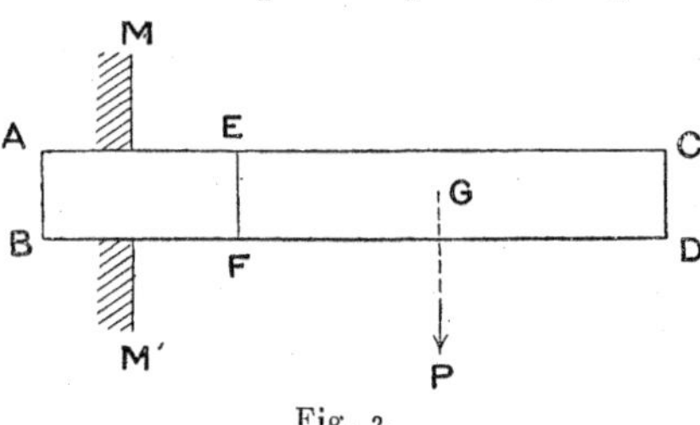

Fig. 2.

On en conclut immédiatement que ces efforts sont équivalents à une force verticale P appliquée de bas en haut dans le plan EF, et à un couple ayant pour moment le produit de P par la distance du plan EF au centre de gravité G de la masse EFCD. Si l'on veut aller plus loin et calculer, pour chaque élément superficiel de la section EF, la grandeur et la direction de l'effort, il est nécessaire de faire intervenir la théorie mathématique de l'élasticité, à moins que l'on ne se contente des méthodes empiriques sur lesquelles se fonde la théorie de la résistance des matériaux.

67. **Contact des corps solides.**— Quand deux corps solides, terminés par des surfaces convexes, sont mis en contact en un point P, ils se déforment mutuellement, de telle façon que le contact géométrique se trouve remplacé par une petite *aire de contact*. On se rend compte de la nécessité de cet aplatissement en remarquant que, si le contact avait lieu en un seul point, la pression mutuelle ne pourrait avoir une valeur totale finie sans que la pression rapportée à l'unité de surface fût infinie, et amenât par suite la désagrégation des deux corps

Le contact étant établi dans ces conditions, chaque corps éprouve de la part de l'autre l'action d'une infinité de forces réparties à l'intérieur de l'aire de contact. En outre, par suite de la rugosité des deux corps, ces forces élémentaires présentent des directions très variées. Dès lors tout ce qu'il est permis de dire d'après la théorie générale de la composition des forces, c'est que l'ensemble des forces agissant sur chacun des deux corps est équivalent à une force unique appliquée en un point arbitraire de l'aire de contact, et à un couple. Nous supposerons les corps assez durs pour que la surface de contact soit très petite et alors le choix du centre de réduction est à peu près indifférent : on peut le regarder comme confondu avec le point de contact théorique correspondant à l'hypothèse de la rigidité absolue.

La force résultante peut être remplacée par une force N normale à l'aire de contact et une force T tangente à cette surface. La première s'appelle la pression normale, et la seconde est la *force de frottement*. Le couple résultant peut de même être décomposé en deux autres : l'un, dont l'axe est normal à la surface de contact, s'appelle le *couple de pivotement*; l'autre, dont l'axe est tangent à cette surface, s'appelle le *couple de roulement*. Par suite de la petitesse de la surface de contact, les couples de roulement et de pivotement sont presque toujours négligeables, et nous en ferons abstraction jusqu'à nouvel ordre.

Nous allons donc, tout d'abord, nous occuper exclusivement de la force de frottement.

CHAPITRE II

FROTTEMENT DE GLISSEMENT

68. — Pour bien comprendre la nature et les propriétés du frottement, commençons par examiner le cas suivant.

Soit un corps pesant reposant par une face plane sur un plan horizontal. Il y a équilibre entre le poids P appliqué au centre de gravité et l'ensemble des réactions du plan. La résultante de ces réactions est donc égale et directement opposée au poids. Appliquons maintenant au centre de gravité une force horizontale F, graduellement croissante. L'expérience montre que tant que cette force n'atteint pas une certaine valeur F_1, l'équilibre subsiste. La résultante des réactions du plan est alors inclinée par rapport à la verticale : sa composante verticale est égale et opposée à P; sa composante horizontale est égale et opposée à F. Dès que F atteint la limite F_1, l'équilibre est rompu. Si l'on augmente encore un peu F_1 le corps se met en mouvement dans le sens de cette force et l'on observe que, pour obtenir un mouvement uniforme, il faut, dès que le corps commence à se mouvoir, donner à F une valeur constante F_2, un peu inférieure à F_1 : ce qu'on exprime en disant que le frottement au départ est supérieur au frottement pendant le mouvement.

Le rapport entre la force de frottement et la pression

normale s'appelle le coefficient de frottement. Sa valeur est $\frac{F_1}{P}$ au départ et $\frac{F_2}{P}$ pendant le mouvement. On désigne le coefficient de frottement par f. L'angle φ défini par la relation $\text{tg}\ \varphi = f$ est l'angle de frottement.

Lois de Coulomb et de Morin. — Les recherches expérimentales de Coulomb, puis du général Morin, ont établi que le coefficient de frottement est indépendant de la pression normale, au moins tant que celle-ci n'est pas assez grande pour modifier l'état des surfaces en contact. En outre, f est indépendant de l'étendue de ces surfaces. On le vérifie en prenant un corps polyédral qu'on fait reposer successivement sur le plan par diverses faces : dans cette opération, le poids P ne varie pas et l'on constate que F_1 ne change pas non plus. Enfin, le coefficient de frottement pendant le mouvement est indépendant de la vitesse.

Ces lois ont été trouvées par Coulomb et Morin en mesurant en bloc la force nécessaire pour déplacer un corps reposant sur un plan horizontal par une surface plus ou moins étendue. On admet qu'elles sont vraies pour chaque contact élémentaire, et s'étendent au contact de deux corps à surfaces courbes. Quelles que soient la nature et la forme de ces deux corps, on suppose qu'en chaque point de contact la force nécessaire pour produire le glissement est égale à la pression normale multipliée par un coefficient f indépendant de la pression de la vitesse et de la grandeur de l'aire de contact.

Voici, à titre d'indication sur l'importance du frottement quelques chiffres donnés par Morin. Ils concernent le coefficient de frottement de surfaces planes glissant sans interposition d'enduit.

Nature des surfaces	Disposition des fibres	Coefficient de frottement au repos	Coefficient de frottement pendant le mouvement
Chêne sur chêne .	Parallèle	0,62	0,48
» » .	Perpendiculaire	0,54	0,34
Orme sur chêne .	Parallèle	0,69	0,43
» » .	Perpendiculaire	0,57	0,45
Fer sur chêne . .	»	0,62	0,62
Fer sur fonte . .	»	0,19	0,18
Fonte sur fonte .	»	0,16	0,15
Calcaire oolithique sur lui-même .	»	0,74	0,64
Brique sur calcaire oolithique . .	»	0,67	0,65
Courroie sur chêne	»	0,74	0,27

69. **Influence de la pression et de la vitesse.**— Les lois de Coulomb et de Morin ont un caractère purement empirique ; en réalité elles ne constituent que des représentations assez grossières de phénomènes fort compliqués. En ce qui concerne notamment l'indépendance entre le frottement et la grandeur de la surface de contact, Coulomb a cru observer que, pour certains corps, le frottement proportionnel à la pression normale doit être augmenté d'une quantité proportionnelle à l'aire de la surface et qu'il attribuait à une adhérence propre des molécules. Mais cette quantité n'a pas été retrouvée par le général Morin. Peut-être ne se manifeste-t-elle que dans le cas où les deux corps ont un contact assez intime pour soustraire entièrement la surface de contact à la pression atmosphérique. C'est ce qui arrive pour les glaces de miroirs parfaitement dressées.

Poncelet (*Introduction à la mécanique industrielle*) fait remarquer à cet égard que si une pareille circonstance peut contribuer à l'augmentation du frottement des corps en repos, on ne saurait l'admettre pour les corps en mouvement ; car, dit-il : « dès l'instant même où on essaye de les faire glisser l'un sur l'autre, leurs surfaces se détachent plus ou moins complètement dans le sens normal ; ce qui permet aux molécules de l'air de s'insinuer aussitôt entre ces surfaces, et de détruire, par leur force de réaction, la pression atmosphérique extérieure. »

L'indépendance entre le frottement et la vitesse du mouvement peut, jusqu'à un certain point, s'expliquer en admettant que le travail développé par la puissance motrice est uniquement employé à vaincre les forces de cohésion des molécules, sans mettre en jeu l'inertie de ces molécules. Coulomb interprétait ce résultat en le compararant à l'action de deux brosses que l'on presserait et promènerait l'une sur l'autre. Il est probable a priori que, dans les mouvements relatifs assez rapides pour développer de la part des molécules des forces d'inertie sensibles, l'influence de la vitesse doit réellement exister.

Effectivement, des expériences exécutées en 1851, par Poirée, sur les chemins de fer de Lyon, ont montré que pour des vitesses supérieures à 4 ou 5 mètres par seconde le frottement diminue à mesure que la vitesse augmente. D'autres expériences faites en 1856 et 1860 sur les chemins de fer de l'Ouest ont conduit Bochet[1] à une formule de la forme :

$$f = a + \frac{b}{1 + 0,3\,V}$$

dans laquelle f désigne le coefficient de frottement, V la

[1] *Annales des Mines*, 1861.

vitesse en mètres par seconde, et a, b des coefficients indépendants de la vitesse.

Plus récemment, Douglas Galton a trouvé, en Angleterre, que le coefficient de frottement de sabots en métal sur les roues d'un train, égal à 0,33 pour une vitesse de glissement nulle, tombait à 0,07 pour une vitesse de 100 kilomètres à l'heure (27 mètres par seconde). Il a constaté aussi que le coefficient de frottement des roues sur les rails s'abaissait depuis 0,25 pour le roulement sans glissement jusqu'à 0,03 pour un glissement à la vitesse de 100 kilomètres.

La constance de f ne peut donc être admise que si la vitesse demeure comprise entre des limites assez rapprochées.

70. **Frottement médiat.** — Dans les applications industrielles, les surfaces frottantes sont toujours lubréfiées et l'interposition de l'enduit modifie les lois du frottement. Du moment où la lubréfaction est suffisante, la couche liquide sépare complètement les deux surfaces. En d'autres termes, le frottement cesse d'être *immédiat*, et il devient *médiat*, c'est-à-dire qu'il s'exerce par l'intermédiaire du liquide, et l'on est ramené à une question d'hydrodynamique. Une conséquence importante, déjà entrevue jadis par Hirn, est que le frottement des appareils bien graissés doit (comme la viscosité des liquides), varier *proportionnellement à la vitesse*. Cette conséquence ne peut être rigoureusement exacte, sans quoi le frottement au départ serait nul; mais en pratique elle peut être admise pour une machine en marche et c'est là une circonstance heureuse au point de vue des recherches théoriques, car il est beaucoup plus commode de faire entrer en ligne de compte une résistance proportionnelle à

la vitesse qu'une résistance constante, au moins lorsqu'il s'agit de mouvements alternatifs. Dans le premier cas, le frottement s'annulant et changeant de signe avec la vitesse est une quantité continue, facile à introduire dans les calculs; au contraire un frottement de grandeur constante, qui change brusquement de signe quand la vitesse se renverse est une quantité essentiellement discontinue, dont la présence empêche d'embrasser dans une seule et même formule les phases successives du mouvement.

Le fait que le frottement médiat croît avec la vitesse a été mis nettement en évidence dans les expériences exécutées par M. Beauchamp Tower, aux frais de l'*Institution of mechanical engineers* de Londres [1]. Ces expériences concernaient le frottement d'une fusée de 100 millimètres de diamètre et 158 millimètres de longueur tournant, dans un bain d'huile, au contact d'un coussinet de bronze, la fusée, par son mouvement de rotation, déterminait sur le coussinet un effort d'entrainement qu'on mesurait au moyen d'un appareil analogue au frein de Prony (n° 195). Les mêmes expériences ont montré que le coefficient de frottement diminuait quand on augmentait la charge. C'est ce qui ressort du tableau suivant, relatif à la vitesse de 20 tours par minute et à la température de 32°.

Charge moyenne par centimètre carré de surface d'appui	Valeur de f
31kg,09	0,00132
23 ,32	0,00168
14 ,81	0,00247
4 ,24	0,0044

[1] *Engineering* 1883-1885.

Comme la pression n'était pas la même en tous points de la surface de contact de la fusée et du coussinet, les valeurs de f inscrites dans ce tableau ne fournissent que des chiffres moyens, dont on ne peut déduire la relation exacte existant, en chaque point, entre la pression et le frottement.

Citons encore une observation faite par M. Marcel Deprez[1] au sujet d'une machine réceptrice employée dans les célèbres expériences de Creil. Alors que cette machine atteignait une vitesse de 600 tours par minute, M. M. Deprez a fait enlever la courroie et a noté, de 30 secondes en 30 secondes, la valeur de la vitesse. Connaissant ainsi la loi du ralentissement, il était aisé d'en déduire le moment des résistances passives, et, à condition de négliger la résistance de l'air, on pouvait calculer le coefficient de frottement. Celui-ci a varié de 0,025 à 0,005 pendant que la vitesse tombait de 550 à 145 tours par minute. De 145 à 120 tours, f est demeuré sensiblement constant. Il a augmenté ensuite très rapidement à mesure que la vitesse tendait vers zéro. L'appareil a tourné 19 minutes 14 secondes et effectué 4700 tours. La valeur moyenne de f a été 0,013. On peut interpréter les résultats obtenus en supposant que, dans la deuxième partie de l'expérience, le frottement avait cessé d'être *médiat* pour devenir *immédiat*.

Nous admettrons désormais, sauf avis contraire, que le coefficient du frottement médiat, aussi bien que celui du frottement immédiat, possède une valeur constante, mais il est entendu qu'il s'agit là d'une simple approximation, basée sur ce que, dans un appareil déterminé, les varia-

[1] *Comptes rendus de l'Académie des Sciences* 1882.

tions de pression et de vitesse ne sont jamais très considérables.

71. **Indétermination du frottement dans l'état de repos.** — A l'état de repos l'action mutuelle en un point de contact de deux corps peut prendre toutes les directions à l'intérieur d'un cône de révolution ayant pour axe la normale commune et pour demi angle au sommet l'angle de frottement. Les problèmes de statique présentent ainsi un caractère d'indétermination qui disparait seulement quand on suppose que le glissement est sur le point de se produire. La force de frottement est alors égale à sa valeur limite et elle est directement opposée au glissement qui tend à apparaître.

Avant de nous occuper des questions qui concernent la dynamique, nous allons étudier, en tenant compte du frottement, les conditions d'équilibre de quelques machines simples. Conformément à ce qui vient d'être dit, nous supposerons que la machine est sur le point de se mettre en mouvement. Les résultats auxquels nous parviendrons sont également applicables aux machines affectées de mouvements assez lents pour que les forces d'inertie soient négligeables, ou encore à celles qui sont constituées par des pièces dont chacune tourne *uniformément* autour d'un axe fixe.

72. **Frottement dans les machines simples.** — Dans les machines simples deux forces seulement sont en présence. L'une d'elles, P, appelée la *puissance*, développe sur son point d'application un travail positif qui est dit *travail moteur*. Ce travail est employé à déplacer le point d'application d'une autre force Q, appelée la *résistance utile*, de

telle façon que le travail de celle-ci soit négatif ; la valeur absolue du travail de Q est le *travail utile*. Les autres résistances, s'il y en a, prennent le nom de résistances passives.

Négligeons d'abord les résistances passives. Il existe à chaque instant une relation déterminée entre les déplacements des points d'application de la puissance et de la résistance et le théorème du travail virtuel fournit immédiatement la condition d'équilibre. Soient δp et δq les déplacements virtuels des points d'application de P et Q. On a $P\delta p + P\delta q = 0$, d'où $\frac{P}{Q} = -\frac{\delta q}{\delta p}$. Le rapport $\frac{\delta q}{\delta q}$ est le rapport des seuls déplacements que les liaisons permettent aux points d'application, c'est-à-dire le rapport des déplacements réels simultanés que l'on observerait s'il n'y avait pas équilibre. On peut dire encore que les deux forces sont en raison inverse des vitesses que sont susceptibles de prendre simultanément leurs points d'explication. C'est ce qui exprime le vieil adage : *ce qu'on gagne en force, on le perd en vitesse*.

Mais, en négligeant les résistances passives et notamment les frottements, on obtient le plus souvent des résultats dépourvus de toute valeur pratique. Dès qu'il peut se produire dans le système considéré des glissements notables, on est obligé de faire entrer le frottement en ligne de compte, circonstance qui complique beaucoup le problème.

Voici d'abord une remarque générale. Donnons au système le seul déplacement virtuel compatible avec les liaisons et appelons $\mathfrak{T}_f$ le travail du frottement. Chaque force de frottement s'exerçant en sens inverse du déplacement de son point d'application, $\mathfrak{T}_f$ est essentiellement négatif.

En tenant compte de ce terme correctif, le théorème du travail virtuel nous donne :

$$P\delta p + Q\delta q + \mathcal{T}_f = 0$$

d'où :

$$\frac{Q\delta q}{P\delta p} = -\left(1 + \frac{\mathcal{T}_f}{P\delta p}\right).$$

On appelle *rendement élémentaire* de la machine le rapport $\frac{Q\delta q}{P\delta p}$, c'est-à-dire la fraction du travail moteur $P\delta p$ qui est convertie en travail utile. Ce rendement est égal à $1 + \frac{\mathcal{T}_t}{P\delta p}$. Comme $\mathcal{T}_f$ est négatif et $P\delta p$ positif, le rendement est toujours inférieur à l'unité.

Cette conclusion subsiste quelle que soit la nature des résistances passives, celles-ci ayant toujours un travail négatif.

73. **Frottement des tourillons sur les coussinets.** — Pour obliger un arbre à tourner autour de son axe, on le termine par deux parties cylindriques, de petit rayon, appelées tourillons ou fusées, qui glissent à l'intérieur de portées fixes, également cylindriques, présentées par les coussinets. Ces portées ont un diamètre très légèrement supérieur à celui des tourillons, de façon à présenter un jeu qui a pour but d'éviter l'excès de frottement.

Considérons d'abord le cas fictif d'un arbre réduit à un seul tourillon infiniment mince, tel que le disque hachuré O de la fig. 3 (où le jeu est énormément exagéré).

A l'état de repos la pesanteur agissant seule, le tourillon repose à la partie inférieure du coussinet CC′, son centre occupant une position O. Quand, sous l'action des forces appliquées, l'arbre se met à tourner, le tourillon commence par rouler, sans glisser à l'intérieur du coussinet.

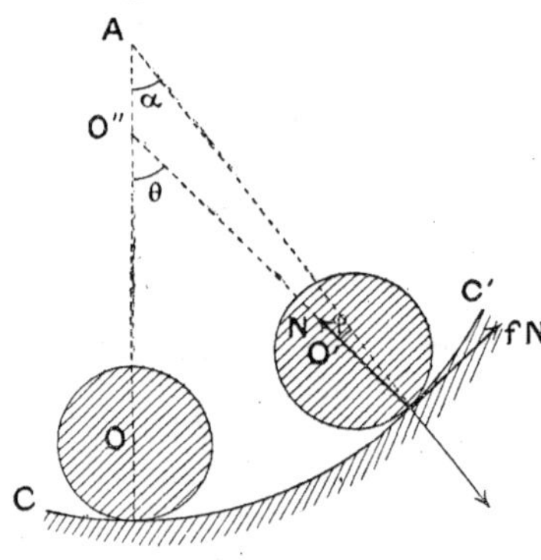

Fig. 3.

Arrivé dans une certaine position pour laquelle son centre se trouve en O′, il commence à glisser en même temps qu'il tourne. Nous allons chercher à quelle condition le centre du tourillon peut demeurer immobile en O′ en même temps que le tourillon tourne autour de ce centre. Pour qu'il en soit ainsi, il faut et il suffit, d'après le théorème du mouvement du centre de gravité, que la résultante de translation des forces sollicitant le tourillon soit nulle. Il faut donc que la résultante R de la réaction normale N et du frottement fN soit égale à la résultante de translation F des forces directement appliquées (y compris la pesanteur) et que le sens de R soit opposé à celui de N. Comme R forme avec le rayon O′O″ du coussinet, l'angle de frottement φ, il est clair que, si l'on appelle α l'angle de F avec la verticale O″O, l'angle θ des rayons O″O, O″O′ est égal à $\alpha + \varphi$. La première condition pour que O′ ne bouge pas est donc que la résultante F des forces extérieures ait une direction invariable. Connaissant cette direction, ou en déduit immédiatement la valeur de θ, et par conséquent la position de O′.

Les choses étant en cet état, on a en valeur absolue

$$N = F \cos \varphi, \qquad fN = F \sin \varphi,$$

et, si ρ est le rayon du tourillon, le moment du frottement par rapport à O' est $F\rho \sin \varphi$. Pour une rotation donnée ε du tourillon, le travail absorbé par le frottement est $F\rho \sin \varphi \times \varepsilon$; il est proportionnel au rayon du tourillon.

74. — Revenons maintenant au cas réel d'un arbre terminé par deux tourillons, mais en supposant ceux-ci assez courts pour qu'on puisse, sans erreur sensible considérer chaque tourillon comme touchant son coussinet en un seul point situé dans le plan moyen de ce tourillon. Admettons en outre que toutes les forces appliquées à l'arbre soient perpendiculaires à son axe. Nous pouvons leur substituer un couple C dont le plan est perpendiculaire à l'axe et une force unique rencontrant l'axe. Celle-ci peut à son tour être décomposée en deux forces parallèles F_1, F_2 appliquées aux milieux M_1 et M_2 des deux tourillons. Ceci fait, il est aisé de voir que chacune de ces forces est, dans l'état d'équilibre, égale et opposée à l'action du coussinet correspondant. Soient en effet R_1 et R_2 les actions des coussinets. Si nous menons par le point de concours A_1 des forces F_1 et R_1 une droite D_1 perpendiculaire à l'axe, la somme des moments de ces forces est nulle par rapport à la dite droite. Il en est de même pour les forces du couple C puisque celui-ci a son plan perpendiculaire à l'axe. Restent les forces F_2 et R_2. La résultante de ces forces doit donc avoir son moment nul par rapport à D_1. La droite D_1 étant arbitrairement choisie dans le plan mené par A_1 perpendiculaire à l'axe, la résultante de

F_2 et de R_2 est nécessairement nulle. Un raisonnement analogue montre qu'il en est de même pour la résultante de F_1 et de R_1.

On peut d'après cela appliquer à chacun des tourillons, considéré séparément, le raisonnement du numéro précédent.

75. **Mouvement uniforme du treuil.** — Le treuil (fig. 4) est sollicité par une puissance P appliquée à une

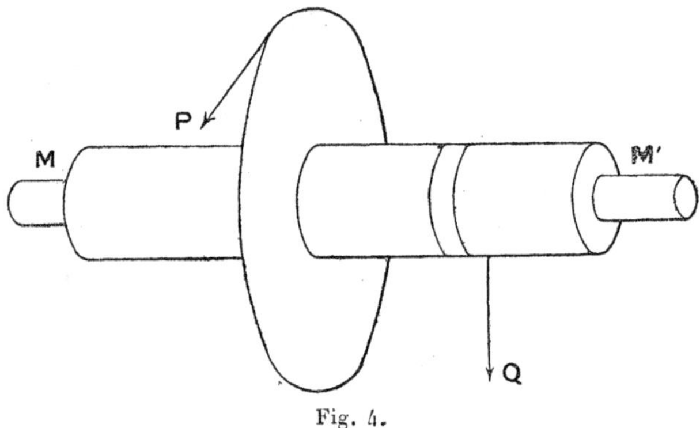

Fig. 4.

distance R de l'axe et par une résistance Q (le poids à élever) appliquée à une distance r.

Soient β l'inclinaison de P sur la verticale, et a, a' les distances du plan vertical de P aux milieux M, M' des tourillons. Soint b, b' les distances d'un plan normal à l'axe, mené par Q, aux mêmes points M, M'. Soit L la distance MM'.

On a :

$$a + a' = b + b' = L.$$

La force P peut être remplacée par deux forces parallèles $P\frac{a'}{L}$, $P\frac{a}{L}$ appliquées en M, M', et de même la force Q par deux forces $Q\frac{b'}{L}$, $Q\frac{b}{L}$ appliquées au mêmes points. La résultante F des forces appliquées en M est donnée par la relation :

$$F^2L^2 = P^2a'^2 + Q^2b'^2 + 2PQa'b' \cos \beta.$$

D'après ce que nous venons de voir, le moment du frottement éprouvé par ce tourillon est $F\rho \sin \varphi$. Un calcul analogue donnera la résultante F' des forces appliquées en M' et le moment $F'\rho \sin \varphi$ du frottement correspondant. L'équation exprimant que le mouvement du treuil est uniforme s'obtient en égalant à zéro la somme des moments de P, de Q et des frottements, ce qui donne :

$$PR - Qr = \rho \sin \varphi (F + F').$$

En remplaçant F et F' par leurs valeurs, il vient :

$$PR - Qr = \frac{\rho \sin \varphi}{L} \left[\sqrt{P^2a'^2 + Q^2b'^2 + 2PQa'b' \cos \beta} + \sqrt{P^2a^2 + Q^2b^2 + 2PQab \cos \beta}\right].$$

La recherche de $\frac{P}{Q}$ conduit ainsi à une équation du quatrième degré, qu'il suffit de résoudre par approximation. Poncelet a montré à ce sujet que la somme des deux radicaux figurant au second membre peut, avec une erreur négligeable, être remplacée par une fonction linéaire de P et de Q.

Quand la force P est verticale, les quantités sous radical sont des carrés parfaits et l'on a :

$$PR - Qr = \rho \sin \varphi (P + Q)$$

d'où :

$$\frac{P}{Q} = \frac{r + \rho \sin \varphi}{R - \rho \sin \varphi}.$$

Pour une rotation élémentaire $d\theta$, les travaux de P et Q sont $PRd\theta$ et $Qrd\theta$. Le rendement est donc :

$$\frac{Qrd\theta}{PRd\theta} = \frac{r(R - \rho \sin \varphi)}{R(r + \rho \sin \varphi)} = 1 - \frac{\rho \sin \varphi (R + r)}{R(r + \rho \sin \varphi)}$$

ou approximativement (en négligeant $\rho \sin \varphi$ au dénominateur en présence de r) :

$$1 - \rho \sin \varphi \left(\frac{1}{R} + \frac{1}{r}\right).$$

On voit que, toutes choses égales d'ailleurs, le rendement diminue quand on augmente le rayon des tourillons, ou, pour parler avec plus de précision, quand on augmente l'un des rapports $\frac{\rho}{R}$ et $\frac{\rho}{r}$. On voit aussi que le rendement ne change pas quand on fait varier R et r sans modifier la somme de leurs inverses.

76. **Frottement des engrenages.** — Pour évaluer la perte de travail due à une transmission par engrenages, il faut tenir compte à la fois du frottement des dents et de celui des tourillons. Ce dernier varie proportionnellement à la pression des tourillons contre leurs coussinets, pression qui dépend elle-même des réactions développées au

contact des dents. Il en résulte que la perte de travail produite par le frottement des tourillons, non moins que celle qu'occasionne le frottement des dents, se rattache intimement à la forme de la denture On fausse donc la comparaison des rendements de deux engrenages quand on admet, comme on le fait généralement, que leurs tourillons frottent de la même manière.

Considérons le cas d'un engrenage plan extérieur. Soient O_1 et O_2 les centres (fig. 5) et soient R_1, R_2 les rayons des deux circonférences primitives tangentes en C. Supposons que la première, tournant dans le sens direct, mène la seconde qui tourne en sens inverse, et admettons d'abord qu'il y ait une seule paire de dents en prise. Soit A le point de contact que nous supposons pour l'instant au delà de la ligne des centres. Appelons p la longueur de la normale CA et θ l'angle O_2CA. Soient N la réaction normale et f le coefficient de frottement au contact des dents.

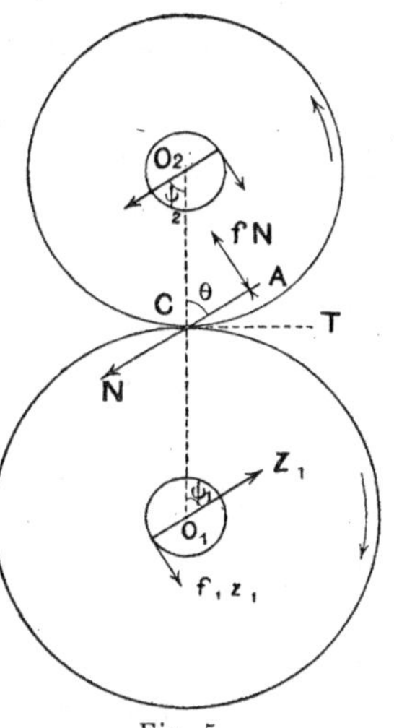

Fig. 5.

Les forces N, fN appliquées en A à la roue motrice sont dirigées l'une de A vers C, l'autre dans un sens tel que son moment par rapport à O_1 soit négatif. Ces forces donnent :

En projection sur la ligne des centres $-N\cos\theta + fN\sin\theta$

En projection sur la tangente CT $-N\sin\theta - fN\cos\theta$

Leur moment résultant par rapport à O_1 est :

$$- NR_1 \sin \theta - fNR_1 \cos (\theta + p).$$

On peut admettre que, par raison de symétrie, tout se passe comme si la roue O_1 portait un seul tourillon, représenté par une circonférence de centre O_1. Ce tourillon éprouve une réaction normale Z_1 et un frottement f_1Z_1 opposé au sens du mouvement. Soit ψ_1 l'angle de Z_1 avec O_1O_2. Ces deux forces donnent :

En projection sur O_1O_2	$Z_1 \cos \psi_1 - f_1Z_1 \sin \psi_1$
En projection sur CT	$Z_1 \sin \psi_1 + f_1Z_1 \cos \psi_1$

Si ρ_1 désigne le rayon du tourillon, leur moment résultant par rapport à O_1 est $-f_1Z_1\rho_1$.

Enfin la roue O_1 est sollicitée par une ou plusieurs forces extérieures qu'on peut toujours réduire à une force unique F appliquée au point O_1 et à un couple. La grandeur et la direction de F influent sur la grandeur et la direction de la réaction Z_1, si bien que le rendement de l'engrenage varie, pour un même travail moteur, suivant la manière dont ce travail est exercé. Mais c'est là, à vrai dire, un élément étranger à la question, et l'on peut toujours imaginer que le travail soit fourni uniquement par un couple, de manière à faire disparaître la force F. C'est dans cette hypothèse, seule capable de conduire à des conclusions générales, que nous poursuivrons l'examen du problème.

Remarquons encore que, par suite du jeu entre les tourillons et leurs coussinets, le point O_1 ne reste pas rigoureusement fixe. Mais ce jeu, avec un engrenage bien monté, doit être extrêmement faible, sans quoi le rapport des vitesses ne resterait pas constant; aussi en ferons-nous abstraction. Nous continuerons d'ailleurs à admettre que les mouvements de rotation sont sensiblement uniformes, de telle façon qu'on puisse négliger les forces d'inertie dues aux variations des vitesses angulaires. Dans ces conditions il y a équilibre, à chaque instant, entre les forces N, fN, Z_1, f_1Z_1 et le couple moteur, que nous désignerons par P_1R_1. Nous aurons donc les trois équations :

$$Z_1 \cos \psi_1 - f_1Z_1 \sin \psi_1 - N \cos \theta + fN \sin \theta = 0$$
$$Z_1 \sin \psi_1 + f_1Z_1 \cos \psi_1 - N \sin \theta - fN \cos \theta = 0$$
$$P_1R_1 - f_1\rho_1Z_1 - NR_1 \sin \theta - fN(R_1 \cos \theta + p) = 0$$

Si nous appelons φ et φ_1 les angles de frottement correspondant à f et f_1 les deux premières équations peuvent s'écrire :

$$Z_1 \frac{\cos(\psi_1 + \varphi_1)}{\cos \varphi_1} = N \frac{\cos(\theta + \varphi)}{\cos \varphi}$$
$$Z_1 \frac{\sin(\psi_1 + \varphi_1)}{\cos \varphi_1} = N \frac{\sin(\theta + \varphi)}{\sin \varphi}$$

d'où :

$$\psi_1 + \varphi_1 = \theta + \varphi \qquad Z_1 = N \frac{\cos \varphi_1}{\cos \varphi}$$

On trouve ensuite pour P_1 la valeur :

$$P_1 = N \left[\sin \theta + f \cos \theta + \frac{f}{R_1}\left(p + \frac{\sin \varphi_1}{\sin \varphi}\rho_1\right)\right].$$

Un calcul analogue appliqué à la roue O_2 donne en appelant $- P_2R_2$ le couple résistant appliqué à cette roue et tenant compte des signes des forces de frottement :

$$P_2 = N \left[\sin \theta + f \cos \theta - \frac{f}{R_2}\left(p + \frac{\sin \varphi_2}{\sin \varphi}\rho_2\right)\right].$$

Par suite :

$$P_1 - P_2 = Nf\left[\frac{1}{R_1}\left(p + \frac{\sin\varphi_1}{\sin\varphi}\rho_1\right) + \frac{1}{R_2}\left(p + \frac{\sin\varphi_2}{\sin\varphi}\rho_2\right)\right].$$

Pour le contact avant la ligne des centres, il suffit de changer f en $-f$ (et par conséquent φ en $-\varphi$) et de remplacer en même temps p par $-p$. La valeur de $P_1 - P_2$ n'est pas modifiée.

Si les rayons des tourillons étaient nuls, on aurait simplement :

$$P_1 - P_2 = Nfp\left(\frac{1}{R_1} + \frac{1}{R_2}\right).$$

Nous sommes ainsi conduits à ce résultat, d'une simplicité remarquable :

Pour les engrenages extérieurs ayant une seule paire de dents en prise, tout se passe, au point de vue du frottement, comme si les tourillons étaient sans dimensions, pourvu que, en revanche, la normale p *soit augmentée, pour chaque roue, du rayon du tourillon correspondant, multiplié par le rapport des sinus des angles de frottement du tourillon et de la dent.*

Quand, en particulier, les coefficients de frottement sont égaux entre eux ainsi que les rayons des tourillons, on peut négliger l'influence de ces derniers à condition de remplacer p par $p + \rho$.

Dans la pratique, les engrenages sont généralement construits de manière à avoir au moins deux paires de dents en prise. Il devient alors impossible de calculer exactement le travail de frottement : il y a en effet surabondance de liaisons et l'on ignore de quelle manière la pression se répartit entre les points de contact. Si l'on admet que, par suite de l'usure, les pressions normales aux deux points de contact tendent à s'égaliser on trouve sans peine que le cas du double contact se ramène à celui du contact simple en introduisant la somme des pressions normales et remplaçant les quantités sin θ et p par les moyennes correspondantes.

Le cas d'un engrenage plan intérieur se traite d'une façon analogue. Sans entrer dans le détail des calculs nous nous bornerons à dire que, si R_1 désigne le rayon de la roue extérieure et R_2 celui de la roue intérieure, et si les coefficients de frottement sont partout les mêmes on tient compte du frottement des tourillons en remplaçant

$$\frac{p}{R_1} \quad \text{et} \quad \frac{p}{R_2}$$

respectivement par

$$\frac{p - \rho_1}{R_1} \quad \text{et} \quad \frac{p + \rho_2}{R_1}.$$

On a alors :

$$P_1 - P_2 = Nf\left[\frac{p + \rho_2}{R_2} - \frac{p - \rho_1}{R_1}\right].$$

Dans cette formule, il faut donner à $P_1 - P_2$ sa valeur absolue, c'est-à-dire mettre $P_1 - P_2$ ou $P_2 - P_1$ suivant que la grande roue mène la petite ou inversement.

La théorie des engrenages coniques est plus compliquée. Nous dirons simplement qu'on tient compte *approximativement* du frottement des tourillons dans les engrenages coniques extérieurs en ajoutant à la normale p, pour chacune des deux roues, le rayon du tourillon divisé par le cosinus du demi angle au sommet du cône[1].

Revenons un instant aux engrenages plans extérieurs. Si l'on néglige les frottements sur les tourillons, on a, d'après ce que nous avons vu, dans le cas du contact après la ligne des centres

$$P_1 = N\left(\sin\theta + f\cos\theta + \frac{fp}{R_1}\right)$$

$$P_2 = N\left(\sin\theta + f\cos\theta - \frac{fp}{R_2}\right).$$

Le rapport $\frac{P_1}{P_2}$ de l'effort moteur à l'effort résistant est donc égal à

$$\frac{\sin\theta + f\cos\theta + \frac{fp}{R_1}}{\sin\theta + f\cos\theta - \frac{fp}{R}} = 1 + \frac{fp\left(\frac{1}{R_1} + \frac{1}{R_2}\right)}{\sin\theta + f\cos\theta - \frac{fp}{R_2}}.$$

Pour le contact avant la ligne des centres, on trouverait que ce rapport a la valeur :

$$1 + \frac{fp\left(\frac{1}{R_1} + \frac{1}{R_2}\right)}{\sin\theta - f\cos\theta - \frac{fp}{R_2}}.$$

Ces formules montrent que, toutes choses égales d'ailleurs, c'est-à-dire pour les mêmes valeurs de p et de θ,

[1] On peut consulter à ce sujet un article de l'auteur « Sur le rendement des engrenages » (*Journal de l'Ecole Polytechnique*. Deuxième série, troisième cahier.)

le rapport $\frac{P_1}{P_2}$ est plus grand avant qu'après le passage par la ligne des centres ; le premier cas est le plus avantageux puisqu'il exige un moindre effort pour surmonter une résistance donnée. On voit même que, dans le cas du contact avant la ligne des centres, si f atteignait la valeur

$$\frac{R_2 \sin \theta}{R_2 \cos \theta + p},$$

le rapport $\frac{P_1}{P_2}$ deviendrait infini. Cela veut dire qu'en pareil cas l'effort moteur P_1, si grand qu'on le suppose ne pourrait vaincre l'effort résistant P_2 : c'est le phénomène de l'*arcboutement*, sur lequel nous reviendrons bientôt.

Il semblerait, d'après cela, qu'on a avantage à faire en sorte que le contact des dents ait lieu entièrement au delà de la ligne des centres. Mais la pratique conduit, au contraire, à répartir les contacts de part et d'autre de cette ligne ; on se l'explique en remarquant que, de cette manière, on réduit les valeurs extrêmes de p correspondant à un pas donné.

Si C est le point de contact des circonférences primitives, et si le contact a lieu exclusivement après la ligne des centres, la valeur extrême de p est la normale CH (fig. 6) abaissée de C sur le profil C'H de la dent, l'arc CC' étant égal au pas. Avec des contacts répartis de part et d'autre de C, les valeurs maxima de p sont les longueurs des normales CH_1, CH_2 abaissées sur les positions $C_1'H_1$ $C_2'H_2$

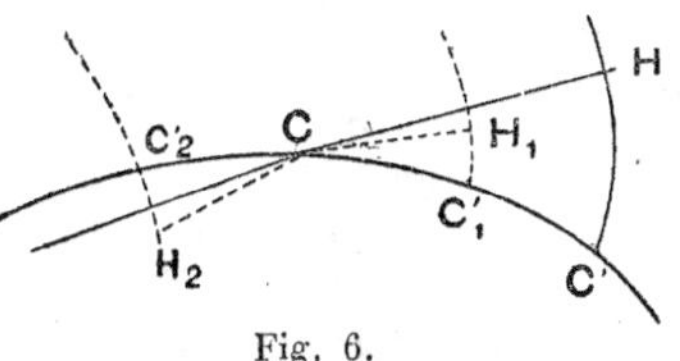

Fig. 6.

du profil de la dent (arc $C'C'_2$ = arc CC') et il est clair que p se trouve ainsi diminué.

La différence entre l'effort moteur et l'effort résistant est, toujours dans l'hypothèse où l'on néglige le frottement des tourillons :

$$P_1 - P_2 = Nfp\left(\frac{1}{R_1} + \frac{1}{R_2}\right).$$

Cette expression peut se mettre sous une autre forme. Considérons le triangle mixtiligne tel que CC_1H_1 dans lequel l'arc CC'_1 est simplement assujetti à être inférieur au pas.

Le pas étant toujours très petit, nous pouvons, avec une assez grande approximation, considérer ce triangle comme un triangle rectiligne, rectangle en H_1 ; l'angle $H_1CC'_1$ est le complément de θ, et l'on a par suite, en posant $CC'_1 = s$:

$$p = s \sin \theta$$

d'où

$$P_1 - P_2 = NfNs \sin \theta \left(\frac{1}{R_1} + \frac{1}{R_2}\right) .$$

En négligeant le carré de f, on peut, dans le second membre de cette égalité, remplacer N sin θ par P_1 ou P_2 et il vient :

$$P_1 - P_2 = fPs\left(\frac{1}{R_1} + \frac{1}{R_2}\right).$$

(la quantité P étant prise égale à P_1 ou P_2 *ad libitum*)

Si nous admettons que les contacts ont lieu aussi longtemps avant qu'après la ligne des centres et si nous désignons le pas par a l'arc s varie depuis — a jusqu'à + a.

Comme f change de signe en même temps que s, la valeur moyenne de fs est $f\frac{a}{2}$. Soient N_1 et N_2 les nombres de dents de deux roues. On a :

$$N_1 a = 2\pi R_1, \quad \text{et} \quad N_2 a = 2\pi R_2.$$

La valeur moyenne de $P_1 - P_2$, si l'on regarde P_2 comme donné, est d'après cela :

$$P_1 - P_2 = Pf\frac{a}{2} \times \frac{2\pi}{a}\left(\frac{1}{N_1} + \frac{1}{N_2}\right) = Pf\pi\left(\frac{1}{N_1} + \frac{1}{N_2}\right).$$

et le rendement moyen est

$$\rho = \frac{P_2}{P_1} = 1 - \frac{P_1 - P_2}{P_1} = 1 - f\pi\left(\frac{1}{N_1} + \frac{1}{N_2}\right).$$

Cette formule montre clairement l'avantage qu'il y a à augmenter les nombres de dents N_1 et N_2 en vue de réduire l'influence du frottement.

Des considérations analogues sont applicables aux engrenages plans intérieurs. Le rendement est

$$1 - f\pi\left(\frac{1}{N_1} - \frac{1}{N_2}\right)$$

à condition de prendre la valeur absolue de la différence $\frac{1}{N_1} - \frac{1}{N_2}$. Ces résultats subsistent, sans modification dans le cas des engrenages coniques ayant des dents très courtes [1].

[1] Résal. — Mémoire sur le frottement des engrenages coniques et de la vis sans fin. (*Journal de l'Ecole Polytechnique*, XXXIIIe cahier.

77. **Vis à filet carré.** — Supposons la vis fixe et l'écrou mobile; admettons en outre, pour fixer les idées, que l'axe de la vis soit vertical et que l'écrou monte quand il tourne dans le sens direct (sens du mouvement des aiguilles d'une montre.

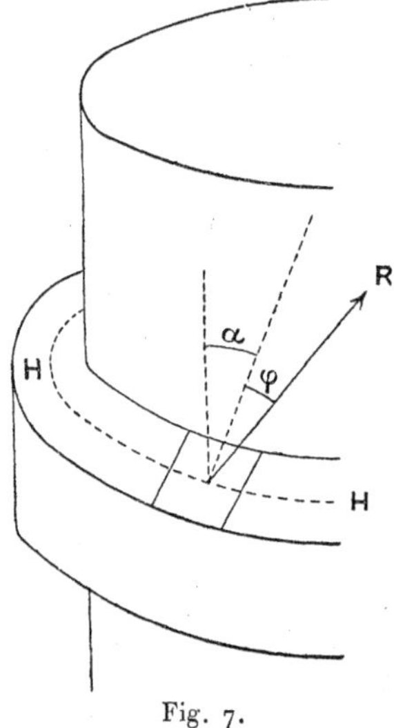

Fig. 7.

Les forces appliquées à l'écrou sont une puissance P, agissant dans un plan perpendiculaire à l'axe, à la distance p de cet axe et une résistance Q agissant dans le sens vertical de haut en bas.

On peut admettre que les actions mutuelles de la vis et de l'écrou sont concentrées sur une hélice moyenne HH′ (fig. 7). Soit r le rayon du cylindre contenant cette hélice; soit α l'angle des tangentes avec le plan de la section droite.

En chaque point de l'hélice moyenne l'élément d'écrou $d\sigma$ reçoit de la part de la vis une action élémentaire $\mathrm{R}d\sigma$ qui, au moment où le glissement va naître, fait l'angle de frottement φ avec la normale, et par conséquent l'angle $\alpha + \varphi$ avec la direction de l'axe. Les équations de l'équilibre s'obtiennent en égalant à zéro la somme des projections sur l'axe et la somme des moments par rapport à l'axe, ce qui donne :

$$\mathrm{Q} = \cos(\alpha + \varphi)\, \Sigma \mathrm{R}d\sigma$$
$$\mathrm{P}p = r \sin(\alpha + \varphi)\, \Sigma \mathrm{R}d\sigma$$

d'où

$$Pp = Qr \operatorname{tg} (\alpha + \varphi).$$

L'angle $\alpha + \varphi$ doit être inférieur à $\frac{\pi}{2}$. En effet, pour $\alpha + \varphi = \frac{\pi}{2}$, le couple deviendrait infini ; au-delà, il faudrait, pour obtenir le glissement dans le sens supposé, changer le signe de Q, c'est-à-dire transformer cette force en puissance. On s'explique sans peine ce résultat en remarquant que, si α était égal à $\frac{\pi}{2}$, auquel cas la surface de vis serait remplacée par un plan méridien, aucun couple Pp ne serait évidemment capable de faire monter l'écrou, si petite que fût la résistance Q. La présence du frottement a simplement pour effet de hâter, en quelque sorte, l'instant où se produit cette impossibilité.

Considérons maintenant le cas où le mouvement est sur le point de se produire dans le sens descendant. Q est alors la puissance et P, la résistance. La condition d'équilibre devient :

$$Pp = Qr \operatorname{tg} (\alpha - \varphi).$$

Cette formule suppose que α surpasse φ. Si α est inférieur à φ, la valeur de P change de signe, c'est-à-dire que pour faire descendre l'écrou il est nécessaire de changer le signe du couple Pp : la force verticale descendante Q ne pourrait, si grande qu'elle fût, produire à elle seule ce mouvement de descente.

Il résulte de là qu'une vis pour laquelle l'angle α est inférieur à l'angle de frottement ne peut être déplacée par une force agissant dans le sens de son axe. Cette propriété donne lieu à de nombreuses applications, parmi lesquelles nous citerons seulement la *presse à vis*.

Vis sans fin. — L'engrenage à vis sans fin est constitué, comme l'on sait, par une vis à filet carré dont l'axe est fixe et par une roue dentée dont l'axe est perpendiculaire à celui de la vis. Les dents ont des profils de développantes ; elles sont limitées latéralement par des hélicoïdes développables, ces surfaces ayant la propriété de pouvoir pendant le fonctionnement de l'appareil, demeurer en contact avec la surface de vis à filet carré. Si n est le nombre de dents, le rapport des vitesses angulaires ω' et ω de la vis et de la roue est égal à n.

Dans le mouvement relatif de la roue et de la vis il y a à chaque instant glissement, roulement et pivotement au contact des deux corps. Nous admettrons qu'on peut négliger les effets du roulement et du pivotement. En outre, nous réduirons la roue à son plan médian et nous supposerons les dents assez petites pour qu'on puisse, sans erreur sensible, confondre le point de contact de la dent et de la vis avec celui du cylindre primitif de la vis et de la circonférence primitive de la roue.

Tout se passe, à ce degré d'approximation, comme si la surface latérale de la dent glissait au contact de la surface de vis, en touchant celle-ci en un seul point A, qui se déplace sur une hélice déterminé. Soit i l'inclinaison de cette hélice sur la base du cylindre qui porte la vis. Remplaçons les forces qui agissent sur les deux corps par une puissance P appliquée en A à la vis et par une résistance Q appliquée, en A également, à la roue. Soit N la pression normale, qui fait l'angle i avec la direction de l'axe du cylindre.

En égalant à zéro la somme des moments des forces qui agissent sur chaque corps par rapport à l'axe de rotation correspondant, on obtient les deux équations

$$P - N \sin i - fN \cos i = 0$$
$$Q - N \cos i + fN \sin i = 0.$$

d'où :

$$\frac{P}{Q} = \frac{\sin i + f \cos i}{\cos i - f \sin i} = \operatorname{tg}(i + \varphi).$$

Ce rapport n'est positif que si $i + \varphi$ est compris entre o et $\frac{\pi}{2}$. Si la roue conduit la vis, Q devient la puissance, P la résistance; il faut en outre changer le signe de f, et l'on voit que c'est la différence $i - \varphi$ qui doit être comprise entre o et $\frac{\pi}{2}$.

78. **Joint universel.** — Le joint universel, appelé aussi *joint de Cardan*, est un appareil connu depuis fort longtemps, mais auquel les applications faites dans l'automobilisme et dans le train Renard ont donné un regain d'actualité. Supposant connues la description et la théorie cinématique de cet appareil, nous allons chercher à évaluer son rendement. Nous nous bornerons au cas où les rayons r des tourillons sont très petits par rapport à leur distance R au centre du joint, et nous admettrons en outre que les mouvements sont assez lents pour rendre négligeable l'influence des forces d'inertie.

Prenons provisoirement R comme unité de longueur et soit A l'angle aigu des deux arbres. On sait que le mouvement se ramène à celui du côté BC d'un triangle sphérique ABC (fig. 8) dans lequel l'angle A est formé par deux grands cercles fixes et $BC = \frac{\pi}{2}$. En réalité, des petits cercles de rayon r, ayant leurs centres en B et C, et figurant les tourillons, glissent dans des coussinets dont chacun est lié invariablement à l'un des arbres. Il y a même quatre tourillons, situés aux quatre extrémités du croisillon qui constitue le joint ; mais tout se passe comme si le centre du joint étant maintenu fixe, chaque bras portait un seul tourillon.

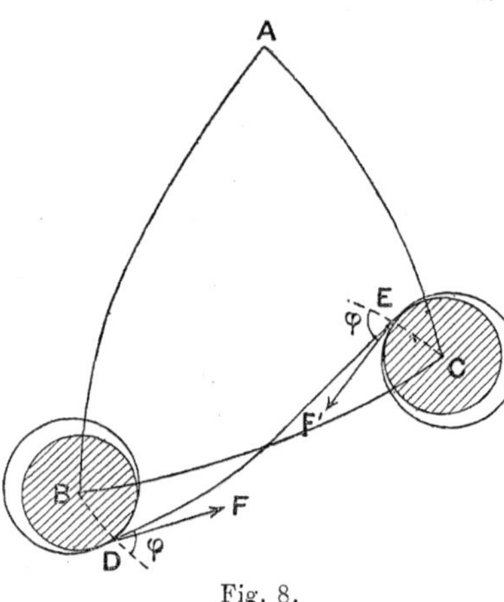

Fig. 8.

Au contact d'un tourillon avec son coussinet se développe une force F, tangente à la sphère et formant avec la normale à la surface cylindrique de contact un angle égal à l'angle de frottement φ. Si l'on considère les forces F, F' appliquées aux deux tourillons B et C elles doivent avoir, par rapport au centre, des moments égaux et contraires, ce qui exige qu'elles soient tangentes à un même cercle DE (peu différent de BC). Les glissements relatifs aux deux points de contact étant $rd\text{B}$ et $rd\text{C}$, le travail élémentaire absorbé par le frottement est $d\mathfrak{T}_f = \text{F}r \sin \varphi\, (d\text{B} + d\text{C})$.

Supposons que l'arbre sur lequel s'exerce la résistance soit celui qui conduit le coussinet B et soit M le moment de cette résistance par rapport à l'axe de l'arbre, axe qui est normal au grand cercle AB.

Ce moment doit être égal à celui de la force F agissant sur le tourillon B. Pour calculer le moment de la force F, remarquons que celle-ci peut, sans altération de son moment, être transportée tangentiellement au grand cercle DE de façon que son point d'application P se trouve à la rencontre de DE et de AB (fig. 9). Si donc θ désigne l'angle d'intersection de DE et de AB, l'on a $M = F \cos \theta$; il reste à calculer θ. Soit G le point d'intersection des axes BC, DE. Les deux triangles GEC, GDB sont égaux, car les angles en D et E sont tous les deux égaux au supplément de φ et de plus $DB = EC = r$. Il résulte de là que l'on a : $BG = Gc = \frac{\pi}{4}$, et par suite en appelant α l'angle BGD : $\alpha \sin \frac{\pi}{4} = r \sin \varphi$.

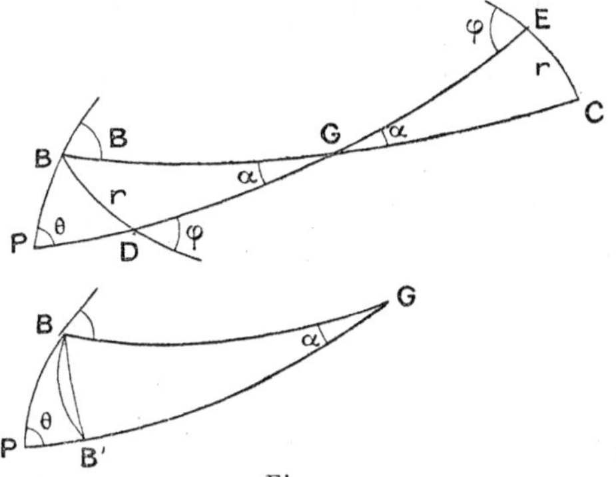

Fig. 9.

Traçons un arc de cercle BB' de centre G et de rayon sphérique BG. Ce cercle qui rencontre orthogonalement les deux grands cercles GB et GP a pour rayon géodésique, $\operatorname{tg} \frac{\pi}{4}$, c'est-à-dire l'unité. Il coupe donc en B et B' l'arc de grand cercle BB' sous des angles ψ égaux entre eux et égaux à $\frac{1}{2}$BB'. D'ailleurs BB' $= \alpha \sin \frac{\pi}{4} = r \sin \varphi$. Donc $\psi = \frac{1}{2} r\varphi$. Parlant de là, on voit sans peine que les angles du triangle sphérique PBB' sont θ, $\frac{\pi}{2} - B + \frac{1}{2} r \sin \varphi$ et $\frac{\pi}{2} + \frac{1}{2} r \sin \varphi$. Leur somme est $\pi + \theta - B + r \sin \varphi$. L'excès sphérique du triangle PBB' a donc pour valeur $\theta - B + r \sin \varphi$. Vu la petitesse du tourillon, nous pouvons admettre que cet excès sphérique est négligeable, ce qui nous conduit à la relation : $\theta = B - r \sin \varphi$ d'où :

$$M = F \cos (B - r \sin \varphi).$$

L'expression de $d\mathfrak{T}_f$, donnée ci-dessus, renfermant r en facteur, si l'on y remplace F par $\frac{M}{\cos B}$ on ne commet qu'une erreur de l'ordre de r^2 et l'on a à ce degré d'approximation :

$$d\mathfrak{T}_f = \frac{Mr \sin \varphi}{\cos B} (dB + dC).$$

D'ailleurs le triangle rectangle supplémentaire de ABC fournit la relation : $\cos B \cos C = - \cos A$, d'où :

$$d\mathfrak{T}_f = Mr \sin \varphi \left(\frac{dB}{\cos B} - \frac{\cos C dC}{\cos A}\right).$$

Admettons que le moment résistant M que doit surmonter le joint soit constant et intégrons pour un quart de tour. B varie de o à A et C de $\pi - A$ à π. Nous avons donc :

$$\mathfrak{T}_r = M_r \sin \varphi \left[\log \operatorname{tg} \left(\frac{\pi}{4} + \frac{A}{2}\right) + \operatorname{tg} A\right].$$

Tel est le travail absorbé par le frottement. La valeur

correspondante du travail utile est $\mathfrak{T}_u = \frac{\pi}{2}$ M. Formons le rapport $\frac{\mathfrak{T}_f}{\mathfrak{T}_u}$ et rétablissons en outre $\frac{r}{R}$ à la place de r. Il vient :

$$\frac{\mathfrak{T}_f}{\mathfrak{T}_u} = \frac{2r \sin \varphi}{\pi R} \left[\log \operatorname{tg} \left(\frac{\pi}{4} + \frac{A}{2} \right) + \operatorname{tg} A \right].$$

Pour le quart de tour suivant, on peut substituer au point B le point diamétralement opposé sur la sphère de manière à conserver l'angle aigu A. Alors B varie de $\pi - A$ à π et C, de o à A. La valeur absolue de $\mathfrak{T}_f$ n'est pas changée. Après le demi-tour ainsi effectué, on se retrouve dans les conditions initiales. Finalement, on voit que la valeur de $\frac{\mathfrak{T}_f}{\mathfrak{T}_u}$ subsiste pour un tour complet. Comme le travail moteur est $\mathfrak{T}_u + \mathfrak{T}_f$, le rendement ρ est $\frac{\mathfrak{T}_u}{\mathfrak{T}_u + \mathfrak{T}_f}$ ou : $1 - \frac{\mathfrak{T}_f}{\mathfrak{T}_u + \mathfrak{T}_f}$. Ce rendement décroit à mesure que A augmente, et devient nul pour $A = \frac{\pi}{2}$. Pour les faibles valeurs de A, $\mathfrak{T}_f$ est petit vis-à-vis de $\mathfrak{T}_u$ et l'on peut prendre approximativement $\rho = 1 - \frac{\mathfrak{T}_f}{\mathfrak{T}_u}$, d'où :

$$\rho = 1 - \frac{2r \sin \varphi}{\pi r} \left[\log \operatorname{tg} \left(\frac{\pi}{4} + \frac{A}{2} \right) + \operatorname{tg} A \right].$$

Si A est assez petit pour qu'il soit permis de négliger les puissances de cet angle supérieures à la seconde, on trouve simplement :

$$\rho = 1 - \frac{4Ar \sin \varphi}{\pi R}$$

avec une erreur de l'ordre de A^3.

Certains constructeurs d'automobiles ont adopté un joint universel présentant une disposition très simple. L'un des arbres est terminé par un boisseau cylindrique pourvu de fentes longitudinales servant à guider des coulisseaux portés par l'extrémité de l'autre arbre. Au point de vue cinématique, le fonctionnement est le même qu'avec le croisillon ordinaire. Pour nous en rendre compte, figurons en $O\beta$ et $O\gamma$ (fig. 10), les deux axes fixes, qui se coupent sous l'angle A, et soit $O\delta$ la perpendiculaire à $O\gamma$ sur laquelle se trouve l'un des coulisseaux liés à cet arbre. Le plan $\delta O\beta$ est lié invariablement à l'arbre $O\beta$. Si l'on mène par O la normale $O\varepsilon$ au plan $\delta O\beta$, les deux droites $O\delta$, $O\varepsilon$, respectivement liées aux deux arbres et perpendiculaires à ces arbres se comportent exactement comme les deux rayons joignant le centre du croisillon ordinaire aux deux croisillons OB, OC.

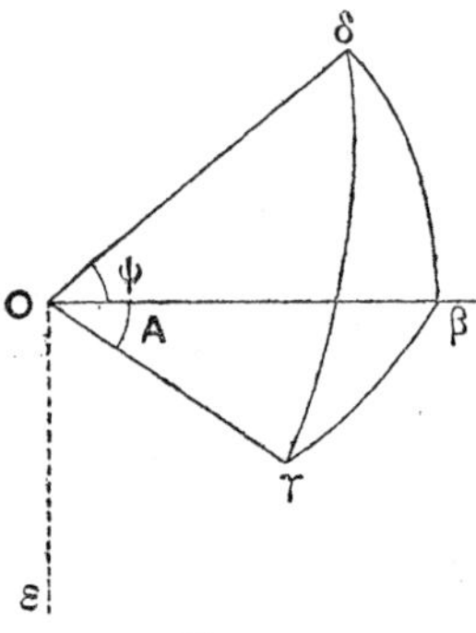

Fig. 10.

Dès qu'on se place au point de vue dynamique, on voit disparaître l'équivalent des deux systèmes. Supposons que la pression de la tige $O\delta$ sur le plan $\delta O\beta$ s'exerce au point δ, et que $O\delta$ soit égal à l'unité : il n'y a aucun inconvénient à faire cette hypothèse, puisque les forces n'interviennent ici que par leurs moments relatifs à O. Au point δ le plan $\delta O\beta$ est soumis à une pression normale N et à une action tangentielle fN, perpendiculaire à $O\delta$. Soit ψ l'angle $\delta O\beta$. Le moment de N par rapport à $O\beta$ est N sin ψ ; celui de fN est nul. Le travail élémentaire absorbé par le frottement fN est $fNd\psi$. On a donc, en appelant M le moment résistant appliqué sur $O\beta$:

$$N \sin \psi = M \qquad fNd\psi = d\mathfrak{T}_f$$

d'où :

$$dT_f = Mf \frac{d\psi}{\sin \psi} = Mfd.\log \operatorname{tg} \frac{\psi}{2}.$$

Il est aisé de voir que pour un quart de tour de l'arbre $O\beta$. ψ varie $\frac{\pi}{2}$ à $\frac{\pi}{2} + A$. On a donc pour cette rotation

$$\mathfrak{T}_f = Mf \log \operatorname{tg} \left(\frac{\pi}{4} + \frac{A}{2}\right).$$

Le travail utile correspondant est $\mathfrak{T}_u = M \frac{\pi}{2}$. Donc ;

$$\frac{\mathfrak{T}_f}{\mathfrak{T}_u} = \frac{2f}{\pi} \log \operatorname{tg} \left(\frac{\pi}{4} + \frac{A}{2}\right).$$

Pour les petites valeurs de A, cette expression, en remplaçant f par $\operatorname{tg} \varphi$, se réduit sensiblement à $\frac{2A}{\pi} \operatorname{tg} \varphi$.

Avec la disposition ordinaire, nous avons trouvé :

$$\frac{\mathfrak{T}_f}{\mathfrak{T}_u} = \frac{4Ar}{\pi R} \sin \varphi.$$

Le résultat ne serait le même que si le rapport entre le rayon r des tourillons et leur distance R au centre avait pour valeur $\frac{1}{2 \cos \varphi}$. En pratique $\frac{r}{R}$ est beaucoup plus petit, et, par conséquent, l'ancienne disposition est bien préférable au point de vue de la perte de travail due au frottement.

79. **Coquille entre glissières.** — Pour guider rectilignement l'assemblage d'une tête de bielle et d'une tige de piston, on emploie une pièce rectangulaire ABCD (fig. 11) appelée coquille, maintenue par deux glissières EF, GH. Pour fixer les idées nous supposerons celles-ci horizontales.

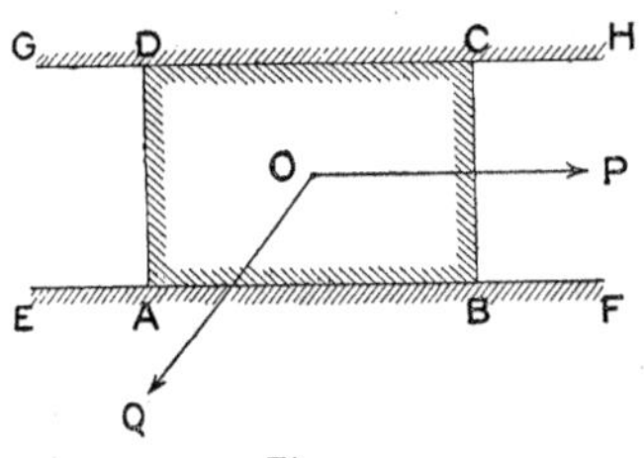

Fig. 11.

La tige de piston et la bielle exercent sur la coquille deux forces P, Q, dont la première est parallèle aux glissières, et qui sont toutes les deux appliquées au centre O de la coquille. Comme il existe nécessairement un petit jeu entre la coquille et ses guides, la hauteur BC du rectangle est un peu inférieure à l'écartement de ceux-ci.

Il y a, d'après cela, quatre hypothèses à envisager.

1° *Contact le long de* CD, *pas de contact suivant* AB (fig. 12). — Cette hypothèse est inadmissible, car, en projection sur la verticale, la somme des réactions normales des glissières doit être égale et de signe contraire à la projection de Q, tandis qu'ici la glissière CD, qui agit seule, donne une réaction de même signe que la projection de Q.

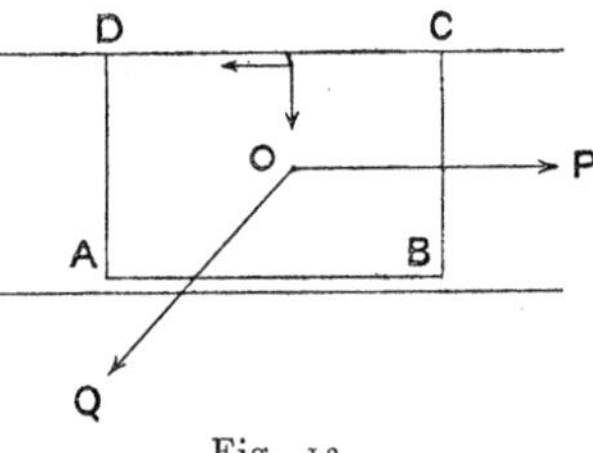

Fig. 12.

2° *La coquille se place en biais et touche les glissières par ses sommets en* A *et* C (fig. 13). — Si l'on prend, dans cette hypothèse, la somme des projections des forces sur la verticale, on a, en appelant N et N′ les réactions de A et C et α l'inclinaison de Q sur l'horizontale :

$$N - N' = Q \sin \alpha.$$

Prenant ensuite la somme des moments par rapport à o et posant :

$$AB = 2a, \qquad BC = 2b,$$

l'on a :

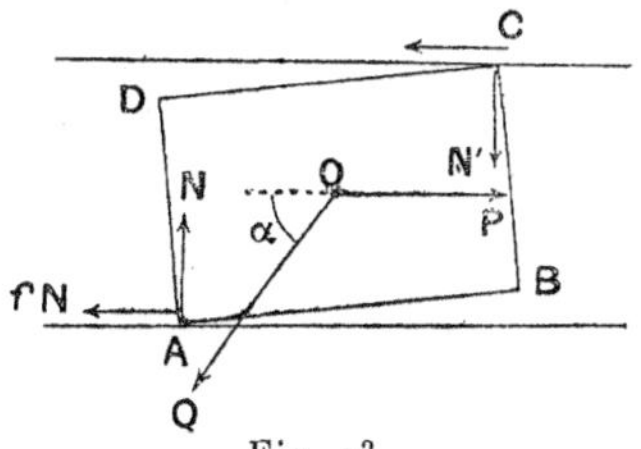

$$(N + N')a + f(N - N')b = 0$$

Fig. 13.

ou :

$$(N + N')a + fQb \sin \alpha = 0$$

équation impossible, puisque tous les termes du premier membre sont positifs. Cette hypothèse est donc à rejeter aussi bien que la première.

3° *La coquille touche uniquement la glissière inférieure* (fig. 14). — En appelant N la résultante des actions normales de la glissière, on a immédiatement les deux équations :

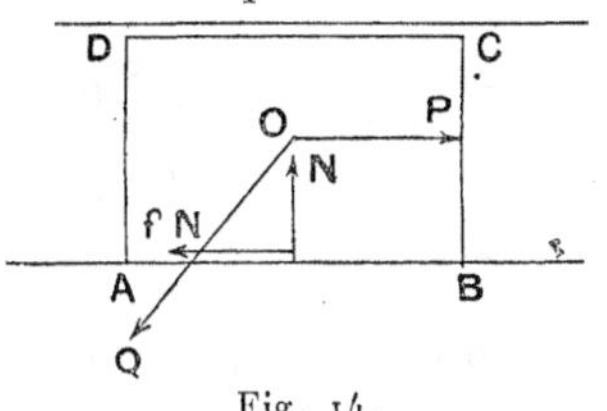

Fig. 14.

$$fN = P - Q \cos \alpha,$$
$$N = Q \sin \alpha,$$

d'où, par l'élimination de N :

$$Q = \frac{P}{\cos \alpha + f \sin \alpha}.$$

D'autre part, la résultante des forces P et Q doit, pour que la coquille ne bascule pas, passer entre A et B, ce

7.

qui revient à dire que les sommes des moments de P et Q par rapport à A et B doivent être de signes contraires. Ces sommes sont respectivement :

$$(P - Q \cos \alpha)b \pm Qa \sin \alpha.$$

Comme

$$P - Q \cos \alpha = fN$$

est une quantité positive, il faut que l'on ait :

$$(P - Q \cos \alpha)b < Qa \sin \alpha,$$

ou bien, en remplaçant P par sa valeur $Q(\cos \alpha + f \sin \alpha)$:

$$\frac{a}{b} < f.$$

4° *La coquille touche les glissières par ses sommets* B *et* D (fig. 15). — En raisonnant comme dans la seconde hypothèse, on trouve :

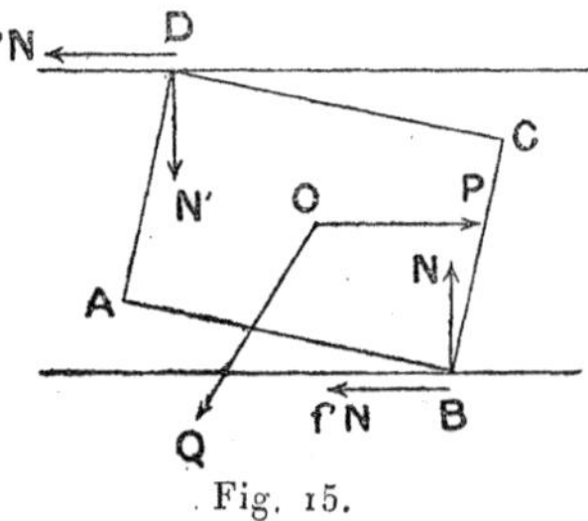

Fig. 15.

$$N - N' = Q \sin \alpha$$

$$(N + N')a - f(N - N')b = 0.$$

En outre en projetant sur l'horizontale, on a :

$$f(N + N') = P - Q \cos \alpha.$$

Ces trois équations donnent, par l'élimination de $N - N'$ et $N + N'$:

$$Q = \frac{Pa}{a \cos \alpha + f^2 b \sin \alpha}.$$

Les réactions normales sont :

$$N = Q \sin \alpha \left(\frac{b}{a} f + 1\right) \qquad N' = Q \sin \alpha \left(\frac{b}{a} f - 1\right).$$

Pour que l'équilibre s'établisse de cette manière, il faut que N' soit positif, d'où la condition :

$$\frac{a}{b} < f.$$

En rapprochant cette inégalité de celle qu'entraîne la troisième hypothèse on est conduit à la conclusion suivante :

Suivant que le rapport $\frac{a}{b}$ *des côtés de la coquille est supérieur ou inférieur au coefficient de frottement, la coquille touche une seule glissière ou s'appuie en diagonale sur les deux glissières.*

Remarquons maintenant que, dans le cas où $\frac{a}{b}$ est inférieur à f, l'on a :

$$\frac{Q}{P} = \frac{1}{\cos \alpha + f^2 \frac{b}{a} \sin. \alpha} < \frac{1}{\cos \alpha + f \sin \alpha}$$

tandis que, pour :

$$\frac{a}{b} > f,$$

l'on a :

$$\frac{Q}{P} = \frac{1}{\cos \alpha + f \sin \alpha}.$$

La puissance P capable de surmonter une résistance donnée Q est donc plus grande quand a est inférieure à

fb que dans le cas contraire. Il y a donc avantage à donner à la coquille, dans le sens du mouvement, une longueur $2a$ assez grande pour que le contact ait lieu sur une seule glissière. Une autre raison milite d'ailleurs en faveur de cette disposition : en effet, quand la coquille touche la glissière par ses angles B et D, l'usure des pièces doit être beaucoup plus rapide que si le guidage se fait par contact sur la large surface AB.

80. **Arcboutement.** — On dit qu'il y a arcboutement quand, par l'effet du frottement, les forces directement appliquées à un système ne peuvent rompre l'équilibre de ce système, quelque grandes que soient ces forces, dont on se donne simplement le point d'application et les directions. Si, par exemple, un corps en contact avec un plan est sollicité par une force F appliquée au centre de gravité G et si cette force passe à l'intérieur du polygone d'appui en faisant avec la normale au plan un angle inférieur à l'angle de frottement, le corps se trouve arcbouté.

Le phénomène de l'arcboutement est fréquemment utilisé en statique (échelle appliquée contre un mur, valet de menuisier, etc.) En dynamique, au contraire, ses effets sont généralement nuisibles.

Considérons en particulier le cas d'un engrenage plan extérieur et supposons, pour simplifier, que le frottement des tourillons soit négligeable. D'après ce que nous avons vu précédemment, le couple résistant a pour valeur :

Pour le contact avant la ligne des centres :

$$P_2 = N\left[\sin\theta - f\left(\cos\theta + \frac{p}{R_2}\right)\right],$$

Pour le contact après la ligne des centres :

$$P_2 = N\left[\sin\theta + f\left(\cos\theta - \frac{p}{R_2}\right)\right].$$

La pression mutuelle des dents, N, est essentiellement positive. Il faut que P_2 soit également positif, sans quoi on devrait conclure qu'un couple résistant, si faible qu'on le suppose, est encore trop grand pour permettre le mouvement uniforme du système, et que ce mouvement est impossible à moins d'exercer à la fois sur les deux roues des efforts moteurs. La condition $P_2 > 0$ entraine les suivantes :

Avant la ligne des centres $\quad p < R_2\left(\frac{\sin\theta}{f} - \cos\theta\right),$

Après la ligne des centres $\quad p < R_2\left(\frac{\sin\theta}{f} + \cos\theta\right).$

Dès que l'une ou l'autre de ces inégalités cesse d'être vérifiée la continuation du mouvement sans renversement de la résistance devient impossible, c'est-à-dire qu'il y a arcboutement. Il n'y a pas à se préoccuper en pratique de la seconde inégalité, car, en appelant φ l'angle de frottement, elle peut s'écrire

$$p < R_2 \frac{\sin(\theta + \varphi)}{\sin\varphi}$$

et comme le rapport $\frac{p}{R_2}$ est toujours une très petite fraction, cette inégalité est très largement vérifiée. Au contraire, la première inégalité, mise sous la forme

$$\frac{p}{R_2} < \frac{\sin(\theta - \varphi)}{\sin\varphi}$$

montre que si θ descend jusqu'à une valeur voisine de φ, l'arcboutement est à craindre, et pour l'éviter il faut tracer avec soin la partie de la denture correspondant au contact avant la ligne des centres. Il peut arriver que, même avec des dents convenablement tracées, cette circonstance se produise au bout d'un certain temps par le fait d'une déformation locale due à l'usure, et alors l'engrenage est hors de service. Il arrive parfois qu'il suffise de graisser un engrenage pour supprimer l'arcboutement. On se l'explique aisément en remarquant que le graissage a pour effet de diminuer l'angle φ.

81. **Encliquetage Dobo.** — Ce genre d'encliquetage, qui est fréquemment employé dans les bicyclettes à roue libre, montre une application remarquable du principe de l'arcboutement.

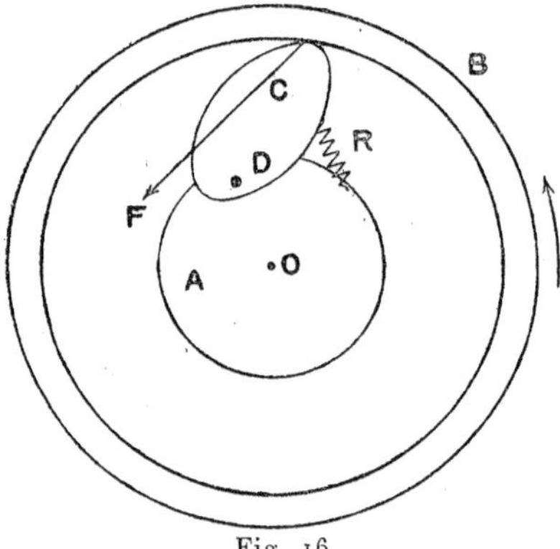

Fig. 16.

Un disque A et un anneau B (fig. 16), mobiles autour d'un même axe O, sont reliés par une came C, articulée en D au disque A et pressée contre l'intérieur de l'anneau par un ressort R.

Si l'on fait tourner l'anneau dans le sens de la flèche, il ne peut glisser sur la came sans exercer contre elle un effort F faisant avec la normale au point de contact un angle égal à l'angle de frottement. L'appareil est construit de façon que le moment de cette force par rapport à D soit de même signe que celui du ressort : l'équilibre de la came est donc impossible dans ces conditions. Comme d'autre part le déplacement de la came dans le sens de la flèche est empêché par la présence de l'anneau, il faut conclure qu'en réalité la force F fait avec la normale un angle inférieur à l'angle de frottement et que par conséquent le glissement n'a pas lieu : l'anneau entraine la came et, avec elle, le disque A, comme s'il y avait un lien rigide. Quand l'anneau tourne dans le sens opposé, le glissement de C se produit sans difficulté. On réalise ainsi la transmission de mouvement dans un seul sens, c'est-à-dire qu'en imprimant à l'anneau un mouvement oscillatoire on communique à A une série de rotations de sens constant, séparées par des intervalles de repos.

Inversement, on peut donner à A un mouvement oscillatoire et c'est alors l'anneau B qui progresse dans un sens constant. En réalité l'encliquetage Dobo présente, sur le contour du disque A, plusieurs cames symétriquement placées ; la théorie demeure la même.

82. **Autoloc.** — L'autoloc est un appareil de calage, au moyen duquel un arbre mobile autour de son axe demeure automatiquement bloqué dans la position où on l'abandonne, tant qu'on n'agit pas sur un levier spécial de débloquage, dont la manœuvre n'exige qu'un effort minime. Il est constitué essentiellement par deux billes d'acier B, B′ (fig. 17) qu'un ressort R tend à écarter l'une de l'autre. Chaque bille se trouve ainsi coincée dans l'espace compris entre un anneau extérieur A, qui est fixe, et une came E, à contour elliptique, qui peut tourner autour de l'axe O, sous l'action d'un levier non figuré.

Ce levier fait corps avec deux joues cylindriques J, J'. Quand on le manœuvre, l'une des joues cylindriques chasse devant elle la bille et l'oblige par suite à se décoincer. Supposons d'abord que les joues n'existent pas. Imaginons qu'on exerce sur la came un effort tendant à faire tourner cette pièce de droite à gauche, et cherchons dans quelles conditions le mouvement peut être sur le point de se produire. Il suffit alors de considérer la bille de droite B. Nous admettons que, par raison de symétrie, les points de la bille ne sont susceptibles de se mouvoir que parallèlement au plan de la figure et nous faisons abstraction du poids de la bille, qui est d'ailleurs sans influence si l'axe est vertical. Nous négligeons également le frottement du ressort.

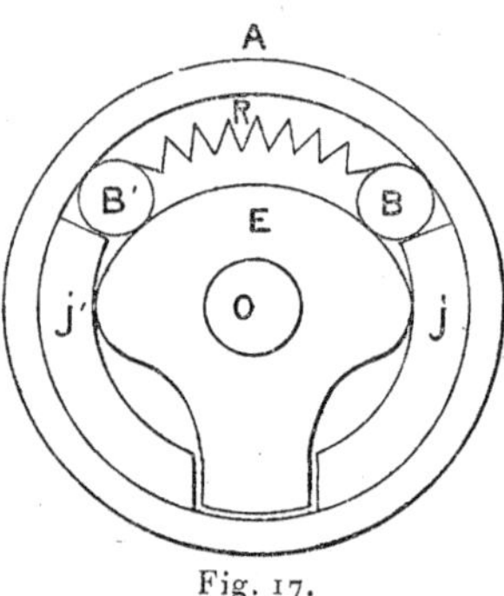

Fig. 17.

Soient G (fig. 18) le centre de la bille, C et C' les points de contact de la bille avec l'anneau et avec la came, 2α l'angle des tangentes CD, C'D, F_1 et F_2 les composantes de la pression F du ressort suivant GD et suivant la perpendiculaire GH à GD, dirigée de façon que l'angle HGC soit aigu ; N et N' les pressions normales de l'anneau et de la came ; T et T' les actions tangentielles, supposées, pour fixer les idées dirigées de C et de C' vers D.

L'appareil est construit de telle façon que, si l'on supprime soit l'anneau, soit l'excentrique, la ligne OG dans le mouvement de la bille, tourne de gauche à droite. Il en résulte que les projections de F sur les tangentes en C et

C′ ont les directions CD, C′D : autrement dit la quantité $F_1 - F_2 tg\alpha$ est positive.

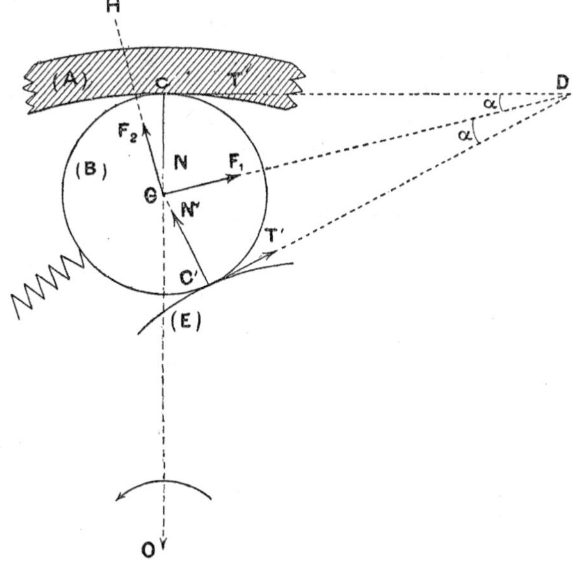

Fig. 18.

En égalant à zéro la somme des moments des forces par rapport à G et les sommes de leurs projections sur GD et GH, nous obtenons les trois équations :

$$(1) \qquad \begin{cases} T = T' \\ F_1 + 2T\cos\alpha - (N + N')\sin\alpha = 0 \\ F_2 - (N - N')\cos\alpha = 0. \end{cases}$$

Comme nous avons quatre inconnues : N, N′, T, T′, il faut une quatrième équation. Celle-ci dépend de la façon dont s'effectue le mouvement élémentaire.

Remarquons qu'il est impossible d'admettre l'absence simultanée de glissement en C et C'. Car l'absence de glissement en C exige que le déplacement de C' soit normal à CC' et l'absence de glissement en C' exige que ce même déplacement soit normal à OC' : conditions incompatibles du moment où les tangentes en C et C' ne sont pas parallèles. Nous avons donc à envisager seulement les trois hypothèses suivantes :

I. Absence de glissement en C ;

II. Absence de glissement en C' ;

III. Glissements simultanés en C et C'.

Hypothèse I. — Le glissement en C' entraîne la relation :

$$T' = fN'$$

f désignant le coefficient de frottement.

Cette équation, jointe aux précédentes, donne, par un calcul facile :

$$N = \frac{F_1 + F_2(\operatorname{tg}\alpha - 2f)}{2(\sin\alpha - f\cos\alpha)} \qquad N' = \frac{F_1 - F_2\operatorname{tg}\alpha}{2(\sin\alpha - f\cos\alpha)}$$

$$T = T' = fN' = fN\frac{F_1 - F_2\operatorname{tg}\alpha}{F_1 + F_2(\operatorname{tg}\alpha - 2f)}.$$

On tire de là :

$$\frac{fN}{T} = 1 + \frac{F_2}{N'\cos\alpha}$$

N et N' sont essentiellement positifs. En outre l'absence de glissement en C exige que fN soit supérieur à T. Il en résulte que F_2 doit être positif. Comme $F_1 - F_2 \operatorname{tg}\alpha$ est positif, la valeur de N' montre que $\operatorname{tg}\alpha$ doit être supérieur à f. La valeur de N est alors également positive. Cette hypothèse exige en résumé les deux conditions :

$$F_2 > 0, \qquad \operatorname{tg} \alpha > f.$$

Hypothèse II. — Il est aisé de voir que pour avoir les formules applicables à ce cas, il suffit, de changer dans les précédentes F_2 en $-F_2$ en même temps qu'on permute N avec N'.

On a ainsi :

$$N = \frac{F_1 + F_2 \operatorname{tg} \alpha}{2(\sin \alpha - f \cos \alpha)} \qquad N' = \frac{F_1 - F_2(\operatorname{tg} \alpha - 2f)}{2(\sin \alpha - f \cos \alpha)}$$

$$T = T' = fN = fN' \frac{F_1 + F_2 \operatorname{tg} \alpha}{F_1 - F_2(\operatorname{tg} \alpha - 2f)}.$$

Les conditions de réalisation sont :

$$F_2 < 0 \qquad \operatorname{tg} \alpha > f.$$

Hypothèse III. — S'il y a simultanément glissement en C et C' on a à la fois :

$$T = fN \quad \text{et} \quad T' = fN'$$

d'où, comme $T = T'$:

$$N = N'.$$

Ce qui conduit à la condition $F_2 = 0$.

La valeur commune de N et N' est :

$$N = \frac{F}{2(\sin \alpha - f \cos \alpha)}$$

F_1 étant positif, il doit en être de même de $\operatorname{tg} \alpha - f$.

On a donc les deux conditions :

$$F_2 = 0 \qquad \operatorname{tg} \alpha > f.$$

On voit que, dans les trois cas, tg α doit être inférieur à f. Par conséquent :

Si tg α *est inférieur à* f, *aucun mouvement n'est possible : la bille est arcboutée, et le déplacement de la came dans le sens de droite à gauche est absolument empêché.*

Si tg α surpasse f, rien ne fait obstacle au mouvement; alors, suivant que F_2 est positif, négatif ou nul, la bille glisse uniquement sur la came, uniquement dans l'anneau ou simultanément sur la came et dans l'anneau.

Quand la bille glisse uniquement sur la came elle roule à l'intérieur de l'anneau.

Quand elle glisse uniquement dans l'anneau, elle fait corps avec la came, car le contact avec l'anneau s'oppose à tout roulement sur la came.

En pratique, la différence tgα — f est négative, de sorte que l'arcboutement se produit : c'est un phénomène analogue à celui que présente l'encliquetage Dobo.

Il est intéressant de rechercher quelles pressions N et N′ éprouve la bille quand on applique sur la came un couple moteur M, annihilé par le fait de l'arcboutement. Ce couple est équilibré par les forces N′, T′, supposées maintenant appliquées à la came, et par conséquent chargées de signes. Ou bien, ce qui revient au même, on peut dire que le couple M est équivalent à la somme des moments, pris par rapport à O, des deux forces N′ et T′ agissant sur la bille. Soit a la distance OG, soit r le rayon de la bille. En remplaçant T′ par son égal T, on est conduit à la relation :

$$N' \sin 2\alpha - T\left(\cos 2\alpha - \frac{r}{a}\right) = \frac{M}{a}$$

qu'il faut joindre aux équations (1). On tire de celles-ci :

$$N' \sin 2\alpha - T(\cos 2\alpha + 1) = F_1 \cos\alpha - F_2 \sin\alpha.$$

Par suite :

$$N' \sin 2\alpha \left(1 + \frac{r}{a}\right) = \frac{M}{a}(\cos 2\alpha + 1) -$$
$$(F_1 \cos\alpha - F_2 \sin\alpha)\left(\cos 2\alpha - \frac{r}{a}\right).$$

Puis :

$$N \sin 2\alpha \left(1 + \frac{r}{a}\right) = \frac{M}{a}(\cos 2\alpha + 1)$$
$$- (F_1 \cos\alpha - F_2 \sin\alpha)\left(\cos 2\alpha - \frac{r}{a}\right) + 2 F_2 \sin\alpha\left(1 + \frac{r}{a}\right).$$

Ces formules se simplifient si l'on regarde les composantes F_1 et F_2 de la pression du ressort comme négligeables en présence de $\frac{M}{a}$. On trouve alors :

$$N = N' = \frac{M \operatorname{Cotg} \alpha}{a + r}.$$

Ainsi qu'il était aisé de le prévoir, les pressions provoquées par un couple donné M sont d'autant plus grandes que l'angle α est plus faible.

Tout ceci suppose l'existence d'une seule bille ; les deux billes de l'autoloc, que le ressort tend à écarter l'une de l'autre, produisent sur la came, au repos, des moments M_0, égaux et de signes contraires. Quand ensuite on vient à exercer sur la came un couple moteur, celui-ci ajoute son effet au moment M_0 agissant déjà sur celle des billes qui s'oppose au déplacement. La quantité M qui figure dans les formules précédentes représente donc, à vrai dire, le couple moteur augmenté de M_0. Le moment M_0 ne pourrait être calculé que si l'on connaissait les valeurs, au repos, des quatre forces N, N', T, T'. Or nous n'avons pour cela que les trois équations (1). C'est un genre d'indétermination qui se rencontre, à chaque instant, comme nous le savons déjà, quand on applique la statique rationnelle aux corps solides sans tenir compte de leur élasticité.

Pour obtenir le déblocage, on met en jeu la joue J, qui produit sur la bille une pression à peu près opposée à celle du ressort.

Désignons par F'_1, F'_2 les composantes de cette nouvelle pression, estimées *en sens contraire* des pressions F_1 et F_2. Les calculs précédents subsistent : il suffit de remplacer F_1 et F_2 par $F_1 - F'$ et $F_2 - F'_2$. Tenant d'ailleurs compte de ce que $\operatorname{tg} \alpha$ est inférieur à f, on est conduit aux conditions suivantes :

Dans l'hypothèse I :

$$F'_2 - F_2 < 0 \qquad F'_1 - F_1 + 2f(F'_2 - F_2) > 0.$$

Dans l'hypothèse II :

$$F'_2 - F_2 > 0 \qquad F'_1 - F_1 - 2f(F'_2 - F_2) > 0.$$

Dans l'hypothèse :

$$F'_2 - F_2 = 0 \qquad F'_1 - F_1 > 0.$$

Le déblocage peut donc se produire avec une valeur quelconque de $F'_2 - F_2$, à condition de donner à F'_1 une valeur suffisante. Suivant le signe de $F'_2 - F_2$, on réalise l'un ou l'autre des trois genres de mouvement. Si la pression de la joue a une direction exactement opposée à celle de la pression du ressort, on peut annuler à la fois $F_1 - F_1$ et $F'_2 - F_2$: dès lors la bille n'oppose aucune résistance au mouvement de la came.

Lorsqu'on manœuvre le levier, celui-ci a pour premier effet de presser la joue contre la bille, ensuite de pousser la came. Il est essentiel que le contact de la joue avec la bille précède l'effort sur la came ce qu'on obtient en donnant au levier un léger jeu par rapport à la came. Sans cela, le déblocage serait manifestement impossible.

La théorie précédente suppose qu'aucune force d'inertie ne vient fausser les équations de la statique : elle cesserait d'être valable si cette condition n'était pas remplie. Si, par exemple, l'axe éprouvait, sous l'action d'un choc, un brusque déplacement, la bille pourrait se débloquer sans intervention du levier de manœuvre. La seule garantie contre les effets de ce genre consiste dans l'emploi d'un ressort possédant une raideur et une tension suffisantes.

L'autoloc se prête à bien des emplois : adapté, par exemple, à un frein de bicyclette, il assure la persistance du serrage, alors même qu'on abandonne la manette jouant ici le rôle du levier de manœuvre, et supprime par conséquent la fatigue que les freins ordinaires imposent, sur les longues descentes, à la main du cycliste.

83. **Mouvements louvoyants.** — Considérons un solide de poids P glissant sur un plan horizontal avec une vitesse constante V. Soit ABCD (fig. 19) sa projection horizontale. Pour entretenir son mouvement, il faut le tirer suivant la direction de V

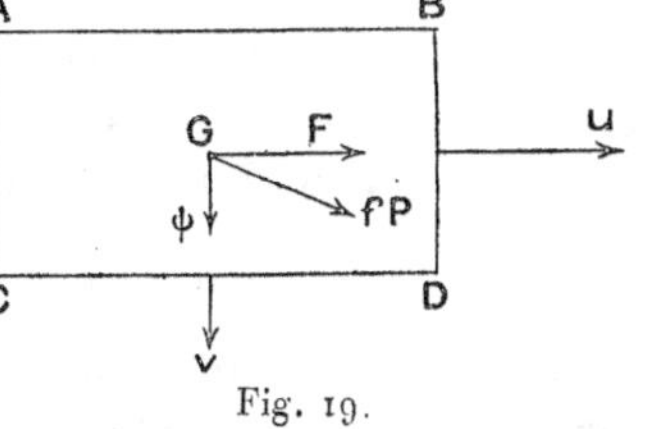

Fig. 19.

avec une force constante $F = fP$, que nous supposons appliquée au centre de gravité G. Soient F et ψ les composantes de cette force suivant deux directions rectangulaires données, et soient u, v les composantes de la vitesse du point G suivant les mêmes directions. L'on a

$$\psi^2 + F^2 = f^2P^2,$$
$$\frac{\psi}{F} = \frac{v}{u}$$

et

$$u^2 + v^2 = V^2$$

d'où

$$\psi = fP\frac{v}{V}.$$

Si le rapport $\frac{\psi}{F}$ est très petit, il en est de même de $\frac{v}{u}$; alors V diffère peu de u, et l'on peut écrire :

$$\psi = fP\frac{v}{u}.$$

De là résulte la conséquence que voici :

Si le corps était d'abord au repos, la force ψ devrait, pour lui imprimer un glissement, même extrêmement lent, dans le sens de sa direction, atteindre la valeur fP. Au contraire, quand le corps est animé au préalable d'une certaine vitesse u perpendiculaire à ψ, cette force, quelque petite qu'on la suppose, lui communique, suivant sa direction, une vitesse $v = u\frac{\psi}{fP}$, proportionnelle à u. La force ψ réussit donc, malgré sa faiblesse, à surmonter la résistance au glissement en louvoyant, en quelque sorte, devant cette résistance comme un bateau qui évite le vent de bout. De là le nom de *principe des mouvements lou-*

voyants donné par M. Haton de la Goupillière à l'effet dont il s'agit. Ce principe est susceptible de nombreuses applications. Bornons-nous à faire remarquer qu'il explique le dérapage auquel sont exposés les véhicules circulant en courbe, quand une roue est brusquement enrayée : car la roue se met alors à glisser sur le sol dans le sens de la vitesse du véhicule, et dès lors la force centrifuge, qui est perpendiculaire à cette vitesse, devient capable de déplacer latéralement la roue.

84. **Frottement d'une corde sur un cylindre.** — Lorsqu'une corde parfaitement flexible, appliquée sur la section droite d'un cylindre, est sur le point de glisser lentement avec une vitesse constante (fig. 20), les forces directement appliquées sont, en négligeant le poids de la corde : l'action normale N*ds*, dirigée vers l'extérieur du cylindre et le frottement *f*N*ds*. Si l'on appelle ρ le rayon de courbure de la section droite et si l'on fait croître l'arc *ds* dans le sens du mouvement de glissement, on a les deux équations :

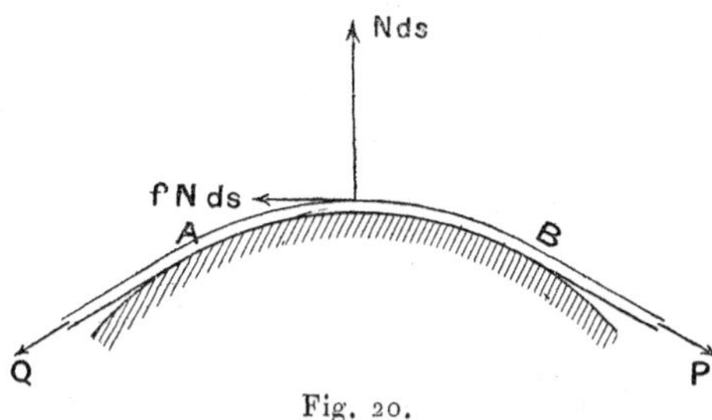

Fig. 20.

$$\frac{dT}{ds} - fN = 0 \qquad \frac{T}{\rho} - N = 0$$

entre les deux inconnues N et T.

Soit $d\theta = \frac{ds}{\rho}$ l'angle de contingence. Les équations précédentes donnent :

$$\frac{dT}{T} = f\frac{ds}{\rho} = fd\theta.$$

En intégrant et appelant C une constante arbitraire, il vient :

$$T = Ce^{f\theta}.$$

Supposons que la corde soit tirée par une puissance P et retenue par une résistance Q. En prenant comme origine des arcs le point où commence l'enroulement, on doit avoir $T = Q$ pour $\theta = 0$. Donc $C = Q$ et $T = Qe^{f\theta}$. Soit α la déviation totale de la tangente depuis le point A jusqu'au point B où finit l'enroulement.

On a

$$T = P \quad \text{pour} \quad \theta = \alpha,$$

d'où

$$P = Qe^{f\alpha}.$$

On voit que le rapport $\frac{P}{Q}$ croît très rapidement quand l'angle α augmente; d'ailleurs rien ne limite cet angle, car la corde peut faire autant de tours que l'on veut sur le cylindre.

On utilise fréquemment cette propriété : par exemple pour l'amarrage des navires. Dans ce cas la traction exercée par le navire qui tend à se déplacer représente la puissance P et pourvu que la corde fasse deux ou trois tours sur une borne fixée dans le quai, un très faible effort Q suffit pour empêcher le mouvement.

Le frottement d'une corde sur un cylindre est encore

utilisé dans les freins ainsi que dans les transmissions par cables ou par courroies. Nous reviendrons ultérieurement sur ces applications.

85. **Dynamique du frottement.** — Quand un corps se meut au contact d'un autre, deux cas peuvent se présenter. Ou bien la vitesse relative V_r est nulle au point de contact (nous supposons pour simplifier qu'il n'y en a qu'un seul) ou bien elle est différente de zéro.

Dans le premier cas, on a l'équation $V_r = o$ et l'action tangentielle est indéterminée. On sait seulement qu'elle est inférieure à l'action normale N multipliée par f. Dans le second cas, on a l'équation $T = fN$ et la seule chose qu'on connaisse au sujet de la vitesse relative, c'est qu'elle est directement opposée à T.

Supposons qu'au début du mouvement les données comportent l'existence du glissement. On est alors dans le second cas, et l'on établit les équations du mouvement en tenant compte de la relation $T = fN$. Ces équations demeurent valables tant qu'elles donnent pour V_r une valeur différente de zéro. A l'instant où V_r s'annule, on se trouve en présence de deux hypothèses : ou bien V_r va demeurer nul, ce qui exige $T < fN$, ou bien V_r va reprendre des valeurs différentes de zéro, et par conséquent T va être égal à fN.

Une discussion attentive est donc nécessaire pour décider de quelle manière se continue le mouvement, et, comme les conditions du mouvement sont tout-à-fait différentes suivant qu'il y a ou non glissement, on voit que ces équations présentent de véritables discontinuités.

Quelques exemples permettront de bien comprendre la façon de procéder.

86. **Mouvement d'un cylindre pesant sur un plan incliné.** — Nous supposerons le cylindre homogène ou composé de couches concentriques et homogènes, et nous admettrons qu'à l'instant initial il est abandonné sans vitesse au contact du plan incliné qu'il touche suivant une horizontale. Par raison de symétrie, l'axe va demeurer horizontal et chaque section droite va se mouvoir dans un plan vertical.

Soient α (fig. 21) l'inclinaison du plan sur l'horizon, μ la masse du cylindre, N et T les composantes de l'action du plan, supposée réduite à une force appliquée au milieu de la génératrice de contact. Soient encore v la vitesse du centre O, parallèle au plan; ω la vitesse de rotation autour de O; R le rayon; K le rayon de gyration par rapport à l'axe.

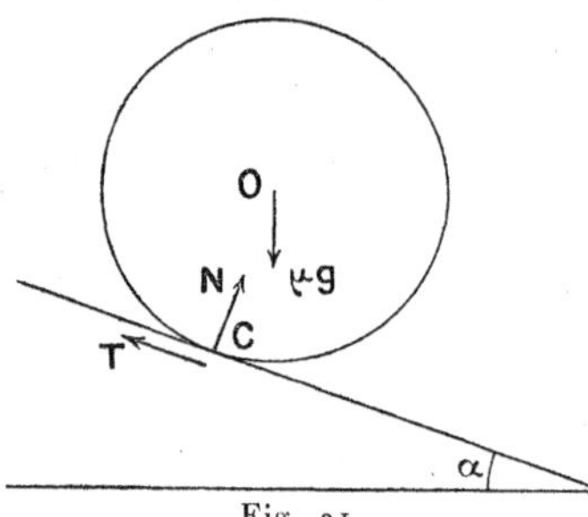

Fig. 21.

Le théorème du mouvement du centre de gravité et celui du moment cinétique donnent les trois équations :

$$\mu \frac{dv}{dt} = \mu g \sin \alpha - \text{T}$$

$$0 = \mu g \cos \alpha - \text{N}$$

$$\mu \text{K}^2 \frac{d\omega}{dt} = \text{RT}.$$

Comme il y a quatre inconnues : v, ω, N, T, il faut une équation de plus, et c'est ici que nous devons envisager les deux hypothèses possibles.

Première hypothèse. — Roulement san sglissement.

S'il n'y a pas de glissement, la vitesse du point de contact C est nulle, ce qu'exprime l'équation

$$v - \omega R = 0.$$

Admettant cette équation, on a :

$$\mu R \frac{d\omega}{dt} = \mu g \sin \alpha - T$$

$$\mu K^2 \frac{d\omega}{dt} = RT$$

d'où par l'élimination de T

$$(K^2 + R^2) \frac{d\omega}{dt} = gR \sin \alpha.$$

Cette équation pourrait s'écrire immédiatement : il suffirait d'appliquer à l'axe instantané de rotation, confondu avec la génératrice de contact, le théorème des moments, en remarquant que le moment d'inertie correspondant est

$$\mu (K^2 + R^2).$$

La valeur de $\frac{d\omega}{dt}$ étant constante, il en est de même de $\frac{dv}{dt}$, et le centre de la section descend, parallèlement au plan incliné, avec l'accélération constante $\frac{gR^2 \sin \alpha}{K^2 + R^2}$. La réaction normale $N = \mu g \cos \alpha$ et la résistance tangentielle

$$T = \frac{\mu K^2}{R} \frac{d\omega}{dt}$$

sont également constantes.

Pour que l'hypothèse soit admissible, il faut que $\frac{N}{T}$ n'atteigne pas la valeur f du coefficient de frottement. On a ainsi la condition :

$$\frac{\mu K^2 g \sin \alpha}{K^2 + R^2} < f \mu g \cos \alpha$$

d'où

$$\operatorname{tg} \alpha < f \frac{K^2 + R^2}{R^2}.$$

Si le cylindre est homogène, K a la valeur $R\sqrt{2}$ et la condition s'écrit : $\operatorname{tg} \alpha < 3f$. Si toute la masse est à la surface (cas d'un tuyau mince ou d'un cerceau) on a sensiblement $K = R$ et $\operatorname{tg} \alpha$ doit être inférieur à $2f$. Si au contraire toute la masse était concentrée sur l'axe, K serait nul et rien ne limiterait l'inclinaison du plan.

2me *hypothèse. — Glissement au contact du plan.* S'il y a glissement, l'équation $v = \omega R$ cesse d'exister et doit être remplacée par $T = fN$. En reprenant les calculs dans ces conditions, on trouve :

$$N = \mu g \cos \alpha \qquad\qquad T = f \mu g \cos \alpha$$

$$\frac{dv}{dt} = g(\sin \alpha - f \cos \alpha) \qquad\qquad \frac{d\omega}{dt} = \frac{fRg \cos \alpha}{K^2}$$

La vitesse u du glissement est $u = v - \omega R$, et l'on a :

$$\frac{du}{dt} = \frac{dv}{dt} - R\frac{d\omega}{dt} = g \cos \alpha \left(\operatorname{tg} \alpha - f\frac{K^2 + R^2}{K^2}\right).$$

Comme nous avons supposé v et ω nuls à l'instant initial, il faut, pour que le glissement se produise, que la valeur initiale de $\frac{du}{dt}$ soit positive (sans quoi f devrait être remplacé par $-f$ et l'on arriverait à l'inégalité absurde $\operatorname{tg} \alpha + f\frac{K^2 + R^2}{K^2} < 0$). La condition $\frac{du}{dt} > 0$ entraine celle-ci :

$$\operatorname{tg} \alpha > f\frac{K^2 + R^2}{K^2}.$$

On voit que les deux hypothèses s'excluent mutuellement : suivant que $\operatorname{tg} \alpha$ est inférieur ou supérieur à $f\frac{K^2 + R^2}{R^2}$, il faut adopter la première ou la seconde.

Quand il y a glissement, la valeur de $\frac{dv}{dt}$ montre que l'axe du cylindre tombe avec la même accélération qu'un corps terminé par une surface plane qui glisse au contact d'un plan incliné. L'accélération angulaire $\frac{d\omega}{dt}$ est en raison inverse de K^2. On peut remarquer qu'il existe entre v et ω une relation indépendante du frottement. Car, en éliminant f, on obtient :

$$\frac{dv}{dt} + \frac{K^2}{R}\frac{d\omega}{dt} = g \sin \alpha,$$

d'où

$$v + \frac{K^2\omega}{R} = gt \sin \alpha.$$

Cette relation exprime qu'à chaque instant le point situé sur le prolongement de OC, au delà de O, à la distance $\frac{K^2}{R}$ du centre, à la même accélération que s'il glissait sans frottement sur une parallèle à la ligne de plus grande pente du plan. Ce point n'est autre chose que le centre de percussion correspondant à la génératrice de contact (n° 49).

Nous allons maintenant examiner ce qui arrive quand le cylindre est lancé avec glissement initial sur un plan pour lequel tg α est inférieur à $f\frac{K^2 + R^2}{R^2}$. Pour simplifier la discussion nous nous bornerons au cas du plan horizontale ($\alpha = 0$). Les formules précédentes deviennent dans ce cas :

$$N = \mu g, \qquad T = f\mu g.$$

$$\frac{dv}{dt} = -gf, \qquad \frac{d\omega}{dt} = \frac{fRg}{K^2}, \qquad \frac{du}{dt} = -gf\frac{K^2 + R^2}{K^2}.$$

Nous supposons la valeur initiale u_0 de u positive, sans quoi le signe de f devrait être renversé, et, en changeant en même temps le signe des vitesses ainsi que celui de T, on retrouverait les mêmes équations avec glissement positif.

La vitesse de glissement au bout du temps t est :

$$u = u_0 - gft\frac{K^2 + R^2}{K^2}.$$

Elle diminue constamment et s'annule au bout du temps

$$t = \frac{u_0}{gf}\frac{K^2}{K^2 + R^2}.$$

A ce moment, il est impossible que le glissement persiste : en effet, ou bien u continuerait à décroître et deviendrait par suite négatif, ce qui exigerait le changement de signe de f et par suite de $\frac{du}{dt}$, qui deviendrait positif ; ou bien u cesserait de décroitre, pour redevenir positif ;

alors f ne changerait pas de signe, non plus que $\frac{du}{dt}$. Dans les deux cas le signe de la dérivée serait contraire à celui de la variation de la fonction, ce qui est absurde.

Il faut conclure de là qu'à l'instant où u s'annule commence une phase de roulement, pour laquelle

$$u = v - \omega R$$

ne cesse plus d'être nul. Reprenant alors la première hypothèse et faisant $\alpha = 0$, l'on trouve :

$$\frac{d\omega}{dt} = 0$$

et

$$\frac{dv}{dt} = R\frac{d\omega}{dt} = 0.$$

L'on a en même temps

$$T = 0.$$

Le roulement s'effectue donc avec une vitesse constante et sans action tangentielle.

Le sens du roulement dépend du signe de v. Pour avoir ce signe, revenons un instant à la phase de glissement. Nous voyons que, si v_0 est la valeur initiale de v, on a

$$v = v_0 - gft.$$

A l'instant où cesse le glissement t est égal à $\frac{u_0}{gf}\frac{K^2}{K^2 + R^2}$, d'où :

$$v = v_0 - u_0\frac{K^2}{K^2 + R^2} = v_0 - (v_0 - \omega_0 R)\frac{K^2}{K^2 + R^2}$$

$$= \left(v_0 + \omega_0\frac{K^2}{R}\right)\frac{K^2}{K^2 + R^2}.$$

Le sens du roulement est donc déterminé par le signe de $v_0 + \omega_0 \frac{K^2}{R}$.

Si, à l'instant initial, la vitesse angulaire ω_0 est négative et supérieure, en valeur absolue, à $\frac{v_0 R}{K^2}$, l'axe du cylindre présente pendant le roulement un mouvement inverse de celui qu'il avait au début de l'expérience. C'est ce que l'on réalise aisément avec un cerceau : cet appareil se comporte comme un cylindre creux infiniment mince, c'est-à-dire qu'il faut faire $K = R$ et le sens du roulement final dépend par suite du signe de $v_0 + \omega_0 R$.

87. **Mouvement d'une bille de billard.** — Une bille de billard est une sphère homogène pesante roulant ou glissant sur un plan horizontal dépoli. Appelons R le rayon de la sphère, K son rayon de gyration par rapport à un diamètre

$$\left(K = R\sqrt{\frac{2}{5}}\right),$$

μ sa masse, x et y les coordonnées de son point de contact par rapport à deux axes rectangulaires fixes menés dans le plan, X et Y les projections sur les mêmes axes de l'action du plan sur la sphère, Z la projection de la même action sur la verticale ascendante, u et v les dérivées de x et y par rapport au temps. Le théorème du mouvement du centre de gravité donne les trois équations :

$$\mu \frac{du}{dt} = X, \qquad \mu \frac{dv}{dt} = Y, \qquad \mu g = Z.$$

Le théorème des moments, appliqué aux diamètres parallèles à ox et oy ainsi qu'au diamètre vertical, donne de son côté, en appelant p, q, r les composantes de la rotation instantanée suivant ces trois directions :

$$\mu K^2 \frac{dp}{dt} = RY, \qquad \mu K^2 \frac{dq}{dt} = -RX, \qquad \frac{dr}{dt} = 0.$$

Nous voyons déjà que la vitesse r du pivotement est constante.

En laissant de côté les équations $\mu g = Z$ et $\frac{dr}{dt} = 0$, qui déterminent immédiatement Z et r, il nous reste quatre équations entre les six inconnues u, v, p, q, X, Y. Il nous faut donc deux équations de plus.

Si nous supposons la sphère lancée avec un glissement initial, le glissement persiste un certain temps et, pendant cette première phase du mouvement, la composante horizontale de l'action du plan est égale à fZ, c'est-à-dire à $f\mu g$, d'où l'équation :

$$\sqrt{X^2 + Y^2} = f\mu g.$$

En outre cette composante est directement opposée à la vitesse de glissement. Celle-ci est la vitesse du point de contact *considéré comme appartenant à la sphère*. Elle résulte de la translation du centre et de la rotation autour du centre : ses projections sur les axes sont donc $u - qR$, $v + pR$. On est ainsi conduit à cette dernière équation :

$$\frac{X}{u - qR} = \frac{Y}{v + pR}.$$

Si l'on y remplace X et Y par les quantités proportionnelles du, dv, l'on a :

$$\frac{du}{u - qR} = \frac{dv}{v + pR}.$$

D'ailleurs X, Y sont aussi proportionnels à $-dq$, dp, d'où :

$$-\frac{dq}{u - qR} = \frac{dp}{v + pR},$$

et par suite :

$$\frac{du - Rdq}{u - qR} = \frac{dv + Rdp}{v + pR}.$$

L'intégration est immédiate et donne

$$\frac{v + pR}{u - qR} = \text{const.}$$

La vitesse de glissement a donc une direction constante, et il en est de même, dès lors, du rapport $\frac{Y}{X}$, que nous savons être égal à $\frac{v + pR}{u - qR}$. Comme déjà $X^2 + Y^2$ est constant, on voit que l'action tangentielle du tapis sur la bille est une force de grandeur et de direction invariables. Il en résulte que le centre de gravité se meut, en projection horizontale, comme un point de masse μ soumis à la force constante $f\mu g$ de direction invariable. En conséquence :

Pendant le glissement, le centre de la sphère décrit une parabole.

Ce théorème, dû à Euler, peut se vérifier avec une bille enduite de blanc, lancée sur un billard de façon à posséder un fort glissement de direction convenable : on constate la forme parabolique de la trace sur le tapis.

Faisons actuellement coincider la direction de l'axe des x avec la direction du glissement, qui est opposée à celle de la force constante. Nous avons $X = -f\mu g$, $Y = 0$, et il vient :

$$\frac{du}{dt} = -fg \qquad \text{d'où} \qquad u = u_0 - fgt,$$

$$\frac{dv}{dt} = 0 \qquad \text{d'où} \qquad v = v_0,$$

$$\frac{dp}{dt} = 0 \qquad \text{d'où} \qquad p = p_0,$$

$$\frac{dq}{dt} = \frac{fgR}{K^2} \qquad \text{d'où} \qquad q = q_0 + \frac{fgRt}{K^2}.$$

La vitesse de glissement a pour composantes :

$$u - qR = u_0 - q_0R - fgt\left(1 + \frac{R^2}{K^2}\right)$$

$$v + pR = v_0 + p_0R$$

$v_0 + p_0R$ est nul, puisque le glissement initial est parallèle à l'axe des x, et $u_0 - q_0R$ est égal à la vitesse a de glissement, vitesse positive par hypothèse. D'après cela la vitesse de glissement diminue constamment et s'annule au bout du temps :

$$t = \frac{a}{fg\left(1 + \frac{R^2}{K^2}\right)}.$$

A cet instant, le glissement disparait et l'on entre dans une phase de roulement définie par les équations que voici :

$$\mu\frac{du}{dt} = X, \qquad \mu\frac{dv}{dt} = Y,$$

$$\mu K^2\frac{dp}{dt} = RY, \qquad \mu K^2\frac{dq}{dt} = -RX,$$

$$u - qR = 0, \qquad v + pR = 0.$$

En éliminant X entre les deux équations qui le contiennent, on trouve :

$$R\frac{du}{dt} + K^2\frac{dq}{dt} = 0,$$

et, comme d'autre part :

$$\frac{du}{dt} - R\frac{dq}{dt} = 0$$

on voit que u et q sont constants. On établit de même la constance de v et p. Il en résulte que X et Y sont nuls : l'action du plan est verticale, ce qui vérifie l'absence de toute tendance au glissement.

Dans cette phase de roulement, qui persiste indéfiniment, le centre de la sphère possède un mouvement rectiligne et uniforme, et la sphère tourne, avec une vitesse constante, autour d'un axe de direction fixe. Mais il ne faut pas perdre de vue que nous avons laissé de côté diverses influences, comme la résistance au roulement, la résistance de l'air, etc., qui, à la longue, modifient en réalité le phénomène.

Le sens du mouvement du centre pendant le roulement est déterminé par les signes de u et v à l'instant où cesse le glissement. En nous reportant à l'étude de la première phase et faisant

$$t = \frac{aK^2}{fg(K^2 + R^2)},$$

nous trouvons que l'on a à cet instant :

$$u = u_0 - \frac{aK^2}{K^2 + R^2} = u_0 - \frac{(u_0 - q_0R)K^2}{K^2 + R^2}$$

$$= \frac{R(R^2u_0 + K^2q_0)}{K^2 + R^2},$$

$$v = v_0.$$

On voit que, suivant que q_0 est supérieur ou inférieur à $-\frac{Ru_0}{K^2}$, la composante u est positive ou négative. Si elle est négative, le centre de la sphère possède, pendant le roulement, une vitesse qui forme un angle aigu avec la vitesse initiale : c'est l'explication des effets dits de *rétro*.

88. **Extinction du frottement.** — Le mouvement de la bille de billard manifeste une propriété que présentent, dans un grand nombre de cas, les systèmes affectés de frottements. La vitesse de glissement au point de contact de la bille avec le tapis va constamment en décroissant, comme si la bille cherchait à échapper au frottement, et cette vitesse finit même par disparaitre complètement, le roulement étant caractérisé par l'absence de glissement.

Un phénomène du même ordre, mais plus compliqué, se produit lorsqu'un corps de révolution, un œuf par exemple, animé d'une grande vitesse de rotation autour de son axe, est posé au contact d'un plan horizontal dépoli. Si l'axe est placé d'abord dans une position inclinée, il se relève progressivement, de sorte que le point de contact se rapproche de lui. Par le fait de ce rapprochement la vitesse de glissement est évidemment décroissante et avec elle diminue le travail du frottement.

Il est aisé de s'expliquer ce redressement de l'axe.

Prenons deux plans de projection, l'un vertical, contenant l'axe AB (fig. 22) à l'instant considéré, l'autre horizontal. Supposons que la rotation (très rapide par hypothèse) autour de AB s'effectue de gauche à droite pour un observateur ayant les pieds en A, la tête en B. On peut la représenter par un vecteur $G\omega$ issu du centre de gravité G et dirigé vers B. Les forces agissant sur le corps sont :

son poids P appliqué en G ; la réaction normale N du plan, appliquée au point de contact C et l'action tangentielle F, due au frottement. Celle-ci est également appliquée en C, et, d'après le sens attribué à la rotation, elle est dirigée comme l'indique la figure. Le moment de N par rapport à G est représenté par un vecteur horizontal gn. Le moment de F par rapport au même point est représenté par un vecteur Gf perpendiculaire à GC dans le plan vertical de projection. Soit GK le vecteur représentatif du moment cinétique par rapport à G. En vertu de la rapidité admise pour le mouvement de rotation,

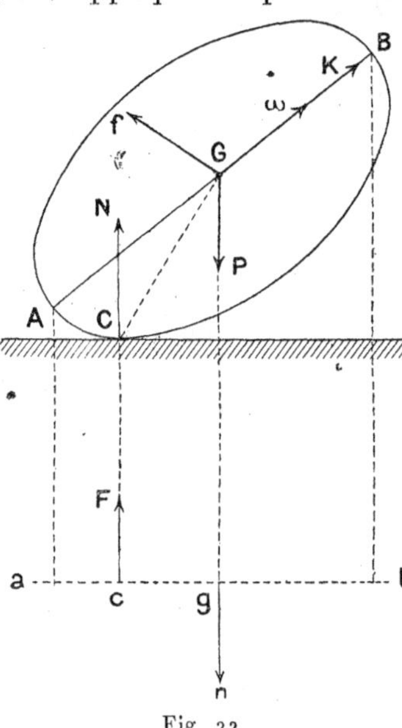

Fig. 22.

GK doit avoir sensiblement la direction GB (voir n° 53). D'ailleurs le théorème du moment cinétique, appliqué au mouvement autour du centre de gravité, montre que la vitesse de K est la résultante des vecteurs gn et Gf. On en conclut qu'en projection verticale la vitesse de K a la direction Gf, et ceci implique bien le relèvement de l'extrémité supérieure B de l'axe du corps. Observons toutefois que cette conclusion deviendrait fausse si CG passait à gauche de la verticale CN, ce qui pourrait arriver avec un solide lesté de façon à avoir son centre de gravité très bas : en pareil cas l'extrémité B de l'axe du corps tendrait, au moins dans les premiers moments, à s'abaisser de plus en plus.

89. **Sphères frottantes.** — Voici encore un exemple dans lequel on peut constater nettement la tendance à l'extinction du frottement.

Considérons un ensemble quelconque de sphères homogènes ayant leurs centres fixes et exerçant à leurs divers points de contact, des pressions mutuelles données. Supposons d'abord que le système après avoir été lancé d'une façon arbitraire, soit entièrement abandonné à lui-même.

Soient S_1 et S_2 deux de ces sphères, tangentes en un point A. Appelons x_1, y_1, z_1 et x_2, y_2, z_2 les coordonnées de leurs centres O_1 et O_2 par rapport à trois axes fixes rectangulaires ; ξ, η, ζ les coordonnées de A ; p_1, q_1, r_1 et p_2, q_2, r_2 les composantes des rotations de S_1 et S_2.

La vitesse de glissement V de S_2 par rapport à S_1 a pour composantes :

$$u = q_2(\zeta - z_2) - r_2(\eta - y_2) - q_1(\zeta - z_1) + r_1(\eta - y_1)$$
$$v = r_2(\xi - x_2) - p_2(\zeta - r_2) - r_1(\xi - x_1) + p_1(\zeta - z_1)$$
$$w = p_2(\eta - y_2) - q_2(\xi - x_2) - p_1(\eta - y_1) + q_1(\xi - x_1).$$

Si F désigne l'effort tangentiel, de grandeur constante, que la sphère S_1 éprouve de la part de S_2 en vertu du frottement, les composantes de cet effort sont

$$F\frac{u}{V}, \quad F\frac{v}{V}, \quad F\frac{w}{V}$$

et le moment de F par rapport à O_1 a pour composantes :

$$L = \frac{F}{V}\left[w(\eta - y_1) - v(\zeta - z_1)\right]$$

$$M = \frac{F}{V}\left[u(\zeta - z_1) - w(\xi - x_1)\right]$$

$$N = \frac{F}{V}\left[v(\xi - x_1) - u(\eta - y_1)\right].$$

D'autre part, la relation :

$$V^2 = u^2 + v^2 + w^2$$

donne, en remarquant que u ne contient pas p :

$$V\frac{\partial V}{\partial p_1} = V\frac{\partial v}{\partial p_1} + w\frac{\partial w}{dp_1} = v(\zeta - z_1) - w(\eta - y_1)$$
$$= -\frac{VL}{F}.$$

On est ainsi conduit aux trois identités :

$$L = -F\frac{\partial V}{\partial p_1} \qquad M = -F\frac{\partial V}{\partial q_1} \qquad N = -F\frac{\partial V}{\partial r_1}.$$

Si donc A_1 désigne le moment d'inertie de la sphère S_1 par rapport à l'un de ses diamètres, les équations du mouvement de cette sphère sont :

$$A_1\frac{dp_1}{dt} = -\Sigma F\frac{\partial V}{\partial p_1}, \quad A_1\frac{dq_1}{dt} = -\Sigma F\frac{\partial V}{\partial q_1}, \quad A_1\frac{dr_1}{dt} = -\Sigma F\frac{\partial V}{\partial r_1}$$

les sommations étant étendues à toutes les sphères qui sont en contact avec S_1, ou, en d'autres termes, à toutes les vitesses V dont l'expression renferme p_1, q_1, r_1.

Cela posé, considérons la fonction $\psi = \Sigma FV$, calculée pour l'ensemble de tous les points de contact existant dans le système donné. On peut écrire :

$$A_1 \frac{dp_1}{dt} = -\frac{\partial\psi}{\partial p_1} \qquad A_1 \frac{dq_1}{dt} = -\frac{\partial\psi}{\partial q_1} \qquad A_1 \frac{dr_1}{dt} = -\frac{\partial\psi}{\partial r}$$

d'où

$$A_1\left[\left(\frac{dp_1}{dt}\right)^2 + \left(\frac{dq_1}{dt}\right)^2 + \left(\frac{dr_1}{dt}\right)^2\right]dt$$
$$= -\left(\frac{\partial\psi}{\partial p_1} dp_1 + \frac{\partial\psi}{\partial q_1} dq_1 + \frac{\partial\psi}{\partial r_1} dr_1\right).$$

Si nous faisons la somme de toutes les équations analogues, et si nous désignons par $\frac{d\psi}{dt}$ la dérivée totale de ψ par rapport au temps, il vient :

$$\frac{d\psi}{dt} = -\Sigma A \left[\left(\frac{dp}{dt}\right)^2 + \left(\frac{dq}{dt}\right)^2 + \left(\frac{dr}{dt}\right)^2\right].$$

Cette dérivée est donc négative, et par conséquent :

La somme des vitesses de glissement multipliées par les efforts tangentiels correspondants est constamment décroissante.

On peut dire encore que :

Le travail du frottement, rapporté à chaque instant à l'unité de temps, tend constamment vers zéro.

La démonstration s'applique tant qu'il y a effectivement glissement en chacun des points de contact. On peut établir, et nous admettons ici, que la même propriété subsiste quand pour l'un ou plusieurs des points de contact le glissement se trouve transformé en roulement. Elle subsiste également quand quelques unes des sphères, au lieu d'être mobiles d'une façon quelconque autour de leurs centres, sont assujetties à tourner autour d'axes fixes passant par leurs centres.

Supposons par exemple que la sphère S_1 tourne autour d'un axe fixe. Si a, b, c sont les cosinus directeurs de cet axe et si ω désigne la vitesse de rotation, l'on a :

$$p_1 = a\omega \qquad q_1 = b\omega \qquad r_1 = c\omega$$

et l'équation du mouvement de S_1 est :

$$A_1 \frac{d\omega}{dt} = La + Mb + Nc = -F\left(a \frac{\partial V}{\partial p_1} + b \frac{\partial V}{\partial q_1} + c \frac{\partial V}{\partial r_1}\right)$$

d'où

$$A_1 \left(\frac{d\omega}{dt}\right)^2 = A_1 \left[\left(\frac{dp_1}{dt}\right)^2 + \left(\frac{dq_1}{dt}\right)^2 + \left(\frac{dr_1}{dt}\right)^2\right] =$$
$$-F\left[\frac{\partial V}{\partial p_1}\frac{dp_1}{dt} + \frac{\partial V}{\partial q_1}\frac{dq_1}{dt} + \frac{\partial V}{\partial r_1}\frac{dr_1}{dt}\right].$$

et la démonstration se poursuit dans les mêmes conditions que précédemment.

Il en est encore de même si quelques unes des sphères sont sollicitées par des forces extérieures qui les obligent à tourner avec des vitesses angulaires constantes, de sorte que les valeurs correspondantes de p, q, r soient invariables. En pareil cas, il peut arriver que le système atteigne finalement un état permanent dans lequel persistent certains glissements. Quand cet état final se trouve réalisé, c'est-à-dire quand toutes les quantités p, q, r cessent de varier, on a, pour toutes les valeurs des indices :

$$\frac{\partial \psi}{\partial p} = 0 \qquad \frac{\partial \psi}{\partial q} = 0 \qquad \frac{\partial \psi}{\partial r} = 0$$

et par conséquent la fonction ψ présente alors un minimum.

D'après cela :

L'état final est tel que le travail du frottement dans l'unité de temps soit le plus petit possible.

Observons encore que les sphères tournant autour d'axes fixes peuvent être remplacées par des corps de forme quelconque, homogènes ou non, pourvu que chacun de ces corps tourne autour d'un axe fixe et présente des surfaces de révolution touchant les corps voisins en des points qui demeurent fixes. Car, dans ces conditions, les équations du mouvement ne se trouvent aucunement modifiées.

Cylindres frottants. — Comme application très simple et facilement réalisable, considérons trois cylindres C, C_1, C_2 à axes fixes parallèles, de rayons R, R_1, R_2 et supposons que les deux cylindres C_1, C_2 soient obligés, par des forces extérieures, à tourner *en sens contraire* avec des vitesses circonférencielles constantes u_1 et u_2 tandis que le troisième cylindre C est en contact avec eux.

Soient F_1 et F_2 les efforts tangentiels exercés par C_1 et C_2 sur C lorsqu'il y a glissement; soient A le moment d'inertie de C, R son rayon, u sa vitesse circonférencielle. En prenant pour sens positif des rotations celui du cylindre C_1, l'équation du mouvement de C, pendant que ce cylindre glisse au contact des deux autres, est :

$$\frac{A}{R^2}\frac{du}{dt} = \left[F_2\right] - \left[F_1\right].$$

Dans cette expression, $\left[F_1\right]$ désigne la force F_1 prise avec le signe du glissement relatif $u_1 + u$ et $\left[F_2\right]$, la force

F_2 prise avec le signe du glissement relatif $u_2 - u$. La fonction ψ est ici :

$$\psi = F_1 [u_1 + u] + F_2 [u_2 - u],$$

$[u_1 + u]$ et $[u_2 - u]$ désignant les valeurs absolues de $u_1 + u$ et $u_2 - u$. On en déduit :

$$\frac{d\Psi}{dt} = \left([F_1] - [F_2]\right) \frac{du}{dt}$$

et par suite :

$$\frac{A}{R^2}\left(\frac{du}{dt}\right)^2 = -\frac{d\psi}{dt}.$$

On vérifie ainsi que la fonction ψ est constamment décroissante.

Supposons en particulier que le cylindre C parte du repos, et admettons, ce qu'il est toujours loisible de faire, que l'on ait $F_2 > F_1$. Au début du mouvement, il y a glissement à la fois sur les deux cylindres C_1 et C_2, et l'équation du mouvement est :

$$\frac{A}{R^2}\frac{du}{dt} = F_2 - F_1 \qquad \text{d'où} \qquad u = \frac{R^2}{A}(F_2 - F_1)\,t.$$

Le mouvement continue dans ces conditions jusqu'à ce que l'on ait $u_2 = u$, ce qui arrive au bout du temps

$$t = \frac{Au_2}{R^2(F_2 - F_1)}.$$

A cet instant, la fonction ψ, partie de la valeur $F_1u_1 + F_2u_2$, tombe à la valeur $F_1(u_1 + u_2)$. Dès lors le glissement sur C_2 se trouve supprimé et u conserve la valeur constante u_2, de sorte que ψ cesse de varier. La constance de u exige que l'action tangentielle F'_2 au point de contact de C avec C_2 prenne exactement la valeur F_1. Cela est possible puisque F_1 est inférieur à F_2 ; mais on peut trouver étonnant que l'action tangentielle éprouve ainsi, d'une façon instantanée, la diminution finie $F_2 - F_1$. Pour s'expliquer ce résultat, il ne faut pas perdre de vue que la théorie précédente considère les cylindres comme rigoureusement indéformables et leur attribue ainsi une propriété que ne possèdent jamais les solides naturels. En réalité, au moment où le glissement de C sur C_2 fait place au roulement, l'action tangentielle s'abaisse *rapidement mais non subitement* de F_2 à F_1. Cet abaissement a pour conséquence une sorte de détente des surfaces en contact, accompagnées en vertu de l'élasticité des solides naturels, d'un déplacement de la couche extérieure de chaque cylindre par rapport aux couches sous jacentes, de telle sorte que, pendant la très courte période de transition dont il s'agit il n'est pas permis de considérer les cylindres comme des solides invariables. Et, de cette façon, toute difficulté disparait. Nous aurions pu d'ailleurs faire des remarques analogues à propos du mouvement d'un cylindre ou d'une sphère sur un plan.

90. **Cas d'un potentiel des forces, autres que les frottements.** — Nous terminerons ce qui concerne la question de l'extinction du frottement en indiquant un résultat dû à M. Appell[1].

[1] Appell. — Sur l'extinction du frottement, *Bulletin de la Société Mathématique*, 1907, p. 131.

Le système considéré est soumis à des forces intérieures dérivant d'un potentiel Π qui est positif dans toutes les configurations possibles du système et qui devient nul dans une configuration spéciale constituant un état d'équilibre stable sous l'action des forces intérieures. Il est d'autre part en contact avec des solides fixes S_1, S_2 ... S_p sur lesquels il glisse avec frottement. Il peut posséder en outre des liaisons sans frottement, indépendantes du temps. Il est sollicité enfin par des forces extérieures dérivant d'une fonction U qui reste inférieure à une limite fixe L, pour toutes les positions dans lesquelles le contact subsiste avec l'un au moins des corps S.

Le théorème des forces vives donne, dans ces conditions, en appelant T la demi force vive :

$$d\,(T + \Pi - U) = - \Sigma f N v dt.$$

La sommation du second membre s'étend à tous les points de contact des solides S en désignant par N la pression normale, par V la vitesse de glissement et par f le coefficient de frottement correspondant.

On déduit de là que :

Si les réactions restent finies il est impossible que l'un quelconque des produits Nv, ainsi que la somme ΣfNv, ait une limite inférieure autre que zéro.

Si en effet $N_k V_k$ reste indéfiniment supérieur à un nombre positif fixe λ différent de zéro, on a :

$$\frac{d}{dt}(T + \Pi - U) < - \lambda f_k$$

d'où

$$T + \Pi - U < - \lambda f_k t + C$$

et par suite :

$$T + \Pi < -\lambda f_k t + C + L.$$

Mais, alors, au bout d'un temps t suffisamment grand, $T + \Pi$ s'annulerait, et il en serait de même de toutes les vitesses, ce qui est en contradiction avec l'hypothèse $N_k V_k > \lambda$ (N_k fini).

Ces considérations s'étendent au cas où les corps du système frottent les uns sur les autres.

91. **Sur la possibilité de la loi de Coulomb.** — La loi de Coulomb (proportionnalité de l'action tangentielle à l'action normale) présente, comme nous l'avons déjà fait remarquer, un caractère purement empirique ; ajoutons ici qu'elle semble même, dans certains cas, conduire à des résultats incompatibles avec les lois générales de la mécanique. L'exemple suivant, dû à M. Painlevé, manifeste nettement cette apparente incompatibilité.

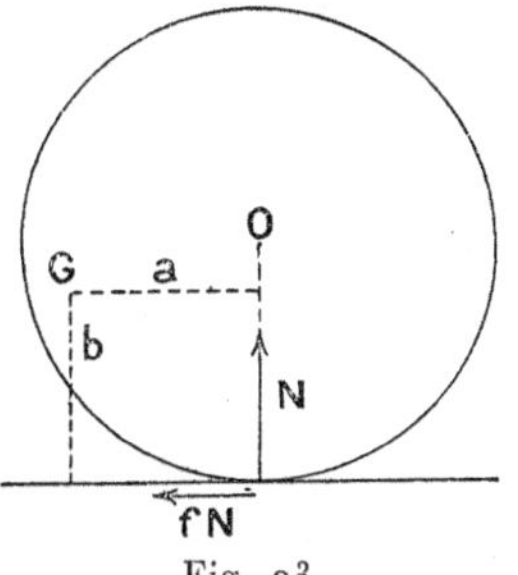

Fig. 23.

Soit un disque circulaire *non homogène*, lancé sans rotation initiale dans un plan vertical au contact d'une planche horizontale. Prenons, pour simplifier l'écriture, la masse du disque égale à l'unité. Appelons r le rayon, a et b les distances du centre de gravité G (fig. 23) à la verticale du centre de figure O et à la planche, K le rayon de gyration par rapport à G, u et v les composantes, horizontale et verticale, de la vitesse de G, ω la vitesse de rotation, N la pression sur la planche, f le coefficient de frottement. Le sens positif de V est supposé ascendant; celui de u est le même que pour la projection horizontale de GO. Dans ces conditions, nous avons :

$$\frac{du}{dt} = -fN, \quad \frac{dv}{dt} = N - g, \quad K^2\frac{d\omega}{dt} = N(fb - a).$$

La composante verticale de la vitesse de O est $v - \omega a$ et par conséquent, si le disque est indéformable et demeure en contact avec la planche, on a $v - \omega a = 0$, d'où :

$$\frac{dv}{dt} = a\frac{d\omega}{dt} + \omega\frac{da}{dt}.$$

La variation de a est due à la rotation ω ; la vitesse de cette variation est

$$\frac{da}{dt} = \omega(r - b).$$

Par suite :

$$\frac{dv}{dt} = a\frac{d\omega}{dt} + \omega^2(r - b).$$

Remplaçant $\frac{dv}{dt}$ et $\frac{d\omega}{dt}$ par leurs valeurs, on trouve :

$$K^2(N - g) = aN(fb - a) + K^2\omega^2(r - b),$$

et il en résulte :

$$N = \frac{K^2g + K^2\omega^2(r - b)}{K^2 + a^2 - fab}.$$

A l'instant initial, ω est nul par hypothèse, de sorte que la valeur initiale de N est :

$$N_0 = \frac{K^2g}{K^2 + a^2 - fab}.$$

D'après cela, si le coefficient de frottement a une valeur supérieure à $\frac{K^2 + a^2}{at}$, N_0 est négatif : résultat absurde, du moment où nous admettons que le disque peut se soulever librement ; la réaction N ne saurait être négative que s'il existait, dans le sens vertical, une attraction de la planche sur le disque.

Mais ce raisonnement suppose le disque infiniment rigide. En réalité, le disque, sous l'influence de la pression normale N et de la force tangentielle T, éprouve des déformations dont on n'a pas le droit de négliger a priori l'influence. Au point de contact, le rayon éprouve une petite variation, de sorte que $v - \omega a$ n'est pas rigoureusement nul. D'autre part, avec les solides naturels, le coefficient f n'atteint pas instantanément sa valeur maximum. Au moment où le disque et la planche commencent à se frôler, les aspérités des deux surfaces s'accrochent mutuellement et alors se produit cet entrainement des couches extérieures par rapport aux couches sous jacentes sur lequel nous avons déjà appelé l'attention (n° 90). C'est seulement quand le déplacement relatif a acquis une certaine valeur qu'apparait le glissement proprement dit. Dans cette période préparatoire qui peut d'ailleurs être très courte, le coefficient croit depuis zéro jusqu'à sa valeur maximum.

Laissons de côté la déformation dans le sens de la normale, et tâchons seulement de tenir compte du déplacement de la couche superficielle. Dans l'hypothèse de la rigidité complète, la vitesse de glissement w au contact de la planche est $u - \omega b$ et l'on a :

$$\frac{dw}{dt} = \frac{du}{dt} - b\frac{d\omega}{dt} - \omega\frac{db}{dt}$$

avec les relations :

$$\frac{du}{dt} - b\frac{d\omega}{dt} = -fN - \frac{b}{K^2}(fb - a)N =$$
$$-\frac{(K^2 + b^2)f - ab}{K^2}\,\frac{K^2g + K^2\omega^2(r - b)}{K^2 + a^2 - fab}$$

et

$$\frac{db}{dt} = \omega a.$$

Ces formules subsistent à une très petite distance de la périphérie du disque déformable, la couche superficielle étant seule empêchée de glisser. On peut d'ailleurs admettre que la période préparatoire est assez courte pour que a et b demeurent, pendant cette période, sensiblement constants. Faisons en outre, pour simplifier, $r = b$, ce qui revient à admettre qu'au premier instant le point G est placé à la même hauteur que O. On trouve ainsi :

$$\frac{dw}{dt} = -g\frac{(K^2 + b^2)f - ab}{K^2 + a^2 - fab} - \omega^2 a.$$

Au début de l'expérience, on a :

$$f = 0, \qquad \omega = 0,$$

d'où :

$$\frac{dw}{dt} = \frac{gab}{K^2 + a^2};$$

w commence donc par croître.

Mais cette croissance s'arrête bien vite. Avant que f atteigne la valeur $\frac{ab}{K^2 + b^2}$, évidemment inférieure à

$\frac{K^2 + a^2}{ab}$, $\frac{dw}{dt}$ est déjà négatif. A mesure que f se rapproche de $\frac{K^2 + a^2}{ab}$, la décroissance de w devient de plus en plus rapide, et, dans aucun cas, f ne peut atteindre $\frac{K^2 + a^2}{ab}$, car w s'est annulé auparavant, et toute tendance au glissement de la couche superficielle est dès lors supprimée.

En résumé, on peut concevoir que le disque, dès qu'il est mis en contact avec la planche, éprouve un violent effort tangentiel qui annule presque immédiatement la tendance au glissement, de sorte que le seul phénomène observable soit un roulement sans glissement. La loi de Coulomb se trouve mise ainsi hors de cause, ce qui, d'ailleurs, ne prouve nullement son exactitude.

CHAPITRE III

RÉSISTANCE AU ROULEMENT

92. — La question de la résistance au roulement est l'une des plus obscures de la mécanique appliquée. On n'est d'accord ni sur la cause ni sur les lois de cette résistance et M. de Mauni[1] est allé jusqu'à écrire :

« Il n'existe pas de force passive spécifique générale uniforme qu'on puisse appeler résistance au roulement. En l'absence d'une cause externe quelconque la résistance au roulement n'existe pas. »

D'après cet auteur, la résistance apparente au roulement proviendrait uniquement d'influences extérieures telles que l'adhérence de la roue sur le sol humide ou visqueux, la résistance de l'air et surtout la rugosité des surfaces. Cette rugosité peut intervenir de deux manières : ou bien les petits obstacles qu'elle oppose au roulement continu se trouvent écrasés au passage, ou bien ils résistent, et alors la roue est obligée de s'élever légèrement pour les franchir. Dans le premier cas, il y a une perte de force vive correspondant au travail d'écrasement ; dans le second, la roue pour s'élever, consomme un travail qui n'est pas intégralement restitué dans le mouvement inverse, une partie de la force vive disparaissant dans les chocs. A ces causes de

[1] De Mauni. — Sur les bandages pneumatiques et la résistance au roulement, 1899.

résistance on doit ajouter, quand il y a lieu, le travail de défoncement et de déformation de la voie.

Il y a beaucoup de vrai dans ces observations de M. de Mauni ; nous croyons toutefois qu'il exagère en prétendant que la résistance au roulement provient uniquement de ces diverses influences. Aucun corps n'est rigoureusement indéformable. La roue la plus dure, posée sur la voie la plus résistante, éprouve un léger aplatissement ainsi que nous l'avons déjà remarqué (n° 67) sans quoi, le contact s'effectuant en un seul point, la pression serait infinie et briserait à la fois la roue et la voie. Cette déformation, qui se renouvelle à chaque instant pendant le mouvement, exige un travail qui ne peut être nul, attendu que l'élasticité des solides n'est jamais parfaite : nous en avons la preuve en constatant qu'une bille d'acier, tombant d'un mètre de haut sur un bloc d'acier trempé ne rebondit qu'à 90 centimètres ; lors même qu'il ne se produit aucune déformation permanente, la mise en jeu des actions moléculaires entraîne des mouvements vibratoires qui se manifestent par un échauffement plus ou moins important et consomment nécessairement du travail. En outre, par le fait de l'aplatissement, les éléments de la petite aire de contact ont une surface un peu différente de celle qu'ils possèdent ordinairement ; de sorte qu'en arrivant près de la voie la jante de la roue se contracte progressivement pour revenir ensuite à l'état primitif. Cette contraction et cette dilatation sont accompagnées de légers glissements sur la surface du sol, glissements qui entraînent une nouvelle perte de travail due au frottement.

Quoi qu'il en soit, cet ensemble complexe d'influences se traduit par un effet résultant que l'on convient d'appeler la résistance au roulement, et que l'on cherche à mesurer en bloc, en défalquant simplement l'action de l'air qui n'est pas spéciale au mouvement de roulement et doit être déterminée à part.

93. **Paramètre de la résistance au roulement.** — Considérons un cylindre homogène de rayon R posé sur un plan horizontal et sollicité par une force verticale F appliquée de haut en bas sur sa périphérie (fig. 24). Si le cylindre et le plan étaient rigoureusement indéformables, ils se toucheraient suivant la génératrice inférieure du cylindre, projetée en C sur la figure, et il est aisé de voir que quelque petite que fût la force F, le cylindre se mettrait en mouvement. Supposons en effet qu'il y ait équilibre. Les actions en présence sont la force F, le poids P appliqué au centre de gravité et la réaction N du sol. Celle-ci doit être égale et opposée à la résultante de P et de F ; elle est donc verticale et sa valeur est P + F. Comme elle rencontre nécessairement la génératrice de contact et par conséquent l'axe du cylindre, les forces P et N ont une résultante F dirigée de bas en haut suivant la verticale OC. On a ainsi deux forces F, — F formant un couple qui n'est nul que si la force F l'est elle-même.

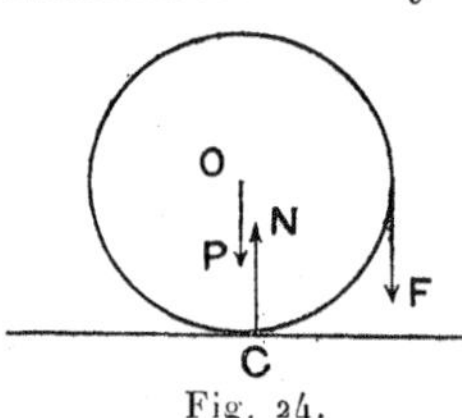

Fig. 24.

L'expérience montre qu'en réalité l'équilibre subsiste tant que F n'atteint pas une certaine limite. Il faut en conclure que le point d'application de N est en dehors de la verticale de O, ce qui démontre l'existence d'une certaine déformation des surfaces en contact. Soit h la distance de N à la verticale de O. On a la relation $hN = FR$. Si l'on cherche par tatonnement pour quelle valeur de F le cylindre commence à se mettre en mouvement la relation précédente, qu'on peut écrire $h(P + F) = FR$, fait connaître la valeur correspondante de h.

La valeur limite de h ainsi déterminée s'appelle assez improprement le *coefficient de résistance au roulement* : il ne faut pas perdre de vue que ce soi-disant coefficient est en réalité une longueur ; l'expression « *paramètre de résistance* » est donc préférable. Le rapport $\frac{h}{R} = j$ reçoit le nom de *coefficient de résistance à la jante.*

94. **Valeur du paramètre.** — Coulomb qui paraît s'être occupé le premier (1781) de l'étude de la résistance au roulement, a procédé de la manière suivante. Un rouleau en bois de gaïac était posé sur des règles de chêne, bien horizontales. On suspendait de chaque côté du rouleau des poids de 50 livres avec des ficelles très flexibles ; puis on cherchait, au moyen d'un petit contrepoids suspendu alternativement aux deux côtés du rouleau, quelle était la force nécessaire pour lui donner un mouvement continu après qu'on avait commencé à ébranler le rouleau. Coulomb a conclu de ses expériences, fort peu nombreuses, « que le frottement des cylindres qui roulent sur des plans horizontaux est en raison directe des pressions et inverse du diamètre des rouleaux. » Il faut dans cette phrase entendre par « frottement des cylindres » la force nécessaire pour produire le mouvement continu, c'est-à-dire le quotient du couple moteur par le rayon du cylindre. Il s'ensuit que d'après Coulomb la quantité h est indépendante du diamètre.

Les expériences faites plus tard par le général Morin ont abouti à la même conclusion.

Il est évident que l'indépendance entre h et R ne peut être admise que dans certaines limites : car h est dans tous les cas *inférieur* à la largeur de l'aire de contact, et comme celle-ci n'est jamais qu'une très petite fraction de la circonférence, il faut bien que h diminue quand R tend vers zéro.

La loi de Coulomb et de Morin a été contestée par Dupuit : en faisant rouler des cylindres durs, en fer et en bois, sur des surfaces également dures, cet ingénieur a trouvé que le paramètre h est indépendant de la vitesse et de la largeur du contact et *proportionnel à la racine carrée du diamètre*. Des expériences faites vers 1850 par Poirée sur le chemin de fer de Lyon avec des paires de roues de diamètres variés ont donné des chiffres confirmant la loi de Dupuit.

Résal a objecté à cette loi que, si h croissait indéfiniment avec R, la réaction d'un plan sur une surface plane d'un corps assujetti à rester en contact avec lui se trouverait à l'infini, et il a proposé la formule :

$$h = \mu \sqrt{\frac{R}{R + a}}$$

dans laquelle μ et a seraient des constantes spécifiques ; suivant que R serait très grand ou très petit par rapport à a on aurait la loi de Coulomb ou celle de Dupuit.

Dans le cas plus général d'un cylindre de rayon R′ roulant sur un cylindre de rayon R, Résal admet la formule :

$$h = \mu \sqrt{\frac{RR'}{(R + a)(R' + a)}}$$

applicable également d'après lui au roulement relatif de

deux corps de forme quelconque à condition de représenter par R et R′ les rayons de courbure des sections des deux surfaces en leur point de contact, normales à la projection de l'axe instantané de rotation sur le plan tangent commun.

La difficulté d'obtenir expérimentalement les lois de la résistance au roulement provient de la faiblesse de cette résistance, et de l'embarras où on se trouve pour isoler son influence de celle des autres résistances, notamment de la résistance de l'air, ainsi que de l'impossibilité d'obtenir des cylindres de rayons différents, ayant exactement la même dureté.

Sans insister davantage sur la recherche de la meilleure formule représentant la résistance au roulement, nous conserverons comme on le fait habituellement la loi de Coulomb en sous-entendant que dans les applications on doit toujours prendre une valeur de h déduite d'expériences faites dans les conditions voisines de celles où l'on se trouve placé.

Dans les expériences de Coulomb (bois sur bois) h était égale à $0^{mil},48$. Pour des roues de chemin de fer ayant 87 centimètres de diamètre les expériences de Wood ont donné le chiffre peu différent de $0^{mil},43$. Pour des roues de voiture roulant sur une chaussée empierrée, on a trouvé des valeurs de h variant entre 15 et 63 millimètres, suivant l'état de la chaussée.

95. **Glissement et roulement simultanés.** — Quand il y a à la fois glissement et roulement d'une surface sur une autre, les effets de ces deux résistances se superposent. Bornons-nous au cas d'un cylindre homogène roulant et glissant sur un plan horizontal. Si le cylindre est tiré par

une force horizontale F appliquée à la hauteur du centre, la vitesse V du centre et la vitesse de rotation ω sont définies par les deux équations :

$$M \frac{dV}{dt} = F - fN$$

$$MK^2 \frac{d\omega}{dt} = fNR - hN = N(fR - h).$$

On voit que l'effet de la résistance au roulement se borne à remplacer, dans la seconde équation, le facteur fR par $fR - h$. Or, en pratique h est toujours très petit vis à vis de R. Si l'on a par exemple une roue en fer, d'un mètre de diamètre, glissant et roulant à la fois sur une voie ferrée, on peut prendre $f = 0{,}18$ et $h = 0^{mll}{,}48$. Le rapport $\frac{h}{fR}$ n'atteint pas $\frac{1}{200}$. C'est ce qui autorise à négliger la résistance au roulement chaque fois qu'il y a en même temps glissement.

Considérons encore un cylindre homogène au repos, et supposons que nous voulions le mettre en mouvement en le tirant horizontalement par une force F appliquée à une hauteur x au-dessus du point de contact avec le sol. Si nous faisons croitre F graduellement à partir de zéro, il arrive un moment où l'équilibre est sur le point de disparaître. A ce moment h atteint sa valeur maximum et l'on a en appelant P le poids, N la réaction normale, T la réaction tangentielle :

$$F = T \qquad N = P$$

$$F(R - x) - TR - hN = 0.$$

d'où

$$Fx = Ph.$$

Pour qu'il n'y ait pas glissement, il faut et il suffit que T soit inférieur à fP, d'où la condition $F < fP$ ou bien $x > \frac{h}{f}$. Le point d'application de la force de traction doit donc se trouver à une distance du point de contact supérieure au rapport $\frac{h}{f}$ si l'on suppose par exemple que $\frac{h}{fR}$ soit égal à $\frac{1}{200}$, x doit être supérieur à $\frac{1}{200}$ R : avec une roue d'un mètre de diamètre, le glissement n'est pas à craindre tant que la traction s'effectue à plus de $2^{mil},5$ du sol.

96. **Roulement varié d'un cylindre.** — Soit un cylindre circulaire, homogène ou formé de couches concentriques et homogènes, roulant sur un plan horizontal. Imaginons que ce cylindre supporte sur son axe une charge P, comprenant son poids, et qu'il soit tiré horizontalement par une force F appliquée au centre de gravité. Soient μ sa masse, R son rayon, μK^2 son moment d'inertie par rapport à l'axe, V la vitesse du centre, ω la vitesse angulaire autour de l'axe, N et T les composantes de l'action du plan. On a les trois équations :

$$\mu \frac{dV}{dt} = F - T \qquad N = P$$

$$\mu K^2 \frac{d\omega}{dt} = RT - hN.$$

En outre, l'absence de glissement entraine la relation $v - \omega R = 0$, d'où :

$$\frac{dv}{dt} = R \frac{d\omega}{dt}.$$

On déduit de là :

$$\mu R \frac{dv}{dt} = \mu R^2 \frac{d\omega}{dt} = FR - TR = FR - hP - \mu K^2 \frac{d\omega}{dt}$$

d'où :

$$\frac{d\omega}{dt} = \frac{FR - hP}{\mu (R^2 + K^2)} \qquad \frac{dv}{dt} = \frac{R(FR - hP)}{\mu (R^2 + K^2)}.$$

Pour que le glissement ne se produise pas, on doit avoir $T < fN$ ou bien :

$$F - \mu R \frac{d\omega}{dt} < fP$$

ou encore :

$$F < fP + \frac{R(FR - hP)}{R^2 + K^2}.$$

Par suite :

$$F < P \frac{(R^2 + K^2) f - hR}{K^2}.$$

L'effort de traction ne doit pas dépasser cette limite, et il en résulte que l'accélération $\frac{dv}{dt}$ ne peut dépasser la valeur :

$$\frac{dv}{dt} = \frac{FR^2 - hPR}{\mu (R^2 + K^2)} = \frac{PR(Rf - h)}{\mu K^2}.$$

Ces formules montrent que F n'est positif que si f surpasse $\frac{hR}{R^2 + K^2}$ et que l'accélération n'est positive que si f surpasse $\frac{h}{R}$. Comme $\frac{hR}{R^2 + K^2}$ est inférieur à $\frac{h}{R}$, la condition nécessaire et suffisante pour que le démarrage ait lieu sans glissement est $f > \frac{h}{R}$. En d'autres termes, le coefficient de frottement doit surpasser le coefficient de résistance à la jante.

Cette condition étant remplie, voici comment on peut analyser ce qui se passe au moment de la mise en mouvement.

Imaginons que la force F croisse progressivement à partir de zéro. Les coefficients de frottement et de roulement d'abord nuls, croissent en même temps que F. Désignons par f_1 et h_1, leurs valeurs à un instant de la période précédant le démarrage. On a, dans cette période $v = \omega = 0$, d'où :

$$F = T \qquad RT = h_1 P$$

et par suite $h_1 = \frac{RF}{P}$.

La valeur de f_1 est $\frac{F}{P}$, ou encore $\frac{h_1}{R}$.

Il y a donc un rapport constant entre les valeurs de f_1 et h_1. Dès que F atteint la valeur $\frac{Ph}{R}$, h_1 arrive à sa limite h, et le roulement commence. A ce moment, f_1 est égal à $\frac{h}{R}$, valeur inférieure par hypothèse à sa limite, de sorte que le roulement se produit sans glissement. Le mouvement est ensuite régi par les équations précédemment établies. En vertu de la formule $\frac{d\omega}{dt} = \frac{FR - hP}{\mu (R^2 + K^2)}$, le mouvement s'accélère tant que F surpasse $\frac{hP}{R}$. Après avoir atteint une certaine vitesse, si l'on veut conserver une allure constante, il faut donner à F la valeur constante $\frac{hP}{R}$. Dès qu'on cesse de tirer, le mouvement se ralentit, et l'on a ;

$$\frac{d\omega}{dt} = - \frac{hP}{\mu (R^2 + K^2)}$$

d'où :

$$\frac{dv}{dt} = - \frac{hPR}{\mu (R^2 + K^2)}.$$

Si v_0 désigne la vitesse acquise au moment où le disque est abandonné à lui-même, l'arrêt se produit au bout du temps $t = \frac{\mu v_0 (R^2 + K^2)}{hPR}$. Le chemin l parcouru dans la période de ralentissement est :

$$v_0 t + \frac{1}{2} \left(\frac{dv}{dt}\right) t^2 = \frac{t}{2} \left[2v_0 + \left(\frac{dv}{dt}\right) \right].$$

En remplaçant t et $\frac{dv}{dt}$ par leurs valeurs, on trouve :

$$l = \frac{\mu (R^2 + K^2) v_0^2}{2hPR} = \frac{v_0^2}{2gh} \left(R + \frac{K^2}{R}\right)$$

En désignant par H la hauteur due à la vitesse v_0, c'est-à-dire la quantité $\frac{v_0^2}{2g}$, on peut encore écrire :

$$l = \frac{H}{h} \left(R + \frac{K^2}{R}\right).$$

Le travail consommé, pour le parcours dl, par la résistance au roulement, a pour expression $hP \frac{dl}{R}$ ou encore $jPdl$. Il est le même que si le cylindre, de poids P, glissait sans rouler, en éprouvant un frottement égal à jP. Le coefficient de résistance à la jante joue à ce point de vue un rôle tout à fait analogue à celui du coefficient de frottement.

Il serait aisé d'étendre cette théorie au cas du roulement sur un plan incliné. Si, en particulier, le cylindre est soumis uniquement à l'action de son poids, on a évidemment ; $F = \mu g \sin i$ et $N = \mu g \cos i$. La condition pour qu'un tel cylindre, placé d'abord au repos, soit sur le point de rouler est $\mu g R \sin i - \mu g h \cos i = 0$, d'où : $\operatorname{tg} i = \frac{h}{R}$. Cette formule fournit un moyen simple de déterminer h. On remarque que dans l'hypothèse de la loi de Coulomb, comme dans celle de la loi de Dupuit, i doit diminuer à mesure que R augmente.

97. **Transport horizontal des fardeaux.** — Pour déplacer lentement à petite distance un lourd fardeau A, on le place sur un madrier M (fig. 25) supporté par des rouleaux égaux, disposés perpendiculairement à la direction de la translation, et l'on exerce sur le madrier une traction F. Nous allons chercher quelle doit être la valeur de F pour obtenir une translation uniforme, en supposant qu'il y a roulement sans glissement, à la fois sur le sol et au contact des rouleaux avec le madrier, et qu'on néglige les résistances dues au roulement. Soient :

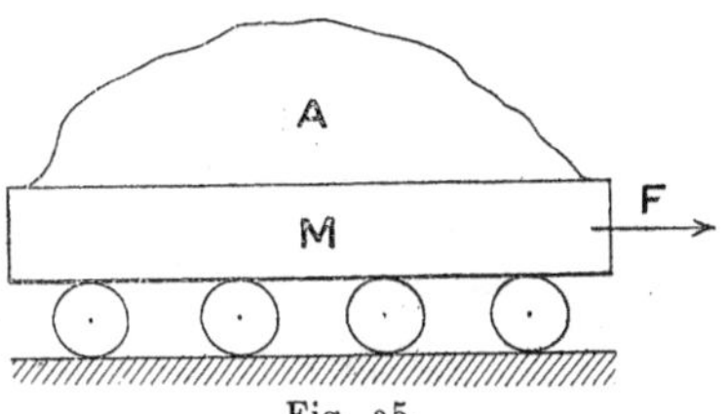

Fig. 25.

P, le poids du madrier et de sa charge ;

p, le poids d'un rouleau;

R, le rayon d'un rouleau;

n, le nombre des rouleaux;

h, le coefficient de résistance au roulement sur le sol:

h', le coefficient de résistance au roulement relatif du madrier sur le rouleau.

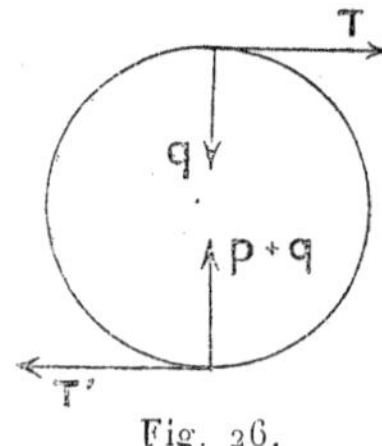

Fig. 26.

Considérons l'un quelconque des rouleaux (fig. 26). Il est soumis aux efforts suivants :

Une pression normale q agissant de haut en bas près de sa génératrice supérieure.

Une pression normale $p + q$ agissant de bas en haut, près de sa génératrice inférieure.

Des forces tangentielles T, T'.

Son poids p, appliqué au centre de gravité.

La pression q et $p + q$ doivent être regardées comme appliquées à des distances h' et h des génératrices de contact, en avant de celles-ci dans le sens du mouvement relatif.

En écrivant que le centre de gravité du rouleau se déplace d'un mouvement uniforme et que la rotation autour de l'axe possède une vitesse constante, on a immédiatement les deux équations :

$$T = T' \qquad (T + T')\,R = (p + q)\,h + qh'$$

d'où :

$$2TR = (p + q)\,h + qh'.$$

En faisant la somme de toutes les équations semblables relatives aux n rouleaux, il vient :

$$2R\Sigma T = (h + h')\,\Sigma q + nph.$$

D'autre part, comme le madrier et sa charge ont une translation uniforme, les forces agissant sur ce système se font équilibre, d'où :

$$\Sigma T = F \qquad \Sigma q = P.$$

Par suite :

$$2RF = (h + h')\,P + nph.$$

Cette équation détermine F. Généralement le poids du rouleau est négligeable en présence de P, et l'on peut alors écrire :

$$F = \frac{(h + h')\,P}{2R}.$$

Si le madrier glissait sur le sol, on aurait $F = fP$. Les rouleaux diminuent donc l'effort de traction dans le rapport $\frac{h + h'}{2fR}$.

Ce dispositif a l'avantage de supprimer entièrement le frottement de glissement, mais il n'est pas applicable aux transports à grande distance à cause de la nécessité d'arrêter périodiquement le mouvement pour ramener un rouleau de l'arrière à l'avant du madrier.

98. **Tirage d'un véhicule.** — Nous allons étudier le mouvement rectiligne d'une voiture à deux roues, sans ressorts (fig. 27), tirée sur un sol horizontal par une force horizontale F et chargée d'un poids donné Π, comprenant le poids de la voiture, mais non celui des roues.

Le système est supposé entièrement symétrique par rapport à un plan normal à l'essieu et nous prenons ce plan pour plan de la figure. L'essieu est lié invariablement à la voiture et soutenu par deux coussinets liés aux roues.

La charge Π peut être décomposée en deux forces verticales $2P$, $2P'$ dont la première pèse directement sur l'essieu, tandis que l'autre doit être équilibrée par l'agent

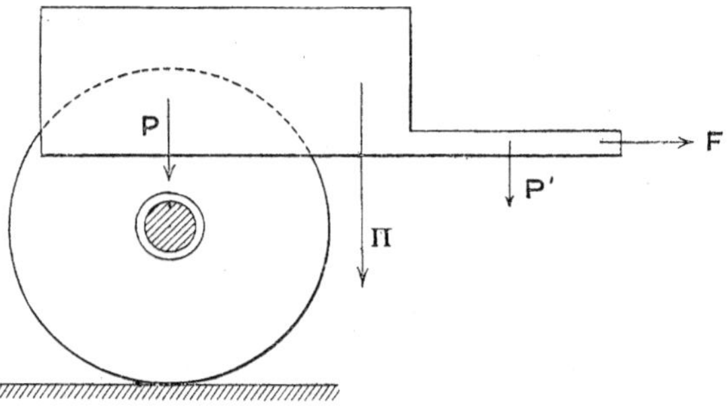

Fig. 27.

moteur. Chacune des roues supporte ainsi la partie P de la charge.

Au contact de l'essieu avec les coussinets s'exercent sur chaque coussinet, dans le plan de la roue, une pression normale N et une force tangentielle fN, opposée au glissement. Comme il y a réellement glissement, f est égal à sa limite supérieure. Soit i l'inclinaison de la pression normale sur l'horizon.

Nous négligeons, en présence du glissement de l'essieu sur les coussinets, la résistance que ceux-ci opposent à son roulement : l'essieu est donc soumis uniquement aux deux forces N et fN, respectivement égales et opposées aux forces N, fN appliquées sur les coussinets ; la somme des projections verticales des deux forces agissant ainsi sur l'essieu doit équilibrer la force P. On a donc :

$$F \sin i - fN \cos i = P.$$

Si v est la vitesse de la voiture et μ sa masse, le théorème des quantités de mouvement donne d'autre part :

$$F - 2N \cos i - 2fN \sin i = \mu \frac{dv}{dt}.$$

Considérons maintenant le mouvement d'une roue (fig. 28). Soient M sa masse, p son poids, R son rayon MK² son moment d'inertie, ρ le rayon du coussinet. N′ et T les correspondantes de l'action du sol. On trouve sans peine en appelant p le poids de la roue, les trois relations :

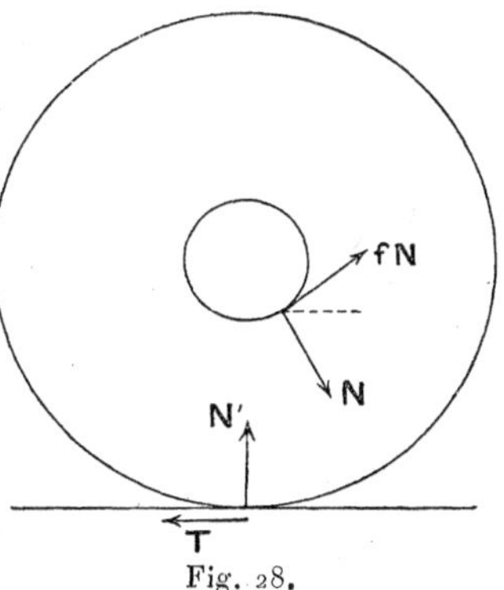

Fig. 28.

$$M \frac{dv}{dt} = N \cos i + fN \sin i - T$$

$$N' = N \sin i - fN \cos i + p$$

$$MK^2 \frac{dv}{dt} = R^2T - hN'R - fN\rho R$$

Nous avons aussi un ensemble de cinq équations entre les inconnues, N, N′, T, i, V ; le reste n'est plus qu'une affaire de calcul.

On tire successivement de ces équations :

$$N (\sin i - f \cos i) = P$$

$$N (\cos i + f \sin i) = \frac{1}{2}\left(F - \mu \frac{dv}{dt}\right)$$

$$N \sqrt{1 + f^2} = \sqrt{P^2 + \frac{1}{4}\left(F - \mu \frac{dv}{dt}\right)^2}$$

$$N' = P + p$$

$$M (R^2 + K^2) \frac{dv}{dt} = \frac{R^2}{2}\left(F - \mu \frac{dv}{dt}\right) - h (P + p) R$$

$$- \frac{fR\rho}{\sqrt{1 + f^2}} \sqrt{P^2 + \frac{1}{4}\left(F - \mu \frac{dv}{dt}\right)^2}.$$

$$\left[M (R^2 + K^2) + \frac{\mu R^2}{2}\right] \frac{dv}{dt} - F \frac{R^2}{2} + h (P + p) R$$

$$+ \frac{fR\rho}{\sqrt{1 + f^2}} \sqrt{P^2 + \frac{1}{4}\left(F - \mu \frac{dv}{dt}\right)^2} = 0.$$

Cette dernière relation, qui ne contient pas d'autres inconnues que F et $\frac{dv}{dt}$, fait connaître la valeur de F capable de produire une accélération déterminée $\frac{dv}{dt}$ ou réciproquement l'accélération correspondant à une traction donnée. Dans les deux cas, la recherche de l'inconnue se ramène à la résolution d'une équation du second degré. Si l'on négligeait complètement les résistances passives, on aurait simplement :

$$\left[M (R^2 + K^2) + \frac{\mu R^2}{2}\right] \frac{dv}{dt} - F \frac{R^2}{2} = 0.$$

On peut, avec une approximation suffisante, remplacer dans la quantité sous radical $P^2 + \frac{1}{4}\left(F - \mu \frac{dv}{dt}\right)^2$ l'accélération $\frac{dv}{dt}$ par sa valeur tirée de la relation précédente : car ce radical est multiplié par le facteur f, que nous supposons petit. La quantité sous radical devient ainsi

$$P^2 + \frac{F^2}{4}\left[\frac{M(R^2 + K^2)}{M(R^2 + K^2) + \frac{\mu R^2}{2}}\right]^2.$$

moyennant quoi l'accélération s'exprime rationnellement en fonction de la force.

Si, de plus, la force F est petite, vis à vis de P, ce qui arrive quand on ne cherche à imprimer à la voiture qu'une grande accélération assez faible, le radical peut être réduit à P.

Remplaçons en même temps $\frac{f}{\sqrt{1+f^2}}$ par $\sin\varphi$, φ étant l'angle de frottement, et nous trouvons pour exprimer F en fonction de l'accélération la valeur :

$$F = \left[\mu + 2M\left(1 + \frac{R^2}{K^2}\right)\right]\frac{dv}{dt} + \frac{2h}{R}(P + p) + \frac{2P\rho \sin\varphi}{R}$$

Soient Q la charge totale sur l'essieu et Q′ la charge totale sur le sol. Leurs valeurs sont $Q = 2P$, $Q' = 2(P + p)$. D'ailleurs $\mu = \frac{\Pi}{g}$ et $M = \frac{p}{g}$, de sorte qu'il vient finalement :

$$F = \frac{1}{g}\left[\Pi + 2p\left(1 + \frac{R^2}{K^2}\right)\right]\frac{dv}{dt} + \frac{Q'h}{R} + Q\frac{\rho \sin\varphi}{R}.$$

On tire de là les conséquences suivantes :

1° La partie de la force de traction servant à équilibrer les forces d'inertie est la même que s'il n'y avait aucune partie tournante, à condition d'ajouter au poids Π de la voiture le poids $2p$ des roues multiplié par le facteur contient $1 + \frac{R^2}{K^2}$.

2° Les résistances dues au roulement sur le sol et au glissement sur les coussinets ajoutent leurs effets représentés dans la valeur de F par les termes $\frac{Q'h}{R}$ et $\frac{Q\rho \sin \varphi}{R}$.

3° Pour réduire la force de tirage, il y a avantage à prendre pour le rayon ρ des coussinets une valeur aussi petite que le permet le danger de rupture ; l'on arrive ainsi à rendre le coefficient de Q, provenant du frottement de glissement, comparable au coefficient de Q' qui correspond à la résistance au roulement sur le sol.

CHAPITRE IV

RÉSISTANCE AU PIVOTEMENT

99. **Lois du pivotement.** — La résistance au pivotement dérive comme nous allons le voir du frottement de glissement.

Lorsque deux surfaces sont tangentes en un point O, (fig. 29), si l'on rapporte ces surfaces à deux axes rectangulaires Ox, Oy, situés dans le plan tangent en O, et à un axe Oz dirigé suivant la normale commune, leurs équations, en considérant seulement les points infiniment voisins de O et négligeant les infiniment petits du troisième ordre, sont de la forme :

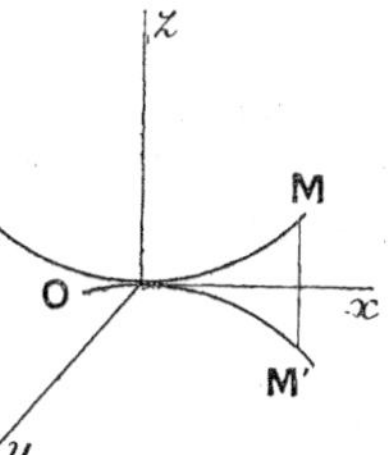

Fig. 29.

$$z = A_1x^2 + B_1y^2 + 2C_1xy$$
$$z' = A_2x^2 + B_2y^2 + 2C_2xy.$$

La distance de deux points M, M' situés sur une même parallèle à Oz est :

$$z - z' = (A_1 - A_2)\,x^2 + (B_1 - B_2)\,y^2 + 2(C_1 - C_2)\,xy.$$

Cette expression peut toujours, par une orientation convenable de Ox et Oy, être ramenée à la forme :

$$z - z' = Ax^2 + By^2.$$

Ceci posé, imaginons que les deux surfaces limitent deux corps se touchant en O avec pression d'abord nulle.

Si l'on vient à exercer sur les deux corps des efforts tendant à les rapprocher parallèlement à Oz, ces corps se déforment légèrement et une petite aire de contact s'établit autour de O. Admettons que les deux points M, M′ viennent ainsi se confondre en un point du plan xOy et que la pression mutuelle en ce point soit alors une fonction de l'écart primitif MM′. On aura dans cette hypothèse, en appelant p la pression :

$$Ax^2 + By^2 = \varphi(p).$$

A l'intérieur de l'aire de contact, le lien des points pour lesquels la pression a une valeur donnée est la conique représentée par cette équation. Nous supposerons que cette conique est une ellipse. En faisant varier p, on obtient une série d'ellipses homothétiques. Le contour de l'aire est l'ellipse pour laquelle $p = 0$. Son équation est donc :

$$Ax^2 + By^2 = \varphi(0)$$

Nous l'écrirons :

$$\frac{x^2}{a^2} + \frac{y^2}{b^2} = 1$$

en posant :

$$a^2 = \frac{\varphi(0)}{A} \qquad b^2 = \frac{\varphi(0)}{B}$$

L'ellipse correspondant à une pression p sera :

$$\frac{x^2}{a^2} + \frac{y^2}{b^2} = \lambda^2$$

en posant $\frac{\varphi(p)}{\varphi(o)} = \lambda^2$. Le paramètre λ est le rapport d'homothétie entre l'ellipse pour laquelle la pression est p et l'ellipse de contour.

Considérons deux ellipses infiniment voisines, correspondant aux valeurs λ et $\lambda + d\lambda$. La zone ε comprise entre elles est soumise à la pression constante p. On peut partager cette zone en éléments dont chacun a pour surface $drds \sin \theta$, ds désignant un élément linéaire de l'ellipse (λ) et θ, l'angle de cet élément avec le rayon vecteur r issu du centre. Sur chaque élément de ce genre s'exerce un frottement dont le moment par rapport au centre est $fprdrds \sin \theta$. Comme $dr = r\frac{d\lambda}{\lambda}$, le moment total du frottement sur la zone ε est :

$$fp\int rdrds \sin \theta = fp\frac{d\lambda}{\lambda}\int r^2 ds \sin \theta$$

l'intégrale étant étendue à toute l'ellipse (λ).

Soit r' le rayon vecteur conjugué de r et soit ds' l'élément linéaire qui correspond à ds quand les extrémités de ces deux rayons parcourent l'ellipse (λ). En remarquant que les demi axes de l'ellipse sont λa et λb, on a :

$$rr' \sin \theta = \lambda^2 ab$$

D'ailleurs les aires balayées simultanément par r et r' sont $rds \sin \theta$ et $r'ds' \sin \theta$; comme elles sont égales, on a :

$$rds = r'ds'.$$

La relation précédente peut donc s'écrire :

$$r^2 ds \sin \theta = \lambda^2 abds'$$

d'où :

$$\int r^2 ds \sin \theta = \lambda^2 ab \int ds'.$$

$\int ds'$ est la longueur de l'ellipse (λ). Soit L la longueur de l'ellipse limitant l'aire de contact. On a :

$$\int ds' = \lambda L.$$

et par suite :

$$\int r^2 ds \sin \theta = \lambda^3 ab L.$$

Pour avoir le moment du frottement sur la zone ε, il faut multiplier cette expression par $fp \frac{d\lambda}{\lambda}$, ce qui donne :

$$fpab \, L\lambda^2 d\lambda$$

la somme des moments relatifs à la totalité de l'aire de contact s'obtient en remarquant que p est fonction de λ et intégrant, par rapport à λ, depuis $\lambda = 0$ jusqu'à $\lambda = 1$ ce qui donne :

$$fabL \int_0^1 p\lambda^2 d\lambda$$

Ce résultat est dû à M. Léauté[1].

Pour aller plus loin, et parvenir à la valeur effective de la résistance au pivotement, il faut connaître la valeur de p en fonction de λ, c'est-à-dire la loi de répartition de la pression à l'intérieur de l'aire de contact. Si l'on admet avec M. Léauté qu'en prenant pour position initiale celle où les deux corps se touchent en un seul point O avec pression nulle, non seulement le déplacement éprouvé pendant le pivotement, par chaque point de l'un des

[1] Thèse de doctorat, 1876.

corps pour venir en coïncidence avec un point de l'autre corps est parallèle à la normale commune en O, mais encore la pression finale est partout proportionnelle à l'écart primitif des points amenés ainsi en coïncidence, on est conduit à la relation :

$$p = \frac{2P}{\pi ab}\left(1 - \frac{x^2}{a^2} - \frac{y^2}{b^2}\right) = \frac{2P}{\pi ab}(1 - \lambda^2)$$

dans laquelle P désigne la pression totale. Le moment du frottement de pivotement est alors :

$$\frac{4}{15} f\text{LP} = 0{,}085\, f\text{LP}$$

Postérieurement aux recherches de M. Léauté, Hertz a appliqué la théorie mathématique de l'élasticité à l'étude du contact de deux corps pressés normalement l'un contre l'autre. Il a trouvé que les déplacements, au lieu de s'effectuer normalement au plan tangent commun, sont inclinés sur ce plan, et que la répartition des pressions à l'intérieur de l'aire de contact, qui demeure elliptique, est donnée par la formule :

$$p = \frac{3P}{2\pi ab}\sqrt{1 - \lambda^2}$$

Dans ces conditions on trouve que le moment du frottement de pivotement est :

$$\frac{3 f\text{LP}}{32} = 0{,}093\, f\text{LP}$$

Ce résultat surpasse de 10 % environ celui de M. Léauté.

Mais, dans tous les cas, il demeure vrai de dire que le moment du frottement de pivotement, pour une pression et un coefficient de frottement donnés, est *proportionnel à la longueur de l'ellipse limitant l'aire de contact.*

Observons que l'emploi fait ici de la théorie de Hertz comporte lui-même certaines réserves. D'abord Hertz admet que les surfaces en contact sont parfaitement polies ce qui est contradictoire avec l'existence du frottement. Mais, pourvu que celui-ci ne soit pas trop grand, il ne saurait modifier beaucoup les pressions normales. D'autre part, la théorie mathématique de l'élasticité cesserait de s'appliquer si la limite d'élasticité était dépassée, circonstance qui, vu la petitesse de l'aire de contact, peut survenir assez vite. Hertz, qui a prévu cette objection, a vérifié expérimentalement, pour des variations de pression assez étendues, l'exactitude de ses calculs. D'autres vérifications ont été faites en 1900 par le professeur Stribeck. D'ailleurs la résistance au pivotement ne saurait être sensiblement altérée par un léger dépassement de la limite d'élasticité, cet effet devant se produire surtout vers le centre du contact, c'est-à-dire dans la région où le glissement est négligeable.

Hertz a donné dans son Mémoire[1] le moyen de calculer effectivement la longueur L. Ses formules, très compliquées dans le cas général, se simplifient si l'on se borne au cas d'une bille sphérique touchant une surface de révolution.

Pour simplifier encore plus, supposons que le rayon de courbure de la méridienne soit très grand vis à vis de la portion normale comprise entre le point de contact de la

[1] *Journal für die reine und andgewandte mathematik*, 1881.

bille et l'axe de la surface de révolution. Nous sommes alors amenés à envisager le contact d'une bille avec un cône. Appelons d le diamètre de la bille et r la longueur de normale, considérée comme positive ou négative suivant que la bille touche la concavité ou la convexité du cône. Les demi-axes a et b de l'ellipse de contact sont donnés par les formules :

$$a = A \sqrt[3]{\frac{Pd}{H}} \qquad b = B \sqrt[3]{\frac{Pd}{H}}$$

dans lesquelles H représente les $\frac{3}{2}$ du module d'élasticité (supposé identique pour les deux corps en contact) tandis que A, B désignent deux coefficients numériques dépendant uniquement du rapport $\frac{d}{r}$. Ces coefficients ont été calculés par M. Heerwagen[2].

D'autre part la longueur d'une ellipse dont les axes sont a et b peut s'exprimer approximativement par la formule suivante de M. Boussinesq :

$$L = \frac{3}{2}\pi(a+b) - \pi\sqrt{ab}$$

qui devient ici :

$$L = \pi \sqrt[3]{\frac{Pd}{H}} \left[\frac{3}{2}(A+B) - \sqrt{AB}\right]$$

En se servant de la table de M. Heerwagen, on trouve

[2] *Revue de mécanique* (janvier 1903).

que la quantité entre crochets éprouve les variations suivantes :

$\frac{d}{2r}$	$\frac{3}{2}(A+B)-\sqrt{AB}$
0,928	4,524
0,783	2,978
0,594	2,469
0	2
— 0,420	1,902

Ces chiffres montrent nettement que, pour un cône portant la bille du côté de sa concavité, la longueur de l'ellipse, et par conséquent la résistance au pivotement, diminue à mesure que le cône se rapproche de la forme plane, tandis que pour un cône recevant la bille sur sa convexité, la résistance au pivotement est moins grande que dans le cas du plan.

100. **Roulements sur billes.** — L'interposition de billes entre un arbre tournant et ses supports a pour but

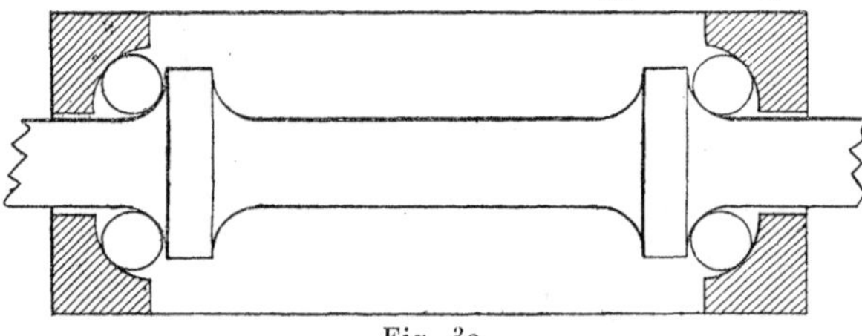

Fig. 30.

de supprimer le frottement de glissement ; mais nous allons voir que le but ne peut, en général, être complètement rempli, à cause du pivotement des billes.

Pour que les billes ne puissent s'échapper, on les loge,

à chaque bout de l'arbre, dans un espace annulaire compris entre un épaulement présenté par l'arbre et un évidement appartenant au support (fig. 30).

L'épaulement se nomme le *cône*, l'évidement constitue la *cuvette*. Des filetages permettent de faire varier soit la distance mutuelle des deux cônes, soit celle des deux cuvettes, de façon à régler les dimensions des logements offerts aux billes. On dit que le serrage est fait à fond quand il devient impossible de diminuer les logements sans écraser les billes. Nous pouvons voir aisément à quel moment cette circonstance se produit.

Soient CD (fig. 31) la méridienne du cône et EF celle de la cuvette. Traçons les arcs C′D′, et E′F′, respectivement parallèles à CD et EF à une distance de ces courbes égale au rayon des billes. La bille dont le centre est dans

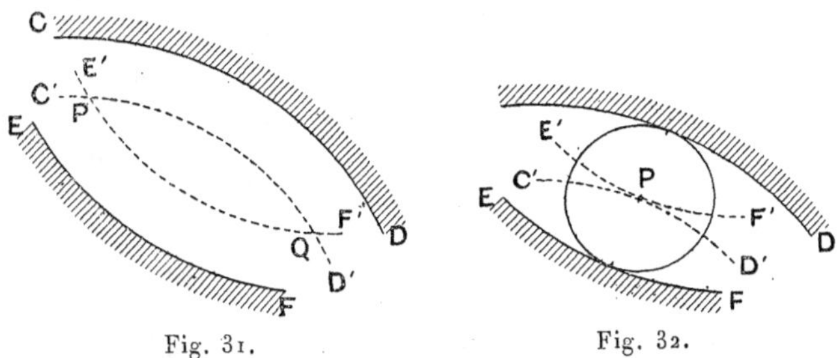

Fig. 31. Fig. 32.

le plan de la figure doit toucher à la fois CD et EF : son centre est donc en l'un des points d'intersection P et Q, de C′D′ avec E′F′. Il faut par suite que ces arcs se coupent. A mesure que le serrage augmente, P et Q se rapprochent; à l'instant où E′F′ devient tangent à C′D′, il n'y a plus qu'une seule position possible pour la bille, et le serrage est complet (fig. 32). Il est clair que, dans cette position, les points de contact de la bille avec le cône et avec la cuvette sont diamétralement opposés.

Le serrage doit toujours être fait presque à fond (mais sans excès de pression), de manière à éviter le ballottement de l'arbre.

Il arrive fréquemment qu'au lieu de faire tourner par rapport aux cuvettes l'arbre portant les cônes, on maintient cet arbre fixe, la rotation étant alors donnée à un arbre creux qui relie les deux cuvettes. Cette disposition se rencontre par exemple dans les roues de bicyclettes et c'est celle que nous allons désormais envisager. Les figures précédentes ne subissent de ce fait aucun changement. Commençons par étudier, au point de vue purement cinématique le mouvement de l'une des billes pendant la rotation de la cuvette.

La bille est supposée rouler et pivoter sans glisser sur le cone fixe CD (fig. 33). Il en résulte que le point de contact M a une vitesse nulle et que le mouvement élémentaire de la bille est une rotation autour d'un axe MA passant par ce point. Cet axe rencontre l'axe AB du cone, sans quoi le point de contact N′ avec la cuvette EF ne pourrait demeurer à une distance constante de AB ainsi que l'y oblige le serrage à fond. Appelons φ et ψ les composantes de la

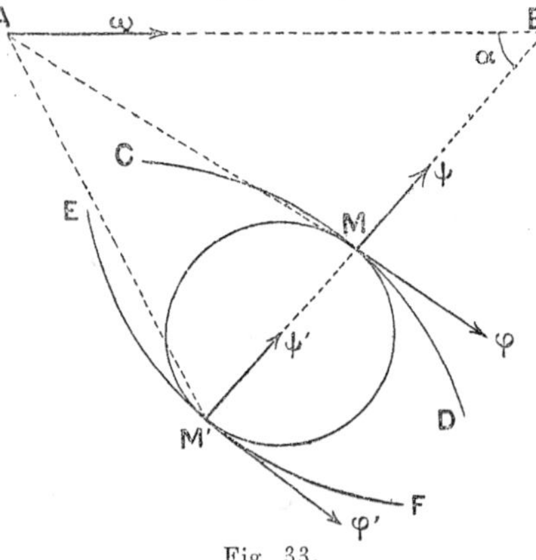

Fig 33.

vitesse de rotation de la bille autour de la tangente en M à la méridienne du cône et autour de la normale au cône. φ est la vitesse de roulement, ψ est la vitesse de pivotement. Si d est le diamètre de la bille, la vitesse de M' est φd. D'autre part, en appelant h la distance de M' à l'axe AB et ω la vitesse angulaire de l'arbre des cuvettes, le point M' de la cuvette se meut avec la vitesse ωh. Nous admettons qu'il n'y a pas de glissement de la bille sur la cuvette, et nous sommes ainsi conduits à poser la relation :

$$\varphi d = \omega h. \tag{1}$$

Considérons maintenant le mouvement de la bille par rapport à la cuvette, et, à cet effet, ramenons la cuvette à l'immobilité en imprimant à tout le système une rotation $-\omega$ autour de AB. Le mouvement de la bille est la résultante de la rotation primitive autour de MA et de la rotation $-\omega$ autour de AB; c'est donc une rotation autour d'un axe AM' passant par A. Cet axe passe également par M' puisque, actuellement, ce point a une vitesse nulle. Si l'on appelle φ' et ψ' les composantes de la rotation autour de AM' par rapport à la tangente en M' à la méridienne de la cuvette, et par rapport à la normale en M' à la cuvette, et si α désigne l'angle que fait M'M avec AB, on trouve immédiatement :

$$\varphi' = \varphi - \omega \sin \alpha \tag{2}$$
$$\psi' = \psi - \omega \cos \alpha. \tag{3}$$

Les relations (1) et (2) font connaître les roulements φ et φ'; mais, en ce qui concerne les pivotements ψ et ψ', la cinématique ne fournit que la relation (3). Dans cette relation, ψ' est le pivotement de la bille par rapport à la cuvette. Le pivotement de la cuvette par rapport à la bille est $-\psi$, c'est-à-dire $\omega \cos \alpha - \psi$. On voit que la somme des pivotements de la cuvette par rapport à la bille et de la bille par rapport au cône est égale à $\omega \cos \alpha$.

Pour déterminer complètement le mouvement, il faut avoir recours à des considérations dynamiques. Le poids de la bille et les forces d'inertie développées par le mouvement de la bille étant toujours insignifiants vis à vis des actions exercées en M et M', il n'y a à tenir compte que de ces actions et il s'ensuit d'une part que les pressions normales en M et M' peuvent être regardées comme ayant la même valeur N, d'autre part que les couples de résistances au pivotement en M et M' doivent être égaux et opposés. S'il y avait effectivement pivotement en ces deux points, les deux couples auraient des valeurs KN, K'N dans lesquelles K et K' seraient les quantités calculées au moyen de la théorie précédemment exposée, mais K ne peut être mathématiquement égal à K' : il est donc impossible que le pivotement existe à la fois aux deux points de contact. Si K surpasse K', le pivotement a lieu en M', en surmontant le couple K'N, tandis qu'en M, il y a simplement tendance au pivotement, avec développement d'un couple K'N équilibrant le premier et inférieur à la limite KN. L'inverse a lieu si $K < K'$.

D'après ce que nous avons dit un peu plus haut en parlant des calculs de M. Heerwagen, la résistance au pivotement est plus grande, toutes choses égales d'ailleurs, quand une bille touche l'intérieur d'un cône concave que quand elle touche l'extérieur d'un cône convexe.

D'une façon générale, on conçoit que si la nature des corps est donnée ainsi que leur pression mutuelle, la résistance au pivotement doit être plus grande avec deux surfaces dont les concavités sont tournées dans le même sens qu'avec deux surfaces opposant leurs convexités. Le cas d'une surface à courbures opposées doit être intermédiaire entre ces deux là : autrement dit, il doit correspondre à une résistance plus grande que pour deux surfaces qui se touchent par leurs côtés convexes mais moins grande que pour deux surfaces, l'une concave, l'autre convexe. On est ainsi amené à dire que la résistance au pivotement doit être plus petite au contact du cône qu'au contact de la cuvette, et que par conséquent le pivotement doit tendre à se produire exclusivement entre la bille et le cône. L'observation confirme cette conclusion, car on constate que le cône s'use plus vite que la cuvette.

Nous sommes donc conduits à poser $\psi = 0$ et la formule (3) donne alors $\psi = \omega \cos \alpha$.

La perte de travail due aux roulements φ et φ' est négligeable ; mais le pivotement ψ entraîne une perte sensible, dont la valeur, dans l'unité de temps est $\frac{3}{32} f\text{PL}\omega \cos \alpha$, en appelant P la pression exercée sur la bille. En réalité, dans un roulement à billes, la pression éprouvée par chacune des billes varie d'une manière continue, mais elle n'a de valeur importante que pendant un temps assez court, et il suffit de considérer à chaque instant la bille supportant la pression maximum, en supposant que toute la charge est appliquée sur cette bille. Voici alors comment on calcule P.

Soit Q (fig. 34), la pression exercée sur le sol par la roue de la bicyclette. Le bandage éprouve une pression égale et contraire, qui est équilibrée par les pressions P que les billes transmettent aux cuvettes. On en déduit, en projetant sur la verticale la relation : $\text{Q} = 2\text{P} \sin \alpha$. La perte du travail due au pivotement est donc

$$\frac{3}{64} f\text{QL}\omega \, \text{Cotg} \, \alpha.$$

En se reportant aux calculs indiqués précédemment, on voit que L est proportionnel à $\sqrt[3]{P}$. Comme P est proportionnel à Q, la perte de travail pour une roue donnée est proportionnelle à $P\sqrt[3]{P}$, c'est-à-dire à $P^{\frac{5}{2}}$.

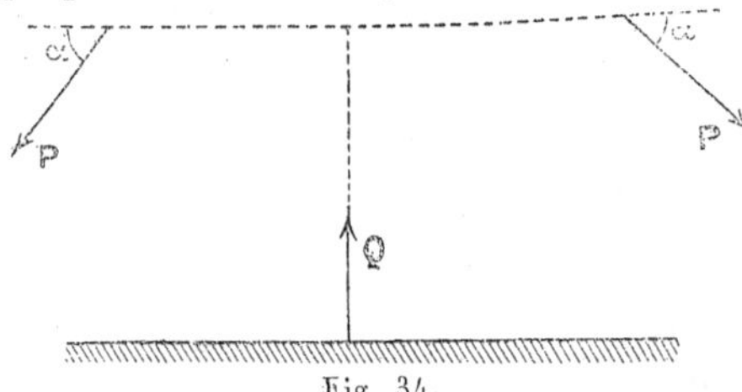

Fig. 34.

Remarquons que l'expression de la perte de travail demeurerait la même si, par suite de l'égalité fortuite des résistances au pivotement, celui-ci se produisait à la fois sur le cône et sur la cuvette : car la perte serait alors proportionnelle à la somme des deux pivotements, laquelle est toujours, comme on l'a vu, $\omega \cos \alpha$.

Pour annuler les pivotements, il suffit de faire $\alpha = \frac{\pi}{2}$ en adoptant une disposition telle que celle de la figure 35. Mais cette disposition rend très difficile l'introduction des billes, et elle ne permet pas de régler le serrage. En outre elle ne s'oppose pas efficacement aux mouvements de l'axe dans le sens de sa longueur. Aussi n'est-elle pas usitée pour les bicyclettes. On la rencontre en revanche dans les automobiles et dans les machines fixes.

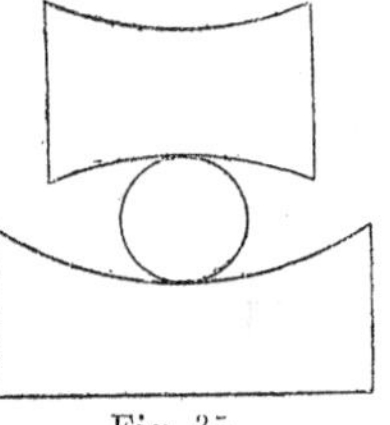

Fig. 35.

Quand les pressions à transmettre sont considérables, on peut avoir recours aux roulements à plusieurs contacts.

La figure 36 montre une bille possédant un double contact avec le cône, qui est doublé à cet effet de manière à présenter la méridienne CDC′. La cuvette EF conserve un seul contact M′. En pareil cas, la cinématique suffit à déterminer complètement le mouvement qui est une rotation autour de la ligne joignant les points de contact M_1 et M_2 de CD et C′D. Il y a roulement et pivotement en chacun de ces points. Le mouvement relatif de la bille par rapport à la cuvette est une rotation autour de la ligne AM′ concourant avec M_1M_2 en un point A de l'axe AB. Si AM′ est tangent à EF′ il y a en M′ roulement sans pivotement.

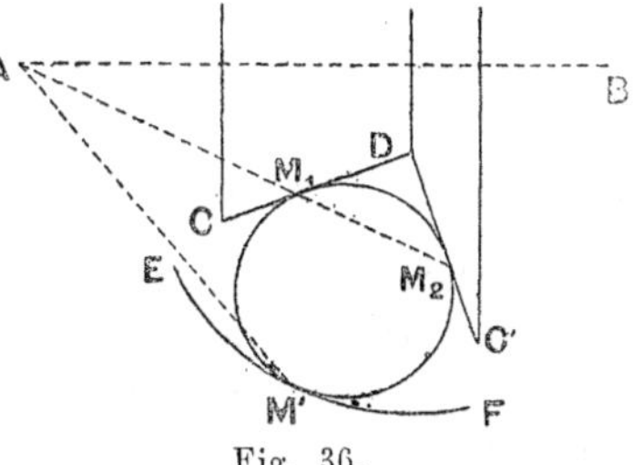

Fig. 36.

Si la cuvette, de même que le cône, a deux contacts avec la bille (fig. 37), il faut que la ligne joignant ces points de contact M'_1, M'_2 concoure en un point A de l'axe AB avec la ligne joignant les points de contact M_1 et M_2 du cône : sans quoi il y aurait nécessairement glissement en l'un des quatre points. Cette condition supposée remplie, il est aisé de voir que les quatre points sont simultanément affectés de pivotements.

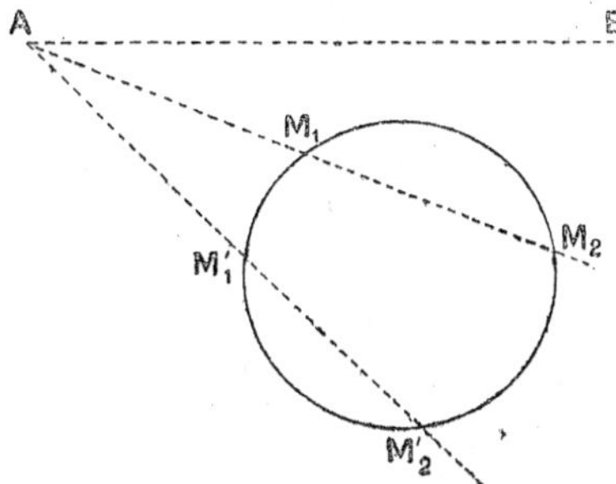

Fig. 37.

CHAPITRE V

RAIDEUR DES CORDES

101. **Loi de Coulomb.** — On admet en mécanique rationnelle qu'aucun travail n'est nécessaire pour déformer un fil sans altérer sa longueur. En réalité la flexibilité n'est jamais parfaite, et la raideur, c'est-à-dire la résistance à la déformation, négligeable dans le cas d'un fil très fin, prend au contraire une sérieuse importance quand il s'agit d'une corde de fortes dimensions.

Considérons une poulie de rayon R (fig. 38), sur laquelle passe une corde tirée par une puissance P et retenue par une puissance Q. Si cette poulie est parfaitement mobile autour de son axe, il suffit théoriquement que P surpasse infiniment peu Q pour que la poulie se mette à tourner. Or les expériences de Coulomb montrent qu'il n'en est rien : à l'instant où la rotation commence on a :

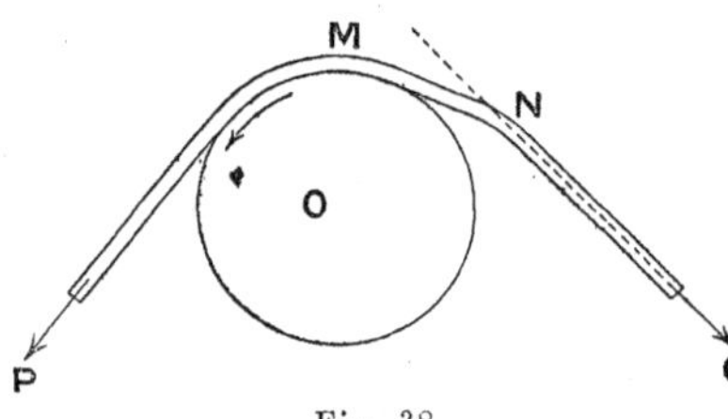

Fig. 38.

$$P - Q = \frac{A + BQ}{2R},$$

A et B étant deux constantes qui dépendent uniquement de la nature de la corde et de son épaisseur e. A varie à peu près comme e^4 et B, comme e^2. Pour une rotation élémentaire $d\theta$, le travail excède celui de la résistance de la quantité :

$$(P - Q)\, R d\theta = \frac{A + BQ}{2}\, d\theta$$

qui représente le travail nécessaire pour ployer la corde. Cet effet peut s'expliquer, au moins en partie, en admettant que la corde, par suite de sa raideur, ne passe pas immédiatement, en arrivant à la poulie, de la forme rectiligne à la forme circulaire : il y a un arc de raccordement MN qui augmente la distance de la force Q à l'axe, et par conséquent son moment. Quoi qu'il en soit, la formule, mise sous la forme :

$$PR = Q\left(R + \frac{A + BQ}{2Q}\right)$$

montre que tout se passe comme si la distance du point O à la force Q était :

$$R + \frac{A + BQ}{2Q}$$

102. **Equilibre d'une poulie.** — Ce qui précède suppose négligeable le frottement de la poulie sur son tourillon. Voyons quelle est la condition d'équilibre ou de mouvement uniforme de la poulie, quand on tient compte à la fois de la raideur de la corde et du frottement.

Ainsi que nous l'avons établi (n° 74), le moment du frottement sur le tourillon est $F\rho \sin \varphi$, expression dans laquelle F désigne la résultante des forces P et Q c'est-à-dire $\sqrt{P^2 + Q^2 + 2PQ \cos (P, Q)}$ et ρ, le rayon du tourillon. En égalant à zéro la somme des moments de P, de Q et du frottement par rapport à l'axe, on obtient l'équation :

$$PR - QR - \frac{A + BQ}{2} - \rho \sin \varphi \sqrt{P^2 + Q^2 + 2PQ \cos (P, Q)} = 0$$

Si les forces P et Q sont parallèles on a $\cos P, Q = 1$ d'où :

$$PR - QR - \frac{A + BQ}{2} - \rho \sin \varphi (P + Q) = 0.$$

Cette relation peut se mettre sous la forme :

$$P = \alpha + \beta Q$$

α et β étant deux nombres indépendants de P et de Q.

103. **Palan.** — Un palan est essentiellement constitué par deux groupes de poulies montées sur deux axes parallèles AB, CD l'un fixe l'autre mobile (fig. 39). Une corde amarrée en un point fixe E passe alternativement sur une poulie à axe fixe et sur une poulie à axe mobile. Son extrémité libre est tirée par une puissance P ; l'axe mobile fait partie d'une chape M qui supporte une résistance constituée par un poids Q. Admettant que tous les brins puissent être regardés comme sensiblement verticaux, on demande la condition pour que P puisse communiquer à Q un mouvement uniforme d'ascension.

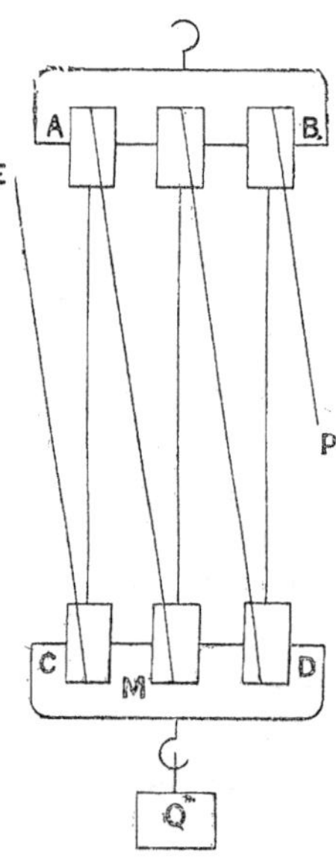

Fig. 39.

Si T_k, T_{k+1} désignent les tensions de deux brins aboutissant à la même poulie, on a, d'après ce que nous venons de voir :

$$T_{k+1} = \alpha + \beta T_k,$$

la tension du dernier brin est égale à la puissance P, et, en supposant que le nombre des brins soit égal à $n + 1$, on a les formules :

$$T_2 = \alpha + \beta T_1$$
$$T_3 = \alpha + \beta T_2$$
$$\cdots\cdots$$
$$P = \alpha + \beta T_n.$$

T_1 est la tension inconnue du premier brin, amarré au point fixe. Ces relations peuvent se mettre sous la forme :

$$T_2 + \frac{\alpha}{\beta - 1} = \beta\left(T_1 + \frac{\alpha}{\beta - 1}\right)$$
$$T_3 + \frac{\alpha}{\beta - 1} = \beta\left(T_2 + \frac{\alpha}{\beta - 1}\right)$$
$$\cdots\cdots\cdots\cdots$$
$$P + \frac{\alpha}{\beta - 1} = \beta\left(T_1 + \frac{\alpha}{\beta - 1}\right);$$

multipliant alors membre à membre, il vient :

$$P + \frac{\alpha}{\beta - 1} = \beta^n\left(T_n + \frac{\alpha}{\beta - 1}\right).$$

D'autre part :

$$Q = T_1 + T_2 \ldots + T_n$$

et :

$$T_2 + T_3 + \ldots + P = n\alpha + \beta\,(T_1 + T_2 \ldots T_n)$$

d'où :

$$T_1 = P - (\beta - 1)\,Q - n\alpha.$$

Par suite :

$$P = \frac{n\alpha\beta^n}{\beta^n - 1} - \frac{\alpha}{\beta - 1} + \beta^n\,\frac{\beta - 1}{\beta^n - 1}\,Q$$

telle est la relation entre la puissance et la résistance.

Cette relation permet de se rendre compte qu'il n'y a pas avantage à augmenter, au-delà d'une certaine limite, le nombre des cordons. Bornons-nous au cas où la constante β surpasse très peu l'unité et posons $\beta = 1 + \varepsilon$. En traitant ε comme une quantité très petite, on trouve ;

$$P = n\alpha + \frac{Q}{n}.$$

Le minimum de P a lieu, dans ces conditions, pour $n = \sqrt{\frac{Q}{\alpha}}$. Il faudra prendre le nombre entier le plus voisin de ce radical. Pour $n = \sqrt{\frac{Q}{\alpha}}$, il vient :

$$P = 2\sqrt{\alpha Q} = 2\frac{Q}{n}.$$

S'il n'y avait ni frottement ni raideur des cordes la valeur de P serait $\frac{Q}{n}$. On voit que, dans le cas le plus favorable, la puissance nécessaire est réellement deux fois plus grande que la puissance calculée en négligeant les résistances passives.

Calculons le rendement. Le déplacement de l'extrémité libre étant n fois plus grand que celui de la chape mobile, le rapport du travail moteur au travail résistant est :

$$n\frac{P}{Q} = 1 + \frac{n^2\alpha}{Q}$$

le rendement, égal à l'inverse $\frac{Q}{nP}$, peut s'écrire $\frac{Q}{Q + n^2\alpha}$. Il est d'autant plus faible que le nombre de brins est plus grand. Pour $n = \sqrt{\frac{Q}{\alpha}}$, sa valeur est seulement $\frac{1}{2}$.

En résumé, l'emploi des palans, substitué à la traction directe, est avantageux au point de vue de la réduction de la force P nécessaire pour vaincre une résistance donnée Q ; mais cet avantage est acheté au prix d'une dépense supplémentaire de travail et, quand la force P est rendue la plus petite possible, la dépense de travail se trouve doublée.

La loi de Coulomb, indiquée au début de ce chapitre, a été contestée par Morin, qui a proposé des formules dans lesquelles la grosseur de la corde est caractérisée par le nombre de fils de caret. D'après M. Longraine [1], on peut prendre :

$$P - Q = 0{,}04\, Q \frac{p}{2R},$$

p désignant le poids de la corde par mètre courant, exprimé en kilogrammes. Le même auteur donne, pour un câble en fil d'acier à âme de chanvre, la formule :

$$P - Q = (3{,}50 + 0{,}0032\, Q) \frac{p}{2R} \cdot$$

Il demeure dans tous les cas établi que, pour une corde ou un câble donné, la différence P — Q est fonction linéaire de Q.

[1] Mémoires et Comptes rendus des Travaux de la *Société des Ingénieurs civils* (1889).

CHAPITRE VI

RÉSISTANCE DE L'AIR

104. **Lois de la résistance de l'air.** — Un solide ne peut se déplacer dans l'air sans éprouver une résistance qui altère plus ou moins son mouvement. Malgré les nombreux travaux théoriques et expérimentaux auxquels a donné lieu la question de la résistance de l'air, cette question demeure passablement obscure.

Les recherches des artilleurs les ont conduits aux résultats suivants :

La résistance de l'air est proportionnelle à la densité de l'air et à la section droite du projectile.

La résistance de l'air, pour des projectiles de même section et de formes peu différentes, peut être mise sous la forme KF (v) où K est un coefficient indépendant de la vitesse, et $F(v)$ une fonction de la vitesse, la même pour tous ces projectiles.

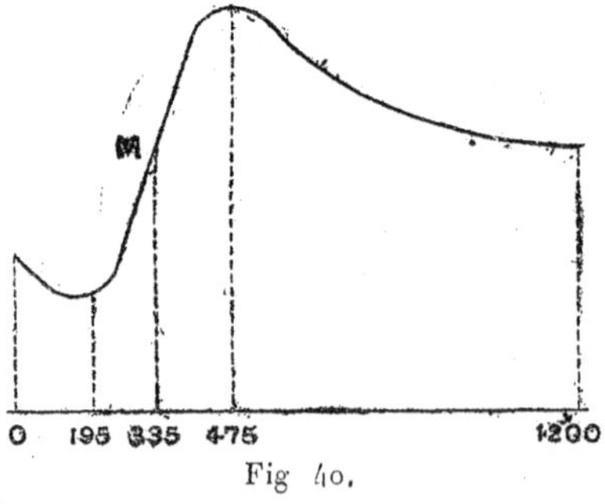

Fig 40.

Si l'on pose $\frac{F(v)}{v^2} = f(v)$ la courbe ayant pour abscisse v et pour ordonnées $f(v)$ présente l'allure figurée ci-contre (fig. 40). Il y a un maximum pour $v = 475^m$ et un minimum pour $v = 195^m$. La courbe est sensiblement symétrique par rapport au point M correspondant à la vitesse de 335, et il est à remarquer que cette vitesse est à très peu près celle du son dans l'air.

Pour la partie comprise entre le minimum et le maximum, $f(v)$ peut être considéré comme proportionnel à v^2, et par conséquent $F(v)$ comme proportionnel à v^4. Pour les vitesses inférieures à 195 mètres ou supérieures à 475 mètres, la résistance $F(v)$ croit un peu moins vite que le carré de la vitesse.

Le tracé montre qu'aux très grandes vitesses la résistance doit devenir très sensiblement proportionnelle à v^2. Ce résultat a été confirmé théoriquement par M. Jouguet[1].

Si on laisse de côté les vitesses réalisées dans l'artillerie, la pression exercée par un vent de vitesse v agissant normalement sur une surface plane de surface S peut être représentée par la formule KSv^2; le colonel Renard a admis pour le coefficient K la valeur moyenne 0,085.

Des expériences faites par Desdouits sur le chemin de fer de l'Etat en fixant des panneaux à des trains en marche et mesurant l'effort nécessaire pour les maintenir verticaux ont conduit cet ingénieur à la valeur $K = 0{,}13$. Ce chiffre s'applique à des panneaux distants de $1^m{,}20$ au moins des véhicules : en diminuant la distance, on voit K s'abaisser jusqu'à 0,03 par suite de l'entraînement de l'air au voisinage du train.

Poncelet avait trouvé théoriquement la valeur $K = 0{,}0662$ Son raisonnement consiste à admettre que le travail nécessaire pour faire effectuer, dans l'air, un parcours x à une surface S avec la résistance vitesse v, normale à sa direc-

[1] Comptes rendus de l'Académie des Sciences, 9 septembre 1907.

tion, est exactement employé à communiquer cette vitesse aux molécules du cylindre fluide ayant pour base S et pour hauteur x.

Soit alors d le poids spécifique de l'air et soit R la résistance cherchée. Le théorème des forces vives donne :

$$\frac{1}{2}\frac{d}{g}Sxv^2 = Rx$$

d'où :

$$R = \frac{d}{2g}Sv^2.$$

Si l'on fait $d = 1^k,299$ (poids du mètre cube d'air à 0° et à la pression 760) et $g = 9,8$, on est conduit à la valeur indiquée. En réalité les choses se passent d'une façon beaucoup moins simple.

Considérons, pour fixer les idées, le cas d'un disque circulaire (fig. 41) qui se meut normalement à son plan. En s'avançant il refoule latéralement les molécules du milieu ambiant, mais en même temps, il est précédé par

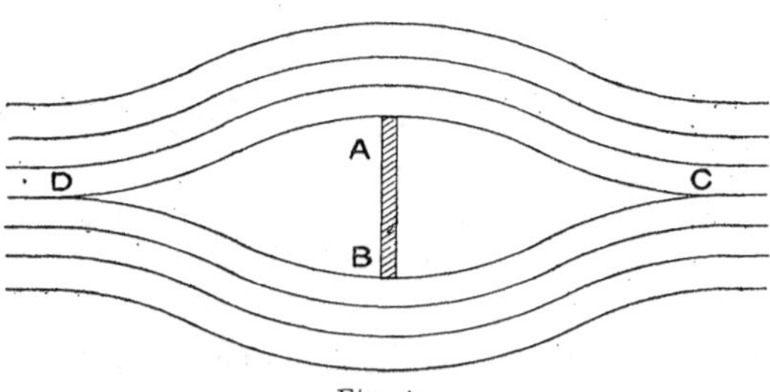

Fig. 41.

une sorte de *proue* fluide ABC qui fait l'office de coin. D'autre part, en arrière de lui tend à chaque instant à se former un vide que viennent combler des molécules passant de la face antérieure à la face postérieure. Ce remplissage donne naissance à des mouvements tourbillonnaires existant dans une *poupe* ABD, de forme constante, qui suit le disque.

Il y a *surpression* dans la proue et *dépression* dans la poupe. La somme de la surpression et de la dépression constitue la résistance à l'avancement. Les expériences de Marey ont montré que la résistance effective n'est pas la même en tous les points du disque : sensiblement constante jusqu'à une certaine distance du centre, elle décroit ensuite graduellement en approchant du bord ; la largeur de la zone de décroissance est à peu près indépendante du rayon, de sorte que son effet se fait relativement sentir d'autant plus que le disque est plus petit. Ce résultat a été confirmé en 1899 par M. Canovetti : il a trouvé en effet qu'en remplaçant un disque de deux mètres carrés de surface par trois disques ayant chacun une surface de deux tiers de mètre carré on diminuait la résistance d'environ 10 %.

On peut ajouter que les phénomènes de *viscosité*, c'est-à-dire les frottements intérieurs, qui n'existeraient pas si la fluidité était parfaite, jouent dans la production de la résistance un rôle fondamental. Pour nous en rendre compte considérons un courant fluide formé par des filets rectilignes horizontaux, animés de la même vitesse constante, et plaçons dans ce courant une sphère maintenue immobile au moyen d'une tige très mince. L'expérience prouve qu'au bout de quelques instants s'établit un nouvel état permanent dans lequel à une certaine distance de la sphère, dans toutes les directions, le mouvement n'est aucunement modifié. Soit ABCD (fig. 42) un cylindre fluide entourant la sphère S et assez volumineux pour que ses bases AC, BD, normales au courant, ainsi que sa surface latérale se trouvent dans les régions non troublées. Soient P, P′ les pressions totales sur les deux

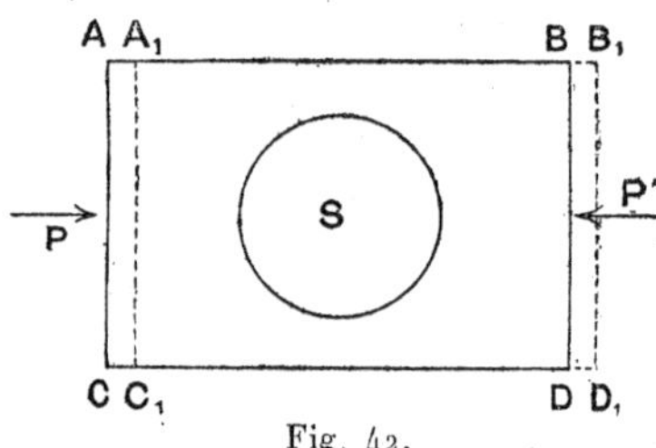

Fig. 42.

bases. Par raison de symétrie les actions exercées par le courant sur le solide ont une résultante R parallèle aux filets. Le fluide éprouve réciproquement l'action — R. Appliquons à la partie fluide du cylindre ABCD le théorème des quantités de mouvement en projection sur la direction du courant. Au bout du temps dt, cette masse est limitée par le contour $A_1B_1C_1D_1$. La partie A_1BC_1D n'a pas changé d'état; la partie BB_1DD_1 qui remplace AA_1CC_1 est animée de la même quantité de mouvement, car la continuité exige que les sections AC et BD soient dans le même temps traversées par les mêmes masses. La quantité de mouvement de ABCD est donc invariable, ce qui exige que la somme des projections des forces soit nulle. Les pressions sur la surface latérale ABCD sont normales à cette surface, même si le fluide est visqueux : car le cylindre est en repos relatif dans le courant. Elles ont donc des projections nulles. Il en est de même de la pesanteur et des forces intérieures, et l'on a simplement : $P - P' - R = 0$.

Appliquons maintenant le théorème des forces vives à la même masse. Soit $-\mathfrak{T}_f$ le travail des frottements dans l'unité de temps (frottements intérieurs du liquide et frottements à la surface du solide). Dans le temps dt, le travail de ces forces est $-\mathfrak{T}_f dt$. Le travail de la pesanteur est nul ainsi que celui des pressions sur la surface latérale du cylindre. Le travail des pressions sur les bases est $(P - P')$ vdt. La force vive étant constante, on a :

$$(P - P')vdt - \mathfrak{T}_f dt = 0.$$

Par suite :

$$\mathfrak{T}_f = (P - P')v = Rv$$

d'où $R = \frac{\mathfrak{T}_f}{v}$. Ainsi, la résistance R est égale à la valeur absolue du travail des frottements, divisée par la vitesse du courant. S'il n'y avait de frottements ni à l'intérieur du fluide, ni au contact du corps solide, la résistance serait nulle.

On arriverait au même résultat en considérant un solide qui se déplace horizontalement d'un mouvement uniforme dans un fluide en repos : car, pour ramener ce cas au précédent, il suffit d'imprimer, par la pensée, à tout le système une translation égale et opposée à la vitesse du solide. Une sphère solide, lancée horizontalement dans un liquide parfait de densité égale à la sienne, conserverait indéfiniment sa vitesse initiale. Ceci suppose toutefois que, dans un fluide parfait comme dans les fluides réels, les sections AB, CD très éloignées de la sphère ne sont aucunement troublées par le mouvement de cette sphère.

Une pareille conséquence, si éloignée de ce qu'on peut observer journellement, montre bien à quel point l'hypothèse de la fluidité parfaite s'éloigne de la réalité des choses.

Des expériences récentes de M. Canovetti (Comptes rendus, 13 mai 1907), ont conduit cet ingénieur à admettre que pour des surfaces de 3 mètres carrés environ, animées de vitesses de 5 à 10 mètres, la résistance de l'air n'est pas proportionnelle au carré de la vitesse. Elle serait, d'après lui, exprimée par la formule

$$R = 0,0324\ V^2 + 0,432\ V.$$

Ces expériences ont été effectuées au voisinage du sol (plan placé à l'avant d'un chariot descendant la voie d'un funiculaire). Rien ne dit qu'on trouverait le même résultat avec un plan se mouvant en pleine atmosphère, loin de tous les obstacles.

Envisageons maintenant un disque plan frappé normalement par un courant d'air et animé en même temps d'un mouvement de translation *dans son propre plan*. On serait porté à croire que cette translation, perpendiculaire au courant d'air, n'influe pas sur la grandeur de la pression éprouvée par le disque, et cependant l'expérience montre que la translation augmente la pression.

Pour une surface plane dont la normale fait un angle i avec la direction du vent, la presssion normale N dépend naturellement de cet angle. Newton admettait la relation $N = R \sin^2 i$, dans laquelle R désigne la pression correspondant au cas de l'incidence normale ($i = 0$). D'après Euler, on aurait $N = R \sin i$. Le colonel Duchemin a donné en 1842 la formule $N = R \frac{2 \sin i}{1 + \sin^2 i}$ qui rend assez bien compte des récentes expériences de Langley. En négligeant $\sin^4 i$, on peut remplacer $\frac{1}{1 + \sin^2 i}$ par $1 - \sin^2 i$, et la formule de Duchemin devient alors

$$N = R\ (2 \sin i - 2 \sin^3 i).$$

Le colonel Renard a proposé l'expression :

$$N = R\ (2 \sin i - \sin^3 i)$$

qui donne évidemment des résultats un peu plus forts. Lord Rayleigh a déduit d'une théorie de Kirchhoff la relation $N = R \frac{(4 + \pi) \sin i}{4 + \pi \sin i}$, que Gerlach a modifiée en écrivant : $N = R \frac{(4 + 16) \sin i}{4 + 16 \sin i}$.

Pour l'eau, le Génie maritime se sert de la formule :

$$N = R \frac{\sin i}{0,39 + 0,61 \sin i}.$$

Il s'en faut donc qu'on soit parvenu à un accord complet. Aucune des formules précédentes ne tient d'ailleurs compte du fait suivant, révélé par l'expérience : la pression totale sur un même rectangle et pour une même valeur de i varie suivant l'orientation du rectangle dans son plan. M. Soreau a comblé cette lacune, mais nous n'insisterons pas davantage sur ce sujet qui intéresse surtout l'aviation. Ajoutons seulement que la résistance d'un prisme en mouvement dans le sens de son axe est moindre que celle d'un plan mince de même section.

105. **Vitesse limite.** -- Quelle que soit la loi admise pour représenter la résistance de l'air, il est bien certain que cette résistance est nulle pour une vitesse nulle et croit indéfiniment avec la vitesse. On peut déduire de là une conséquence très importante.

Considérons un corps de masse m qui se meut en ligne droite, dans l'air, sous l'action d'une force constante. Admettons que le corps se présente toujours à l'air de la même manière, de façon que la résistance de l'air soit une fonction dépendant uniquement de la vitesse, fonction que nous représenterons par $m\varphi(v)$.

Soit $m\gamma$ la force constante appliquée au corps. L'équation du mouvement est :

$$\frac{dv}{dt} = \gamma - \varphi(v)$$

d'où :

$$dt = \frac{dv}{\gamma - \varphi(v)}.$$

La fonction $\varphi(v)$ qui, par hypothèse, est nulle pour $v = 0$ et indéfiniment croissante acquiert la valeur γ pour une certaine valeur k de la vitesse et l'on peut écrire :

$$dt = \frac{dv}{\varphi(k) - \varphi(v)}.$$

La fonction $F(v) = \varphi(k) - \varphi(v)$ admet la racine $v = k$. Cette racine est simple, sans quoi on aurait :

$$F'(k) = -\varphi'(k) = 0$$

ce qui est impossible puisque $\varphi(v)$ est une fonction constamment croissante.

On reconnait d'autre part que $\frac{dv}{dt}$ a le signe de

$$\varphi(k) - \varphi(v)$$

et par conséquent de $k - v$.

Ceci posé, soit v_0 la valeur initiale de la vitesse. Supposons en premier lieu cette valeur inférieure à k, et cherchons le temps T employé pour atteindre une vitesse v_1 comprise entre v_0 et k ; on a :

$$T = \int_{v_0}^{v_1} \frac{dv}{\varphi(k) - \varphi(v)}$$

mais $\varphi(k) - \varphi(v) = (k - v)\,\varphi'(w)$, w désignant une vitesse comprise entre k et v, donc :

$$T = \int_{v_0}^{v_1} \frac{dv}{(k - v)\,\varphi'(w)}.$$

Désignons par A la plus grande valeur acquise par la dérivée $\varphi'(v)$ quaud v varie de v_0 à v_1. On a $\varphi'(w) < A$ et :

$$T > \frac{1}{A} \int_{v_0}^{v_1} \frac{dv}{k - u}$$

ou bien :

$$T > \frac{1}{A} \log \frac{k - v_0}{k - v_1}.$$

Si maintenant nous supposons que la valeur finale v_1 se rapproche indéfiniment de k, nous voyons que T augmente au-delà de toute limite. Par conséquent :

Si la vitesse initiale est inférieure à k, la vitesse tend asymptotiquement vers la limite k.

Un raisonnement semblable montrerait qu'il en est de même quand la vitesse initiale est supérieure à k, avec cette seule différence que la vitesse est alors constamment décroissante.

En résumé :

Le mobile tend dans tous les cas à prendre une vitesse telle que la résistance de l'air fasse équilibre à la force motrice, mais cette vitesse limite ne peut jamais être atteinte.

En pratique, pour peu que la résistance de l'air varie rapidement avec la vitesse, l'écart entre la vitesse et sa limite devient insensible en très peu de temps.

On explique ainsi les propriétés des parachutes.

106. **Modérateur à ailettes.**— Cet appareil, employé souvent pour la régularisation du mouvement des petits mécanismes, notamment dans l'horlogerie, se compose d'ailettes planes prolongeant des bras implantés radialement sur l'arbre dont on veut modérer la rotation. Si I est le moment d'inertie du système tournant, M le moment moteur, N le moment résistant (non comprise la résistance de l'air), et si l'on admet que celle-ci fournit le moment résistant supplémentaire $f(\omega)$, ω désignant la vitesse de rotation, l'équation du mouvement est :

$$I \frac{d\omega}{dt} = M - N - f(\omega).$$

Si l'on suppose que M — N soit constant et si l'on écrit : $(M - N) = I\gamma.$ $f(\omega) = I\varphi(\omega)$, il vient :

$$\frac{d\omega}{dt} = \gamma - \varphi(\omega)$$

équation toute pareille à celle que nous venons de discuter, et conduisant par suite aux mêmes conséquences.

Nous avons admis, dans tout ce qui précède, que l'accélération γ est positive. Si γ était négatif, les choses se passeraient de façon toute différente. Le mouvement vertical d'un point pesant dans l'air va nous fournir un exemple dans lequel γ est tantôt positif, tantôt négatif. Afin de pouvoir pousser les calculs jusqu'au bout, nous regarderons la résistance de l'air comme proportionnelle au carré de la vitesse.

107. **Mouvement vertical d'un point pesant.** — Soit g l'accélération due à la pesanteur (nous négligeons les variations de g avec l'altitude). Soit $g\,\frac{v^2}{k^2}$ la valeur

absolue de l'accélération due à la résistance de l'air. Il faut distinguer deux cas, suivant que le mouvement est ascendant ou descendant.

1° *Mouvement ascendant.* — Le mobile est lancé verticalement de bas en haut avec une vitesse initiale v^0. Soit x le chemin parcouru. L'équation du mouvement est :

$$\frac{d^2x}{dt^2} = -g - g\frac{v^2}{k^2}.$$

Remplaçant $\frac{d^2x}{dt^2}$ par $\frac{dv}{dt}$ et résolvant par rapport à t, il vient :

$$gdt = -\frac{dv}{1 + \frac{v^2}{k^2}} = -kd\left(\text{arc tg}\,\frac{v}{k}\right)$$

d'où, en intégrant :

$$\frac{gt}{k} = \text{arc tg}\,\frac{v_0}{k} - \text{arc tg}\,\frac{v}{k}.$$

Cette équation, résolue par rapport à $\frac{v}{k}$, donne :

$$\frac{v}{k} = \frac{v_0 \cos\frac{gt}{k} - k \sin\frac{gt}{k}}{v_0 \sin\frac{gt}{k} + k \cos\frac{gt}{k}},$$

Remettons $\frac{dx}{dt}$ à la place de v. Une intégration facile conduit à la relation :

$$x = \frac{k^2}{g}\log\left(\frac{v_0}{k}\sin\frac{gt}{k} + \cos\frac{gt}{k}\right).$$

Le mobile s'élève jusqu'à ce que sa vitesse s'annule, ce qui a lieu pour :

$$\frac{\sin \frac{gt}{k}}{v_0} = \frac{\cos \frac{gt}{k}}{k} = \frac{1}{\sqrt{v_0^2 + k^2}}$$

La valeur correspondante, h, de x, est :

$$h = \frac{k^2}{g} \log \frac{v_0^2 + k^2}{k\sqrt{v_0^2 + k^2}} = \frac{k^2}{2g} \log \left(1 + \frac{v_0^2}{k^2}\right).$$

Généralement la vitesse initiale v_0 est très petite, vis-à-vis de k. Si l'on développe le logarithme en négligeant $\frac{v^6}{k^6}$, on trouve :

$$h = \frac{k^2}{2g}\left(\frac{v_0^2}{k^2} - \frac{v_0^4}{2k^4}\right) = \frac{v_0^2}{2g}\left(1 - \frac{v_0^2}{2k^2}\right)$$

$\frac{v_0^2}{2g}$ est la hauteur H qui serait atteinte dans le vide avec la même vitesse initiale, on peut donc écrire :

$$h = \mathrm{H}\left(1 - \frac{v_0^2}{2k^2}\right).$$

2° *Mouvement descendant.* — Parvenu à la hauteur h, le mobile redescend. Pour étudier cette seconde phase du mouvement, prenons comme nouvelle origine des espaces le point le plus haut et comme nouvelle origine des temps l'instant où commence la chute. Changeons en même temps le sens de l'axe des x. La pesanteur devient positive, mais la résistance de l'air demeure négative et l'équation du mouvement est :

$$\frac{dv}{dt} = g - g\,\frac{v^2}{k^2}$$

d'où :

$$gdt = \frac{dv}{1 - \frac{v^2}{k^2}} = \frac{1}{2}\left(\frac{1}{1 + \frac{v}{k}} + \frac{1}{1 - \frac{v}{k}}\right)$$

l'intégration donne :

$$g\frac{t}{k} = \frac{1}{2}\log\left(\frac{1 + \frac{v}{k}}{1 - \frac{v}{k}}\right)$$

d'où :

$$\frac{v}{k} = \frac{e^{\frac{gt}{k}} - e^{-\frac{gt}{k}}}{e^{\frac{gt}{k}} + e^{-\frac{gt}{k}}}.$$

Remplaçant v par $\frac{dx}{dt}$ et intégrant une seconde fois, nous obtenons :

$$x = \frac{k^2}{g}\log\left(\frac{e^{\frac{gt}{k}} + e^{-\frac{gt}{k}}}{2}\right)$$

Nous avons ainsi, en fonction du temps, la vitesse v et le chemin parcouru x. Quand t augmente indéfiniment, il en est de même de x, mais v tend vers la limite k.

On peut établir une relation entre la vitesse et la hauteur de la chute. En remplaçant $\frac{dv}{dt}$ par $\frac{dv}{dx}\frac{dx}{dt} = v\frac{dv}{dx}$, on a :

$$v\frac{dv}{dx} = g - g\frac{v^2}{k^2}$$

d'où :

$$dx = \frac{vdv}{g\left(1 - \frac{v^2}{k^2}\right)} \qquad x = -\frac{k^2}{2g}\log\left(1 - \frac{v^2}{k^2}\right)$$

la constante d'intégration est nulle, puisque v doit s'annuler en même temps que x.

Précédemment nous avons trouvé que le mobile, lancé de bas en haut avec la vitesse v_0 monte à la hauteur :

$$h = \frac{k^2}{2g}\log\left(1 + \frac{v}{k^2}\right).$$

Si nous attribuons à x cette valeur h, nous pouvons calculer la vitesse v_1 avec laquelle le mobile en retombant revient à son point de départ. En divisant par $\frac{k^2}{2g}$ nous avons :

$$\log\left(1 + \frac{v_0^2}{k^2}\right) = -\log\left(1 - \frac{v_1^2}{k^2}\right)$$

d'où :

$$\left(1 + \frac{v_0^2}{k^2}\right)\left(1 - \frac{v_1^2}{k^2}\right) = 1$$

ou bien :

$$v_1^2 = \frac{v_0^2}{1 + \frac{v^2}{k^2}}.$$

Nous voyons que la vitesse au retour est plus faible qu'à l'aller. Il y a une perte de force vive

$$m(v_0^2 - v_1^2) = \frac{mv_0^4}{k^2 + v_0^2}$$

et cette perte mesure le double de travail absorbé par la résistance de l'air pendant l'ascension et pendant la chute.

Si le mobile était lancé avec une vitesse v_0 infiniment grande, il retomberait avec une vitesse v_1 égale à k.

108. **Influence de la masse sur la hauteur d'ascension.** — La hauteur à laquelle s'élève un corps pesant projeté verticalement de bas en haut dépend de sa vitesse initiale, de sa masse et de la résistance de l'air. Parmi plusieurs projectiles sphériques de même dimension, lancés avec la même vitesse initiale, le plus dense est évidemment celui qui doit monter le plus haut ; mais, au lieu de supposer connue la vitesse initiale, on peut se donner le travail dépensé pour créer cette vitesse (par exemple au moyen de la détente d'un ressort) et les choses se passent alors d'une façon moins simple. Si l'on prend une masse infiniment légère, une dépense finie de travail lui communique une vitesse infiniment grande ; la résistance de l'air, qui croît sans limite avec la vitesse, absorbe au bout d'un parcours infiniment petit la force vive initiale, et la hauteur d'ascension a une limite nulle. Si l'on prend, au contraire, une masse infiniment grande, la vitesse initiale est infiniment petite, et, dans ce cas encore, le mobile ne peut s'élever.

On conçoit d'après cela que, pour un projectile de figure donnée et pour chaque valeur du travail dépensé au départ, il doive exister une masse correspondant au maximum d'ascension. Proposons-nous de calculer cette masse dans l'hypothèse d'une résistance proportionnelle à une puissance constante de la vitesse.

Soit m la masse du corps et soit v la vitesse au bout du parcours s. Représentons la résistance de l'air par

$\lambda g v^{2p}$, λ et p désignant deux constantes positives, d'ailleurs quelconques. L'équation du mouvement peut s'écrire :

$$mvdv = - mgds - \lambda g v^{2p} ds$$

d'où :

$$gds = - \frac{mvdv}{m + \lambda v^{2p}}.$$

Si v_0 est la vitesse initiale, la hauteur h à laquelle parvient le mobile est :

$$h = \frac{m}{g} \int_0^{v_0} \frac{vdv}{m + \lambda v^{2p}}$$

ou bien en posant $v^2 = v_0^2 x$ et désignant par $\mathfrak{T}$ le travail $\frac{mv_0^2}{2}$ nécessaire pour créer la vitesse initiale :

$$h = \frac{\mathfrak{T}}{g} \int_0^1 \frac{dx}{m + \lambda v_0^{2p} x^p}$$

Faisons :

$$\lambda v_0^{2p} = \frac{m}{\alpha}$$

d'où :

$$m = (\alpha\lambda)^{\frac{1}{p+1}} (2\mathfrak{T})^{\frac{p}{p+1}}.$$

Il vient :

$$h = \frac{1}{2g} \left(\frac{2\mathfrak{T}}{\lambda}\right)^{\frac{1}{p+1}} \alpha^{\frac{p}{p+1}} \int_0^1 \frac{dx}{\alpha + x^p}.$$

Il s'agit de choisir α de façon à rendre maximum le

produit $\alpha^{\frac{p}{p+1}} \int_0^1 \frac{dx}{\alpha + x^p}$. En égalant à zéro la dérivée de ce produit par rapport à α, l'on trouve :

$$p \int_0^1 \frac{dx}{\alpha + x^p} = (p + 1)\,\alpha \int_0^1 \frac{dx}{[\alpha + x^p]^2}$$

Mais une intégration par parties donne :

$$\int_0^1 \frac{dx}{\alpha + x^p} = \frac{1}{1 + \alpha} + p \int_0^1 \frac{x^p dx}{[\alpha + x^p]^2}$$

$$= \frac{1}{\alpha + 1} + p \int_0^1 \frac{dx}{\alpha + x^p} - p\alpha \int_0^1 \frac{dx}{[\alpha + x^p]^2}$$

ce qui permet de ramener l'équation précédente à la forme très simple :

$$\int_0^1 \frac{dx}{\alpha + x^p} = \frac{p + 1}{\alpha + 1}.$$

Cette équation détermine le coefficient α[1].

Si l'on suppose la résistance proportionnelle au carré de la vitesse il vient :

$$\log\left(1 + \frac{1}{\alpha}\right) = \frac{2}{\alpha + 1}$$

d'où pour α la valeur $\frac{1}{3,92}$. En prenant en chiffres ronds :

$$\alpha = \frac{1}{4}$$

on est conduit aux résultats suivants :

Quand on lance verticalement, de bas en haut, avec une

[1] La discussion détaillée de cette équation et de ses conséquences a été donnée par l'auteur dans le Bulletin de la Société mathématique de France (1902).

même dépense de travail, $\mathcal{T}$, *des mobiles ayant même forme extérieure, le mobile pour lequel la hauteur d'ascension est la plus grande vérifie les conditions que voici :*

Sa masse est égale à $\sqrt{\frac{1}{2}\lambda\mathcal{T}}$ *et le carré de sa vitesse initiale est égal à* $2\sqrt{\frac{2\mathcal{T}}{\lambda}}$.

Sa vitesse initiale est double de la vitesse limite vers laquelle il tendrait en tombant verticalement.

Sa hauteur d'ascension est égale aux $\frac{2}{5}$ *de la hauteur à laquelle il parviendrait dans le vide en vertu de sa vitesse initiale ; la résistance qu'il éprouve de la part de l'air, à l'instant initial, est quadruple de son poids.*

109. **Mouvement curviligne d'un corps pesant.** — Soit un projectile sphérique lancé dans un air calme avec une vitesse initiale verticale.

Considérons la pesanteur comme constante en grandeur et en direction et négligeons l'effet, d'ailleurs très faible, de la rotation terrestre. Le mobile décrit, dans un plan vertical une trajectoire verticale. Soient, au temps t, v sa vitesse et α l'angle d'inclinaison de cette vitesse sur l'horizontale. Les forces qui sollicitent le mobile sont le poids mg et la résistance de l'air, que nous représenterons par $mg\mathrm{R}$, R désignant une fonction, supposée connue, de la vitesse. En appelant ρ le rayon de courbure, on a les deux équations :

$$\frac{dv}{dt} = -g \sin \alpha - g\mathrm{R} \tag{1}$$

$$\frac{v^2}{\rho} = g \cos \alpha. \tag{2}$$

D'ailleurs :

$$\rho = -\frac{vdt}{d\alpha}.$$

(Nous mettons le signe — parce que la concavité est évidemment tournée vers le bas et par suite $d\alpha$ est négatif.) Remplaçant ρ par cette valeur dans l'équation (2), il vient :

$$\frac{vd\alpha}{dt} = -g \cos \alpha. \tag{3}$$

Divisant ensuite membre à membre les équations (1) et (3) pour éliminer le temps, on obtient la relation :

$$\frac{dv}{vd\alpha} = \frac{\sin \alpha + R}{\cos \alpha}. \tag{4}$$

C'est une équation différentielle entre les deux variables v et α. Si l'on peut l'intégrer, on obtient v en fonction de l'angle α et des données initiales v_0, α_0.

Ceci fait, la valeur de t s'exprime en fonction de α par la quadrature :

$$t = -\frac{1}{g}\int_{\alpha_0}^{\alpha} \frac{vd\alpha}{\cos \alpha}$$

Enfin si l'on appelle x et y les coordonnées du mobile rapportées à l'horizontale et à la verticale ascendante du point de départ, on a :

$$dx = v \cos \alpha\, dt = -\frac{v^2}{g}\, d\alpha$$
$$dy = v \sin \alpha\, dt = -\frac{v^2}{g} \operatorname{tg} \alpha d\alpha$$

d'où :

$$x = -\frac{1}{g}\int_{\alpha_0}^{\alpha} v^2 d\alpha \qquad y = -\frac{1}{g}\int_{\alpha_0}^{\alpha} v^2 \operatorname{tg} \alpha d\alpha.$$

Le mouvement se trouve donc entièrement connu. Toute la difficulté du problème réside dans l'intégration de l'équation (4).

Nous renvoyons pour plus de développements aux traités de balistique extérieure. Mais nous pouvons, comme application très simple de ces formules, traiter le cas d'une fusée brûlant de telle manière que sa vitesse soit constante. Une pareille fusée éprouve une propulsion dans le sens de sa vitesse. Désignons cette propulsion par mgF ; la quantité R doit être remplacée par R — F ; et comme dv est nul par hypothèse on a la condition :

$$\text{R} - \text{F} + \sin\alpha = 0$$

d'où

$$\text{F} = \text{R} + \sin\alpha,$$

La vitesse étant constante, il en est de même de R. On connaît donc F en fonction de α. La valeur de t est :

$$t = -\frac{v}{g}\int_{\alpha_0}^{\alpha}\frac{d\alpha}{\cos\alpha} = \frac{v}{g}\log\left(\frac{\operatorname{tg}\left(\frac{\pi}{4}+\frac{\alpha_0}{2}\right)}{\operatorname{tg}\left(\frac{\pi}{4}+\frac{\alpha}{2}\right)}\right)$$

d'où :

$$\operatorname{tg}\left(\frac{\pi}{4}+\frac{\alpha}{2}\right) = e^{-\frac{gt}{v}}\left(\operatorname{tg}\frac{\pi}{4}+\frac{\alpha_0}{2}\right).$$

On connaît ainsi α, et par suite F, en fonction du temps, ce qui détermine la loi de combustion de la poudre.

Les valeurs de x et de y sont :

$$x = \frac{v^2}{g}(\alpha_0 - \alpha)$$

$$y = \frac{v^2}{g}\log\left(\frac{\cos\alpha}{\cos\alpha_0}\right).$$

CHAPITRE VII

EFFETS DES CHOCS

110. **Choc direct de deux sphères.** — C'est surtout dans les phénomènes de choc que se manifeste impérieusement la nécessité de faire entrer en ligne de compte la faculté de déformation des solides naturels. Pour bien saisir ce genre de phénomènes, nous allons d'abord étudier en détail le choc de deux sphères homogènes animées d'un simple mouvement de translation parallèle à la ligne des centres.

Soient m et m' les masses des deux sphères S et S' (fig. 43), v_0 et v'_0 leurs vitesses avant le choc. On suppose, pour fixer les idées, que ces vitesses sont de même sens, que v_0 est supérieur à v'_0 et que la sphère S est en arrière de la sphère S'. On néglige l'action de la pesanteur, qui peut d'ailleurs être sensiblement neutralisée en suspendant les sphères à l'extrémité inférieure de fils très longs suspendus à deux points fixes.

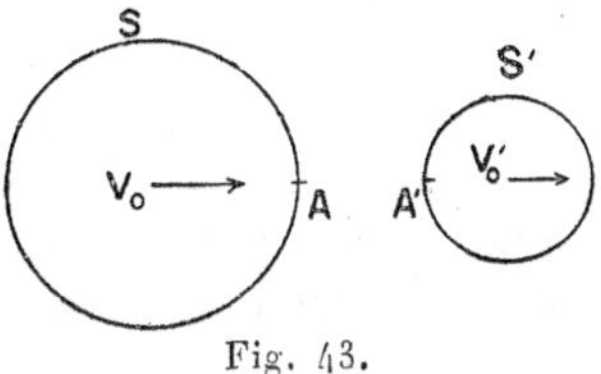

Fig. 43.

Au moment où un point A de S arrive en coïncidence avec un point A' de S', ces deux points ont les vitesses différentes v_0, v'_0 qui sont dirigées suivant la normale commune (ce qu'on exprime en disant que le choc est *direct*). Si les deux sphères sont absolument rigides, il faut qu'à ce moment la vitesse de l'une au moins des deux sphères change subitement. L'accélération de cette sphère, d'abord nulle, prend à cet instant une valeur infinie. Soit P la pression mutuelle au point de contact. On a pour la sphère choquante $m\frac{dv}{dt} = -P$ et pour la sphère choquée $m'\frac{dv'}{dt} = P$. $\frac{dv}{dt}$, $\frac{dv'}{dt}$ sont les accélérations. Si c'est par exemple la sphère S qui change brusquement de vitesse, $\frac{dv}{dt}$ est infini et il en est de même, par suite, de P, ce qui exige que $\frac{dv'}{dt}$ soit également infini. Mais les forces infinies n'existent pas dans la nature : en particulier une pression infinie P détruirait le corps auquel elle s'applique, car l'expérience montre que tous les corps se désagrègent dès que la pression dépasse une certaine valeur.

En réalité, il y a bien un changement brusque de vitesse, et par conséquent une accélération infinie. Mais le fait ne se produit qu'au voisinage immédiat du point de contact et se localise, pour chaque sphère, dans un élément de masse infiniment petite α, de sorte que le produit $\alpha\frac{dv}{dt}$, et avec lui la pression P, peut ne pas dépasser une limite finie. Les autres éléments de la sphère n'éprouvent que successivement le changement de vitesse et, pour chacun d'eux, ce changement s'effectue dans un temps très court, mais non pas infiniment court.

Si l'on voulait serrer les choses d'encore plus près, il faudrait dire : qu'avant même que les points A et A' arrivent en coïncidence, la déformation commence sous l'influence des actions moléculaires exercées mutuellement par les deux sphères au voisinage de A et de A′, de sorte que les variations de vitesse de ces deux points se produisent très rapidement, mais non instantanément.

Quoi qu'il en soit, dans un temps extrêmement court, A et A′ prennent des vitesses égales ; mais cette égalité ne persiste pas nécessairement après le choc. Si elle persiste, les deux corps, plus ou moins déformés, demeurent en contact, et l'on dit alors qu'ils sont parfaitement mous. Dans le cas contraire, les deux corps se séparent et leur vitesse relative après le choc est d'autant plus grande qu'ils sont plus élastiques. Cette vitesse relative est de signe contraire à celle qui précédait le choc, puisque les corps se séparent après s'être rapprochés. L'expérience montre qu'en valeur absolue la vitesse relative finale est toujours inférieure à la vitesse relative initiale. On admet que, s'il existait des sphères parfaitement élastiques, leur vitesse relative changerait simplement de signe, sans changer de grandeur.

Ceci posé, cherchons à calculer les vitesses v_1 et v'_1 des centres de gravité des deux corps à la suite du choc. Par raison de symétrie, ces centres demeurent sur la droite qu'ils parcouraient primitivement.

Le théorème du mouvement du centre de gravité, appliqué à l'ensemble du système, nous fournit immédiatement l'équation

$$mv_1 + m'v'_1 = mv_0 + m'v'_0$$

qui s'applique dans tous les cas.

Si les sphères sont parfaitement molles, on a la seconde équation $v_1 = v'_1$ et la vitesse commune est par suite :

$$v = \frac{mv_0 + m'v'_0}{m + m'}.$$

La diminution de force vive est égale à

$$mv_0^2 + m'v'^2_0 - (m + m')\left(\frac{mv_0 + m'v'_0}{m + m'}\right)^2$$

ce qu'on peut écrire :

$$\frac{mm'}{m + m'}(v_0 - v'_0)^2.$$

La force vive qui semble ainsi disparaître est employée d'une part à produire la déformation permanente des deux corps, c'est-à-dire à emprunter l'énergie potentielle du système, d'autre part à élever leur température, en développant de l'énergie thermique.

Quand les sphères sont parfaitement élastiques, on a par hypothèse : $v'_1 - v_1 = -(v'_0 - v_0)$, et cette équation, jointe à l'équation générale $mv_0 + m'v'_0 = mv_1 + m'v'_1$, donne :

$$v_1 = \frac{(m - m')v_0 + 2m'v'_0}{m + m'}$$

$$v'_1 = \frac{(m' - m)v'_0 + 2mv_0}{m + m'}.$$

Si l'on multiplie membre à membre les deux équations du problème, mises sous la forme :

$$v_1 + v_0 = v'_1 + v'_0$$

$$m(v_1 - v_0) = m'(v'_0 - v'_1)$$

il vient :

$$m(v_1^2 - v_0^2) = m'(v'^2_0 - v'^2_1)$$

ce qui montre que la force vive perdue par la sphère choquante est intégralement gagnée par la sphère choquée et que, par suite, la force vive totale n'est pas modifiée.

Cas particuliers.

Si les deux sphères ont même masse, on obtient :

$$v_1 = v_0' \qquad v_0' = v_0$$

c'est-à-dire qu'il y a échange de vitesse.

Si la sphère choquée est sans vitesse et de masse infiniment grande, on doit faire

$$v_0' = 0, \qquad m' = \infty,$$

ce qui donne :

$$v_1' = - v_0 \qquad v_1' = 0.$$

La sphère choquante rebondit alors avec sa vitesse simplement changée de signe, tandis que l'autre demeure immobile : c'est ce qui arrive dans le choc d'une sphère contre un mur.

Pour traiter le cas réel des sphères imparfaitement élastiques, nous admettrons, avec Newton, qu'on a : $v_1' - v_1 = \varepsilon(v_0 - v_0')$, le coefficient ε dépendant uniquement de la nature physique des deux sphères. Ce coefficient est nul pour les sphères molles et égal à l'unité pour les sphères élastiques. Comme on a d'autre part $mv_1 + m'v_1' = mv_0 + m'v_0'$, les valeurs des inconnues sont :

$$v_1 = \frac{(m - \varepsilon m')v_0 + m'(1 + \varepsilon)v_0'}{m + m'}$$

$$v_1' = \frac{m(1 + \varepsilon)v_0 + (m' - \varepsilon m)v_0'}{m + m'}.$$

Calculons la perte de force vive. L'équation

$$v_1 - v_1' = \varepsilon(v_0' - v_0)$$

peut se mettre sous la forme :

$$v_1 + v_0 = v'_1 + v'_0 - (1 - \varepsilon)(v'_0 - v_0).$$

D'ailleurs :

$$m(v_1 - v_0) = m'(v'_0 - v').$$

En multipliant ces deux équations membre à membre, l'on a :

$$m(v_1^2 - v_0^2) + m'(v'^2_1 - v'^2_0) = - m'(1 - \varepsilon)(v'_0 - v_0)(v'_0 - v_1).$$

Mais

$$v'_0 - v'_1 = \frac{m}{m + m'}(1 + \varepsilon)(v_1 - v_0).$$

Par suite :

$$m(v_1^2 - v_0^2) + m'(v'^2_1 - v'^2_0) = - \frac{mm'}{m + m'}(1 - \varepsilon^2)(v'_0 - v_0)^2;$$

la perte cherchée est donc

$$\frac{mm'}{m + m'}(1 - \varepsilon^2)(v'_0 - v_0)^2.$$

Cette expression ne diffère de celle qui s'applique aux sphères molles que par la présence du facteur $1 - \varepsilon^2$.

Une construction graphique très simple (fig. 44) permet de représenter clairement la façon dont les vitesses finales sont liées aux vitesses initiales. Soient, par rapport à deux axes rectangulaires, v_0 et v'_0 les coordonnées d'un point A_0 et v_1, v'_1 celles d'un point A_1. Ces deux points se trouvent sur une ligne droite BC ayant pour équation

$$mv + m'v' = \text{const.}$$

et par conséquent pour coefficient angulaire $-\frac{m}{m'}$.

Soient H_0, H_1 les points où les ordonnées de A_0 et A_1 rencontrent la bissectrice des axes. Soit M le point d'intersection de cette bissectrice avec BC; l'on a :

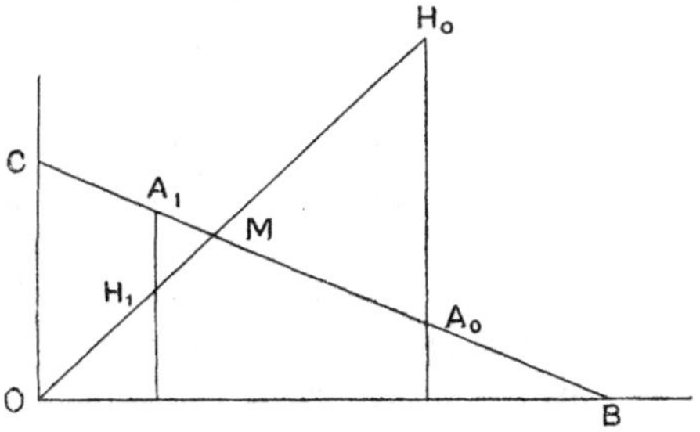

$H_0A_0 = v_0 - v'_0$

et

$AH_1 = v'_1 - v_1$.

Fig. 44.

Donc

$$\frac{A_1H_1}{H_0A_0} = \frac{A_1M}{A_0M} = \varepsilon.$$

Si donc on donne A_0, il suffit, pour avoir A_1, de mener par A_0 une droite ayant pour coefficient angulaire $-\frac{m}{m'}$, de prendre son point de rencontre M avec la bissectrice des axes, et de prolonger A_0M de la longueur $MA_1 = \varepsilon . A_0M$.

Le choc d'une sphère contre un massif indéfini au repos, correspond aux hypothèses $m' = \infty$, $v'_0 = 0$. La ligne A_0A_1 se confond alors avec OB. L'on a dans ce cas :

$$v_1 = -\varepsilon v_0 \qquad v'_1 = 0.$$

Soit, comme application, une sphère abandonnée, sans vitesse initiale, à une hauteur h au-dessus d'un plan horizontal formant la surface supérieure d'un massif indéfini. L'on a $v_0 = \sqrt{2gh}$ et $v_1 = -\varepsilon\sqrt{2gh} = -\sqrt{2g\varepsilon^2 h}$. On en conclut que la sphère rebondit à la hauteur $\varepsilon^2 h$. Après être tombée une seconde fois elle remonte à la hauteur $\varepsilon^4 h$, et ainsi de suite, de sorte que les hauteurs successives d'ascension décroissent en progression géométrique, ainsi que l'a indiqué Léonard de Vinci. Une bille d'acier trempé tombant d'un mètre de hauteur sur un bloc d'acier également trempé rebondit, au premier coup, à $0^m,90$ environ. On a donc dans ce cas $\varepsilon^2 = 0,90$, d'où $\varepsilon = 0,95$.

111. **Durée et force du choc.** — Tout ce qui a été dit dans les pages précédentes, subsiste évidemment quand on remplace les sphères par deux corps homogènes de révolution, ayant primitivement leurs axes en prolongement, et animés de vitesses de translation parallèles à ces axes : la forme sphérique n'a été admise que pour fixer les idées. On pourrait, par exemple, considérer aussi bien le cas de deux cylindres.

La durée du choc de deux corps est extrêmement courte. On peut s'en faire une idée par l'aperçu suivant :

Soit un prisme vertical ABCD tombant sur un sol MN (fig. 45) beaucoup moins dur que lui, de façon que le prisme pénètre dans le massif sans éprouver de déformation sensible.

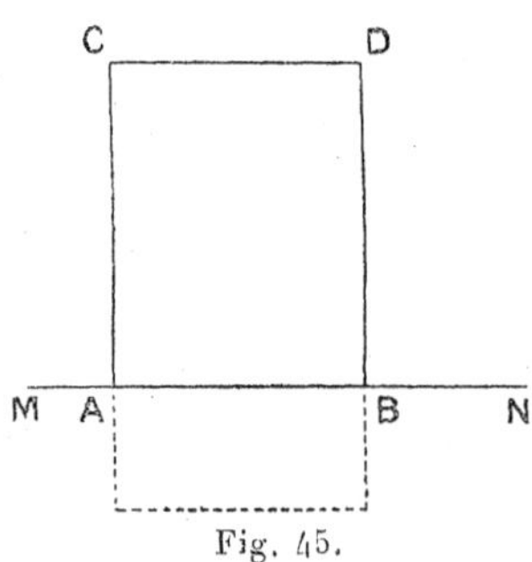

Fig. 45.

Appelons x la quantité dont le prisme se trouve enfoncé au bout du temps t, l'origine du temps étant prise à l'instant où s'établit le premier contact. Admettons, ce qui ne saurait s'écarter beaucoup de la vérité (du moins si l'on suppose négligeables les forces d'inertie des molécules du sol), que la résistance du sol est à chaque instant proportionnelle à x, et représentons-la par mk^2x, m désignant la masse du prisme. L'équation du mouvement de ce prisme est :

$$m\frac{d^2x}{dt^2} = mg - mk^2x$$

d'où :

$$x = A \sin kt + B \cos kt + \frac{g}{k^2}.$$

Les constantes A et B se déterminent en écrivant que, pour $t = 0$, x est nul et $\frac{dx}{dt}$ est égal à la vitesse initiale v_0. On trouve ainsi :

$$x = \frac{v_0}{k}\sin kt + \frac{g}{k^2}(1 - \cos kt)$$

$$\frac{dx}{dt} = v_0 \cos kt + \frac{g}{k}\sin kt.$$

L'enfoncement atteint son maximum à l'instant où $\frac{dx}{dt}$ s'annule, et, si nous supposons le sol parfaitement élastique, le temps écoulé à ce moment est égal à la moitié de la durée du choc. En faisant $\frac{dx}{dt} = 0$, il vient :

$$v_0 \cos kt + \frac{g}{k}\sin kt = 0.$$

La fonction qui figure au premier membre, positive tant que kt n'atteint pas $\frac{\pi}{2}$, est négative pour $t = \frac{\pi}{k}$. La durée θ du choc est donc comprise entre $\frac{\pi}{k}$ et $\frac{2\pi}{k}$. Soit h la quantité dont se trouve enfoncé le prisme, quand il est au repos sur le sol. On a alors

$$\frac{d^2x}{dt^2} = 0 \qquad \text{d'où} \qquad h = \frac{g}{k^2} \qquad \text{et} \qquad k = \sqrt{\frac{g}{h}}$$

Il résulte de là que θ est compris entre $\pi\sqrt{\frac{h}{g}}$ et $2\pi\sqrt{\frac{h}{g}}$. Si par exemple h est égal à un millimètre, ce qui suppose un sol déjà assez mou, on a sensiblement

$$\frac{h}{g} = \frac{1}{10000},$$

d'où :

$$\theta < \frac{2\pi}{100}.$$

La durée du choc n'atteint pas 7 centièmes de seconde. Comme π diffère peu de $\sqrt{g}$, on peut dire que la durée du choc est comprise entre $\sqrt{h}$ et $2\sqrt{h}$, l'enfoncement h au repos étant exprimé en mètres.

Il est facile d'obtenir une relation entre l'enfoncement statique h et l'enfoncement momentané h' correspondant à une hauteur de chute H. On a évidemment $v_0^2 = 2g\text{H}$.

D'ailleurs h' est donné par les deux équations :

$$\frac{v_0}{k} \sin kt + \frac{g}{k^2}(1 - \cos kt) = h'$$

$$\frac{v_0}{k} \cos k + \frac{g}{k^2} \sin kt = 0$$

d'où, en éliminant t :

$$\frac{v_0^2}{k^2} + \frac{g^2}{k^4} = \left(h' - \frac{g}{k^2}\right)^2$$

$$h' = \frac{g}{k^2} + \sqrt{\frac{v_0^2}{k^2} + \frac{g^2}{k^4}} = \frac{g}{k^2} + \frac{1}{k}\sqrt{2gH + \frac{g^2}{k^2}}.$$

Remplaçant $\frac{g}{k^2}$ par h, il vient :

$$h' = h + \sqrt{h(2H + h)}$$

si h est négligeable en présence de H, on peut écrire plus simplement :

$$h' = \sqrt{2hH}$$

d'où

$$\frac{h'}{h} = \sqrt{\frac{2H}{h}}$$

Soit par exemple H = 1 mètre et h = 1 millimètre. On a :

$$\frac{h'}{h} = \sqrt{2000} = 10\sqrt{20}.$$

C'est-à-dire que l'enfoncement au moment du choc est 40 à 50 fois plus grand que l'enfoncement statique.

Calculons encore la pression F exercée sur le sol à l'instant où le prisme est à son maximum d'enfoncement.

Cette pression a pour valeur mk^2h', ou bien

$$\frac{Pk^2}{g} h' = P \frac{h'}{h}$$

P désignant le poids du prisme.

C'est-à-dire, qu'avec les valeurs numériques déjà adoptées pour h et h', le choc produit une pression momentanée qui est 40 à 50 fois plus grande que le poids. Sur un sol assez dur pour que l'enfoncement statique soit seulement d'un dixième de millimètre, le rapport $\frac{F}{P}$ serait multiplié par $\sqrt{10}$ et atteindrait par suite une valeur d'environ 150; en même temps la durée du choc serait rendue 3 à 4 fois moindre. Quand le corps choquant et le corps choqué sont tous les deux très résistants, la durée du choc devient encore beaucoup moindre. On a trouvé expérimentalement, par des procédés électriques, que si un petit cylindre d'acier tombe de 30 centimètres de hauteur sur une masse également en acier, le contact dure moins de $\frac{1}{5000}$ de seconde. Ces résultats expliquent l'utilité d'avoir recours au choc chaque fois qu'on veut obtenir momentanément une pression considérable : par exemple quand il s'agit de désagréger un corps.

112. **Battage des pieux de fondation.** — Un pieu de fondation est un corps cylindrique terminé en pointe à sa partie inférieure. Le corps du pieu est en bois; mais sa pointe est garnie de fer et sa partie supérieure est frettée par un collier également en fer. Le pieu, placé verticalement, reçoit sur sa tête le choc d'un mouton tombant verticalement d'une certaine hauteur et ce choc a pour effet de lui communiquer une force vive qui détermine son enfoncement dans le sol.

Supposons d'abord que le mouton ne quitte pas le pieu après le choc, et chemine avec lui.

On peut alors assimiler le phénomène au choc de deux

sphères molles. Conservons les notations du n° 110. La vitesse initiale du corps choqué, qui est ici le pieu, est nulle, et l'on doit faire $v'_0 = 0$. La vitesse finale v, commune au mouton et au pieu, correspond à une force vive $(m + m')\,v^2$ que l'on cherche à rendre aussi grande que possible, car elle est égale au double du travail utile $\mathfrak{T}'$ (travail de pénétration dans le sol).

Le travail dépensé $\mathfrak{T}$ consiste à élever le mouton pour créer la hauteur de chute et l'on a évidemment :

$$2\,\mathfrak{T} = mv_0^2.$$

Le rendement est :

$$\frac{\mathfrak{T}'}{\mathfrak{T}} = \frac{(m + m')v^2}{mv_0^2}.$$

D'ailleurs

$$v = \frac{mv_0}{m + m'}.$$

Donc

$$\frac{\mathfrak{T}'}{\mathfrak{T}} = \frac{m}{m + m'} = \frac{1}{1 + \dfrac{m'}{m}}.$$

Ce rendement croît indéfiniment avec le rapport $\frac{m}{m}$: il y a donc avantage à employer un mouton aussi pesant que possible.

Ces conclusions doivent être modifiées si l'on suppose que le pieu présente une certaine élasticité et que par suite le mouton se sépare de lui après le choc. Les formules du n° 110 donnent dans ce cas :

$$v_1 = \frac{m - \varepsilon m'}{m + m'}\,v_0 \qquad v'_1 = \frac{m\,(1 + \varepsilon)\,v_0}{m + m'}.$$

Le travail dépensé étant

$$\mathcal{T} = \frac{1}{2} m v_0^2,$$

l'on a

$$v_1' = \frac{\sqrt{m}\,(1 + \varepsilon)\sqrt{2\mathcal{T}}}{m + m'}.$$

Le travail utile est

$$\mathcal{T}' = \frac{1}{2} . m' v_1'^2 = \frac{mm'\,(1 + \varepsilon)^2\,\mathcal{T}}{(m + m')^2}$$

de sorte que le rendement a ici la valeur

$$\frac{mm'}{(m + m')^2}\,(1 + \varepsilon)^2$$

ou bien

$$\frac{r\,(1 + \varepsilon)^2}{(1 + r)^2}$$

en posant $\frac{m}{m'} = r$. La dérivée par rapport à r est

$$\frac{(1 - r)\,(1 + \varepsilon)^2}{(1 + r)^2};$$

elle s'annule pour $r = 1$. Le rendement est donc maximum quand le poids du mouton est égal à celui du pieu, et il devient alors égal à $\frac{(1 + \varepsilon)^2}{4}$. Il est compris entre $\frac{1}{4}$ (cas des corps mous) et l'unité (cas des corps parfaitement élastiques.

En réalité le mouton, après s'être séparé du pieu, retombe sur lui puis rebondit encore, et ainsi de suite en produisant une succession de chocs d'amplitude décroissante. Mais, en pratique, le premier choc a seul une intensité assez grande pour vaincre la résistance du sol.

La théorie qui précède est approximativement applicable au choc d'un marteau sur un objet quelconque. La perte de force vive au premier choc est

$$(1 - \varepsilon^2) \frac{mm'}{m + m'} v_0^2 = 2 (1 - \varepsilon^2) \frac{m'}{m + m'} \mathcal{T}.$$

Cette force vive est transformée en travail moléculaire et en énergie thermique. Lorsqu'on cherche à briser un corps d'un coup de marteau, il y a intérêt à rendre aussi grand que possible le travail moléculaire, et l'on est alors conduit à faire très petit le rapport $\frac{m'}{m + m'}$, ce qu'on obtient en prenant un marteau relativement léger auquel on imprime une grande vitesse. Lorsqu'on veut au contraire enfoncer un clou sans le détériorer, on est dans un cas analogue à celui du battage des pieux, et il faut se servir d'un marteau lourd frappant à petits coups.

113. **Choc de deux corps quelconques.** — Considérons maintenant le cas de deux corps de forme quelconque entièrement libres, animés, au moment où ils se choquent, de mouvements arbitrairement donnés. Admettons simplement que le frottement mutuel de ces corps est négligeable, et que par conséquent l'action réciproque qui s'exerce au point de contact, pendant le choc, est dirigée suivant la normale commune.

A l'instant où se produit la rencontre, chaque corps éprouve, de la part de l'autre une percussion P, de direction donnée, mais de grandeur inconnue. Ces deux percussions sont égales et directement opposées. La théorie des percussions permet de déterminer (55), en fonction de P, les variations éprouvées par les composantes u, v, w de la vitesse du centre de gravité du corps choqué et par les composantes p, q, r de sa rotation instantanée. On a ainsi pour chaque corps six équations entre les variations Δu, Δv, Δw, Δp, Δq, Δr et la percussion P, de sorte que l'effet du choc est représenté par un ensemble de douze équations entre treize inconnues. Il faut une treizième équation, qu'on obtient à peu près comme dans le cas des sphères. Si les corps sont parfaitement mous, on écrit qu'ils ne se séparent pas après le choc, c'est-à-dire que les vitesses des deux points en contact prennent les mêmes composantes normales; les composantes tangentielles peuvent différer, et il y a alors glissement relatif. Si les corps sont parfaitement élastiques, on admet qu'après le choc la différence des composantes normales des vitesses au point de contact change de signe sans changer de grandeur.

Nous avons vu que dans le choc direct de deux sphères parfaitement élastiques, il n'y a aucune variation de la force vive du système. Le même fait a lieu dans le choc de deux corps de forme quelconque, pourvu qu'ils soient parfaitement élastiques et parfaitement polis.

Nous savons en effet qu'une percussion P communique à un solide la variation de force vive P $(n_0 + n_1)$, n_0 et n_1 désignant les projections, sur la direction de P, de la vitesse que possède le point frappé, avant et après la percussion. Quand celle-ci provient du choc d'un autre corps et quand il n'y a pas de frottement, la direction de P coïncide avec celle de la normale commune. Soient n'_0 et n'_1 les valeurs qui correspondent, pour le second corps, à n_0 et n_1. Si nous conservons, sur la normale commune, la même direction positive, la percussion éprouvée par le second corps est — P et la variation de sa force vive est $-P(n'_0 + n'_1)$. La variation est donc pour l'ensemble : $P\left[(n_0 - n'_0) + (n_1 - n'_1)\right]$. Or la définition de l'élasticité parfaite revient à poser : $(n_1 - n'_1) = -(n_0 - n'_0)$. On constate donc que la variation totale est nulle, la force vive perdue par l'un des corps étant exactement gagnée par l'autre.

Quand les corps sont imparfaitement élastiques on trouve pour la perte de force vive, l'expression $\frac{(n_0 - n'_0)^2}{\rho + \rho'}(1 - \varepsilon^2)$, dans laquelle ε désigne le coefficient de Newton, et ρ, ρ' les *paramètres de percussion* (n° 55).

Le frottement, quand il existe, complique beaucoup les phénomènes de choc. Il joue un rôle essentiel dans la théorie des *effets* du jeu de billard[1].

114. **Choc d'une roue contre un obstacle.** — Une roue de rayon R (fig. 46) roule sans glisser sur une voie horizontale, avec la vitesse angulaire ω. A un certain instant, sa circonférence vient heurter un obstacle fixe représenté par un point A placé à une hauteur h au-dessus de la voie. On suppose que les deux corps sont parfaitement élastiques et se heurtent sans frottement. Trouver le mouvement de la roue après le choc.

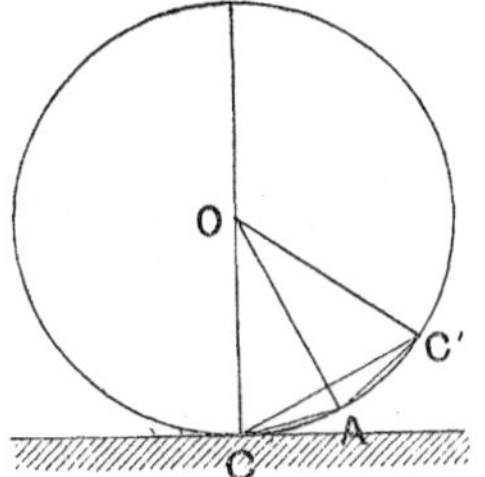

Fig. 46.

[1] Voir : *Théorie mathématique des effets du jeu de billard*, par Coriolis (Paris 1835) et *Commentaire à la théorie mathématique du jeu de billard*, par Résal (Journal de Mathématiques pures et appliquées, 1883).

La percussion due au choc s'effectue normalement à la circonférence : elle passe donc au centre O de la roue et n'altère pas la vitesse angulaire. D'autre part, la composante tangentielle de la vitesse du point de la jante qui arrive en A n'est pas modifiée (puisqu'il n'y a pas de frottement) tandis que la composante normale change de signe sans changer de grandeur (en vertu de l'élasticité parfaite). Par suite, les vitesses v et v' de ce point avant et après le choc sont représentées par deux vecteurs symétriquement placés de part et d'autre de la tangente en A. Soit C′ le point symétrique de C par rapport à OA. Comme la vitesse v est perpendiculaire à CA, la vitesse v' est perpendiculaire à C′A. Le nouveau centre instantané de rotation est sur C′A, à une distance de A égale à $\frac{v'}{\omega}$. Il se trouve donc en C′.

Cherchons à quelle condition la roue passe par dessus l'obstacle sans le heurter de nouveau. Après le choc, le centre O décrit, sous l'action de la pesanteur, une trajectoire parabolique dont la vitesse initiale, égale à v, fait avec l'horizontale un angle 2α égal à l'angle COC′. Le point le plus bas de la circonférence décrit une parabole identique, et nous voulons que celle-ci passe au-dessus de A. Prenons pour axes l'horizontale et la verticale du point de contact C de la roue avec la voie à l'instant du choc. Le point A a pour coordonnées

$$x = \mathrm{R} \sin \alpha \qquad y = \mathrm{R}\,(1 - \cos \alpha).$$

L'équation de la parabole décrite par le point le plus bas est :

$$y - x \operatorname{tg} 2\alpha + \frac{1}{2}\, g \,\frac{x^2}{v^2 \cos^2 2\alpha} = 0.$$

Pour que le point A soit au dessous de cette parabole, il faut et il suffit que ses coordonnées rendent le premier membre négatif, d'où la condition :

$$R(1 - \cos\alpha) - R\sin\alpha \operatorname{tg} 2\alpha + \frac{1}{2} g \frac{R^2 \sin^2\alpha}{v^2 \cos^2 2\alpha} < 0.$$

Si nous supposons l'obstacle très voisin de la voie, α est très petit et, en le traitant comme un infiniment petit, il vient :

$$R\frac{\alpha^2}{2} - 2R\alpha^2 + \frac{gR^2\alpha^2}{2v^2} < 0$$

ou bien, en simplifiant :

$$3v^2 > gR.$$

On remarque que cette condition est indépendante de la hauteur de l'obstacle.

115. **Choc des corps allongés.** — Si l'on réfléchit à la façon dont se trouve établie, dans les pages qui précèdent, la théorie du choc, on reconnait sans peine que cette théorie, de même que celle des percussions à laquelle elle se rattache, repose essentiellement sur l'hypothèse suivante :

Un corps solide qui vient d'éprouver une percussion quelconque se meut en conservant les propriétés d'un corps solide.

En particulier, dans le cas du choc direct de deux sphères, nous avons implicitement admis qu'à la suite du choc, tous les éléments de chacune d'elles possèdent la même vitesse.

Comme l'ébranlement moléculaire produit en un point

du corps se propage avec une vitesse très grande, mais non infinie, l'hypothèse dont il s'agit n'est admissible que si, dans aucune direction, le corps ne présente des dimensions excessives : et encore faut-il, même dans ce cas, faire abstraction des vibrations qui se superposent aux vitesses visibles ou bien se borner à en tenir grossièrement compte au moyen du coefficient de Newton.

Lorsqu'on a affaire à des solides dont une ou plusieurs dimensions sont très grandes, on ne peut plus négliger les différences de vitesse existant à chaque instant dans les diverses parties du corps, et alors le problème du choc se complique singulièrement.

Considérons par exemple le cas d'une barre de longueur a, entièrement libre, qui, d'abord immobile, est heurtée à l'une de ses extrémités par un corps de petites dimensions animé d'une vitesse donnée. Si l'on désigne par u le déplacement qu'éprouve, au bout du temps t, la tranche située d'abord à la distance x de l'extrémité choquée, u est une fonction de x et de t, et cette fonction doit, ainsi que nous le ferons voir plus loin (n° 123), vérifier l'équation aux dérivées partielles du second ordre :

$$\frac{\partial^2 u}{\partial t^2} = \omega^2 \frac{\partial^2 u}{\partial x^2} \cdot$$

ω est la vitesse de propagation de l'ébranlement. On peut mettre l'intégrale sous la forme :

$$u = f(\omega t - x) + f(\omega t + x - 2a)$$

valeur qui satisfait en même temps à la condition :

$$\frac{\partial u}{\partial x} = 0$$

pour $x = a$, quelque soit t. Cette condition exprime que la seconde extrémité de la barre n'est soumise à aucun effort de traction ou de compression, et il faut bien qu'il en soit ainsi puisque la seconde extrémité est et demeure entièrement libre. Au contraire, l'extrémité heurtée, pendant qu'elle est en contact avec la masse choquante μ, éprouve, par suite de l'inertie de cette masse, une pression $\mu\frac{\partial^2 u}{\partial t^2}$ qu'il faut égale à $K\frac{\partial u}{\partial x}$, K désignant une constante. On a donc, pour $x = 0$, la condition :

$$\mu\frac{\partial^2 u}{\partial t^2} = K\frac{\partial u}{\partial x}$$

qui doit être vérifiée pendant toute la durée du choc. Le choc se termine à l'instant où $\frac{\partial u}{\partial x}$ s'annule. La barre se déplace ensuite en éprouvant des vibrations longitudinales fort compliquées.

Nous nous bornons à ces brèves indications, et nous renvoyons pour le surplus à la traduction française du Traité d'élasticité de Clebsch ainsi qu'à une étude de M. de Maupeou (Association technique maritime) sur « *Les théories du choc et l'expérience* ». On trouvera dans ce dernier travail le résumé d'expériences de choc faites par M. Voigt, professeur à l'université de Koenigsberg, avec des barres en acier de différentes longueurs.

116. **Méthode de Saint-Venant.** — La théorie élémentaire du choc est d'autre part impuissante à résoudre certains problèmes qui se présentent fréquemment dans les applications.

Soit une barre homogène de poids P, fixée à ses deux extrémités et choquée en son milieu par une masse, de poids Q, animée d'une vitesse V, verticale et descendante. Au moment du choc, les extrémités de la barre éprouvent par réaction deux percussions qui doivent être égales par raison de symétrie. Nous savons que la somme de ces deux percussions est égale, en projection verticale, à la variation de la quantité de mouvement du système ; mais cette relation est très loin de suffire pour la détermination des effets du choc. Nous ignorons en effet suivant quelle loi varie la vitesse des éléments de la barre en fonction de leur distance au milieu, de sorte qu'il y a en réalité une infinité d'inconnues.

On doit à Barré de Saint-Venant une méthode permettant de traiter aisément avec une assez grande approximation les problèmes de ce genre. D'après le théorème fondamental de la théorie des percussions, il y a équilibre, en vertu des liaisons, entre les variations des quantités de mouvement et les percussions changées de signe. Autrement dit, pour tout déplacement virtuel compatible avec les liaisons, l'excès de la somme des travaux des quantités de mouvement finales sur la somme des travaux des quantités de mouvement initiales est égal au travail des percussions. Les extrémités étant fixes par hypothèse, le travail des percussions appliquées à ces extrémités est nul.

Prenons comme déplacement virtuel compatible avec les liaisons celui qui se produit réellement dans le temps dt, à l'instant *où va se terminer l'acte du choc*, c'est-à-dire à l'instant où la vitesse du point choqué est rendue égale à celle du point choquant. En désignant par V la vitesse initiale du corps choquant ; par V_1 sa vitesse à l'instant considéré ici comme final, par w la vitesse d'un élément $\frac{dP}{g}$ de là barre, nous pouvons écrire :

$$\frac{Q}{g}(V_1 - V)V_1 dt = \int \frac{dP}{g} w.wdt$$

ou bien :

$$QV = V_1\left[Q + P\int\left(\frac{w}{V_1}\right)^2 \frac{dP}{P}\right].$$

Si l'on pose :

$$K = \int\left(\frac{w}{V_1}\right)^2 \frac{dP}{P},$$

on tire de là :

$$V_1 = \frac{V}{1 + K\frac{P}{Q}}$$

de sorte qu'à condition de connaître une expression tout au moins approchée de K, on est en mesure de calculer V_1 en fonction de V.

L'expression K représente la moyenne des carrés des rapports des vitesses w des éléments dP à celle V_1 de l'élément choqué. Saint-Venant admet que ce rapport inconnu est, pour chaque élément dP, au moment où finit le choc, le même que celui des petits déplacements simultanés pris par cet élément et par l'élément choqué. Il admet en outre que le rapport de ces petits déplacements simultanés est le même que si la flexion de la barre était produite statiquement. Cette hypothèse est a priori assez vraisemblable quand $\frac{P}{Q}$ est petit, c'est-à-dire quand la masse de la barre est très faible par rapport à celle du corps choquant, attendu que les forces d'inertie développées par la déformation de la barre doivent avoir alors une faible importance relative. M. Boussinesq l'a d'ailleurs justifiée par des considérations dans lesquelles nous ne pouvons entrer ici ; il a même démontré qu'elle est encore admissible, au point de vue pratique, pour des valeurs de $\frac{P}{Q}$ excédant beaucoup l'unité.

D'après la théorie de la flexion statique, telle qu'elle est exposée dans tous les traités de résistance de matériaux, si une pièce de longueur $2a$ a ses extrémités fixes (sans encastrement), et si, sous l'action d'une charge donnée, le milieu fléchit d'une quantité f, un point placé à la distance x de l'une des extrémités éprouve le déplacement vertical

$$u = \frac{f}{2}\left(\frac{3x}{a} - \frac{x^3}{a^3}\right).$$

Nous prendrons donc, avec Saint-Venant :

$$\frac{w}{V_1} = \frac{3}{2}\frac{x}{a} - \frac{1}{2}\frac{x^3}{a^3}$$

moyennant quoi l'on trouve :

$$K = 2\int_0^a \left(\frac{3}{2}\frac{x}{a} - \frac{1}{2}\frac{x^3}{a^3}\right)\frac{dx}{2a} = \frac{17}{35}.$$

La valeur de K étant ainsi connue, la force vive du système à la fin du choc est :

$$\frac{Q}{2g}V_1^2 + \int \frac{w^2 dP}{2g} = \frac{V_1^2}{2g}(Q + KP) = \frac{QV^2}{2g} \times \frac{1}{1 + K\frac{P}{Q}}.$$

Comme la force vive initiale était $\frac{QV^2}{2g}$ on constate la perte d'une fraction $\frac{K\frac{P}{Q}}{1 + K\frac{P}{Q}}$ de cette force vive initiale.

Cet exemple suffit pour se rendre compte du mode d'application de la méthode de Saint-Venant.

TROISIÈME PARTIE

APPLICATIONS DIVERSES DE LA DYNAMIQUE

CHAPITRE PREMIER

DYNAMIQUE DES RESSORTS

117. **Oscillations propres d'un ressort.** — Un ressort est un solide disposé de façon à pouvoir, sans dépasser la limite d'élasticité, éprouver des déformations importantes; le rôle des ressorts consiste à emmagasiner, sous forme potentielle, l'énergie des systèmes dont ils font partie.

Considérons un point matériel P de masse m, mobile rectilignement et soumis à l'action d'un ressort de *masse négligeable*. Supposons d'abord qu'il n'y ait pas d'autres forces agissant sur le point. Au repos, le point occupe une certaine position P_0, à partir de laquelle nous mesurerons ses déplacements, en les regardant comme positifs s'ils ont lieu dans le sens de l'allongement du ressort choisi, et comme négatifs s'ils se produisent dans le sens contraire. Soit x la valeur du déplacement à un certain instant t. L'action du ressort tend à ramener le point vers sa position d'équilibre; nous admettrons qu'elle est proportionnelle à x, et nous la représenterons par $-m\omega^2 x$, ω^2 désignant une constante positive. L'équation du mouvement est par suite :

$$m\frac{d^2x}{dt^2} = -m\omega^2 x$$

ou bien :

$$\frac{d^2x}{dt^2} + \omega^2 x = 0.$$

L'intégrale générale est :

$$x = A\cos\omega t + B\sin\omega t.$$

Les constantes A et B se déterminent aisément quand on connait l'état initial, c'est-à-dire pour $t = 0$. Soient x_0 et v_0 les valeurs initiales du déplacement x et de la vitesse. Ou trouve immédiatement ;

$$x_0 = A$$
$$v_0 = \left(\frac{dx}{dt}\right)_0 = B\omega$$

d'où :

$$x = x_0\cos\omega t + \frac{v_0}{\omega}\sin\omega t.$$

La vitesse v a pour expression :

$$v = -x_0\omega\sin\omega t + v_0\cos\omega t.$$

Remarquons la relation :

$$x^2 + \frac{v^2}{\omega^2} = x_0^2 + \frac{v_0^2}{\omega^2}$$

qu'on peut écrire :

$$m\frac{\omega^2 x^2}{2} + \frac{mv^2}{2} = \text{const}.$$

Le premier terme $\frac{m\omega^2 x^2}{2}$ mesure l'*énergie potentielle* du système, c'est-à-dire le travail enmagasiné dans le ressort. $\frac{mv^2}{2}$ est la demi force vive ou *énergie cinétique*. La somme de ces deux énergies est constante.

Le mouvement du point P est oscillatoire. La durée 2T de la double oscillation est égale à $\frac{2\pi}{\omega}$. Soit l l'allongement qu'éprouve le ressort lorsqu'il est tiré par une force égale au poids de P ; l'on a : $m\omega^2 l = mg$, d'où $\omega = \sqrt{\frac{g}{l}}$ et par conséquent $T = \pi\sqrt{\frac{l}{g}}$, formule tout à fait analogue à celle qui donne la durée des oscillations d'un pendule simple de longueur l.

118. **Effet d'une force variable.** — Supposons actuellement que le point P soit soumis à l'action d'une force représentée par une fonction donnée du temps. Soit $m\text{F}(t)$, cette fonction. L'équation du mouvement devient :

$$\frac{d^2x}{dt^2} + \omega^2 x = \text{F}(t). \tag{1}$$

Elle a pour intégrale générale :

$$\left\{ \begin{aligned} x &= \text{A} \cos \omega t + \text{B} \sin \omega t \\ &+ \frac{1}{\omega}\int_0^t \text{F}(\theta) \sin \omega (t - \theta)\, d\theta \end{aligned} \right. \tag{2}$$

Cette formule est vraie quel que soit l'instant pris pour instant initial. Les termes périodiques A cos ωt + B sin ωt représentent en quelque sorte l'accumulation des effets antérieurs à cet instant; l'intégrale définie, qui est nulle, ainsi que sa dérivée, à l'instant initial, représente l'accumulation des effets postérieurs.

Le cas le plus simple est celui où la fonction F (t) se réduit à une constante a. On a alors :

$$x = A \cos \omega t + B \sin \omega t + a \frac{1 - \cos \omega t}{\omega^2}.$$

Si x_0 et v_0 désignent, comme précédemment, les valeurs initiales du déplacement et de la vitesse, il vient :

$$x = x_0 \cos \omega t + \frac{v_0}{\omega} \sin \omega t + a \frac{1 - \cos \omega t}{\omega^2}$$

ou bien :

$$x - \frac{a}{\omega^2} = \left(x_0 - \frac{a}{\omega^2}\right) \cos \omega t + \frac{v_0}{\omega} \sin \omega t.$$

On a un mouvement oscillatoire semblable à celui qui se produit en l'absence de toute force extérieure, avec cette seule différence que la position moyenne se trouve déplacée de la longueur $\frac{a}{\omega^2}$.

Le mouvement étant ainsi établi, imaginons qu'à l'instant $t = t_1$ la constante passe brusquement de la valeur a à une valeur b. Il en résulte une discontinuité dans l'accélération ; mais comme celle-ci demeure finie, x et v restent continus, et l'on a à cet instant :

$$x_1 = \frac{a}{\omega^2} + \left(x_0 - \frac{a}{\omega^2}\right) \cos \omega t_1 + \frac{v_0}{\omega} \sin \omega t_1$$

$$\frac{v_1}{\omega} = -\left(x_0 - \frac{a}{\omega^2}\right) \sin \omega t_1 + \frac{v_0}{\omega} \cos \omega t_1.$$

Le mouvement, pour $t > t_1$ est représenté par la formule :

$$x = x_1 \cos \omega (t - t_1)$$
$$+ \frac{v_1}{\omega} \sin \omega (t - t_1) + b \frac{1 - \cos \omega (t - t_1)}{\omega^2}$$

ou bien, en remplaçant x_1 et v_1 par leurs valeurs :

$$x - \frac{b}{\omega^2} = \left(x_0 - \frac{a}{\omega^2}\right) \cos \omega t$$
$$+ \frac{v_0}{\omega} \sin \omega t + \frac{a - b}{\omega^2} \cos \omega (t - t_1).$$

On peut exprimer ce résultat en disant que la discontinuité $b - a$ introduite à l'instant t_1 dans la valeur de la constante a pour effet de superposer au mouvement extérieur l'oscillation :

$$\frac{b - a}{\omega^2} \left[1 - \cos \omega(t - t_1)\right].$$

Le nouveau mouvement est une oscillation autour de la

position $x = \frac{b}{\omega^2}$. En mettant l'équation précédente sous la forme :

$$x - \frac{b}{\omega^2} = \left[x_0 - \frac{a}{\omega^2} + \frac{a-b}{\omega^2} \cos \omega t_1\right] \cos \omega t$$
$$+ \left(\frac{v_0}{\omega} + \frac{a-b}{\omega^2} \sin \omega t_1\right) \sin \omega t$$

on reconnaît que l'énergie totale du nouveau mouvement oscillatoire a pour valeur :

$$\frac{1}{2}\, m \left[\begin{array}{l} \left(x_0 - \frac{a}{\omega^2} + \frac{a-b}{\omega^2} \cos \omega t_1\right)^2 \\ + \left(\frac{v_0}{\omega} + \frac{a-b}{\omega^2} \sin \omega t_1\right)^2 \end{array}\right].$$

Cette énergie peut, suivant les circonstances, être supérieure ou inférieure à celle du mouvement préexistant, c'est-à-dire à :

$$\frac{1}{2}\, m \left[\left(x_0 - \frac{a}{\omega^2}\right)^2 + \frac{v_0^2}{\omega^2}\right].$$

Si l'on a, en particulier :

$$x_0 - \frac{a}{\omega^2} + \frac{a-b}{\omega^2} \cos \omega t_1 = 0 \qquad \frac{v_0}{\omega} + \frac{a-b}{\omega^2} \sin \omega t_1 = 0$$

d'où :

$$a - b = \omega^2 \sqrt{\left(x_0 - \frac{a}{\omega^2}\right)^2 + \frac{v_2^0}{\omega^2}} \qquad tg\, \omega t_1 = \frac{\omega v_0}{\omega x_0 - a}$$

le point se trouve immobilisé dans la position $x = b$.

Si l'on se reporte aux valeurs de x_2 et de v_1, on constate que, pour immobiliser subitement le point P, il faut produire la discontinuité à un instant pour lequel la vitesse v_1 soit nulle, et donner à la constante la valeur $b = \omega^2 x_1$.

La solution (2) qui contient une intégrale définie, peut-être remplacée par le développement en série :

$$(3) \qquad x = A \cos \omega t + B \sin \omega t + \frac{F(t)}{\omega^2} - \frac{F^{II}(t)}{\omega^4} + \frac{F^{IV}(t)}{\omega^6} - \frac{F^{VI}(t)}{\omega^8} + \dots$$

Mais, pour qu'un pareil développement ait un sens, il faut que la série soit convergente et susceptible de dérivation. Quand $F(t)$ est un polynome, il en est de même de

$$x - A \cos \omega t - B \sin \omega t$$

et alors l'emploi de la formule (3) ne soulève aucune difficulté. On peut souvent, en pratique, s'en tenir à cette hypothèse, attendu que, d'après un théorème de Weierstrass, toute fonction $F(t)$, continue dans un certain intervalle, peut, dans cet intervalle, être représentée à l'aide d'un polynome, avec une approximation donnée à l'avance.

Cas d'une action périodique. — Examinons en particulier le cas où la fonction $F(t)$ est périodique. Soit $\frac{2\pi}{k}$ la valeur de la période. On sait qu'une pareille fonction peut être développée en série dont le terme général est

$$C_n \sin nk (t - a_n)$$

n désignant un nombre entier quelconque et C_n, a_n deux constantes. Si l'on remplace la fonction F (t) par cette série, l'intégrale

$$\int_0^t F(\theta) \sin \omega (t - \theta) \, d\theta$$

se transforme en une autre série dont le terme général est :

$$\frac{C_n}{\omega^2 - n^2k^2} \sin nk (t - a_n) + \frac{C_n}{2(\omega + kn)} \sin (\omega t + nka_n)$$
$$- \frac{C_n}{2(\omega - kn)} \sin (\omega t - nka_n).$$

Laissant de côté dans ce terme général les sinus qui admettent la période $\frac{2\pi}{\omega}$ et que l'on peut faire rentrer dans l'expression A cos ωt + B sin ωt, on voit que la loi du mouvement est dans ce cas :

$$x = A \cos \omega t + B \sin \omega t + \sum \frac{C_n}{\omega^2 - n^2k^2} \sin nk (t - a_n)$$

la vérification est facile.

Le mouvement est la résultante des oscillations propres du ressort $\left(\text{période } \frac{2\pi}{\omega}\right)$ et d'une infinité d'oscillations ayant pour périodes $\frac{2\pi}{nk}$. S'il existe une valeur de n pour laquelle nk diffère très peu de ω, l'amplitude $\frac{C_n}{\omega^2 - n^2k^2}$ de l'oscillation correspondante tend à devenir extrêmement grande. Si l'on a exactement $\omega = nk$, cette amplitude est infinie, ce qui n'a aucun sens. Il faut, pour éviter cette difficulté, former directement la partie de l'intégrale qui provient du terme $C_n \sin nk\,(t - a_n)$ dans lequel nk est égal à ω.

Considérons donc, en laissant de côté les indices de C et de a, l'équation :

$$\frac{d^2x}{dt^2} + \omega^2 x = C \sin(\omega t - \alpha)$$

l'intégrale est :

$$x = A \cos \omega t + B \sin \omega t - \frac{Ct}{2\omega} \cos(\omega t - \alpha).$$

Nous voyons ici apparaître un terme dont l'amplitude croît proportionnellement au temps et nous devons en conclure que la masse attachée à l'extrémité du ressort tend à prendre par rapport à sa position d'équilibre des écarts de plus en plus grands, sans qu'on puisse assigner une limite quelconque à ces écarts.

L'observation ne confirme aucunement cette conclusion théorique : une action périodique exercée sur une pareille masse, a beau s'exercer synchroniquement avec les oscillations propres du ressort, on constate toujours qu'il finit par s'établir un état de régime dans lequel les écarts conservent une valeur finie. Nous sommes ainsi avertis que notre calcul néglige une circonstance essentielle. D'ailleurs, en l'absence de toute action étrangère, un ressort ne tarde pas à revenir au repos, et, ici encore, il y a opposition manifeste avec les résultats du calcul : car nous avons trouvé qu'un ressort abandonné a lui-même devrait communiquer à la masse attachée à son extrémité des oscillations de grandeur constante. Nous sommes ainsi amenés à faire entrer en ligne de compte une nouvelle influence qui constitue le phénomène de l'amortissement.

119. **Amortissement.** — Le retour spontané d'un ressort à la position de repos peut s'expliquer jusqu'à un certain point par la résistance de l'air, mais il se produit même dans le vide avec une rapidité montrant que la véritable explication doit être cherchée dans la constitution même du ressort.

La déformation du ressort est accompagnée d'un travail moléculaire qui l'échauffe ; l'énergie thermique ainsi développée se dissipe par rayonnement. Un fait analogue a été constaté par M. Lucien de la Rive[1] en faisant osciller un pendule relié à un point fixe par l'intermédiaire d'un fil élastique : ce savant a trouvé que le fil absorbait de l'énergie, comme le fait la chaleur de Joule dans un circuit métallique.

Comment traduire analytiquement un pareil phénomène? A coup sûr la dissipation d'énergie dépend de l'intensité du mouvement vibratoire. L'hypothèse la plus naturelle est que la perte par unité de temps est, à chaque instant proportionnelle à l'énergie cinétique du système, puisque celle-ci mesure la rapidité de la déformation.

Nous continuons à supposer que la masse du ressort est négligeable en présence de la masse m attachée à son extrémité. L'énergie totale est, dans ces conditions :

$$\frac{m}{2}\left[\omega^2 x^2 + \left(\frac{dx}{dt}\right)^2\right].$$

Sa diminution dans le temps dt est

$$-m\left(\omega^2 x + \frac{d^2x}{dt^2}\right)\frac{dx}{dt}\,dt.$$

[1] Comptes rendus de l'Académie des sciences, 5 mars 1894.

L'énergie cinétique est $\frac{m}{2}\left(\frac{dx}{dt}\right)^2$. Si donc nous adoptons cette hypothèse, nous devons, en appelant 4λ un facteur constant, écrire :

$$-m\left(\omega^2 x + \frac{d^2x}{dt^2}\right)\frac{dx}{dt}\,dt = 4\lambda dt \times \frac{m}{2}\left(\frac{dx}{dt}\right)^2$$

d'où :

$$\frac{d^2x}{dt^2} + 2\lambda\frac{dx}{dt} + \omega^2 x = 0.$$

Cela revient à dire qu'à la force d'inertie $-m\frac{d^2x}{dt^2}$ et à la tension du ressort $-m\omega^2 x$ se joint à chaque instant une résistance $-2m\lambda\frac{dx}{dt}$, qui est proportionnelle à la vitesse.

Les résistances de cette nature paraissent jouer un grand rôle dans tous les phénomènes qui mettent en jeu les actions moléculaires[1]. Voici l'opinion émise à cet égard par l'éminent physicien Cornu[2].

« Le mécanisme de la synchronisation serait d'une extrême généralité. Cette conclusion entraînerait l'existence constante d'un amortissement, c'est-à-dire d'une force perturbatrice identique à une résistance proportionnelle à la vitesse. Cette sorte de forces ne rentre pas dans la catégorie des actions ordinairement considérées dans la physique moléculaire ; elle devrait donc, au con-

[1] Leur existence a été vérifiée expérimentalement par M. Gilbault dans le cas de diapasons vibrant soit dans l'air, soit dans le vide. (Comptes rendus de l'Académie des Sciences, 17 janvier et 7 mai 1894).

[2] Comptes rendus de l'Académie des sciences, 12 février 1894.

traire, y être toujours introduite comme partie essentielle des actions élémentaires à l'aide desquelles on cherche à expliquer les phénomènes naturels. »

Ajoutons que la résistance de l'air ou d'un liquide, tout au moins quand il s'agit de mouvements assez lents, peut être également regardée comme proportionnelle à la première puissance de la vitesse.

Nous sommes ainsi amenés à étudier la nature d'un mouvement défini par l'équation :

$$\frac{d^2x}{dt^2} + 2\lambda \frac{dx}{dt} + \omega^2 x = F(t)$$

dans laquelle λ et ω désignent deux constantes données.

Supposons d'abord que $F(t)$ soit nul (cas d'un ressort abandonné à lui-même).

Si l'on pose en appelant s une autre constante $x = e^{st}$, la substitution de cette valeur de x conduit à l'équation du second degré en s :

$$s^2 + 2\lambda s + \omega^2 = 0$$

d'où :

$$s = -\lambda \pm \sqrt{\lambda^2 - \omega^2}.$$

On a ainsi deux valeurs s_1 et s_2, de s auxquelles correspondent deux solutions particulières du problème. Chacune d'elles peut d'ailleurs être multipliée par une constante arbitraire, et, en faisant la somme de ces solutions, on obtient l'intégrale générale :

$$x = Ae^{s_1 t} + Be^{s_2 t}$$

le mouvement ainsi obtenu est d'allure bien différente suivant que λ est supérieur ou inférieur à ω.

Si λ surpasse ω les valeurs s_1 et s_2 sont réelles et il est aisé de voir qu'elles sont toutes deux négatives. En les représentant par $-\alpha$ et $-\beta$, il vient :

$$x = \mathrm{A}e^{-\alpha t} + \mathrm{B}e^{-\beta t}$$

d'où :

$$v = -\mathrm{A}\alpha e^{-\alpha t} - \mathrm{B}\beta e^{-\beta t}.$$

Soient x_0 et v_0 les valeurs initiales de x et v ; l'on a :

$$\mathrm{A} = \frac{\beta x_0 + v_0}{\beta - \alpha} \qquad \mathrm{B} = \frac{\alpha x_0 + v_0}{\alpha - \beta}$$

d'où :

$$x = \frac{1}{\beta - \alpha}\left[(\beta x_0 + v_0)\, e^{-\alpha t} - (\alpha x_0 + v_0)\, e^{-\beta t}\right]$$

$$v = \frac{1}{\beta - \alpha}\left[\beta(\alpha x_0 + v_0)\, e^{-\beta t} - \alpha(\beta x_0 + v_0)\, e^{-\alpha t}\right].$$

Supposons, pour fixer les idées, $\beta > \alpha$. La vitesse s'annule au temps t donné par la formule :

$$e^{(\beta - \alpha)t} = \frac{\beta}{\alpha}\,\frac{\alpha x_0 + v_0}{\beta x_0 + v_0} = \frac{x_0 + \dfrac{v_0}{\alpha}}{x_0 + \dfrac{v_0}{\beta}}.$$

Cette valeur de t n'est réelle que si $\alpha x_0 + v_0$ et $\beta x_0 + v_0$, sont de même signe. La valeur correspondante de x est :

$$x = \frac{\left(x_0 + \dfrac{v_0}{\beta}\right)^{\frac{\alpha}{\beta - \alpha}}}{\left(x_0 + \dfrac{v_0}{\alpha}\right)^{\frac{\beta}{\beta - \alpha}}}.$$

La vitesse devient ensuite négative, et tend indéfiniment vers zéro. La valeur de x a également une limite nulle, de sorte que le ressort revient asymptotiquement à sa position d'équilibre sans trace d'oscillation.

Quand $\alpha x_0 + v_0$ et $\beta x_0 + v_0$ sont de signes contraires, les constantes A et B sont de même signe. Alors la vitesse v conserve aussi bien que le déplacement x, un signe invariable ; en outre le signe de v est contraire à celui de x de sorte que le ressort se rapproche dès le début de sa position d'équilibre, qu'il n'atteint, ici encore, qu'au bout d'un temps infini.

Ce genre d'amortissement exige pour se réaliser que le coefficient λ de la résistance proportionnelle à la vitesse ait une valeur assez grande : c'est ce qui arrive par exemple, quand la masse attachée à l'extrémité mobile du ressort est un piston mobile dans un cylindre rempli d'un liquide visqueux.

Dans le cas où la résistance est due simplement à la déformation du ressort ou bien à la présence de l'air, le coefficient λ est inférieur à ω. Les racines de l'équation en s :

$$s^2 + 2\lambda s + \omega^2 = 0$$

sont alors imaginaires, et, en posant :

$$\omega^2 - \lambda^2 = \mu^2$$

elles ont pour valeurs :

$$s = -\lambda \pm \mu.$$

La valeur de x devient, dans ces conditions :

$$x = e^{-\lambda t} (\text{A} \cos \mu t + \text{B} \sin \mu t),$$

A et B désignant deux constantes arbitraires. En différentiant, on obtient :

$$v = e^{-\lambda t}\left[(B\mu - A\lambda)\cos\mu t - (A\mu + B\lambda)\sin\mu t\right]$$

On reconnait immédiatement que la vitesse s'annule pour une infinité de valeurs de t, comprises dans la formule :

$$\operatorname{tg}\mu t = \frac{B\mu - A\lambda}{A\mu + B\lambda}.$$

Nous pouvons toujours faire coïncider l'origine du temps avec l'une des racines de cette équation. Alors

$$B\mu = A\lambda$$

et si x_0 est la valeur de x au même instant, l'on a :

$$x_0 = A \qquad \text{d'où} \qquad B = \frac{\lambda}{\mu}x_0.$$

Il vient ainsi :

$$x = x_0 e^{-\lambda t}\left(\cos\mu t + \frac{\lambda}{\mu}\sin\mu t\right)$$

$$v = -x_0 e^{-\lambda t}\left(\mu + \frac{\lambda^2}{\mu}\right)\sin\mu t.$$

On voit que les écarts maxima se produisent pour :

$$t = n\frac{\pi}{\mu},$$

n désignant un entier quelconque, et que leurs valeurs sont :

$$x = \pm x_0 e^{-n\frac{\pi}{\mu}}.$$

Le mouvement est oscillatoire et l'amplitude des oscillations diminue suivant une progression géométrique dont la raison est $e^{-\frac{\pi}{\mu}}$. La durée d'une oscillation est :

$$\frac{\pi}{\mu} = \frac{\pi}{\sqrt{\omega^2 - \lambda^2}}.$$

D'après cela, la résistance $2\lambda v$ n'empêche pas les oscillations d'être isochrones ; mais elle allonge un peu leur durée.

Proposons-nous maintenant d'étudier l'influence de l'amortissement quand la masse portée par le ressort est soumise à une action périodique. Admettons que la fonction représentant cette action soit décomposée, comme précédemment, en une série de termes de la forme :

$$C_n \sin nk\,(t - a_n).$$

Nous pouvons, pour étudier l'influence de ce terme, faire disparaître, par un choix convenable de l'origine du temps la constante a_n. Remplaçons en outre, pour simplifier l'écriture, C_n par C et nk par k. L'équation du mouvement prend la forme :

$$\frac{d^2x}{dt^2} + 2\lambda \frac{dx}{dt} + \omega^2 x = C \sin kt.$$

L'intégrale générale de cette équation est (en supposant $\lambda < \omega$) :

$$x = e^{-\lambda t}\,(A \cos \mu t + B \sin \mu t) + C\,\frac{(\omega^2 - k^2) \sin kt - 2\lambda k \cos kt}{(\omega^2 - k^2)^2 + 4\lambda^2 k^2}.$$

A et B désignant des constantes arbitraires, et μ continuant à représenter la quantité $\sqrt{\omega^2 - \lambda^2}$.

Ce résultat met en évidence la superposition de deux mouvements vibratoires : l'un, de période $\frac{2\pi}{\mu}$, s'éteint rapidement à cause de la présence du facteur $e^{-\lambda t}$. L'autre, de période $\frac{2\pi}{k}$, a pour amplitude :

$$\frac{C}{\sqrt{(\omega^2 - k^2)^2 + 4\lambda^2 k^2}}$$

et présente par rapport à l'action perturbatrice C sin kt une différence de phase φ, déterminée par la formule :

$$\varphi = \text{arc tg}\, \frac{2\lambda k}{\omega^2 - k^2}.$$

Quand k est égal à ω, c'est-à-dire quand la période de l'action perturbatrice est égale à celle des oscillations propres du ressort, la différence de phase est égale à $\frac{\pi}{2}$, quelle que soit la résistance due à la vitesse, pourvu que celle-ci ne soit pas nulle; l'amplitude des oscillations finales est alors

$$\frac{C}{2\lambda\omega};$$

elle est en raison inverse du coefficient de résistance.

Si λ surpassait ω, les oscillations évanouissantes de période $\frac{2\pi}{\mu}$ seraient remplacées par le mouvement sans oscillation, tendant asymptotiquement vers zéro, qui a été étudié précédemment; rien ne serait changé dans le régime final, qui conserverait l'amplitude

$$\frac{C}{\sqrt{(\omega^2 - k^2)^2 + 4\lambda^2 k^2}}$$

et la période $\frac{2\pi}{\mu}$.

Quand l'action perturbatrice est représentée par une fonction quelconque $F(t)$, la loi du mouvement (en supposant $\lambda < \omega$) est :

$$x = e^{-\lambda t}(A\cos\mu t + B\sin\mu t) + \frac{1}{\mu}\int_0^t e^{-\lambda(t-\theta)} F(\theta)\sin\mu(t-\theta)\,d\theta$$

Si la valeur absolue de la fonction $F(t)$ demeure inférieure à une quantité donnée M, l'intégrale définie qui figure au second membre est plus petite que :

$$M\int_0^t e^{-\lambda(t-\theta)}(t-\theta)\,d\theta$$

c'est-à-dire plus petite que :

$$M\left(\frac{1}{\lambda^2} - \frac{e^{-\lambda t}}{\lambda^2}(1 + \lambda t)\right).$$

On peut donc affirmer qu'au bout d'un temps assez long pour que les termes multipliés par $e^{-\lambda t}$ soient devenus insensibles, x demeure constamment inférieur à $\frac{M}{\lambda^2}$.

Si λ surpasse ω, et si l'on continue à désigner par $-\alpha$,

$-\beta$ les racines de l'équation $s^2 + 2\lambda s + \omega^2 = 0$, la valeur de x prend la forme :

$$x = Ae^{-\alpha t} + Be^{-\beta t} + \frac{1}{\beta - \alpha} \int_0^t \left[e^{-\alpha(t-\theta)} - e^{-\beta(t-\theta)}\right] F(\theta) d\theta.$$

En remplaçant $F(\theta)$ par sa limite supérieure M, on voit que l'intégrale est inférieure à :

$$\frac{1}{\alpha}\left(1 - e^{-\alpha t}\right) - \frac{1}{\beta}\left(1 - e^{-\beta t}\right).$$

et en laissant de côté les termes évanouissants, on peut dire que x, au bout d'un temps suffisamment long ne dépasse pas :

$$\frac{M}{\beta - \alpha}\left(\frac{1}{\alpha} - \frac{1}{\beta}\right)$$

c'est à-dire $\frac{M}{\alpha\beta}$ ou, ce qui revient au même $\frac{M}{\omega^2}$.

Enfin si λ est égal à ω, l'on a :

$$x = e^{-\lambda t}(A + Bt) + \int_0^t e^{-\omega(t-\theta)}(t - \theta) F(\theta)\, d\theta$$

et il est aisé de voir qu'abstraction faite des termes évanouissants on a encore :

$$x < \frac{M}{\omega^2}.$$

L'amortissement a par conséquent pour effet, dans tous les cas, de maintenir entre des limites finies les allongements et raccourcissements du ressort.

La théorie mathématique de l'indicateur de Watt nous donnera bientôt l'occasion de revenir sur ce sujet.

120. **Ressorts de suspension des véhicules.** — Au lieu de faire agir une force $mF(t)$ sur la masse m attachée à l'extrémité libre du ressort, on peut, pour influencer le mouvement de cette masse, imprimer un mouvement *donné* à l'autre extrémité du ressort, c'est-à-dire à celle que nous avons jusqu'ici supposée fixe.

Pour traiter ce nouveau problème, désignons par x la distance de l'extrémité libre B (fig. 47) du ressort à un point fixe O marqué sur la direction de l'axe du ressort et par a la distance OA de l'autre extrémité A au point O. La longueur du ressort est $x - a$, et si l'on appelle l sa longueur au repos, sa tension est $m\omega^2(x - a - l)$, la constante ω étant la même que précédemment. L'équation du mouvement de la masse m placée en B est d'après cela :

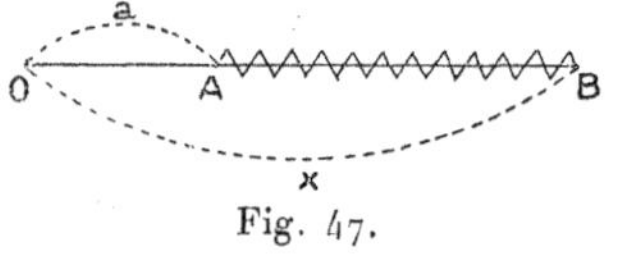

Fig. 47.

$$m\frac{d^2x}{dt^2} + 2m\lambda\frac{dx}{dt} + m\omega^2(x - a - l) = 0$$

ou bien :

$$\frac{d^2x}{dt^2} + 2\lambda\frac{dx}{dt} + \omega^2 x = F(t)$$

en posant :

$$\omega^2(a + l) = F(t).$$

Nous parvenons ainsi à une équation identique à celle que donne l'hypothèse d'une force $mF(t)$ appliquée en B, avec fixité du point A, et la théorie précédente subsiste sans modification.

Considérons par exemple un véhicule à deux roues qui circule sur une route plus ou moins raboteuse.

Chacune des roues peut, jusqu'à un certain point, être assimilée au point A de la figure précédente, et la partie du véhicule que supporte cette roue par l'intermédiaire d'un ressort joue le rôle du point B, (la ligne AB est alors verticale). Bien entendu il ne s'agit là que d'un simple aperçu dans lequel nous laissons notamment de côté l'effet des balancements latéraux du véhicule. En admettant cette assimilation, et en se reportant à ce qui a été dit, on voit que, s'il n'y avait aucun amortissement et si la fonction $F(t)$ présentait la période $\frac{2\pi}{\omega}$ les mouvements verticaux de B tendraient à prendre une amplitude excessive : c'est ce qui arriverait sur une voie de chemin de fer, dans le cas où le temps employé par la roue pour franchir la longueur d'un rail serait égal à la durée d'oscillation propre du ressort. Et il est à noter que cet effet, dépendant de la vitesse de translation du véhicule, disparaitrait pour les valeurs supérieures aussi bien que pour les valeurs inférieures à celle de cette vitesse critique.

Vitesse critique. — Nous trouvons ici, dans un cas très particulier, l'application d'une propriété générale des systèmes pourvus de ressorts, propriété analogue à celle que nous avons énoncée en parlant des petits mouvements (nos 41 et 47). Il existe toujours, pour un pareil système, certaines vitesses critiques qui tendent à provoquer des perturbations excessives. On s'explique ainsi pourquoi s'exagère parfois le mouvement oscillatoire des locomotives : cela arrive notamment quand les impulsions dues aux coups de piston atteignent un rythme se rapprochant de celui des durées d'oscillation des ressorts de suspension ou de traction. La nécessité de faire rompre le pas d'une troupe au passage d'un pont suspendu s'explique d'une manière analogue.

Tachymètre de Frahm. — Le même principe a été utilisé pour la construction de l'appareil dit « Fréquencemètre et tachymètre de Frahm ». L'élément constitutif de cet appareil est une sorte de peigne formé par une suite de lames d'acier ayant environ $0^{mm},25$ d'épaisseur, 3 millimètres de largeur et 40 à 50 millimètres de longueur. Chaque lame est encastrée à l'une de ses extrémités dans une pièce massive; l'autre extrémité est coudée à angle droit, pour former une tête de 4 millimètres de largeur, peinte à l'émail blanc pour être bien visible. Dans l'angle formé par la tête et le corps de la lame, on coule une goutte de soudure. En faisant varier la longueur susceptible de vibrer ainsi que le poids de la soudure, on obtient des nombres de vibrations par seconde allant de 35 à 100.

Un pareil système, appliqué sur le bâti d'une machine dont on veut mesurer la vitesse, éprouve des secousses qui ont pour effet de faire vibrer, avec une intensité particulière, la lame dont la période propre est sensiblement égale à celle des oscillations de la machine; on voit alors la tête émaillée de cette lame prendre un mouvement très accentué, tandis que les autres paraissent demeurer au repos; l'appareil est complété par une graduation appropriée qui permet de lire immédiatement la vitesse, en tours par minute, correspondant à la lame observée.

Les constructeurs d'automobiles commencent, depuis quelque temps, à pourvoir les ressorts de suspension d'*amortisseurs* dont le rôle est précisément de développer des résistances capables de limiter l'amplitude des oscillations qui tendent à se produire dans certaines circonstances : on augmente ainsi, volontairement, le coefficient λ, et la théorie qui précède permet de comprendre le bon effet de ces amortisseurs. Il est aisé de développer une résistance proportionnelle à la vitesse en reliant le ressort à un piston mobile dans un fluide visqueux, et la théorie précédente est alors applicable. Nous allons voir que, si la résistance est constante, les choses se passent d'une autre manière.

121. **Effet d'une résistance constante.** — Nous savons que lorsque deux solides secs glissent l'un contre l'autre avec pression constante, il se produit une résistance également constante, opposée à la vitesse de glissement. Supposons qu'une masse solide, attachée à l'extrémité d'un ressort, soit guidée rectilignement et frotte entre ses guides; cherchons la loi de ses oscillations en admettant qu'il n'y ait pas d'autre action extérieure. La résistance constante peut être représentée par $m\omega^2 a$, a étant une longueur invariable. Cette résistance est toujours opposée au mouvement, et change par conséquent de signe avec la vitesse. L'équation du mouvement devient dans ces conditions :

$$\frac{d^2x}{dt^2} + 2\lambda\frac{dx}{dt} + \omega^2(x \pm a) = 0.$$

Le double signe indique que a doit être pris positivement quand la vitesse est positive, négativement quand la vitesse est négative.

L'intégrale générale est :

$$x \pm a = Ae^{s_1 t} + Be^{s_2 t}.$$

Mais, chaque fois que la vitesse change de signe, il en est de même de a et, comme x varie d'une façon continue, il faut que les constantes arbitraires A et B changent brusquement à cet instant. De là, pour l'étude du mouvement, une difficulté qui se rencontrerait également avec toute résistance proportionnelle à une puissance paire de la vitesse : la loi de ce mouvement ne peut plus, en pareil cas, être représentée par une équation dont les constantes soient déterminées une fois pour toutes.

Bornons-nous, dans ce qui suit, à l'examen du cas où la résistance $2\lambda \frac{dx}{dt}$ proportionnelle à la vitesse est négligeable en présence de la résistance constante $\omega^2 a$. L'équation différentielle est alors :

$$\frac{d^2x}{dt^2} + \omega^2(x \pm a) = 0$$

et l'on en déduit :

$$x \pm a = \text{A} \cos \omega t + \text{B} \sin \omega t.$$

Prenons pour instant initial celui où le déplacement atteint, du côté des x négatifs, un maximum (en valeur absolue). Soit $-\ l_0$ la valeur de ce déplacement. On a, pour déterminer A et B, les deux conditions :

$$-\ l_0 + a = \text{A}$$
$$0 = \text{B}$$

d'où, en remarquant que v devient positif :

$$x + a = (-\ l_0 + a) \cos \omega t$$
$$v = (l_0 - a)\omega \sin \omega t.$$

La vitesse demeure positive jusqu'à l'instant $t = \frac{\pi}{\omega}$, pour lequel elle s'annule et change de signe.

L'on a à ce moment $\cos \omega t = -1$, d'où, en appelant l_1 la distance du point mobile à sa position d'équilibre :

$$l_1 + a = l_0 - a$$

et par suite :

$$l_1 = l_0 - 2a.$$

La valeur absolue de x passe donc dans le temps $\frac{\pi}{\omega}$ de l_0 à $l_0 - 2a$. Pour continuer l'étude du mouvement, on peut prendre pour nouvelle origine du temps l'instant $t = \frac{\pi}{\omega}$, en ayant soin de changer le signe de a, puisque la vitesse est renversée. La valeur initiale de l étant $l_0 - 2a$, on verra, de la même manière, qu'au bout d'un nouvel intervalle de temps égal à $\frac{\pi}{\omega}$, x est négatif, avec la valeur absolue $l_0 - 4a$ et $\frac{dx}{dt}$ est nul.

Il est clair, d'après cela, que l'amplitude des oscillations diminue en progression arithmétique dont la racine est $2a$, et que la durée des oscillations est exactement la même qu'en l'absence de toute résistance. Le mouvement s'arrête quand le mobile, en arrivant à la fin d'une oscillation, se trouve à une distance de l'origine inférieure à a. Si en effet le mouvement ne cessait pas à cet instant, le mobile, partant du repos, prendrait une vitesse de signe contraire à son accélération, ce qui est absurde. On voit en outre qu'à partir de ce moment, la résistance doit tomber brusquement à la valeur $m\omega^2 x$, comprise entre o et $m\omega^2 a$: sans quoi le repos et le mouvement seraient également impossibles. Il faut donc admettre qu'au repos la résistance peut prendre toutes les valeurs inférieures à celle qu'elle possède pendant le mouvement. C'est là, d'ailleurs, une propriété connue du frottement.

Si la masse mobile éprouve, conjointement avec la résistance constante $m\omega^2 a$, l'action d'une force perturbatrice sinusoïdale ayant la même période que le ressort, l'équation du mouvement prend la forme :

$$\frac{d^2x}{dt^2} + \omega^2(x \pm a) = \mathrm{C} \sin(\omega t - \alpha).$$

L'intégrale est :

$$x \pm a = \mathrm{A} \cos \omega t + \mathrm{B} \sin \omega t - \frac{\mathrm{C}t}{2\omega} \cos(\omega t - \alpha).$$

Supposons qu'à l'instant initial on ait $x = -l_0$ et $v = 0$. Le mouvement commence avec une vitesse positive. Il faut donc prendre a avec le signe +, et les constantes sont déterminées par les deux conditions :

$$-l_0 + a = \mathrm{A} \qquad 0 = \mathrm{B} - \frac{\mathrm{C}}{2\omega^2} \cos \alpha$$

d'où

$$x + a = -(l_0 - a) \cos \omega t + \frac{\mathrm{C}}{2\omega^2}\left[\cos \alpha \sin \omega t - \omega t \cos(\omega t - a)\right]$$

$$\frac{v}{\omega} = (l_0 - a) \sin \omega t + \frac{\mathrm{C}}{2\omega^2}\left[-\sin \alpha \sin \omega t + \omega t \sin(\omega t - \alpha)\right]$$

Ces formules conviennent jusqu'à ce que v s'annule de nouveau, ce qui arrive au bout d'un temps t_1 déterminé par une équation transcendante. A ce moment, il faut changer le signe de a. L'impossibilité de calculer explicitement la valeur de t_1 en fonction des données du problème rend la discussion à peu près inabordable.

La question se simplifie beaucoup lorsque α est nul. La condition déterminant t_1 est alors :

$$\sin \omega t_1 \left[(l_0 - a) + \frac{Ct_1}{2\omega}\right] = 0.$$

Si nous supposons C positif et l_0 supérieur à a, le second facteur ne peut s'annuler; il faut donc que $\sin \omega t_1$ soit nul, d'où $t_1 = \frac{\pi}{\omega}$. Soit l_1 la valeur correspondante de x. On a :

$$l_1 + a = l_0 - a + \frac{\pi C}{2\omega^2}.$$

On voit que l_1 est inférieur ou supérieur à l_0 suivant que la quantité $a - \frac{\pi C}{4\omega^2}$ est négative ou positive. Dans le premier cas, le système finit par s'arrêter, malgré l'action de la force perturbatrice; dans le second, les oscillations s'exagèrent sans limite. Pour $a = \frac{\pi C}{4\omega^2}$, on a un état vibratoire permanent.

Il résulte de là qu'une résistance constante ne réussit à limiter les oscillations en présence d'une action perturbatrice synchrone de la durée des oscillations propres du ressort, que si cette résistance constante atteint la valeur $\frac{\pi C}{4\omega^2}$. Au contraire, avec une résistance proportionnelle à la vitesse, quelque petit que soit le coefficient de cette résistance, l'amplitude des oscillations se trouve, comme nous l'avons vu, toujours limitée.

Le calcul précédent suppose que la force perturbatrice peut être représentée par l'expression C sin $(\omega t - \alpha)$. Examinons encore le cas où la force perturbatrice prend une suite de valeurs constantes $\pm \omega^2 h$ où le signe étant toujours le même que celui de la vitesse $\frac{dx}{dt}$. L'équation du mouvement est alors :

$$\frac{d^2x}{dt^2} + \omega^2(x \pm \overline{a - h}) = 0.$$

En raisonnant comme dans le cas où il n'existe pas de force perturbatrice, on verra que, si a surpasse h, les oscillations diminuent suivant une progression arithmétique dont la raison est $\overline{a - h}$. Si au contraire a est inférieur à h, les oscillations sont divergentes. L'amortissement n'a donc lieu que si a est supérieur à h. Ce genre de force perturbatrice se réaliserait si l'on faisait circuler un wagon sur une voie dont les rails alternativement relevés et abaissés présenteraient au passage des joints les différences de niveau $\pm \omega^2 h$, et si la période d'oscillation des ressorts était égale à la durée du passage sur un rail. Il faudrait toutefois admettre que les ressorts de chacun des essieux oscillent indépendamment de ceux de l'autre. Pour plus de détails à ce sujet, on pourra consulter les travaux de M. Marié.

Amortisseur de Krebs. — Il résulte de ce qui précède que, pour obtenir, par le seul effet du frottement constant, un amortissement suffisant, il est nécessaire de donner à cette résistance une valeur assez considérable. Mais alors on se heurte à un inconvénient sérieux, car les ressorts perdent une partie de leur efficacité. Une automobile, par exemple, pourvue d'amortisseurs énergiques n'a pas de balancements exagérés, mais en revanche ses mouvements sont durs, même sur les routes modérément raboteuses. Cette observation a conduit M. Krebs[1] à imaginer un système d'amortisseurs dont la résistance, très faible pour les petites oscillations des ressorts, va en augmentant à mesure que celles-ci prennent plus d'amplitude. Le principe de l'appareil consiste à faire croître la pression mutuelle des surfaces frottantes en proportion de leurs déplacements relatifs. Une boîte cylindrique renferme un cylindre d'un diamètre un peu moindre. Dans l'intervalle annulaire ainsi obtenu, sont empilées des lames minces, circulaires, alternativement solidaires de la boîte et du cylindre intérieur. Sur ces lames se placent deux disques solidaires aussi, l'un du cylindre intérieur, l'autre de la boîte. Dans la position moyenne, ces disques se touchent par des surfaces planes, normales à l'axe. Mais, si le cylindre intérieur vient à tourner d'un certain angle autour de son axe dans un sens ou dans l'autre une rampe hélicoïdale dont son disque est pourvu arrive en contact avec une rampe hélicoïdale portée par l'autre disque, de façon que les disques s'écartent l'un de l'autre, en comprimant un ressort placé entre l'un d'eux et le couvercle de la boîte.

La boîte cylindrique est fixée à la caisse de la voiture et le cylindre intérieur est relié à l'essieu au moyen d'une bielle et d'une manivelle, de telle sorte que toute variation dans la flèche du ressort de la voiture entraîne une rotation relative du cylindre et de la boîte. Dès que cette variation atteint une certaine valeur, le ressort de l'amortisseur se comprime progressivement; les lames empilées

[1] Comptes rendus de l'Académie des Sciences, 15 janvier 1906.

dans l'intervalle annulaire éprouvent donc une pression de plus en plus grande, et avec cette pression croît la résistance due au frottement.

122. **Expérience de Marey.** — Les ressorts d'un véhicule ne servent pas seulement à rendre moins violentes les réactions éprouvées par ce véhicule ; ils permettent en outre de diminuer les pertes de force vive qu'accompagnent toujours les phénomènes de choc, et ils procurent ainsi une économie dans le travail nécessaire pour entretenir, au moyen d'un effort continu de traction, la vitesse de translation. Les véhicules des chemins de fer, indépendamment de leurs ressorts de suspension, possèdent toujours des attelages élastiques. Il y aurait avantage à rendre également élastiques les attelages des voitures circulant sur les routes : on diminuerait ainsi la fatigue des chevaux. Marey, dans un article sur « l'Économie de travail et l'élasticité »[1], a appelé l'attention sur ce point. Il cite, à l'appui de sa thèse, l'expérience frappante que voici :

Soit un fléau de balance pourvu d'un encliquetage ne permettant sa rotation que dans un seul sens. Le fléau étant d'abord horizontal, suspendons à l'une des extrémités une grosse masse, dont la descente soit empêchée par l'encliquetage. A l'autre extrémité attachons, par l'intermédiaire d'un fil assez long, une petite masse que nous élevons d'abord, avec la main, à une assez grande hauteur et que nous abandonnons ensuite à l'action de la pesanteur. Cette petite masse, en arrivant au bas de sa chute, tend brusquement son fil, et produit ainsi un choc, qui se ré-

[1] *Revue des Idées*, 1904.

percute du côté de la grande masse. On observe alors que, si celle ci est suspendue par un lien rigide, elle demeure sensiblement en place, tandis que, si le lien rigide est remplacé par un ressort à boudin, ou un fil de caoutchouc, le choc est atténué et la grosse masse s'élève alors d'une quantité notable. L'élasticité du lien permet, dans le second cas, la production d'un travail, tandis que dans le premier, la force vive de la petite masse était entièrement perdue par l'effet du choc.

123. **Influence de l'inertie des ressorts.** — Nous avons admis jusqu'ici que les éléments du ressort considéré n'avaient pas de masse sensible, et étaient par conséquent dépourvus d'inertie : cette approximation est légitime dans le cas d'un ressort de faible longueur. Mais, quand il s'agit d'un ressort très long, il devient nécessaire de tenir compte de l'inertie, en vertu de laquelle les diverses parties du ressort sont, à un même instant, dans des états différents : des mouvements ondulatoires se propagent d'une extrémité à l'autre, et le problème devient identique à celui des vibrations longitudinales d'une tige homogène.

Nous avons vu (n° 64) que si une tige de longueur l, entièrement libre, éprouve sur chacune de ses bases, de section S, une traction F, son allongement, au repos, a pour valeur :

$$\Delta l = \frac{Fl}{ES},$$

d'où :

$$F = ESi,$$

en désignant par i l'allongement $\frac{\Delta l}{l}$ de l'unité de longueur.

Considérons une pareille tige couchée sur un axe ox. Soit x l'abscisse d'une tranche quelconque quand la barre est en repos et dans son état naturel. Soit u le déplacement éprouvé par cette tranche au bout du temps t. L'élément dx dont une extrémité coïncide avec cette tranche éprouve, au temps t, l'allongement proportionnel

$$i = \frac{\partial u}{\partial x}.$$

En assimilant cet élément à une tige isolée, on voit que sur la tranche d'abscisse initiale x s'exerce la traction $\mathrm{ES}\frac{\partial u}{\partial x}$. De même, sur la tranche d'abscisse $x + dx$, s'exerce une traction $\mathrm{ES}\left(\frac{\partial u}{\partial x} + \frac{\partial^2 u}{\partial x^2}\partial x\right)$.

Soit ρ la densité de la tige. L'élément de longueur dx a pour masse $\rho \mathrm{S} dx$. Sa vitesse est $\frac{\partial u}{\partial t}$. Il est sollicité à ses extrémités par les tractions opposées dont nous venons de parler et dont la résultante est $\mathrm{ES}\frac{\partial^2 u}{\partial x^2}dx$. Le théorème des quantités de mouvement conduit par suite à l'équation :

$$\rho \mathrm{S}\frac{\partial^2 u}{\partial t^2}dx = \mathrm{ES}\frac{\partial^2 u}{\partial x^2}dx,$$

d'où l'on tire :

$$\frac{\partial^2 u}{\partial t^2} = \omega^2\frac{\partial^2 u}{\partial x^2}$$

en posant $\omega = \sqrt{\frac{\mathrm{E}}{\rho}}$.

L'intégrale générale de cette équation aux dérivées partielles du second ordre peut s'écrire :

$$u = F_1(\omega t + x) + F_2(\omega t - x).$$

F_1 et F_2 sont des fonctions arbitraires qu'on détermine dans chaque cas particulier d'après l'état initial et d'après les conditions imposées aux deux extrémités. La forme de cette solution montre que, dans tous les cas, la propagation du mouvement s'effectue, le long de la tige par superposition de diverses ondes qui cheminent en sens inverse avec la vitesse ω. Car si l'on considère, par exemple, l'expression

$$u_1 = F_1(\omega t + xt),$$

on voit que pour une section qui se déplace le long de la barre avec la vitesse ω, la valeur de u_1 est constamment la même.

Soit en particulier le cas où la barre de longueur l, fixée à l'une de ses extrémités, prise pour origine, et allongée tout d'abord d'une quantité Δl, est ensuite abandonnée à elle-même. Si nous supposons, de plus, que l'extrémité libre porte une masse donnée m, nous rentrons tout-à-fait dans le cas du ressort de masse non négligeable.

Nous voulons que le point placé à l'origine demeure indéfiniment fixe, et que par conséquent l'on ait, quel que soit t, $u = 0$, et $\frac{\partial u}{\partial t} = 0$, pour $x = 0$.

Ces conditions conduisent à écrire, quelle que soit la valeur de λ :

$$F_1(\omega t) + F_2(\omega t) = 0,$$
$$F_1'(\omega t) + F_2'(\omega t) = 0,$$

ou bien, en remplaçant ωt par z :

$$F_1(z) + F_2(z) = 0,$$
$$F_1'(z) + F_2'(z) = 0.$$

La fonction $F_1(z) + F_2(z)$ est donc identiquement nulle, c'est-à-dire que $F_2(z)$ ne diffère pas de $-F_1(z)$. L'expression générale de u peut d'après cela s'écrire, en supprimant l'indice 1 de F_1 :

$$u = F(\omega t + x) - F(\omega t - x).$$

A l'autre bout de la barre, c'est-à-dire pour $x = l$, agit la force d'inertie $-m\frac{\partial^2 u}{\partial t^2}$ que nous devons égaler à $ES\frac{\partial u}{\partial x}$ d'où :

$$ES\frac{\partial u}{\partial x} + m\frac{\partial^2 u}{\partial t^2} = 0, \qquad (x = l).$$

Remplaçant u par sa valeur, nous trouvons, quelque soit t :

$$F'(\omega t + l) + F'(\omega t - l) + \frac{m\omega^2}{ES}\left[F''(\omega t + l) - F''(\omega t + l)\right] = 0$$

Cette équation peut être intégrée une fois, ce qui donne en appelant A une constante :

$$F(\omega t + l) + F(\omega t - l) + \frac{m\omega^2}{ES}\left[F'(\omega t + l) - F'(\omega t - l)\right]$$
$$= A\frac{m\omega^2}{ES}.$$

Soit M la masse de la barre. On a :

$$M = \rho S l = \frac{ESl}{\omega^2},$$

d'où :

$$\frac{m\omega^2}{ES} = \frac{ml}{M},$$

ce qui nous permet d'écrire :

$$F'(\omega t + l) + \frac{M}{ml}F(\omega t + l) = A + F'(\omega t - l) - \frac{M}{ml}F(\omega t - l)$$

Remplaçons, dans cette équation, $\omega t + l$ par z. Le second membre devient une fonction de $z - 2l$ que nous désignerons par $\varphi(z - 2l)$. Il vient ainsi :

$$F'(z) + \frac{M}{ml}F(z) = \varphi(z - 2l).$$

Si l'on suppose la fonction φ connue, cette équation linéaire donne pour $F(z)$:

$$F(z) = Ce^{-\frac{Mz}{ml}}\int e^{\frac{Mz}{ml}}\varphi(z - 2l)dz.$$

On connaît donc $F(z)$, si l'on connait la fonction $\varphi(z - 2l)$, qui est elle-même connue dès que l'on connaît $F(z - 2l)$ et $F'(z - 2l)$. On conçoit donc la possibilité de déterminer de point en point la fonction F pour des valeurs de z indéfiniment croissantes.

Tel est le principe d'une méthode qui est due à M. Boussinesq, et dont on trouvera l'exposé complet dans la traduction française du Traité d'Elasticité de Clebsch.

CHAPITRE II

THÉORIE DE L'INDICATEUR DE WATT

124. Obtention et interprétation du diagramme. — La théorie qui fait l'objet du présent chapitre se rattache directement à la dynamique des ressorts.

L'indicateur de Watt permet de mesurer directement le travail développé par le fluide d'une machine thermique au contact d'un piston mobile dans un cylindre. Cet appareil se compose essentiellement d'un petit cylindre vertical C (fig. 48) ouvert par le haut, dans lequel se meut un piston sollicité à la fois par un ressort R, et par le fluide du cylindre de la machine. La communication avec celui-ci est établie par le tube T. La tige du piston porte une aiguille horizontale A terminée par une plume qui appuie sur le papier d'un cylindre enregistreur C'. Celui-ci est relié par une corde B, enroulée sur une petite poulie D, à la tige du piston de la machine donnée, de façon à tourner à chaque instant d'un angle proportionnel au

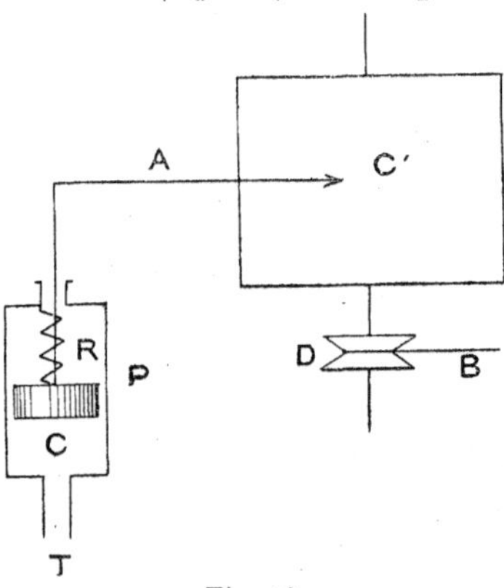

Fig. 48.

déplacement de cette tige. Quand le mouvement de celle-ci change de signe, le cylindre C′, rappelé par un ressort, renverse le sens de sa rotation; il possède en résumé un mouvement de rotation alternatif dont la vitesse est dans un rapport constant avec la vitesse du piston moteur.

L'appareil étant ainsi disposé, l'extrémité de l'aiguille trace sur le papier un contour continu qu'on appelle le diagramme. L'ordonnée x du diagramme est à chaque instant égale au déplacement du piston P de l'indicateur. Celui-ci est poussé d'un côté par la pression p du fluide, de l'autre par la pression atmosphérique p_0 et par la tension F du ressort. Soit l_0 la longueur du ressort à l'état naturel, c'est-à-dire quand il n'éprouve aucune tension, et soit l sa longueur à l'instant considéré. La tension F peut être représentée par $k(l_0 - l)$, k désignant un facteur constant. Prenons pour origine des déplacements la ligne que décrit la plume quand le ressort est à l'état naturel. On a évidemment $l_0 - l = x$, d'où $F = kx$. La force qui pousse le piston a donc pour valeur : $(p - p_0)\sigma - kx$, σ désignant la surface du piston. D'après le principe de d'Alembert, cette force est égale et opposée à la force d'inertie du piston. *Si la masse du piston est faible et si ses mouvements ne sont pas trop rapides* on peut admettre que la force d'inertie est négligeable, et il vient alors $(p - p_0)\sigma = kx$, c'est-à-dire que l'ordonnée du diagramme mesure l'excès de la pression du fluide sur la pression atmosphérique. D'autre part l'abscisse, que nous désignerons par y, est proportionnelle au volume v engendré par le piston de la machine et l'on peut poser $v = k'y$, k' désignant une autre constante.

Si nous considérons une excursion complète (aller et retour) du piston de la machine, nous obtenons pour le diagramme une courbe fermée dont l'aire S est donnée par l'intégrale

$$\int xdy = \frac{\sigma}{kk'} \int (p - p_0)\, dv = \frac{\sigma}{kk'} \int pdv.$$

Mais $\int pdv$ n'est autre chose que le travail $\mathfrak{T}$ développé au contact du fluide avec le piston et par conséquent :

$$\mathfrak{T} = \frac{kk'}{\sigma} \text{S}.$$

Il suffit donc de mesurer S pour avoir $\mathfrak{T}$. Le travail ainsi mesuré par l'indicateur s'appelle le *travail indiqué.*

Nous avons raisonné comme si le fluide ne travaillait que sur l'une des faces du piston de la machine. En réalité, dans les machines à vapeur, les deux faces sont utilisées; il faut alors relever les diagrammes correspondant à ces deux faces et faire la somme de leurs aires.

Cette théorie élémentaire qui laisse de côté les effets de l'inertie ne peut être regardée comme pleinement satisfaisante. On observe parfois que la tige de l'indicateur éprouve des oscillations étrangères aux variations de la pression statique. En outre on doit craindre que l'inertie, alors même qu'elle ne donne pas lieu à des perturbations apparentes, ne tienne à chaque instant la tige plus ou moins éloignée de sa position d'équilibre. Cette cause d'erreur est surtout à craindre lorsqu'on applique l'indicateur de Watt aux machines à marche rapide, qui se répandent de plus en plus dans l'industrie moderne.

Quand on tient compte de l'inertie du piston de l'indicateur, on doit remplacer l'équation

$$(p - p_0)\,\sigma = kx,$$

employée ci-dessus, par

$$(p - p_0)\sigma - kx = m\,\frac{d^2x}{dt^2},$$

m désignant la masse du piston. Nous écrirons :

$$\frac{d^2x}{dt^2} + \omega^2 x = \mathrm{F}\,(t).$$

en posant :

$$\frac{k}{m} = \omega^2, \qquad \frac{(p - p_0)\sigma}{m} = \mathrm{F}\,(t).$$

Admettons, pour prendre un exemple simple, que la pression p varie en fonction du temps suivant la loi parabolique :

$$\frac{(p - p_0)\sigma}{m} = a + bt + ct^2.$$

L'équation du mouvement est :

$$\frac{d^2x}{dt^2} + \omega^2 x = a + bt + ct^2$$

et donne comme intégrale générale

$$x = \mathrm{A}\cos\omega t + \mathrm{B}\sin\omega t + \frac{a + bt + ct^2}{\omega^2} - \frac{2c}{\omega^4}.$$

Les constantes d'intégration A et B seront nulles si l'on a à l'instant initial :

$$x_0 = \frac{a}{\omega^2} - \frac{2c}{\omega^4} \qquad x_0' = \frac{b}{\omega^2}.$$

Dans ces conditions, la courbe *dynamique* tracée par l'extrémité de l'aiguille, si l'on suppose que le papier se déroule proportionnellement au temps avec une vitesse égale à l'unité, est la parabole :

$$x = \frac{a + bt + ct^2}{\omega^2} - \frac{2c}{\omega^4},$$

dont les ordonnées présentent, par rapport à la courbe statique $x = \frac{a + b + ct^2}{\omega^2}$ l'écart constant $- \frac{2c}{\omega^4}$: l'allure de la courbe n'est pas modifiée; mais l'on commet, sur la valeur de la pression, une erreur $\frac{2c}{\omega^4} \times \frac{k}{\sigma}$.

Si l'on remplace $2c$ par la quantité équivalente $\frac{\sigma}{m}\frac{d^2p}{dt^2}$ et ω^2 par $\frac{k}{m}$, on voit que l'erreur de pression est $\frac{m}{k}\frac{d^2p}{dt^2}$: elle est proportionnelle à la masse m, en raison inverse du coefficient k qui mesure la raideur du ressort, et en raison directe de la dérivée seconde de la pression par rapport au temps. La présence du facteur $\frac{d^2p}{dt^2}$ montre qu'en doublant, toutes choses égales d'ailleurs, la vitesse d'évolution du fluide considéré, on quadruple l'erreur.

125. **Effet de l'amortissement.** — Lorsqu'on relève un diagramme à l'aide de l'indicateur de Watt, on constate qu'il se produit parfois des mouvements oscillatoires, mais que ces mouvements s'éteignent très rapidement : le nombre des oscillations visibles dépasse rarement deux ou trois.

Il y a donc un effet d'amortissement dont il est nécessaire de tenir compte. Pour la raison déjà indiquée (n° 119) nous admettrons que cet amortissement est dû à l'intervention d'une résistance proportionnelle à la vitesse, et nous écrirons l'équation du mouvement sous la forme

$$(1) \qquad \frac{d^2x}{dt^2} + 2\lambda \frac{dx}{dt} + \omega^2 x = \mathrm{F}(t).$$

Cherchons à apprécier la grandeur relative des coefficients λ et ω et pour cela supposons qu'au bout de trois oscillations complètes effectuées à la suite d'une variation brusque de pression, l'amplitude soit réduite au dixième de sa valeur initiale.

Avant la perturbation, l'indicateur est au repos, et, en choisissant convenablement l'origine des x, on peut prendre $x = 0$, $\mathrm{F}(t) = 0$. Subitement $\mathrm{F}(t)$ acquiert la valeur constante c, de sorte que l'intégrale générale devient :

$$x = e^{-\lambda t}(\mathrm{A} \cos \mu t + \mathrm{B} \sin \mu t) + \frac{c}{\omega^2} \qquad (\mu = \sqrt{\omega^2 - \lambda^2})$$

A et B se déterminent en écrivant que, pour $t = 0$, x et $\frac{dx}{dt}$ sont nuls, ce qui donne

$$\mathrm{A} + \frac{c}{\omega^2} = 0 \qquad \mathrm{B}\mu - \lambda\mathrm{A} = 0$$

l'équation du mouvement est donc :

$$x = \frac{c}{\omega^2}\left[1 - e^{-\lambda t}\left(\cos \mu t + \frac{\lambda}{\mu} \sin \mu t\right)\right]$$

d'où

$$\frac{dx}{dt} = \frac{c(\lambda^2 + \mu^2)}{\omega^2 \mu} e^{-\lambda t} \sin \mu t = \frac{c}{\mu} e^{-\lambda t} \sin \mu t.$$

Les maxima de x se produisent pour $\mu t = n\pi$, n étant un entier quelconque, et leur valeur est :

$$x = \frac{c}{\omega^2}\left(1 \pm e^{-\frac{n\lambda\pi}{\mu}}\right).$$

Les écarts successifs par rapport à la nouvelle position d'équilibre $\frac{c}{\omega^2}$ ont pour valeurs absolues

$$\frac{c}{\omega^2} e^{-\frac{n\lambda\pi}{\mu}}.$$

Au premier instant, cet écart est $\frac{c}{\omega^2}$. Nous voulons que, pour $n = 6$, l'écart soit $\frac{1}{10}\frac{c}{\omega^2}$. Il faut donc poser

$$e^{-\frac{6\lambda\pi}{\mu}} = \frac{1}{10}.$$

Cette équation donne à peu près : $\frac{\lambda}{\mu} = \frac{1}{8}$. On en déduit la valeur de $\frac{\lambda}{\omega}$ qui diffère aussi très peu de $\frac{1}{8}$.

Dans tous les cas, on peut se procurer expérimentalement la valeur de λ qui caractérise l'appareil employé. A cet effet, après avoir produit par un choc brusque le mouvement oscillatoire, on enregistre la courbe des espaces et l'on détermine la loi de décroissance des écarts maxima.

126. **Cas d'une pression variant périodiquement.** — Quand l'indicateur de Watt est employé pour l'essai d'une machine marchant à l'état de régime, la pression est une fonction périodique du temps. Nous allons exami-

ner avec quelques détails ce cas particulièrement intéressant.

Soit q la vitesse angulaire et par conséquent $\frac{2\pi}{q}$ la période.

Une fonction périodique dont la période est $\frac{2\pi}{q}$ peut toujours être développée en série par la formule de Fourier :

$$F(t) = A_0 + \sum_{1}^{\infty} (A_n \cos nqt + B_n \sin nqt).$$

Si l'on substitue cette expression dans le second membre de l'équation (1) du numéro précédent, on est conduit à l'intégrale générale :

$$(2) \left\{ \begin{aligned} x = {} & e^{-\lambda t} (A \cos \mu t + B \sin \mu t) + \frac{A_0}{\omega^2} \\ & + \sum \frac{(\omega^2 - n^2q^2) A_n - 2\lambda nq B_n}{(\omega^2 - n^2q^2)^2 + 4\lambda^2 n^2 q^2} \cos nqt \\ & + \sum \frac{2\lambda nq A_n + (\omega^2 - n^2q^2) B_n}{(\omega^2 - n^2q^2)^2 + 4\lambda^2 n^2 q^2} \sin nqt. \end{aligned} \right.$$

Cette solution peut être immédiatement vérifiée par un calcul direct.

Avant d'aller plus loin, nous devons nous demander si la série que nous obtenons ici est convergente, et, de plus, si l'on est en droit de la différencier deux fois pour former le premier membre de l'équation (1).

Pour répondre à cette question, admettons (c'est un point sur lequel nous reviendrons un peu plus loin) que les coefficients A_n et B_n du développement de Fourier soient inférieurs, en valeur absolue, à une limite de la forme $\frac{A}{n}$, A étant une constante donnée. Comme les coefficients de cos nqt et sin nqt, dans la série (2), sont des fonctions dont le numérateur est du second degré et le dénominateur du quatrième degré en n, comme en outre le numérateur contient linéairement A_n et B_n, il est clair que ces coefficients peuvent se mettre sous la forme $\frac{C}{n^3}$, C étant une quantité qui reste finie pour $n = \infty$.

Soit L une quantité finie, supérieure à toutes les quantités C. Les valeurs absolues des termes de la série (2) sont inférieures à celles des termes de la série *absolument convergente* $L \sum \frac{\cos nqt + \sin nqt}{n^3}$. Si l'on passe à la dérivée première, la série obtenue aura ses termes inférieurs, en valeur absolue, à ceux de la série $L \sum \frac{\cos nqt + \sin nqt}{n^2}$ qui, elle aussi est absolument convergente. Pour les termes de la dérivée seconde, on trouve une limite de la forme $L \sum \frac{\cos nqt + \sin nqt}{n}$. Ici, la convergence est moins évidente, à cause de la divergence de la série harmonique $\sum \frac{1}{n}$. Il faut donc y regarder de plus près. Dans la série à laquelle conduisent deux dérivations successives, considérons séparément la partie paire, c'est-à-dire l'ensemble des termes qui renferment des cosinus. Le terme général est :

$$T_n = n^2 \cdot \frac{(n^2q^2 - \omega^2) A_n + 2 \lambda nq B_n}{(\omega^2 - n^2q^2)^2 + 4 \lambda^2 n^2 q^2} \cos nqt.$$

Partageons ce terme en deux autres, en posant :

$$T_n = P_n + Q_n$$

$$P_n = \frac{n^2(n^2q^2 - \omega^2)}{(\omega^2 - n^2q^2)^2 + 4\lambda^2n^2q^2} A_n \cos nqt$$

$$Q_n = \frac{2\lambda n^3 q}{(\omega^2 - n^2q^2)^2 + 4\lambda^2n^2q^2} B_n \cos nqt.$$

Dès que n surpasse $\frac{\omega}{q}$, on a :

$$\frac{n^2(n^2q^2 - \omega^2)}{(\omega^2 - n^2q^2)^2 + 4\lambda^2n^2q^2} < \frac{n^2}{n^2q^2 - \omega^2}$$

et

$$\frac{2\lambda n^3 q}{(\omega^2 - n^2q^2)^2 + 4\lambda^2n^2q^2} < \frac{2\lambda n^3 q}{(\omega^2 - n^2q^2)^2} < \frac{2\lambda q n^4}{(\omega^2 - n^2q^2)^2}.$$

Soit K une quantité fixe, plus grande que l'unité. Si l'on pose:

$$\frac{n^2}{n^2q^2 - \omega^2} < \frac{K}{q^2}$$

on en déduit :

$$nq > \omega\sqrt{\frac{K}{K-1}},$$

condition toujours remplie à partir d'une certaine valeur du rang n.

La série ΣP_n a donc, à partir d'une valeur suffisante de n, ses termes respectivement inférieurs aux termes correspondants de la série $\frac{K}{q^2}\Sigma A_n \cos nqt$ qui représente le développement de Fourier appliqué à la fonction

$$\frac{K}{q^2}\left[\frac{F(t) + F(-t)}{2} - A_0\right].$$

De même, la série ΣQ_n a ses termes respectivement inférieurs aux termes correspondants de la série

$$\frac{2\lambda K^2}{q^3} \Sigma B_n \cos nqt$$

qui représente le développement de la fonction

$$\frac{\lambda K^2}{q^3} \left[F(t) - F(-t)\right].$$

Ces deux séries, et par conséquent la série ΣT_n qui en est la somme, sont donc convergentes du moment où la fonction F (t) peut être développée par la formule de Fourier. Un raisonnement tout semblable s'appliquerait à la partie impaire de $\frac{d^2x}{dt^2}$ c'est-à-dire à l'ensemble des termes qui renferment des sinus.

Il est donc établi que la série représentant $\frac{d^2x}{dt^2}$ est convergente. On peut même aller plus loin. En s'appuyant sur ce fait connu que la série de Fourier est *uniformément* convergente dant tout intervalle à l'intérieur duquel la fonction ne présente pas de discontinuités, on peut évidemment affirmer qu'il en est de même de la série donnant $\frac{d^2x}{dt^2}$. Quant aux séries qui représentent x et $\frac{dx}{dt}$, elles sont uniformément convergentes dans tout intervalle de temps, même au passage des discontinuités de la fonction F (t) : cela résulte immédiatement de ce que leurs termes sont, comme nous l'avons vu, inférieurs (en laissant de côté un facteur commun) aux termes correspondants des séries numériques convergentes $\Sigma \frac{1}{n^3}$ et $\Sigma \frac{1}{n^2}$. On peut en conclure, comme le faisaient d'ailleurs prévoir des raisons d'ordre mécanique, que tant que F (t) reste fini, x et $\frac{dx}{dt}$ sont des fonctions continues du temps.

Les séries qui représentent x et $\frac{dx}{dt}$ étant toujours uniformément convergentes et celle qui représente $\frac{d^2x}{dt^2}$ l'étant également sauf peut-être au passage des discontinuités de F (t), les dérivations auxquelles nous avons eu recours se trouvent légitimées :

En posant :

$$A_n = R_n \sin \alpha_n \qquad B_n = R_n \cos \alpha_n$$
$$2\lambda nq = H_n \sin\beta_n \qquad \omega^2 - n^2q^2 = H_n \cos \beta_n$$

on peut encore écrire :

$$x = e^{-\lambda t} (A \cos \mu t + B \sin \mu t) + \frac{A_0}{\omega^2} + \sum_1^\infty \frac{R_n}{H_n} \sin (nqt + \alpha_n - \beta_n).$$

Quand on néglige, comme on le fait d'habitude, l'inertie et les résistances passives, on trouve, au lieu de cela :

$$x = \frac{F(t)}{\omega^2} = \frac{A_0}{\omega^2} + \sum \frac{R_n \sin (nqt + \alpha_n)}{\omega^2}.$$

On voit que, même abstraction faite des termes évanouissants, le résultat auquel on parvient est inexact de deux manières : on commet sur la phase de chaque oscillation simple l'erreur $\beta_n = \text{arc tg} \frac{2\lambda nq}{\omega^2 - n^2q^2}$ et l'on altère en outre, dans le rapport $\frac{H_n}{\omega^2}$, c'est-à-dire :

$$\frac{\sqrt{(\omega^2 - n^2q^2)^2 + 4\lambda^2n^2q^2}}{\omega^2}$$

le coefficient d'amplitude de ce mouvement.

Le changement de phase correspond à un retard (variable d'un terme à l'autre) dans la transmission du mouvement.

Si λ était nul, il en serait de même du retard de transmission, et chaque coefficient d'amplitude serait par le seul fait de l'inertie augmenté dans le rapport $\frac{\omega^2}{\omega^2 - n^2q^2}$. Si, de plus, ω était un multiple exact de q, le terme d'ordre $n = \frac{\omega}{q}$ prendrait une amplitude infinie. En réalité, la formule cesserait alors d'être applicable et, en reprenant directement le calcul, on trouverait que le déplacement x croît sans limite. Quand on tient compte de l'amortissement, une pareille circonstance ne peut se produire : mais on peut au moins affirmer que, pour les valeurs de n voisines de $\frac{\omega}{q}$ l'inertie augmente l'amplitude dans un rapport sensiblement égal à $\frac{\omega^2}{2\lambda nq}$ ou à $\frac{\omega}{2\lambda}$.

A première vue, il semblerait résulter de là que le diagramme réel doit différer énormément du diagramme statique (c'est-à-dire obtenu en négligeant l'inertie). Mais il faut observer que, pour les premiers termes du développement, nq est négligeable en présence de ω, du moins tant que la vitesse angulaire q de la machine considérée n'est pas très grande, Alors le retard de phase est très faible ainsi que l'altération d'amplitude, pourvu que λ soit lui-même une petite fraction de ω. Pour les grandes valeurs de n, l'erreur relative de chaque terme devient plus importante, mais l'erreur absolue commise sur l'ensemble peut néanmoins rester peu sensible : car les termes d'ordre élevé figurant dans le développement de $F(t)$ ont en général des coefficients très petits ; autrement dit, R_n décroît rapidement, à mesure que n augmente. On sait en effet que l'on a :

$$A_n = \frac{q}{\pi} \int_0^{\frac{2\pi}{q}} F(t) \cos nqtdt$$

$$B_n = \frac{q}{\pi} \int_0^{\frac{2\pi}{q}} F(t) \sin nqtdt.$$

Considérons d'abord A_n et décomposons l'intervalle de o à $\frac{2\pi}{q}$ en $2n$ intervalles égaux à $\frac{\pi}{nq}$. Il vient, en ajoutant $\frac{\pi}{2nq}$ aux deux limites, ce qui ne saurait modifier le résultat :

$$A_n = \frac{q}{\pi} \int_{\frac{\pi}{2nq}}^{\frac{2\pi}{q} + \frac{\pi}{2nq}} F(t) \cos nqtdt$$

$$= \frac{q}{\pi} \sum_{k=0}^{k=2n-1} \left(\int_{\frac{\pi}{2nq} + k\frac{\pi}{nq}}^{\frac{\pi}{2nq} + (k+1)\frac{\pi}{nq}} (F(t) \cos nqtdt \right).$$

Quand t varie de

$$\frac{\pi}{2nq} + k\frac{\pi}{nq} \quad \text{à} \quad \frac{\pi}{2nq} + (k+1)\frac{\pi}{nq},$$

cos nqt part de zéro et y revient, en conservant dans l'intervalle le signe constant : $(-1)^{k+1}$. Si donc, on désigne par θ une quantité comprise entre les deux limites, cette intégrale partielle peut s'écrire :

$$F(\theta)\int_{\frac{\pi}{2nq}+k\frac{\pi}{nq}}^{\frac{\pi}{2nq}+(k+1)\frac{\pi}{nq}} \cos nqtdt = (-1)^{k+1}\frac{2F(\theta)}{nq}.$$

D'ailleurs, d'après l'hypothèse faite sur θ, on a :

$$\theta = \frac{\pi}{nq}\left(\frac{1}{2} + k + \varepsilon_k\right) \qquad 0 < \varepsilon_k + 1.$$

Donc enfin :

$$A_n = \frac{2}{n\pi}\sum_{k=0}^{k=2n-1}(-1)^{k+1}F\left[\frac{\pi}{nq}\left(\frac{1}{2} + k + \varepsilon k\right)\right].$$

Pour deux valeurs consécutives, k et $k+1$ de l'indice l'argument de la fonction éprouve la variation

$$\frac{\pi}{nq}(1 + \varepsilon_{k+1} - \varepsilon_k)$$

inférieure à $\frac{2\pi}{nq}$. D'après cela, si la fonction F (t) varie assez pour n'éprouver, dans chaque intervalle de temps égal ou inférieur à $\frac{2\pi}{nq}$ que des changements, presque insensibles la somme qui figure au second membre se compose d'une suite, en nombre pair, de termes alternativement positifs et négatifs, et les valeurs absolues de deux termes consécutifs sont très peu différentes. On conçoit donc que la somme soit très petite.

Pour préciser davantage, considérons la courbe ABCD (fig. 49), représentant la marche de la fonction F (t) et supposons que cette courbe présente, par exemple, un maximum en B et un minimum en C. Après avoir comme précédemment divisé l'intervalle de temps o — $\frac{2\pi}{q}$ en intervalles partiels égaux à $\frac{\pi}{nq}$, menons les ordonnées des points de division. Nous formons ainsi une suite de bandes dont l'une, M'N'MN, va comprendre le point B et une autre, P'Q'PQ, le point C. Mettons à part ces deux bandes. Il reste à considérer une suite d'intervalles OM, NP, QR, pour chacun desquels la fonction F (t) varie dans un sens constant (elle peut, sans inconvénient, pour ce qui va suivre rester constante dans tout ou partie de ces intervalles). Ceci posé, si l'on forme pour l'intervalle OM, la suite $\Sigma\,(-1)^{k+1}$ F (t), elle se composera de termes alternativement positifs et négatifs, dont les valeurs abso-

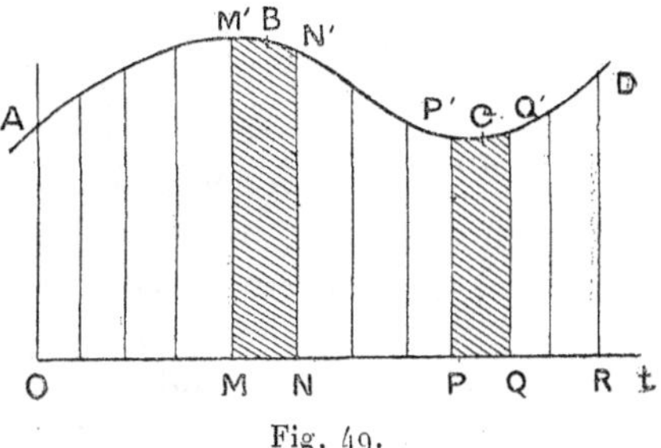

Fig. 49.

lues ne vont jamais en décroissant. Cette suite est donc en valeur absolue inférieure à son dernier terme, qui lui-même est inférieur à MM'. On verra de même que, pour l'espace NP, la suite alternative est inférieure à NN' et que, pour l'espace QR, elle est inférieure à RD. Enfin, pour les bandes MNM'N' et PQP'Q', on aura à tenir compte de deux termes inférieurs, en valeur absolue, à la plus grande valeur acquise par l'ordonnée dans chacun des intervalles correspondants. Dès lors, il est clair que, si h désigne une quantité supérieure à toutes les ordonnées de la courbe ABCD, on pourra écrire pour l'intervalle total o — 2π.

$$\Sigma\,(-1)^{k+1}\,F(\theta) < hp.$$

p étant le nombre des bandes pour chacune desquelles la fonction varie dans un sens constant, augmenté du nombre des maxima et des minima. Si une bande telle que MNM'N' comprenait à la fois plusieurs maxima et plusieurs minima, il suffirait de la regarder comme renfermant un seul maximum. S'il y avait des points de discontinuité, on les traiterait comme les maxima et les minima. Dans tous les cas, on aura une limite supérieure de p en prenant le nombre total des points pour lesquels la dérivée $F'(t)$ passe par zéro ou par l'infini, h et p étant ainsi définis, on a :

$$A_n < \frac{2hp}{n\pi}.$$

On voit maintenant bien nettement dans quelles conditions varie le coefficient A_n à mesure que n augmente. Le dénominateur de la fraction $\frac{2hp}{n\pi}$ croît régulièrement avec n. Quant au numérateur, rien n'empêche de le considérer comme fixe. Mais en réalité si la fonction F (t) présente un grand nombre d'oscillations, chaque bande de largeur $\frac{\pi}{nq}$ pourra, tant que n sera assez faible, contenir à la fois plusieurs minima et maxima, ce qui, comme nous l'avons remarqué ci-dessus, permettra de diminuer le nombre p dans une notable mesure. On peut donc dire que le numérateur $2hp$, réduit à la plus petite valeur possible pour chaque valeur de n, est susceptible d'augmenter d'abord avec n avant de demeurer constant. Dans la pratique de l'indicateur, la fonction F (t) ne présente jamais qu'un très petit nombre de minima, de maxima et de discontinuités. On est donc assuré de la décroissance rapide de A_n.

Une discussion presque identique pourrait être répétée à propos du coefficient B_n, mis préalablement sous la forme :

$$B_n = \frac{q}{\pi} \sum_{k=0}^{k=2n-1} \int_{\frac{\pi}{nq}}^{(k+1)\frac{\pi}{nq}} F(t) \sin qt dt.$$

En résumé, nous pouvons conclure que la confusion faite habituellement entre l'ordonnée vraie (ordonnée dynamique) et l'ordonnée statique altère surtout les termes du développement en série pour lesquels l'ordre n est voisin de $\frac{\omega}{q}$. L'erreur qui en résulte est d'autant plus grande que la marche de la machine étudiée est plus rapide, parce que cette rapidité de marche suppose une grande valeur de q et réduit conséquemment la valeur de $\frac{\omega}{q}$. Elle croît d'autre part avec le nombre des oscillations éprouvées par la pression dans l'intervalle d'un tour, et cela, parce que les coefficients de la série de Fourier diminuent d'autant moins vite que ce nombre d'oscillations est plus grand.

127. **Problème inverse.** — Nous avons jusqu'ici supposé que la pression était connue en fonction du temps et nous avons cherché à en déduire la loi du mouvement de la tige. En pratique, la question se pose autrement. On possède un diagramme tracé par l'indicateur et l'on veut savoir suivant quelle loi varie la pression. C'est ce problème qui va maintenant nous occuper. Mais avant d'en venir au diagramme réellement fourni par l'indicateur, nous allons d'abord supposer que l'on opère sur la courbe des espaces, présentant des abscisses proportionnelles au temps. Il est d'ailleurs aisé de faire tracer par l'indicateur une courbe de ce genre : on n'a pour cela qu'à faire marcher le papier avec une vitesse uniforme.

La relation entre l'ordonnée x et la pression $m\mathrm{F}(t)$ étant comme précédemment

$$\frac{d^2x}{dt^2} + 2\lambda \frac{dx}{dt} + \omega^2 x = \mathrm{F}(t),$$

on voit immédiatement que ce nouveau problème est beaucoup plus simple que le premier : car $\mathrm{F}(t)$ est une fonction linéaire de x et de ses deux premières dérivées. Mais il est nécessaire de savoir déterminer $\mathrm{F}(t)$ par une construction graphique effectuée sur la courbe. Remarquons à cet effet que, pour un petit accroissement Δt donné au temps, la variation d'ordonnée est sensiblement

$$\mathrm{X} - x = \frac{dx}{dt}\Delta t + \frac{1}{2}\frac{d^2x}{dt^2}\Delta t^2.$$

Remplaçons, pour abréger $\frac{dx}{dt}$ par x' et $\frac{d^2x}{dt^2}$ par x''.

Nous pouvons, en appelant a et b deux constantes arbitraires, écrire :

$$\frac{aX + bx}{a + b} = x + \frac{a\Delta t}{a + b} x' + \frac{a\Delta t^2}{2(a + b)} x''.$$

Comparant à la relation :

$$\frac{F(t)}{\omega^2} = x + \frac{2\lambda}{\omega^2} x' + \frac{1}{\omega^2} x''$$

on voit que si l'on s'impose les deux conditions :

$$\frac{a\Delta t}{a + b} = \frac{2\lambda}{\omega^2} \qquad \frac{a\Delta t^2}{a + b} = \frac{2}{\omega^2}$$

d'où :

$$\Delta t = \frac{1}{\lambda} \quad \text{et} \quad \frac{a}{a + b} = 2\frac{\lambda^2}{\omega^2}$$

on aura :

$$\frac{F(t)}{\omega^2} = \frac{aX + bx}{a + b} = \frac{2\lambda^2}{\omega^2} X + \frac{\omega^2 - 2\lambda^2}{\omega^2} x.$$

$\frac{F(t)}{\omega^2}$ est l'ordonnée statique, c'est-à-dire la valeur de n que l'on obtiendrait si l'indicateur était en équilibre sous la pression actuelle $F(t)$.

On est ainsi conduit à la construction suivante :

Soit, sur la courbe des espaces (fig. 50) le point M, d'ordonnée x, correspondant à l'instant t. A partir du pied A de cette ordonnée, prenons sur l'axe des temps la longueur constante $AA' = \frac{1}{\lambda}$. Le point A′ est le pied de l'ordonnée X d'un point M′ de cette courbe. Joignons MM′ et prenons le point de rencontre P de cette droite avec la verticale BP′ située à la distance constante

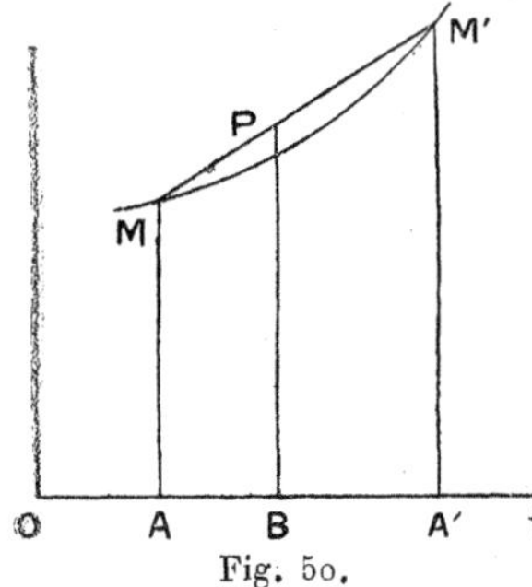

Fig. 50.

$$AB = \frac{2\lambda}{\omega^2}$$

de l'ordonnée AM. La valeur de l'ordonnée statique est BP, et le lieu de P est la courbe rectifiée, avec translation $\frac{2\lambda}{\omega^2}$ dans le sens de l'axe des temps. On a en effet :

$$\frac{BP - x}{X - x} = \frac{AB}{AA'} = \frac{2\lambda^2}{\omega^2}$$

d'où :

$$BP = x + \frac{2\lambda^2}{\omega^2}(X - x) = \frac{2\lambda^2}{\omega^2}X + \frac{\omega^2 - 2\lambda^2}{\omega^2}y.$$

Dans le cas particulier où l'on aurait

$$\omega = \lambda\sqrt{2},$$

le point P coïnciderait avec M′ : la courbe statique ne différerait alors de la courbe dynamique que par la translation

$$AA' = \frac{1}{\lambda}$$

dans le sens de l'axe des temps. Autrement dit, l'influence

combinée de l'inertie et de la résistance due à la vitesse se traduirait par un retard constant dans les indications de l'appareil.

La construction qui précède n'est admissible que si l'intervalle de temps $\frac{1}{\lambda}$ est assez petit pour que, dans cet intervalle, la courbe MM' puisse être assimilée à une parabole. Il faut pour cela que $\frac{x'''}{6\lambda^3}$ soit une quantité négligeable. Ceci cesserait d'avoir lieu pour certains coudes brusques où la courbure varie rapidement, et où, par conséquent, x''' acquiert une grande valeur. Si l'on admet, comme précédemment, que λ est sensiblement égal à $\frac{\omega}{8}$ l'intervalle de temps

$$\Delta t = \frac{1}{\lambda}$$

correspond à la durée de 8 vibrations du ressort.

Si le coefficient d'amortissement λ avait une valeur trop faible, il serait aisé de l'augmenter en ayant recours à des procédés électromagnétiques. Pour le motif indiqué cidessus la valeur :

$$\lambda = \frac{\omega}{\sqrt{2}}$$

serait particulièrement commode.

On peut, en compliquant un peu la construction précédente, se procurer graphiquement, quel que soit λ, les valeurs de x' et x''. A cet effet, portons sur l'axe des temps une longueur Δt suffisamment petite et déterminons, pour l'instant $t + \Delta t$, l'ordonnée X de la courbe ainsi que l'ordonnée ξ de la tangente. On a *rigoureusement*

$$x' = \frac{\xi - x}{\Delta t}$$

et *sensiblement*

$$x'' = 2\frac{X - \xi}{\Delta t^2}$$

x' et x'' étant ainsi déterminés, on aura l'ordonnée statique par l'équation :

$$\frac{F(t)}{\omega^2} = x + \frac{2\lambda}{\omega}\frac{\xi - x}{\Delta t} + 2\omega^2\frac{X - \xi}{\Delta t^2}.$$

Dans le mode d'emploi habituel de l'indicateur, les déplacements du papier sont, comme nous le savons, sensiblement proportionnels à ceux du piston moteur. L'avantage évident de cette disposition consiste à fournir, par une simple mesure de surface, la grandeur du travail développé par une cylindrée. Mais elle a l'inconvénient de rendre moins nettes les indications relatives au réglage de la distribution, surtout dans le voisinage des points morts. Il est d'ailleurs aisé de passer, par anamorphose, de ce diagramme à la courbe des espaces envisagée dans la construction qui précède.

Au sujet de la forme du diagramme fourni par l'indicateur, il y a une remarque importante à faire. Souvent, en voyant que ce diagramme ne présente pas les points anguleux prévus par la théorie au passage, par exemple, de la phase d'admission à celle de détente, ou de la phase d'échappement à celle de compression, on conclut qu'il existe dans la distribution des imperfections, notamment des laminages de vapeur. Une pareille conclusion n'est légitime que si on l'applique au diagramme corrigé des effets de l'inertie et de l'amortissement : le diagramme réel, non corrigé, ne peut jamais présenter d'angles vifs, comme ceux, par exemple, du cycle de Carnot. C'est ce que nous avons établi en discutant les conditions de continuité de la série de Fournier et de ses dérivées.

128. **Mesure du travail.** — Pour l'évaluation du travail développé dans une cylindrée, le diagramme ordinaire est évidemment commode ; mais nous devons chercher quelle erreur on commet en admettant que l'aire mesurée est proportionnelle au travail développé.

En négligeant l'obliquité de la bielle et admettant que le volant tourne avec une vitesse uniforme, on peut représenter le déplacement du piston moteur à partir d'une extrémité de sa course par l'expression $l(1 - \cos qt)$, l désignant la longueur du cylindre. Le déplacement élémentaire dans le temps dt est $lq \sin qtdt$. Le déplacement du papier est proportionnel à celui du piston, et peut par conséquent être représenté au moyen de la formule $a \sin qt . dt$ dans laquelle a désigne une constante. L'aire du diagramme a pour mesure $a\int_0^{\frac{2\pi}{q}} x \sin qtdt$, expression dans laquelle, ainsi que nous l'avons établi, l'ordonnée x a pour valeur :

$$x = e^{-\lambda t}(\mathrm{A} \cos \mu t + \mathrm{B} \sin \mu t) + \frac{\mathrm{A}_0}{\omega^2} + \sum_1^\infty \frac{\mathrm{R}_n}{\mathrm{H}_n} \sin (nqt + \alpha_n - \beta_n).$$

On peut, en ayant soin de laisser écouler un certain

intervalle de temps entre l'ouverture du robinet de vapeur et l'inscription du diagramme, considérer comme négligeable l'influence des termes multipliés par $e^{-\lambda t}$. Le terme multiplié par A_0 renferme en facteur l'intégrale $\int_0^{\frac{2\pi}{q}} \sin qtdt$, qui est nulle. Les autres termes renferment en facteurs des intégrales de la forme

$$\int_0^{\frac{2\pi}{q}} \sin qt \sin (nqt + \alpha_n - \beta_n) dt$$

qui sont également nulles, sauf dans le cas ou n est égal à l'unité ; l'aire du diagramme a donc pour mesure :

$$\frac{aR_1}{H_1} \int_0^{\frac{2\pi}{q}} \sin qt \sin (qt + \alpha_1 - \beta_1) dt$$

c'est-à-dire :

$$\frac{aR_1}{H_1} \frac{\pi}{q} \cos (\alpha_1 - \beta_1) = \frac{a\pi}{q} \frac{R_1 \cos \alpha_1 \cos \beta_1 + R_1 \sin \alpha_1 \sin \beta_1}{H_1}$$

Si nous remplaçons R_1, H_1, α_1, β_1 par leurs valeurs, cette expression devient :

$$\frac{a\pi}{q} \frac{2\lambda q A_1 + (\omega^2 - q^2) B_1}{4\lambda^2 q^2 + (\omega^2 - q^2)^2}.$$

On voit par là qu'en prenant l'aire du diagramme comme mesure du travail, on opère comme si la fonction $F(t)$ se réduisait à l'expression $A_1 \cos qt + B_1 \sin qt$.

Les termes d'ordre supérieur qui figurent dans le développement de Fourier appliqué à la fonction $F(t)$ sont sans influence sur le résultat final, et, à cet égard, il n'y a pas à s'inquiéter des déformations excessives que certains de ces termes peuvent, comme nous l'avons vu, introduire dans la figure du diagramme.

En pratique, on fait la tare de l'indicateur, c'est-à-dire qu'on cherche, par une pesée directe, quel effort statique est nécessaire pour produire une flexion donnée du ressort. Puis on en déduit, par proportionnalité, la valeur de la pression correspondant à chaque ordonnée du diagramme. En opérant ainsi on admet que les effets de l'inertie et des résistances passives sont complètement négligeables, autrement dit que x est égal à $\frac{F(t)}{\omega^2}$. L'erreur relative que l'on commet sur la valeur du travail développé pour un tour de volant est :

$$E = \frac{\int [\omega^2 x - F(t)] \sin qt dt}{\int F(t) \sin qt dt} = \omega^2 \frac{\int x \sin qt dt}{\int F(t) \sin qt dt} - 1.$$

Nous avons déjà l'expression de $\int x \sin qt dt$. D'autre part, comme :

$$F(t) = A_0 + \sum_1^\infty (A_n \cos nqt + B_n \sin nqt),$$

on trouve sans peine :

$$\int F(t) \sin qt dt = B_1 \int \sin^2 qt dt = \frac{\pi B_1}{q}.$$

Par suite :

$$E = \omega^2 \frac{2\lambda q A_1 + (\omega^2 - q^2) B_1}{4\lambda^2 q^2 + (\omega^2 - q^2)^2} \times \frac{1}{B_1} - 1.$$

Rappelons que les valeurs des coefficients A_1 et B_1 qui figurent ici sont :

$$A_1 = \frac{q}{\pi} \int_0^{\frac{2\pi}{q}} F(t) \cos qt dt, \qquad B_1 = \frac{q}{\pi} \int_0^{\frac{2\pi}{q}} F(t) \sin qt dt.$$

Il est à remarquer que, si λ était nul, on aurait simplement :

$$E = \frac{\omega^2}{\omega^2 - q^2} - 1 = \frac{q^2}{\omega^2 - q^2}$$

et il suffirait alors de multiplier par $\frac{\omega^2 - q^2}{\omega^2}$ le résultat de la quadrature pour avoir la valeur exacte du travail.

Pour nous rendre compte de l'importance de cette correction, considérons, par exemple, une machine dont le volant fait quatre tours par seconde, ce qui donne

$$q = \frac{2\pi}{4} = \frac{\pi}{2}.$$

Admettons, d'autre part, que la tige de l'indicateur, avec ses accessoires, pèse 300 grammes ; que son piston présente une surface de 3 centimètres carrés ; que son ressort fléchisse de 2 millimètres par kilogramme de tension. Des données de ce genre se rencontrent dans la pratique courante. Une atmosphère métrique correspondra à une force de 3 kilos et produira par conséquent une flexion de

6 millimètres. Le nombre ω (inverse d'un temps) aura pour valeur, en unités CGS :

$$\omega = \sqrt{\frac{\frac{1000}{0,2}}{\frac{300}{g}}} = 128,$$

et la période oscillatoire du ressort sera :

$$\frac{2\pi}{\omega} = 0^{\text{seconde}},049,$$

c'est-à-dire qu'il y aura environ 20 vibrations par seconde. Dans ces conditions q est égal à 5ω, d'où :

$$\frac{q^2}{\omega^2 - q^2} = -\frac{25}{24} = -\frac{1}{24}.$$

L'erreur relative sur le travail est donc d'environ 4 %. On voit qu'elle est loin d'être négligeable. Son importance augmenterait d'ailleurs rapidement avec la vitesse de rotation du volant. Rappelons toutefois que nous avons, dans cet aperçu, supposé λ négligeable, et laissé par conséquent de côté l'influence de l'amortissement.

129. **Correction du diagramme.** — On peut, dans tous les cas, rectifier le résultat fourni par la quadrature en opérant de la manière suivante.

L'équation :

$$\frac{d^2x}{dt^2} + 2\lambda\frac{dx}{dt} + \omega^2 x = F(t)$$

multipliée par sin $qtdt$ et intégrée, conduit à la suivante :

$$\omega^2 \int_0^{\frac{2\pi}{q}} x \sin qtdt - \int_0^{\frac{2\pi}{q}} \mathrm{F}(t) \sin qtdt = - \int_0^{\frac{2\pi}{q}} \frac{d^2x}{dt^2} \sin qtdt$$

$$- 2\lambda \int_0^{\frac{2\pi}{q}} \frac{dx}{dt} \sin qtdt.$$

La différence entre l'aire de la courbe et le travail cherché est (à un facteur constant près) mesurée par le premier membre, et conséquemment par le second. Or l'intégration par parties fournit les relations :

$$\int \frac{d^2x}{dt^2} \sin qtdt = \frac{dx}{dt} \sin qt - q \int \frac{dx}{dt} \cos qtdt = \frac{dx}{dt} \sin qt$$

$$- qx \cos qt - q^2 \int x \sin qtdt,$$

et

$$\int \frac{dx}{dt} \sin qtdt = x \sin qt - q \int x \cos qtdt.$$

Introduisant les limites o et $\frac{2\pi}{q}$ et tenant compte de la périodicité de x, il vient simplement :

$$\int_0^{\frac{2\pi}{q}} \frac{d^2x}{dt^2} \sin qtdt = - q^2 \int_0^{\frac{2\pi}{q}} x \sin qtdt,$$

$$\int_0^{\frac{2\pi}{q}} \frac{dx}{dt} \sin qtdt = - q \int_0^{\frac{2\pi}{q}} x \cos qtdt.$$

L'erreur cherchée a donc pour mesure :

$$q^2\int_0^{\frac{2\pi}{q}} x \sin qtdt + 2\lambda q \int_0^{\frac{2\pi}{q}} x \cos qtdt.$$

L'intégrale $\int_0^{\frac{2\pi}{q}} x \sin qtdt$ n'est autre chose que l'aire du diagramme, divisée par la moitié de la distance des ordonnées extrêmes. Pour interpréter l'intégrale $\int_0^{\frac{2\pi}{q}} x \cos qtdt$, remarquons qu'elle se déduit de la précédente en remplaçant chaque abscisse sin qt par $\sqrt{1 - \sin^2 qt}$, sans modifier l'ordonnée. Ceci posé, imaginons qu'après avoir tracé la courbe proprement dite des espaces, avec abscisses Rqt proportionnelles au temps, on enroule cette courbe sur un cylindre de rayon R. La projection C_1 sur le plan mené par l'axe du cylindre et par l'origine du temps est une courbe ayant pour abscisse, au temps t, R cos qt. La projection C_2 sur un plan mené par l'axe, perpendiculairement au premier, donne pour abscisse au même instant R sin qt. Si donc le diamètre 2R du cylindre est égal à la base du diagramme, celui-ci ne diffère pas de C_2, et C_1 représente, à la même échelle, la courbe qui a pour aire $\int_0^{\frac{2\pi}{q}} x \cos qtdt$.

Il est facile d'imaginer un appareil, auquel conviendrait

le nom de *correcteur*, fournissant par un tracé continu la courbe C_1. Le principe serait le suivant :

Soient, dans un plan vertical, deux angles droits AOB, A′O′B′ (fig. 51), formés de quatre tiges égales :

$$OA = OB = O'A' = O'B'.$$

Ces deux angles peuvent pivoter autour de leurs sommets O, O′ qui sont sur une même verticale.

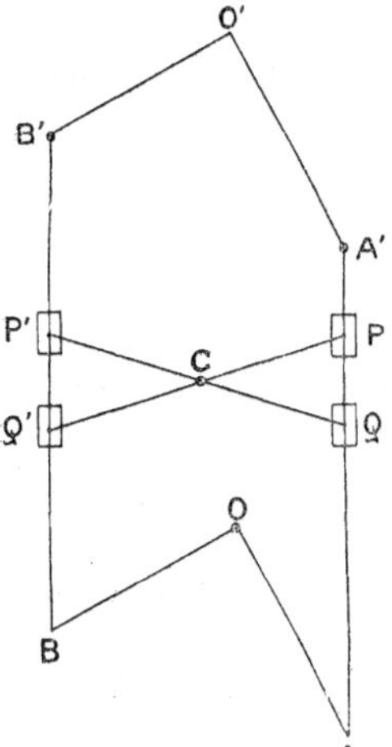

Fig. 51.

Relions AA′ et BB′ par deux bielles égales, articulées en A, A′, B, B′, aux extrémités des quatre tiges. Soient P, Q deux manchons pouvant glisser sur AA′ et de même P′, Q′ deux manchons pouvant glisser sur BB′. Relions ces manchons par un croisillon formé de deux tiges égales QP′, PQ′ articulées en leur point de rencontre C. Si le manchon P porte une pointe sèche au moyen de laquelle on décrit le diagramme C_2, un crayon porté par le manchon P′ décrit la courbe C_1. La chose apparaît comme évidente si l'on remarque que P, P′ sont constamment sur une même horizontale et que, de plus, leurs abscisses ne diffèrent pas de celles des points A, B, qui sont les extrémités de deux diamètres rectangulaires d'un cercle de centre O.

La courbe C_1 étant ainsi tracée, on peut, au moyen du planimètre, se procurer son aire S_1. Soit d'autre part S_2

l'aire du diagramme lui-même. Les calculs précédents donnent la relation :

$$\int_0^{\frac{2\pi}{q}} F(t) \sin qt dt = (\omega^2 - q^2) S_2 - 2\lambda q S_1.$$

La méthode ordinaire consiste à remplacer $F(t)$ par $\omega^2 x$ et à prendre par suite :

$$\int_0^{\frac{2\pi}{q}} F(t) \sin qt dt = \omega^2 S_2.$$

On voit que, pour obtenir un résultat exact, il suffit de multiplier le résultat par $\frac{\omega^2 - q^2}{\omega^2} - \frac{2\lambda q}{\omega^2} \frac{S_1}{S_2}$.

Comme le rapport $\frac{S_1}{S_2}$ se trouve multiplié par le petit facteur $\frac{2\lambda q}{\omega^2}$, il n'est pas nécessaire de tracer S_1 avec une grande exactitude. Si l'on a à calculer un grand nombre de diagrammes peu différents, comme cela arrive, par exemple, quand on veut comparer le travail total d'une journée avec la consommation de combustible, il suffit de calculer, une fois pour toutes, la correction au moyen de l'un des diagrammes.

130. **Indicateurs divers.** — On a modifié de bien des façons l'indicateur de Watt en vue d'atténuer les effets de l'inertie. Si nous mettons l'équation du mouvement (abstraction faite de l'amortissement) sous la forme :

$$m \frac{d^2 x}{dt^2} + kx = f(t),$$

en représentant par kx la force développée par une flexion x du ressort et désignant par $f(t)$ l'action de la vapeur, nous voyons que pour réduire autant que possible l'importance relative du terme $m\frac{d^2x}{dt^2}$ qui représente l'influence relative de l'inertie, nous avons le choix entre deux moyens : ou bien diminuer m, c'est-à-dire avoir un piston très léger, ou bien augmenter k, c'est-à-dire employer un ressort très raide. Le second moyen n'a pas pour effet d'augmenter kx, qui demeure sensiblement, égal à la fonction donnée $f(t)$. En doublant par exemple k, on rend x deux fois moindre ; mais du même coup $\frac{d^2x}{dt^2}$ se trouve ainsi réduit à peu près de moitié, de sorte que le terme $m\frac{d^2x}{dt^2}$ est amoindri : le résultat est le même que si l'on diminuait la masse m. Généralement, on a recours simultanément au deux procédés : on prend un piston aussi léger que possible et en même temps un ressort très raide.

Il y a un inconvénient évident à raidir le ressort : les déplacements de la tige de l'indicateur devenant moins grands, toutes choses égales d'ailleurs, l'appareil devient moins sensible.

Pour corriger ce défaut, on adjoint un système amplificateur, une sorte de pantographe. Dans l'indicateur Richards, par exemple, qui est très employé (fig. 52), la tige T du piston P est articulée, par l'intermédiaire d'une petite bielle DD′, en un point D d'un balancier OA mobile autour d'un point O. L'extrémité A de ce balancier est reliée à l'extrémité B d'un autre balancier O′B, mobile autour de O′. L'ensemble OABO′ constitue ainsi un dispositif analogue au balancier à bride de Watt. On sait qu'avec ce dispositif le milieu C de la bielle AB décrit sensiblement une ligne droite : c'est en ce point qu'est placé le crayon chargé d'inscrire le diagramme.

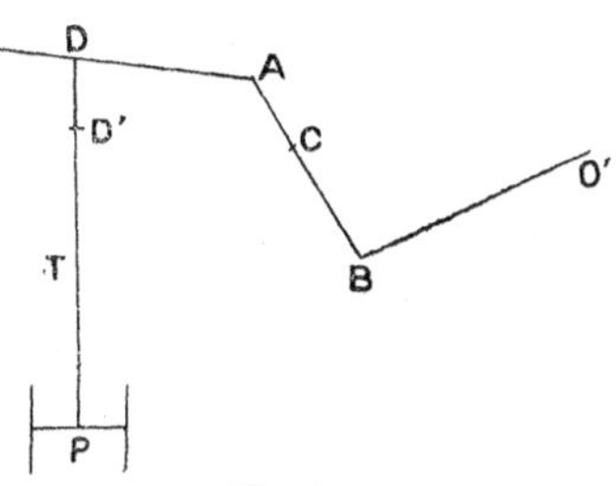

Fig. 52.

Généralement le point D se trouve au quart de OA, à partir de O. Dans ces conditions, les déplacements du crayon sont à peu près quadruples de ceux du piston. Le principal inconvénient de ce mécanisme consiste dans l'importance des masses mises en mouvement. L'examen d'un indicateur Richards appartenant au Conservatoire des arts et métiers nous a donné les chiffres suivants :

Poids du piston et de sa tige 28g,75 (diamètre du piston 20 millimètres).

Poids du système amplificateur 12g,15

Dimensions { OA = O'B = 760 millimètres
AB = 450 millimètres

Si l'on cherche à se rendre compte du poids qui, ajouté à la tige du piston produirait au point de vue de l'inertie un effort équivalent à celui du système amplificateur, on trouve, par un calcul que nous omettons, que ce poids fictif atteint 90 grammes, soit le triple du poids du piston et de sa tige. Ajoutons que le ressort, dont la masse intervient aussi par son inertie, pèse (suivant son degré de raideur), 20 à 35 grammes. En présence de pareils chiffres, il est permis de se demander si le dispositif simple de Watt n'est pas encore préférable.

Au lieu de compliquer l'indicateur de Watt, Desdouits a proposé de le simplifier encore, en supprimant toute espèce de ressort : son appareil se réduit à un piston massif, mobile librement dans un long cylindre vertical. De cette façon, c'est le terme kx qui disparait de l'équation du mouvement, et l'on a simplement :

$$\frac{d^2x}{dt^2} = \mathrm{F}(t).$$

Si le papier se déroule avec une vitesse uniforme, le crayon trace la courbe des espaces $x = \varphi(t)$. Des constructions graphiques permettent d'en déduire successivement la courbe des vitesses $\frac{dx}{dt} = \varphi'(t)$ et la courbe des accélérations $\frac{d^2x}{dt^2} = \varphi''(t)$. La fonction cherchée $\mathrm{F}(t)$ est alors égale à $\varphi''(t)$. Ce procédé est un peu long ; mais il permet d'obtenir des résultats très précis.

Dans l'indicateur de M. Marcel Deprez, le ressort est conservé, mais les effets perturbateurs de l'inertie sont évités par un artifice fort ingénieux.

Le piston P (fig. 53) sous lequel agit la vapeur, est constitué par un disque auquel des butoirs fixes ne permettent qu'une excursion de deux millimètres. Il porte une tige T à laquelle est attaché le crayon C. Le ressort qui presse le piston P de haut en bas est lui-même comprimé par un écrou E, que l'engrenage R, R′ permet de faire tourner à volonté. Ce mouvement de rotation donne à l'écrou un mouvement de translation qui fait varier la tension du ressort.

Dans ces conditions, le piston demeure immobile entre ses butoirs, tant que la pression de la vapeur diffère de la tension F du ressort. Au moment où la pression de vapeur devient égale à F, le piston monte ou descend suivant que la pression est croissante ou décroissante, et le crayon décrit sur le papier un trait vertical de deux millimètres. Si donc nous donnons au papier un mouvement alternatif à la façon ordinaire, nous obtiendrons deux petits traits, l'un ascendant, l'autre descendant, correspondant aux positions du papier, et par conséquent de la bielle motrice, pour lesquelles la pression a la valeur F.

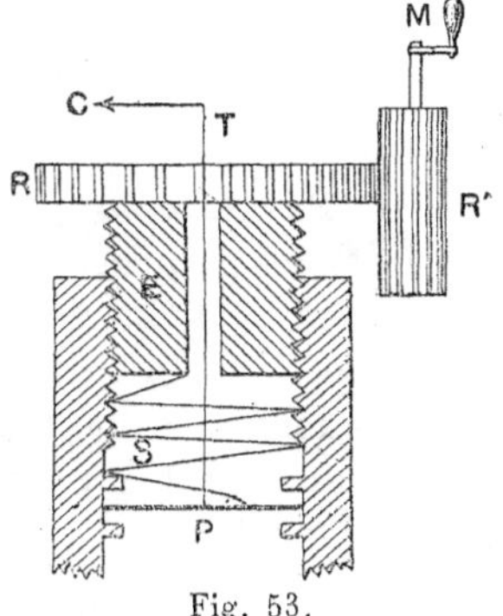

Fig. 53.

En faisant tourner le long pignon R' au moyen de la manivelle M, on change F, et par conséquent la position des deux traits marqués sur le papier. On comprend dès lors comment, en prolongeant l'opération assez longtemps, on parvient à obtenir une série de traits dont l'ensemble dessine le diagramme cherché.

Cet intéressant dispositif a l'inconvénient d'exiger la constance du régime pendant toute la durée de l'essai.

CHAPITRE III

MOUVEMENTS PENDULAIRES

131. **Pendule simple.** — Le pendule simple est constitué par un point matériel pesant placé à l'extrémité inférieure d'une tige sans masse, de longueur l, dont l'extrémité supérieure est attachée en un point fixe.

Abandonnons le système à l'action de la pesanteur, sans vitesse initiale, après avoir écarté la tige d'un angle θ_0 par rapport à la verticale, et cherchons la loi des oscillations.

Soient θ l'angle de la tige avec la verticale à l'instant t; v la vitesse du point matériel au même instant. Le théorème des forces vives donne :

$$v^2 = 2gl(\cos\theta - \cos\theta_0)$$

D'ailleurs :

$$v = l\frac{d\theta}{dt}.$$

Substituant et résolvant par rappport à dt, on obtient :

$$dt = \pm\sqrt{\frac{l}{2g}}\frac{d\theta}{\sqrt{\cos\theta - \cos\theta_0}}.$$

On doit prendre le signe + ou le signe — suivant que le point matériel s'éloigne ou se rapproche de sa position initiale.

Le temps se trouve exprimé en fonction de l'angle par une intégrale elliptique qu'on peut calculer aisément en ayant recours à un développement en série. Nous nous bornerons à montrer ce que devient cette relation quand on néglige dans l'expression de cos θ les puissances de θ supérieures à la quatrième, ce qui suffit largement au point de vue des applications. On a, à ce degré d'approximation :

$$\text{Cos}\,\theta = 1 - \frac{\theta^2}{2} + \frac{\theta^4}{24}$$

et de même :

$$\text{Cos}\,\theta_0 = 1 - \frac{\theta_0^2}{2} + \frac{\theta_0^4}{24}$$

d'où, en substituant :

$$dt = \sqrt{\frac{l}{g}} \frac{d\theta}{\sqrt{(\theta_0^2 - \theta^2)\left(1 - \frac{1}{12}(\theta_0^2 + \theta^2)\right)}}$$

ou bien encore ;

$$dt = \sqrt{\frac{l}{g}} \frac{d\theta}{\sqrt{\theta_0^2 - \theta^2}} \left(1 + \frac{\theta_0^2 + \theta^2}{24}\right).$$

Posons $\theta = \theta_0 \sin u$, ce que nous pouvons faire puisque θ demeure toujours inférieur à θ_0. Il vient :

$$dt = \sqrt{\frac{l}{g}} \left[\left(1 + \frac{\theta_0^2}{24}\right) du + \frac{\theta_0^2}{24} \sin^2 u du\right]$$

ou bien :

$$dt = \sqrt{\frac{l}{g}} \left[\left(1 + \frac{\theta_0^2}{16}\right) du - \frac{\theta_0^2}{24} \cos 2\, u du \right].$$

Intégrons, et revenons ensuite à la variable θ. Nous obtenons :

$$t = \sqrt{\frac{l}{g}} \left[\left(1 + \frac{\theta_0^2}{16}\right) \text{arc sin} \frac{\theta}{\theta_0} - \frac{1}{48}\, \theta \sqrt{\theta_0^2 - \theta^2} \right]$$

Pour avoir la durée T d'une oscillation, il suffit de faire varier θ de o à θ_0 et de doubler le résultat. On trouve ainsi :

$$T = \pi \sqrt{\frac{l}{g}} \left(1 + \frac{\theta_0^2}{16}\right).$$

La durée des oscillations croît donc légèrement avec l'amplitude. La loi de l'isochronisme des petites oscillations, trouvée expérimentalement par Galilée, revient à négliger le terme $\frac{\theta_0^2}{16}$ et elle se vérifie à cause de l'absence de termes du premier degré en θ_0. Pour des oscillations atteignant des angles de 30° de part et d'autre de la verticale, on a sensiblement $\theta_0 = \frac{1}{2}$, de sorte que, même avec une pareille amplitude, la formule $T = \pi \sqrt{\frac{l}{g}}$ ne donne encore qu'une erreur de $\frac{1}{64}$.

On peut encore remarquer que, dans l'expression de t donnée ci-dessus, le terme $\theta \sqrt{\theta_0^2 - \theta^2}$ atteint son maximum pour $\theta = \frac{\theta_0}{\sqrt{2}}$ et que ce maximum est $\frac{\theta_0^2}{2}$. L'erreur commise sur la valeur de t en fonction de θ, quand. on prend simplement :

$$t = \sqrt{\frac{l}{g}}\left(1 + \frac{\theta_0^2}{16}\right) \text{arc sin} \frac{\theta}{\theta_0}$$

est donc constamment inférieure à $\frac{\theta_0^2}{96}\sqrt{\frac{l}{g}}$.

La valeur rigoureuse de T est donnée par la série :

$$T = \pi\sqrt{\frac{l}{g}}\left[1 + \frac{1}{2^2}\sin^2\frac{\theta_0}{2} + \left(\frac{1.3}{2.4}\right)^2 \sin^4\frac{\theta_0}{2} + \dots \right.$$
$$\left. + \left(\frac{1.3.5 \dots 2n-1}{2.4.6 \dots 2n}\right)^2 \frac{\sin^{2n}\theta_0}{2} + \dots\right].$$

Si le mouvement du pendule est contrarié par une résistance dépendant de la vitesse, on ne peut plus se servir du théorème des forces vives. Il faut alors avoir recours à l'équation différentielle du second ordre :

$$\frac{d^2\theta}{dt^2} + \frac{g}{l}\sin\theta + \frac{R}{l} = 0.$$

dans laquelle R désigne la résistance divisée par la masse.

Supposons les oscillations assez petites pour que $\sin\theta$ puisse être remplacé par θ et posons en outre $\frac{g}{l} = \omega^2$. Il vient ainsi :

$$\frac{d^2\theta}{dt^2} + \omega^2\theta + \frac{R}{l} = 0.$$

Cette équation est semblable à celle du mouvement rectiligne d'un ressort avec amortissement, et elle conduit aux mêmes conséquences : une résistance proportionnelle à la vitesse donne des oscillations décroissant en progression géométrique, dont la durée est un peu plus grande que s'il n'y avait pas de résistance ; une résistance constante donne des oscillations décroissant en progression arithmétique dont la durée est la même qu'en l'absence de toute résistance.

132. **Pendule sphérique.** — Quand le pendule simple possède à l'instant initial une vitesse non située dans le plan vertical qui le contient, son mouvement cesse d'être plan. La masse qui le termine décrit alors une courbe sphérique, d'où le nom de *pendule sphérique* donné à ce genre d'appareil ; on l'appelle aussi *pendule conique*. Toutefois, ce dernier nom s'applique plus spécialement au cas où l'inclinaison de la tige demeure constante.

Soient z la projection verticale de la tige, égale à $l \cos \theta$, et φ l'angle du plan vertical du pendule avec un plan vertical fixe. Les forces appliquées à la masse mobile (pesanteur et tension de la tige) ayant des moments nuls par rapport à la verticale du point de suspension, les aires décrites par la projection horizontale de la tige varient proportionnellement au temps. On a donc, en appelant C une constante :

$$(l^2 - z^2)\frac{d\varphi}{dt} = \text{C}.$$

Le théorème des forces vives donne d'autre part, en appelant h une autre constante :

$$\frac{l^2}{l^2 - z^2}\left(\frac{dz}{dt}\right)^2 + (l^2 - z^2)\left(\frac{d\varphi}{dt}\right)^2 - 2gz = h.$$

Eliminons $\frac{d\varphi}{dt}$ entre ces deux équations, puis résolvons par rapport à dt. Nous obtenons :

$$dt = \frac{ldz}{\sqrt{(h + 2gz)(l^2 - z^2) - C^2}}$$

de sorte que t s'exprime en fonction de z par une intégrale elliptique. La quantité sous radical est un polynome du troisième degré, positif pour $z = -\infty$ et négatif pour $z = \pm l$ ainsi que pour $z = +\infty$. De plus, ce polynome est nécessairement positif pour la valeur initiale z_0 de z, sans quoi $\frac{dz}{dt}$ serait imaginaire et aucun mouvement ne serait possible. z_0 est d'ailleurs compris entre $-l$ et $+l$ car ce sont les valeurs extrêmes que cette variable puisse prendre sur la sphère. Cette discussion montre que le polynome a ses trois racines réelles : l'une d'elles, que nous appellerons $-a$, est négative et comprise entre $-\infty$ et $-l$; elle ne peut jamais être atteinte par z. Les deux autres z_1 et z_2 sont comprises entre $-l$ et $+l$ et séparées par z_0. La valeur de dt s'écrit alors :

$$dt = \frac{ldz}{\sqrt{2g(z+a)(z-z_1)(z_2-z)}}.$$

D'après la forme de cette relation, z varie perpétuellement entre les deux limites z_1 et z_2. Le pendule oscille entre les angles d'inclinaison ayant pour cosinus $\frac{z_1}{l}$ et $\frac{z_2}{l}$. En même temps φ varie dans un sens constant, de sorte que le plan vertical du pendule tourne toujours dans le même sens. La courbe sphérique présente une suite de festons, sans points doubles, tangents aux deux parallèles limites $z = z_1$ et $z = z_2$.

Quand les deux racines z_1 et z_2 sont égales, le pendule conserve une inclinaison constante et sa vitesse est invariable. On obtient immédiatement la relation qui existe dans ce cas entre l'inclinaison et la vitesse en écrivant qu'il y a équilibre entre le poids, la tension de la tige et la force centrifuge, et que par suite la projection du poids sur le plan perpendiculaire à la tige est égale à celle de la force centrifuge. On trouve ainsi :

$$g \sin \theta = \frac{v^2}{l \sin \theta} \cos \theta$$

d'où :

$$v^2 = gl \operatorname{tg} \theta \sin \theta$$

$l \sin \theta$ n'est autre chose que le rayon r de la circonférence décrite par l'extrémité du pendule. On peut donc encore écrire :

$$v^2 = gr \operatorname{tg} \theta.$$

Le temps T employé pour faire un tour complet est évidemment :

$$T = \frac{2\pi r}{v} = 2\pi \sqrt{\frac{r \operatorname{cotg} \theta}{g}} = 2\pi \sqrt{\frac{z}{g}}$$

Ce temps est donc égal à deux fois la durée des oscillations infiniment petites du pendule simple ayant pour longueur la projection verticale de la tige.

133. **Pendule composé.** — On appelle ainsi un corps solide mobile autour d'un axe horizontal et soumis uni–

quement à l'action de la pesanteur. L'axe fixe se nomme *axe de suspension*.

Prenons pour plan de la figure le plan mené par le centre de gravité, perpendiculairement à l'axe de suspension. Celui-ci se projette en O (fig. 54). Soit $OG = a$ la distance du centre de gravité G au point O. Soit θ l'inclinaison à l'instant considéré.

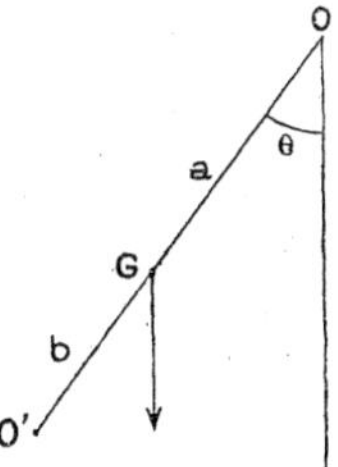

Fig. 54.

Soit M la masse totale et I le moment d'inertie par rapport à l'axe. Le moment de la pesanteur est $- Mga \sin \theta$ et l'équation du mouvement est :

$$I \frac{d^2\theta}{dt^2} = - Mga \sin \theta$$

d'où :

$$\frac{d^2\theta}{dt^2} = - \frac{Mga}{I} \sin \theta.$$

Considérons un pendule simple de longueur l ayant au même instant l'inclinaison θ. Si m est la masse de ce pendule, on peut appliquer la formule précédente en faisant $M = m$, $a = l$, $I = ml^2$ d'où :

$$\frac{d^2\theta}{dt^2} = - \frac{g}{l} \sin \theta.$$

Si nous déterminons la longueur l par la condition

$$l = \frac{I}{Ma}$$

les équations des deux mouvements deviennent identiques. Par conséquent la ligne OG se meut comme un pendule simple de longueur $\frac{I}{Ma}$ c'est ce qu'on appelle la longueur du pendule simple équivalent au pendule composé. La durée des très petites oscillations est $T = \pi \sqrt{\frac{I}{Mga}}$. Cette formule donne un moyen de déterminer expérimentalement le moment d'inertie relatif à un axe donné : il suffit, après avoir trouvé la distance a du centre de gravité à cet axe, d'observer la durée T. On en déduit I par la relation :

$$I = \frac{PaT^2}{\pi^2}$$

dans laquelle P est le poids Mg du corps.

Soit k le rayon de gyration du solide par rapport à un axe mené par G parallèlement à l'axe de suspension. On a :

$$I = Mk^2 + Ma^2 \qquad \text{d'où} \qquad l = \frac{I}{Ma} = a + \frac{k^2}{a}.$$

De là résultent les conséquences suivantes :

1° La longueur du pendule équivalent est la même pour tous les axes de même direction situés à la même distance a du centre de gravité.

2° Parmi tous les axes de même direction, ceux pour lesquels la longueur du pendule équivalent est minimum s'obtiennent en annulant la dérivé de l par rapport à a, ce qui donne $a = k$. La valeur correspondante de l est $2k$, et il s'ensuit que, pour la direction d'axe considérée, la plus petite durée d'oscillation est $\pi \sqrt{\frac{2k}{g}}$.

3° Le point O′ situé sur le prolongement de OG à la distance $b = \frac{k^2}{a}$ de G, oscille comme s'il était à l'extrémité d'un pendule simple ayant son point d'attache sur l'axe de suspension. Il en est de même pour tous les points de la droite menée par O′ parallèlement à l'axe de suspension. Cette droite s'appelle l'*axe d'oscillation*.

4° L'axe de suspension et l'axe d'oscillation sont réciproques, c'est-à-dire que si l'on prend l'axe d'oscillation pour axe de suspension, l'axe de suspension devient l'axe d'oscillation et la longueur du pendule équivalent n'est pas changée. Cette opération revient en effet à permuter a avec b, ce qui n'altère pas la longueur $l = a + b$.

Pendule réversible. — Il est aisé de voir que réciproquement, si deux axes parallèles dont le plan contient le centre de gravité peuvent être permutés sans faire varier la durée des petites oscillations, la longueur du pendule simple équivalent est égale à leur écartement. C'est sur cette proposition qu'est basé le pendule réversible de Kater, employé en géodésie pour l'étude des variations d'intensité de la pesanteur. Dans cet instrument, il y a deux axes de suspension qui peuvent être substitués l'un à l'autre et qui sont disposés de façon à vérifier sensiblement la relation $ab = k^2$. Comme a, b, k sont susceptibles de petites variations dues aux changements de température, aux déformations permanentes, etc., il faut un réglage au moment de chaque observation. Ce réglage consiste à déplacer légèrement le centre de gravité, en agissant sur une masse auxiliaire, jusqu'à ce que le renversement n'influe plus du tout sur la durée des oscillations. A ce moment, la distance des deux axes donne la longueur l du pendule équivalent et la formule

$$T = \pi\sqrt{\frac{l}{g}}$$

permet de calculer g.

134. **Métronome.** — Le métronome fournit une autre application de la théorie du pendule composé. Cet appareil est constitué essentiellement par un pendule simple sur la tige duquel peut glisser une petite masse additionnelle. Soit L la longueur du pendule simple et soit m la masse fixée à son extrémité. Appelons μ la masse additionnelle et x sa distance à l'axe de suspension. L'ensemble des deux masses m et μ constitue un pendule composé de masse $M = m + \mu$, pour lequel on a :

$$I = mL^2 + \mu x^2$$
$$Ma = mL + \mu x.$$

d'où, pour le pendule simple équivalent :

$$l = \frac{I}{Ma} = \frac{mL^2 + \mu x^2}{mL^2 + \mu x}.$$

Il est aisé de discuter cette relation. Pour $x = 0$ et pour $x = L$ on a $L = l$. Il y a un minimum de l correspondant à une valeur x_0 de x comprise entre o et L et donnée par la formule

$$\frac{x_0}{L} = \frac{m}{\mu}\left(-1 + \sqrt{1 + \frac{\mu}{m}}\right).$$

La longueur correspondante du pendule équivalent est $l_0 = 2x_0$. Si $\frac{\mu}{m}$ est assez petit pour qu'on puisse remplacer $\sqrt{1 + \frac{\mu}{m}}$ par les trois premiers termes de son développement, le minimum correspond au rapport

$$\frac{x_0}{L} = \frac{1}{2} - \frac{1}{8}\frac{\mu}{m}$$

d'où

$$l_0 = L\left(1 - \frac{1}{4}\frac{\mu}{m}\right).$$

Rien n'empêche de donner à x des valeurs négatives : il suffit de placer la masse additionnelle sur le prolongement de la tige, au-delà de l'axe de suspension. Pour $\frac{x}{L} = -\frac{m}{\mu}$, l devient infini : le centre de gravité est alors sur l'axe de suspension, et le système se trouve en équilibre indifférent. Dès que x devient inférieur à $-L\frac{m}{\mu}$, la valeur de l est négative : cela signifie que le pendule simple équivalent au métronome est renversé; autrement dit, la position verticale descendante de la tige correspond à un équilibre instable.

135. **Tachymètre Luc Denis.** — Soit un solide mobile autour d'un axe vertical O (fig. 55) et sollicité par un ressort R attaché d'une part en un point A de ce corps, d'autre part en un point fixe B. Le système étant d'abord au repos, le ressort a une tension nulle, et à ce moment la droite AB est, par construction, perpendiculaire à OA. Soit x la longueur OA. Si le corps tourne d'un très petit angle θ, le ressort éprouve la variation de longueur $x\theta$ qui lui donne une tension $fx\theta$, f désignant une constante.

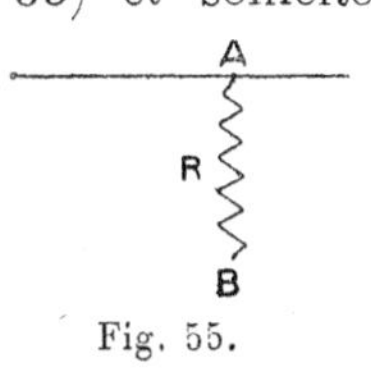

Fig. 55.

Supposons maintenant qu'après avoir écarté le corps de sa position d'équilibre on l'abandonne à lui-même. Il va effectuer des oscillations pendulaires dont l'équation différentielle est, en appelant I le moment d'inertie par rapport à l'axe O :

$$I \frac{d^2\theta}{dt^2} = - fx\theta$$

et par conséquent la durée de ces petites oscillations est

$$\pi \sqrt{\frac{I}{fx}}$$

elle varie en raison inverse de la racine carrée de x.

M. Luc Denis a basé sur ce principe la construction d'un tachymètre fort ingénieux, dont la description nous entraînerait trop loin[1]. Une partie de l'appareil oscille sous l'action d'un ressort; une autre partie reçoit un mouvement oscillatoire synchrone de la rotation de l'arbre dont on veut avoir la vitesse. Le ressort est disposé de telle façon que sa ligne d'action se déplace jusqu'à ce que les deux parties vibrent en concordance. On conçoit, d'après ce que nous venons de dire, qu'au moment où la ligne d'action devient immobile il suffit de connaître sa position pour en déduire la durée d'oscillation de la partie sur laquelle il agit, et pour avoir par conséquent la vitesse cherchée.

136. **Pendule dynamométrique.** — Considérons un pendule simple suspendu à l'intérieur d'un wagon de chemin de fer et supposons que celui-ci soit animé d'un mouvement uniformément varié sur une voie rectiligne et horizontale. Soit γ l'accélération de ce mouvement.

[1] Voir *Bulletin de la Société d'encouragement*. 1906.

D'après la théorie du mouvement relatif, le mouvement du pendule à l'intérieur du wagon peut être étudié comme si celui-ci était immobile, à condition de joindre à la pesanteur mg la force d'inertie $-m\gamma$. Dans sa position d'équilibre relatif (fig. 56), le pendule fait avec la verticale un angle θ dont la tangente est égale à $\frac{\gamma}{g}$, et réciproquement si l'on connaît θ, on en déduit γ par la relation $\gamma = g \operatorname{tg} \theta$.

L'accélération γ a simplement pour effet de dévier d'un angle θ, en sens inverse du sien, la verticale apparente, et d'augmenter le poids apparent qui devient $m\sqrt{g^2 + \gamma^2}$.

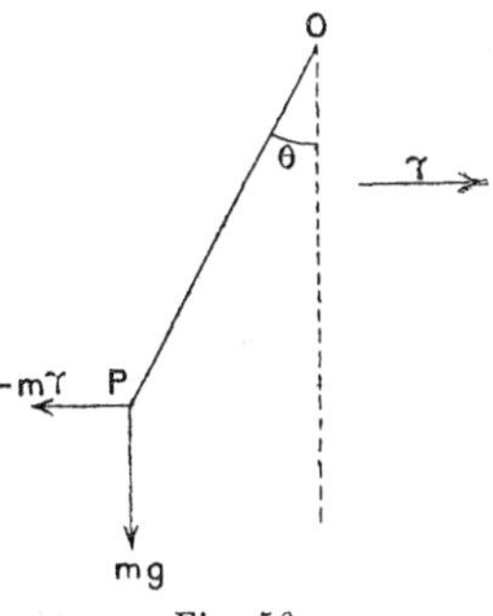

Fig. 56.

Si l'accélération varie lentement, on peut admettre que le pendule abandonné à l'état de repos relatif prend à chaque instant l'inclinaison θ correspondant à la valeur actuelle de γ. Imaginons alors qu'un crayon monté dans le prolongement de la tige du pendule et poussé par un ressort s'appuie sur la génératrice supérieure d'un tambour dont l'axe horizontal soit dans le plan vertical contenant le pendule et donnons à ce tambour un mouvement de rotation uniforme. La pointe du crayon trace un diagramme dont les ordonnées sont proportionnelles à $\operatorname{tg} \theta$, et par conséquent à γ, tandis que les abscisses sont proportionnelles au temps. Connaissant γ en fonction du temps, il suffit de multiplier par la masse M du wagon pour avoir la résultante des forces qui le sollicitent. Une quadrature fournit ensuite la vitesse en fonction du temps, pourvu toutefois que la vitesse initiale soit connue; une seconde quadrature détermine le chemin parcouru.

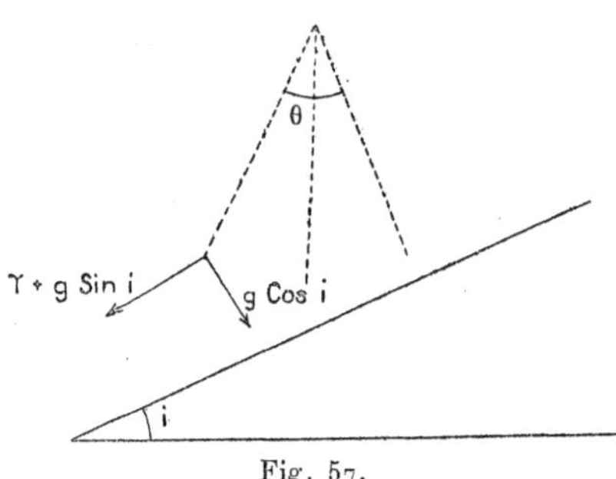

Fig. 57.

Si la voie n'est pas horizontale, les choses se passent moins simplement: pour avoir l'écart de la tige du pendule par rapport à la verticale vraie, il est alors nécessaire de connaître à chaque instant l'inclinaison i de la voie. Si l'on continue à mesurer l'écart θ à partir de la perpendiculaire au plancher du wagon (fig. 57), il est aisé de voir que θ est lié à i par l'équation :

$$\operatorname{tg} \theta = \frac{\gamma + g \sin i}{g \cos i}.$$

Soit F la résultante des forces tirant sur le wagon, *abstraction faite de la composante mg sin i de la pesanteur.* On a évidemment :

$$m\gamma = F - mg \sin i.$$

Par conséquent :

$$\operatorname{tg} \theta = \frac{F}{mg \cos i},$$

d'où

$$F = mg \cos i \times \operatorname{tg} \theta.$$

En pratique, l'angle i est toujours assez faible pour que

cos i ne diffère pas sensiblement de l'unité et l'on peut dès lors écrire : $F = mg$. tg. θ, de sorte que tg θ mesure dans tous les cas la force F.

Revenons au cas de la voie horizontale. Si le pendule est écarté de sa position d'équilibre relatif, il se met à osciller sous l'action du poids apparent $m \sqrt{g^2 + \gamma^2}$; par conséquent la durée T' de ses petites oscillations est un peu moindre que la durée $T = \pi \sqrt{\frac{l}{g}}$ des oscillations ordinaires. On a

$$\left(\frac{T'}{T}\right)^2 = \frac{g}{\sqrt{g^2 + \gamma^2}}.$$

Si γ est très petit par rapport à g, cette relation peut s'écrire

$$\frac{T'}{T} = 1 - \frac{1}{4}\frac{\gamma^2}{g^2}$$

d'où :

$$\gamma = 2g\sqrt{\frac{T - T'}{T}}.$$

De là un nouveau moyen de déterminer γ : il suffit de comparer les durées T et T'.

Supposons maintenant que l'accélération γ soit une fonction donnée du temps. En écrivant que l'accélération tangentielle $l\frac{d^2\theta}{dt^2}$ du pendule est égale à la somme algébrique des projections de g et de γ sur la tangente à la trajectoire on obtient l'équation :

$$\frac{d^2\theta}{dt^2} + \frac{g}{l}\sin\theta = \frac{\gamma}{l}\cos\theta.$$

Il paraît impossible de ramener l'intégration de cette équation à des quadratures. Mais si γ est très lentement variable, on peut, avec une approximation suffisante, admettre que le pendule, placé d'abord au repos relatif prend à chaque instant la position correspondant à la condition d'équilibre $\operatorname{tg}\theta = \frac{\gamma}{g}$, comme si γ était une constante. Il convient d'ailleurs, pour plus de sûreté, de faire intervenir une résistance proportionnelle à la vitesse, ce qui introduit dans l'équation précédente un terme $2\lambda l \frac{d\theta}{dt}$. Si l'amortissement est suffisamment énergique, c'est-à-dire si λ a une valeur assez grande, la présence de ce terme a pour effet d'atténuer très vite $\frac{d\theta}{dt}$ et $\frac{d^2\theta}{dt^2}$, de sorte que le pendule ne s'écarte jamais beaucoup de la position d'équilibre correspondant à la valeur actuelle de l'accélération γ. On peut d'ailleurs étudier de la manière suivante les petits écarts qui tendent à se produire.

Admettons que l'accélération varie assez lentement pour que, pendant un temps assez long ont ait $\gamma = a + \varepsilon$ a étant une constante et ε une très petite fonction du temps. Soit θ_0 l'angle pour lequel $g \sin \theta_0 = a \cos \theta_0$.

Posons $\theta = \theta_0 + \varphi$ et considérons φ, d'après ce qui vient d'être dit comme une très petite quantité. L'équation du mouvement prend la forme :

$$\frac{d^2\varphi}{dt^2} + 2\lambda \frac{d\varphi}{dt} + \frac{g \cos \theta_0 + a \sin \theta_0}{l} \varphi = \frac{\varepsilon}{l} \cos \theta_0$$

ou bien :

$$\frac{d^2\varphi}{dt^2} + 2\lambda \frac{d\varphi}{dt} + \frac{\sqrt{g^2 + a^2}}{l} \varphi = \frac{g}{l\sqrt{g^2 + a^2}} \varepsilon$$

équation tout à fait analogue à celle qui régit les oscillations d'un ressort soumis à une action perturbatrice ; les conséquences sont donc les mêmes dans les deux cas.

Examinons encore ce qui arrive si l'accélération vient à éprouver subitement une variation brusque, par exemple sous l'action d'un frein. Le pendule est d'abord au repos relatif, avec l'inclinaison θ_0 correspondant à une accélération constante γ_0.

A l'instant où l'accélération prend la nouvelle valeur constante γ_1 le pendule se met en mouvement et l'on a, en négligeant l'amortissement, ce qui est permis pendant un temps très court :

$$\frac{d^2\theta}{dt^2} + \frac{g}{l} \sin \theta = \frac{\gamma_1}{l} \cos \theta$$

ce qu'on peut écrire :

$$\frac{d^2\theta}{dt^2} + \frac{\sqrt{g^2 + \gamma_1^2}}{l} \sin (\theta - \theta_1) = 0$$

en posant $\operatorname{tg} \theta_1 = \frac{\gamma_1}{g}$,

Multiplions par $2 \frac{d\theta}{dt}$ et intégrons. Il vient :

$$\left(\frac{d\theta}{dt}\right)^2 a - 2 \frac{\sqrt{g^2 + \gamma_1^2}}{l} \cos (\theta - \theta_1) = \text{C}.$$

A l'instant initial θ est égal à θ_0 et sa dérivée est nulle. Donc :

$$\text{C} = - \frac{2 \sqrt{g^2 + \gamma_1^2}}{l} \cos (\theta_0 - \theta_1)$$

et par suite :

$$\left(\frac{d\theta}{dt}\right)^2 = 4 \frac{\sqrt{g^2 + \gamma_1^2}}{l} \sin \frac{1}{2} (\theta + \theta_0 - 2\theta_1) \sin \frac{1}{2} (\theta - \theta_0)$$

La vitesse, nulle pour $\theta = \theta_0$, s'annule de nouveau pour la valeur $\theta_2 = 2\theta_1 - \theta_0$, d'où $\theta_1 = \frac{\theta_0 + \theta_2}{2}$. On voit que l'écart maximum θ_2, qu'on peut appeler l'écart *balistique* correspond à une inclinaison symétrique de l'inclinaison initiale θ_0 par rapport à l'écart *statique* θ_1 correspondant à la nouvelle accélération γ_1, de sorte que la connaissance de l'écart balistique permet de calculer γ_1.

137. **Appareil Desdouits.** — L'emploi systématique du pendule pour l'étude des questions dynamiques concernant le mouvement des trains a été préconisé par Desdouits[1]. En vue d'augmenter la sensibilité, cet ingénieur a été conduit à remplacer le pendule simple par un dispositif un peu différent, dont nous allons dire quelques mots.

Soit un disque circulaire de rayon R (fig. 58), roulant sans glisser sur un chemiu horizontal AB et lesté de telle façon que son centre de gravité G se trouve à une distance OG $= a$, du centre de figure O. Si le système, placé dans un wagon soumis à l'accélération constante γ, se trouve en équilibre relatif, les moments des forces $M\gamma$ et Mg par rapport au centre instantané de rotation C, point de contact du disque avec AB, sont égaux et de signes contraires, ce qui, en appelant θ l'angle de CG avec la verticale,

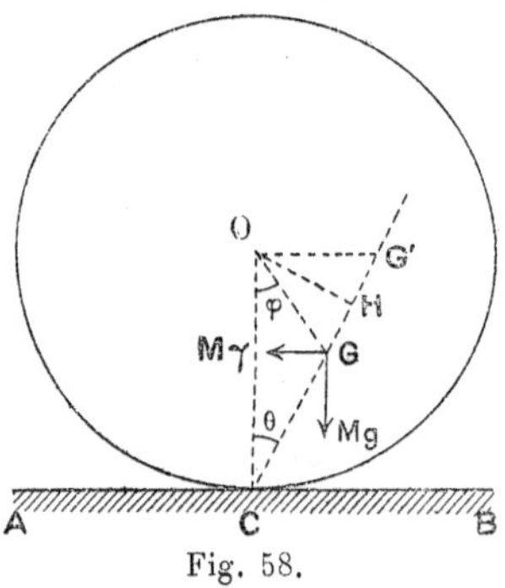

Fig. 58.

[1] *Annales des Mines*, 1885.

donne $\operatorname{tg}\theta = \frac{\gamma}{g}$. Pour que la position d'équilibre existe, il faut que la circonférence de centre O et de rayon a coupe la droite CG formant avec la verticale l'angle θ déterminé par la relation précédente, ce qui donne la condition : $R \sin\theta < a$ ou bien $\gamma < g \frac{a}{\sqrt{R^2 - a^2}}$. Quand cette inégalité est vérifiée, il y a deux positions d'équilibre, correspondant à deux valeurs supplémentaires de l'angle OGC, Nous allons dans un instant examiner si ces positions sont stables. Pour $\gamma = g \frac{a}{\sqrt{R^2 - a^2}}$ les deux positions sont confondues. L'angle OGC est alors droit et il est facile de voir que le centre de gravité se trouve dans ce cas en un point d'inflexion de sa trajectoire.

Soit φ l'angle GOC. On a :

$$\frac{\sin(\theta + \varphi)}{\sin\theta} = \frac{R}{a}.$$

Si l'accélération γ est très petite par rapport à g, les angles φ et θ sont très petits. On peut alors écrire, approximativement :

$$\frac{\theta + \varphi}{\varphi} = \frac{R}{a} \qquad \text{d'où} \qquad \varphi = \frac{R - a}{a}\,\theta.$$

Remplaçons θ par $\operatorname{tg}\theta$, c'est-à-dire par $\frac{\gamma}{g}$ et soit $s = R\varphi$ le chemin parcouru par le centre O depuis la position pour laquelle OG est vertical. Il vient :

$$\gamma = \frac{ga}{R(R - a)}\, s.$$

Cette formule qui a été donnée par Desdouits, montre que, pour les petites valeurs de $\frac{\gamma}{g}$, γ est sensiblement proportionnel à s. Comme on peut réduire $R - a$ autant qu'on le désire, on est maître de faire en sorte qu'à une valeur donnée de γ corresponde une valeur de s aussi grande qu'on le désire, de façon à obtenir un appareil très sensible.

Cherchons maintenant la loi générale du mouvement. La force vive $2T$ est égale à la force vive du centre de gravité augmentée de la force vive de rotation autour de ce centre. Le carré de la vitesse de G est

$$(R^2 + a^2 - 2aR \cos \varphi)\, \varphi'^2.$$

Si donc K désigne le rayon de gyration autour de G et M la masse totale, on a :

$$2T = M\,(K^2 + R^2 + a^2 - 2aR \cos \varphi)\, \varphi'^2.$$

Le travail des forces $M\gamma$ et Mg, pour une rotation virtuelle $\delta\varphi$ autour de C, est $Q\delta\varphi'$ en posant :

$$Q = M\gamma\,(R - a \cos \varphi) - Mga \sin \varphi.$$

Ceci fait, l'équation de Lagrange :

$$\frac{d}{dt}\left(\frac{\partial T}{\partial \varphi'}\right) - \frac{\partial T}{\partial \varphi} = Q$$

donne immédiatement :

$$(K^2 + R^2 + a^2 - 2aR \cos \varphi)\, \varphi'' + aR \sin \varphi \,.\, \varphi'^2$$
$$= \gamma\,(R - a \cos \varphi) - ga \sin \varphi.$$

Appliquons cette équation aux petites oscillations qui peuvent se produire par rapport à une position d'équilibre correspondant à une valeur donnée de γ. Soit φ_0 l'inclinaison de OG sur la verticale dans l'état d'équilibre. Posons $\varphi = \varphi_0 + \varepsilon$ et traitons ε comme une quantité infiniment petite. Nous obtenons :

$$(K^2 + R^2 + a^2 - 2aR\cos\varphi_0)\,\varepsilon'' + (g\cos\varphi_0 - \gamma\sin\varphi_0)\,a\varepsilon = 0$$

Le coefficient de ε'' est le carré du rayon de gyration autour de C ; désignons-le par ρ^2. Posons d'autre part $\gamma = J\sin\theta_0$ et $g = J\cos\theta_0$. Il vient :

$$\varepsilon'' + \frac{Ja}{\rho^2}\cos(\varphi_0 + \theta_0)\,\varepsilon = 0.$$

Pour que l'angle φ demeure très voisin de φ_0, il faut et il suffit que le coefficient de ε soit positif, ce qui donne la condition $\varphi_0 + \theta_0 < \frac{\pi}{2}$. En se reportant à la figure, on constate que cette condition est remplie pour le point G et ne l'est pas pour le point G′ ce qui revient à dire que pour la stabilité de l'équilibre, le centre de gravité doit se trouver sur la partie de sa trajectoire (cycloïde raccourcie) qui tourne sa concavité vers le haut.

Soit $h = \mathrm{GH}$ la projection de OG sur CG. On a

$$h = a\cos(\varphi_0 + \theta_0).$$

Ce qui permet d'écrire :

$$\varepsilon'' + \frac{Jh}{\rho^2}\,\varepsilon = 0.$$

La longueur l du pendule simple équivalent s'obtient

par la formule $\frac{l}{g} = \frac{\rho^2}{Jh}$. En particulier, dans le cas où γ est nul on a : $g = J$ et $h = a$. Alors $l = \frac{\rho^2}{a}$.

138. **Fusil-pendule et canon-pendule.** — On peut déterminer la vitesse initiale d'un projectile à la sortie d'une arme à feu par le recul que subit cette arme suspendue à un axe horizontal perpendiculaire à la dite vitesse ; nous supposons que celle-ci est également horizontale. Soient m et v la masse et la vitesse du projectile, M la masse de l'arme et de son support, K le rayon de gyration de cette masse par rapport à l'axe de rotation, μ la masse de poudre, u la vitesse moyenne avec laquelle les gaz sortent de l'arme. Désignons encore par a la distance de l'âme à l'axe de rotation et par ω la vitesse de rotation aussitôt après la sortie du projectile et des gaz. Nous admettons que l'explosion ne développe que des forces intérieures (ce n'est pas tout à fait exact, à cause de la résistance de l'air). D'après cette hypothèse, le moment cinétique par rapport à l'axe de rotation, nul avant l'explosion, doit être nul après, ce qui conduit à la relation :

$$mav + \mu au - MK^2\omega = 0.$$

Si l'on néglige la masse du support en présence de celle de l'arme, on a sensiblement $K = a$. La vitesse de recul w est d'ailleurs égale à $a\omega$. Donc :

$$mv + \mu u - M\omega = 0.$$

Le premier élément gazeux sort de l'arme avec la vitesse v du projectile : le dernier peut être regardé comme possédant la vitesse $-w$ du recul. On est ainsi conduit à prendre pour la vitesse moyenne u la valeur $\frac{v-w}{2}$, ce qui donne :

$$\left(m+\frac{\mu}{2}\right)v=\left(M+\frac{\mu}{2}\right)w.$$

Telle est la relation entre la vitesse cherchée v et la vitesse de recul. Celle-ci ou, ce qui revient au même, la vitesse de rotation ω s'obtient par un procédé que nous allons indiquer en parlant du pendule balistique.

139. **Pendule balistique.** — Cet appareil qui sert également à mesurer la vitesse d'un projectile est essentiellement constitué par une tige mobile autour d'un axe horizontal O (fig. 59) et portant un récipient R dans la cavité duquel se trouve une matière molle. Le projectile P, animé de la vitesse inconnue V, vient rencontrer cette matière et s'y incruste en exerçant sur elle une percussion; en même temps le pendule est chassé violemment par le choc. On observe l'angle maximum d'écart, θ, de la tige, et il s'agit de calculer V connaissant θ.

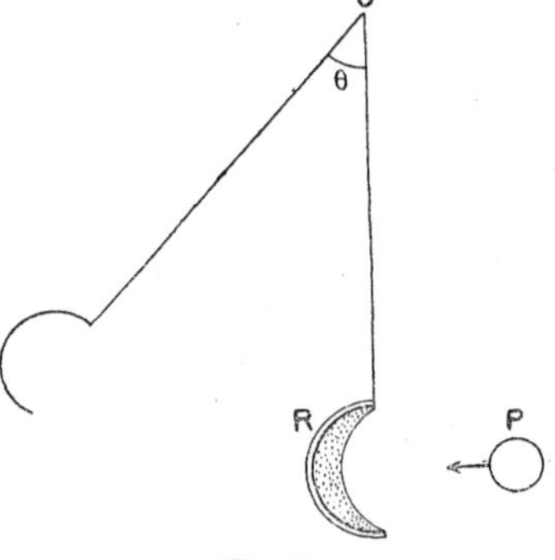

Fig. 59.

Nous assimilerons le projectile à un simple point matériel de masse m. Soit a la distance de sa vitesse à l'axe O.

Soit I le moment d'inertie du pendule par rapport au même axe.

Avant le choc, le pendule est au repos et le moment cinétique de tout le système (pendule et projectile) par rapport à l'axe est mva. Après le choc, le projectile et le pendule forment un seul corps solide qui possède par rapport à l'axe le moment d'inertie $I+ma^2$ et tourne, au premier instant, avec une vitesse ω. Les percussions inconnues qui s'exercent entre le projectile et le pendule sont intérieures et conséquemment la somme de leurs moments par rapport à O est identiquement nulle.

Les seules percussions extérieures sont celles que l'axe peut éprouver de la part de ses appuis, et qui ont aussi des moments nuls par rapport à cet axe. Le moment cinétique n'est donc pas altéré par le choc, d'où l'équation :

$$(I + ma^2)\,\omega = mva.$$

La force vive après le choc est $(I + ma^2)\,\omega^2$.

Cette force vive est absorbée progressivement par le travail de la pesanteur, et, à l'instant où le pendule cesse de s'écarter de la verticale, on a :

$$(I + ma^2)\,\omega^2 = 2Mgh,$$

M désignant la masse du système et h la quantité dont s'est élevé le centre de gravité.

Soient μ la masse du pendule et b la distance de son centre de gravité à l'axe. La distance x du centre de gravité de l'ensemble à ce même axe est donnée par la relation :

$$Mx = ma + \mu b.$$

D'ailleurs, on a évidemment :

$$h = x(1 - \cos\theta) = 2x \sin^2 \frac{\theta}{2}.$$

Par suite :

$$(I + ma^2)\,\omega^2 = 4\,Mgx \sin^2 \frac{\theta}{2} = 4g\,(ma + \mu b) \sin^2 \frac{\theta}{2}$$

d'où :

$$v = \frac{(I + ma^2)\,\omega}{ma} = \frac{2 \sin \frac{\theta}{2}}{ma} \sqrt{g\,(I + ma^2)\,(ma + \mu b)}.$$

Si l désigne la longueur du pendule simple équivalent au pendule balistique, on a $l = \frac{I}{\mu b}$ d'où $I = \mu bl$. On peut d'ailleurs, dans l'expression de v, remplacer les masses m et μ par les poids correspondants p et ϖ. Désignant enfin par c la corde de l'arc décrit par un point du pendule situé à la distance a de l'axe, et posant par suite $c = 2a \sin \frac{\theta}{2}$, on parvient à la formule

$$v = \frac{c}{pa^2} \sqrt{g\,(pa^2 + \varpi bl)\,(pa + \varpi b)}$$

d'après laquelle la vitesse cherchée est égale à la corde c multipliée par un facteur constant, qu'il suffit de calculer une fois pour toutes. Les poids p et ϖ se déterminent par des pesées. La longueur l s'obtient en observant la durée des oscillations du pendule balistique et prenant $l = \frac{gT^2}{\pi^2}$; a et b sont des données de construction.

Il est important d'établir le pendule balistique de telle façon que son axe n'éprouve aucune percussion, sans quoi l'appareil serait rapidement détérioré. Il faut pour cela (nº 50) : 1º que l'axe soit axe principal d'inertie en l'un de ses points O ; 2º que le percussion provenant du choc du projectile s'exerce normalement au plan mené par l'axe et par le centre de gravité du pendule, 3º qu'elle rencontre ce plan au centre de percussion, c'est-à-dire au point situé sur la perpendiculaire en O à l'axe, à une distance de celui-ci égale à la longueur du pendule simple également.

La première condition est évidemment remplie, par raison de symétrie, par le point O situé dans le plan de la figure.

La seconde est également vérifiée, puisque la percussion due au projectile est horizontale, tandis que le plan contenant l'axe et le centre de gravité est vertical. La troisième exige que l soit égal à a.

Dans ces conditions, l'expression de la vitesse se simplifie et devient :

$$v = c\left(1 + \frac{\varpi}{p}\frac{b}{a}\sqrt{\frac{g}{a}}\right).$$

Il est à remarquer que si $l = a$, l'incorporation du projectile au pendule balistique ne modifie pas la longueur du pendule simple équivalent : cela tient à ce que le poids additionnel p se trouve placé précisément à l'extrémité de ce pendule simple.

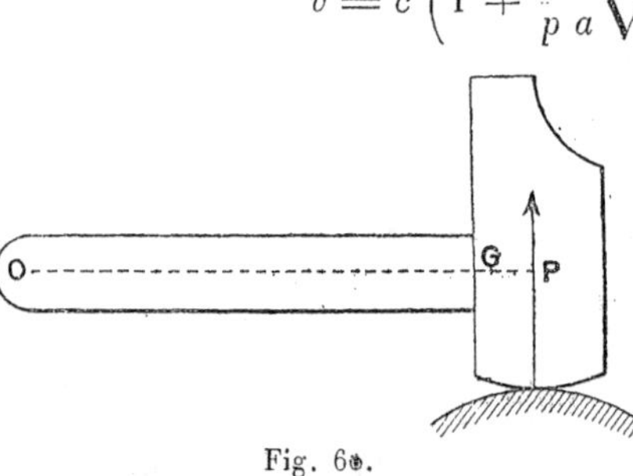

Fig. 60.

On peut traiter d'une manière analogue le problème de la construction rationnelle d'un marteau. Au moment où la tête du marteau choque un corps (fig. 60), elle éprouve de la part de celui-ci une percussion. Si l'on veut que la main n'en ressente pas le contre-coup, il suffit d'assimiler à l'axe de rotation du pendule balistique l'axe d'articulation du poignet qui tient le manche de l'instrument. Si O est la trace de cet axe, G le centre de gravité, K le rayon de gyration relatif à la perpendiculaire au plan de la figure menée par G, GP la distance de G à la percussion on est conduit à poser : $OG \times GP = K^2$.

140. **Pendule régulateur.** — Considérons un pendule simple mobile dans un plan vertical qui tourne, *suivant une loi donnée*, autour de la verticale du point de suspension, et cherchons le mouvement de ce pendule.

Soient l la longueur du pendule, θ son inclinaison sur la verticale, ω la vitesse avec laquelle le plan d'oscillation du pendule tourne autour de la verticale. Cette vitesse est une fonction donnée du temps.

La force vive est

$$2\,T = ml^2\,(\theta'^2 + \omega^2 \sin^2 \theta)$$

d'où

$$\frac{\partial T}{\partial \theta'} = ml^2\theta' \qquad \frac{\partial T}{\partial \theta} = ml^2\omega^2 \sin\theta \cos\theta.$$

Le travail de la pesanteur, pour une variation $\delta\theta$ de θ, est $- mg \sin \theta\delta\theta$. La méthode de Lagrange nous donne donc l'équation :

$$l^2\theta'' - l^2\omega^2 \sin\theta \cos\theta = - gl \sin\theta.$$

La théorie du mouvement relatif (n° 24) conduirait sans peine au même résultat.

Supposons que ω soit une constante. En multipliant les deux membres par $2\theta'$, on peut intégrer une fois, et il vient, en posant pour abréger $\frac{g}{l} = k^2$:

$$\theta'^2 - \omega^2 \sin^2 \theta - 2k^2 \cos \theta = \text{const.}$$

Soit θ_0 une valeur de θ pour laquelle θ' s'annule.
On a :

$$\theta'^2 = \omega^2 (\sin \theta - \sin^2 \theta_0) + 2k^2 (\cos \theta - \cos \theta_0)$$

d'où, en remplaçant θ' par $\frac{d\theta}{dt}$:

$$dt = \frac{d\theta}{\sqrt{\cos \theta - \cos \theta_0}\ \sqrt{2k^2 - \omega^2 (\cos \theta + \cos \theta_0)}}$$

et la détermination du mouvement est ramenée à une intégrale elliptique.

L'équation différentielle du second ordre est identiquement vérifiée quand on suppose $\theta = 0$, $\theta'' = 0$. La position verticale est donc une position d'équilibre. Pour voir si cet équilibre est stable, écrivons :

$$\theta'' = \sin \theta\, (\omega^2 \cos \theta - k^2)$$

et supposons θ infiniment petit. On a alors, en négligeant les infiniment petits du troisième ordre ;

$$\theta'' = (\omega^2 - k^2)\, \theta.$$

Suivant que ω est inférieur ou supérieur à k, l'intégration introduit des fonctions trigonométriques ou des exponentielles. La condition de stabilité est donc

$$\omega < \sqrt{\frac{g}{l}}\ :$$

on peut l'énoncer en disant que le plan mobile doit effectuer un tour dans un temps supérieur à deux fois la durée d'oscillation du pendule simple ordinaire de longueur l. Si l'équilibre est stable, le pendule effectue, dans le plan mobile, des oscillations dont la durée est

$$\pi\sqrt{\frac{l}{g}} \times \frac{1}{\sqrt{1 - \frac{\omega^2}{k^2}}}.$$

On obtient une seconde position d'équilibre relatif en supposant

$$\cos\theta = \frac{g}{l\omega^2} = \frac{k^2}{\omega^2}.$$

Cette position n'existe que si ω surpasse k, c'est-à-dire si la position verticale donne un équilibre instable. Quand cette condition est remplie, on peut poser $\frac{g}{l} = \omega^2 \cos i$ et il vient :

$$\theta'' = \omega^2 \sin\theta (\cos\theta - \cos i).$$

La position d'équilibre correspond à l'inclinaison $\theta = i$. Soit $i + \varepsilon$ une inclinaison infiniment voisine de celle-là. En négligeant ε^2, on a :

$$\varepsilon'' = -\omega^2 \sin^2 i \,.\, \varepsilon$$

d'où

$$\varepsilon = A \sin(\omega t \sin i + \alpha)$$

avec deux constantes arbitraires A et α. Du moment où l'angle i, est réel, l'équilibre correspondant est stable et la durée des oscillations autour de cette position d'équilibre est

$$\pi\sqrt{\frac{l}{g}}\frac{\sqrt{\cos i}}{\sin i}.$$

Il existe une troisième position d'équilibre, correspondant à la verticale ascendante ; mais celle-là est toujours instable. Le système possède donc toujours une position d'équilibre stable, et une seule.

Nous reviendrons ultérieurement sur les applications de cet appareil.

141. **Pendule de longueur variable.** — Une benne non guidée qui oscille dans un puits de mine pendant que s'enroule ou se déroule le cable de suspension peut être assimilée à un pendule simple dont la longueur varie en fonction du temps. Le théorème du moment cinétique fournit immédiatement l'équation différentielle d'un pareil mouvement. Si l'on désigne par l la longueur du pendule à l'instant t et par θ l'angle d'écart, on trouve :

$$l\frac{d^2\theta}{dt^2}+2\frac{dl}{dt}\frac{d\theta}{dt}+g\sin\theta=0.$$

Admettons que le cable se déroule uniformément. Alors $l=a+bt$, a et b désignant deux constantes. Si l'on regarde en outre les oscillations comme infiniment petites, de façon à pouvoir remplacer $\sin\theta$ par θ, il vient :

$$(a+bt)\frac{d^2\theta}{dt^2}+2b\frac{d\theta}{dt}+g\theta=0.$$

Prenons comme variable indépendante, au lieu de t, la longueur $l = a + bt$. Nous trouvons :

$$l \frac{d^2\theta}{dl^2} + 2 \frac{d\theta}{dl} + \frac{g}{b^2} \theta = 0$$

la substitution $\theta = e^{\int z dl}$ donne ensuite l'équation du premier ordre :

$$\frac{dz}{dl} + z^2 + 2 \frac{z}{l} + \frac{g}{b^2 l} = 0.$$

Enfin, en remplaçant z par $v - \frac{1}{l}$, v désignant une nouvelle inconnue, on obtient l'équation

$$\frac{dv}{dl} + v^2 + \frac{g}{b^2} \frac{1}{l} = 0$$

qui rentre dans le type bien connu des équations de Riccati. Ce résultat a été établi par Bossut[1]. Malheureusement la transformation de l'équation du second ordre ne facilite pas l'intégration et complique l'interprétation des résultats.

Il vaut donc mieux s'en tenir à l'équation du second ordre, qui, par le changement de variables :

$$\theta l = u \qquad l = \frac{b^2}{g} x$$

prend la forme très simple :

$$x \frac{\partial^2 u}{\partial x^2} + u = 0.$$

[1] Mémoires de l'ancienne Académie des sciences, 1778 : *Sur le mouvement d'un pendule dont la longueur est variable*, par l'abbé Bossut.

Considérons la trajectoire du pendule rapportée à un axe horizontal et à un axe vertical descendant menés par le point de suspension. En négligeant les infiniment petits d'ordre supérieur, l'ordonnée est égale à l, c'est-à-dire à $\frac{b^2}{g}x$, et l'abscisse a pour valeur u. D'après cela, l'équation conduit immédiatement aux résultats suivants :

La trajectoire de l'extrémité du pendule présente un point d'inflexion chaque fois que le pendule passe par la verticale.

La courbure de la trajectoire varie proportionnellement à l'écart horizontal.

Si l'on muliplie par dx les deux termes de l'équation précédente et si l'on intègre entre deux valeurs x_0 et x_1 de x, on trouve sans peine la relation

$$\left[u - x\frac{\partial u}{\partial x}\right]_0^1 = \int_{x_0}^{x_1} u dx$$

ou bien :

$$\left[u - l\frac{\partial u}{\partial l}\right]_0^1 = \frac{g}{b^2}\int_{x_0}^{x_1} u dl.$$

L'expression $u - l\frac{\partial u}{\partial l}$ représente l'abscisse du point où la tangente à la trajectoire rencontre l'horizontale du point de suspension. D'où ce théorème :

Si l'on considère, sur la trajectoire, deux points tels que leurs tangentes aillent couper en un même point l'horizontale du point de suspension, la verticale du point de suspension partage en deux parties égales l'aire limitée par la trajectoire et par les horizontales des deux points considérés.

L'équation

$$x \frac{\partial^2 u}{\partial x^2} + u = 0$$

se rattache à la théorie des fonctions de Bessel, appelées aussi fonctions cylindriques.

Elle admet la solution particulière :

$$u_0 = x - \frac{2\,x^2}{(1.2)^2} + \frac{3\,x^3}{(1.2.3)^2} - \frac{4\,x^4}{(1.2.3.4)^2} + \dots$$

dont la vérification est immédiate. Cette solution peut être multipliée par une constante arbitraire. On en déduit la solution générale :

$$u = Au_0 + Bu_0 \int \frac{dx}{u_0^2}$$

avec deux constantes arbitraires, A et B.

La solution générale peut encore être représentée par l'intégrale définie :

$$u = Cx \left[\int_0^{\frac{\pi}{2}} \cos\left(2\sqrt{x}\cos\omega + \alpha\right)\sin^2\omega d\omega + \sin\alpha \int_0^{\frac{\pi}{2}} e^{-2\sqrt{x}\,\mathrm{tg}\,\omega} \frac{du}{\cos^3\omega} \right]$$

avec deux constantes arbitraires C et α. Pour faire la vérification, posons :

$$v = x \int_0^{\frac{\pi}{2}} \cos\left(2\sqrt{x}\cos\omega + \alpha\right)\sin^2\omega d\omega$$

et :

$$w = x \int_0^{\frac{\pi}{2}} e^{-2\sqrt{x}\,\mathrm{tg}\,\omega} \frac{d\omega}{\cos^3 \omega}$$

d'où

$$u = C\,(v + w \sin \alpha).$$

En différentiant deux fois sous le signe $\int$, on trouve :

$$x \frac{\partial^2 v}{\partial x^2} + v = -\frac{\sqrt{x}}{2} \sin \alpha$$

et

$$x \frac{\partial^2 w}{\partial x^2} + w = \frac{\sqrt{x}}{2}$$

on a donc bien

$$x \frac{\partial^2 u}{\partial x^2} + u = 0.$$

Lorsque x acquiert une très grande valeur, circonstance qui finit toujours par se produire, avec un pendule de longueur croissante, au bout d'un laps de temps suffisant, le mouvement final peut être représenté au moyen de l'expression approchée :

$$u = Ax^{\frac{1}{4}} \cos (2\sqrt{x}) + Bx^{\frac{1}{4}} \sin (2\sqrt{x}).$$

Cette fonction vérifie en effet, rigoureusement, l'équation différentielle :

$$x \frac{\partial^2 u}{\partial x^2} + \left(1 + \frac{3}{16\,x}\right) u = 0$$

ainsi qu'il est aisé de s'en assurer.

Comme x est égal à $\frac{gl}{b^2}$ la même formule est applicable même à un pendule dont la longueur n'est pas très grande, pourvu que la longueur varie très lentement. En nous plaçant dans cette hypothèse, nous pouvons déduire de cette formule les conséquences suivantes :

L'intervalle de temps qui s'écoule entre deux passages consécutifs d'un pendule lentement variable par la verticale est sensiblement égal à la durée de l'oscillation d'un pendule ordinaire, ayant pour longueur constante la longueur moyenne du pendule variable dans cet intervalle de temps.

L'intervalle de temps qui s'écoule entre un passage par la verticale et l'élongation consécutive est sensiblement égal à

$$\frac{\pi}{2}\sqrt{\frac{l}{g}} - 0{,}13\,\frac{b}{g},$$

l désignant la longueur du pendule à l'instant du passage par la verticale.

La différence d'amplitude de deux élongations consécutives est sensiblement égale à $\frac{3}{4}\pi\sqrt{\frac{b}{gl}}$.

Quand les oscillations ne sont pas infiniment petites la théorie du pendule variable se complique singulièrement. Bornons-nous à donner ici la formule qui représente approximativement la durée d'une demi oscillation du pendule ayant pour longueur $l = a + bt$, b étant très petit. Prenons pour instant initial celui d'un maximum d'écart égal à θ_0. Le temps employé pour atteindre la verticale est :

$$T = \frac{\pi}{2}\sqrt{\frac{a}{g}}\left(1 + \frac{\theta_0^2}{16}\right) + \frac{b}{4g}\left(\frac{\pi^2}{4} + 3\right) + \frac{b\theta_0^2}{64g}(2\pi^2 + 1).$$

La question a été traitée avec plus de développement dans un mémoire *sur le pendule de longueur variable*, où est examiné également le cas du pendule conique[1].

142. **Amortissement du roulis.** — M. Crémieu[2] a proposé, pour amortir rapidement le roulis d'un navire, un dispositif basé sur le principe suivant :

Assimilons le navire à un pendule composé, oscillant autour d'un axe horizontal O (fig. 61). Soient K son rayon de gyration et a la distance du centre de gravité G à l'axe. La loi du mouvement est donnée par la formule :

$$\frac{d^2\theta}{dt^2} + \frac{ga}{k^2} \sin \theta = 0.$$

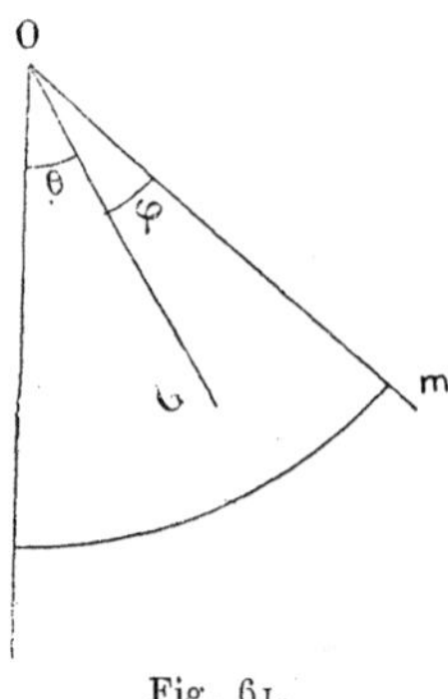

Fig. 61.

Supposons maintenant qu'à fond de cale soit placée une masse m susceptible de se déplacer par rapport au navire en demeurant à la distance constante b de l'axe d'oscillation et en éprouvant une résistance proportionnelle à sa vitesse relative. Si nous appelons $b\varphi$ le chemin parcouru à partir de la position par laquelle cette masse se trouve dans le plan passant par l'axe et par G, la résistance peut être représentée par $\lambda \frac{d\varphi}{dt}$, λ désignant un facteur constant. L'équation

[1] *Acta Mathematica*, tome XIX, 1895, Sur le pendule de longueur variable, par M. L. Lecornu.

[2] *Comptes rendus de l'Académie des sciences*, 6 mai 1907.

du mouvement du navire devient dans ces conditions :

$$MK^2 \frac{d^2\theta}{dt^2} + Mga \sin \theta - \lambda b \frac{d\varphi}{dt} = 0.$$

L'équation du mouvement de la masse m est :

$$mb^2 \frac{d^2(\varphi + \theta)}{dt^2} + mgb \sin (\varphi + \theta) + \lambda b \frac{d\varphi}{dt} = 0.$$

Si l'on pose $\varphi + \theta = \psi$, ces deux équations peuvent s'écrire :

$$MK^2 \frac{d^2\theta}{dt^2} + Mga \sin \theta + \lambda b \frac{d\theta}{dt} - \lambda b \frac{d\psi}{dt} = 0.$$

$$mb^2 \frac{d^2\psi}{dt^2} + mgb \sin \psi + \lambda b \frac{d\psi}{dt} - \lambda b \frac{d\theta}{dt} = 0.$$

Si l'on considère φ et θ comme deux quantités infiniment petites on est conduit à deux équations différentielles du second ordre qu'on peut intégrer par les procédés connus. La discussion du mouvement se ramène à celle des racines d'une équation du quatrième degré.

Sans entreprendre cette discussion compliquée, remarquons que la résistance opposée au mouvement relatif de la masse m entraîne nécessairement une perte de force vive, et contribue par suite à hâter le rétablissement de l'équilibre du système.

143. **Théorie de l'escarpolette.** — Delaunay, dans son *Traité de mécanique*, a examiné sommairement le procédé employé par un gymnasiarque pour entretenir et amplifier à volonté les oscillations de son trapèze ou de son escarpolette. Mais, ainsi que le montrera ce qui va suivre, sa

théorie est incomplète et incapable d'expliquer certains faits d'expérience.

Pour simplifier le langage, nous raisonnerons comme si l'appareil était suspendu à une seule corde, incapable de torsion, et comme si toute la masse en mouvement était concentrée dans le plan vertical d'oscillation de la corde : il est clair que ces conventions ne peuvent diminuer en rien la généralité des résultats.

Par le point de suspension O, menons à un instant quelconque, une droite OG aboutissant au centre de gravité G du système mobile. Appelons a la longueur OG, θ l'angle de OG avec la verticale descendante, et supposons, pour fixer les idées, que θ soit positif et croissant. Si nous négligeons les résistances passives, les seules forces extérieures sont d'une part la réaction du point d'attache, d'autre part la pesanteur. La dérivée du moment cinétique par rapport à O est donc égale au moment de la pesanteur.

Soient r et φ les coordonnées polaires d'un point quelconque du système par rapport à l'origine O et à l'axe OG ; soit m la masse élémentaire placée en ce point. Le moment cinétique est $\Sigma mr^2 \left(\frac{d\theta}{dt} + \frac{d\varphi}{dt}\right)$.

Nous avons par suite :

$$(1) \qquad \frac{d}{dt}\left[\Sigma mr^2 \left(\frac{d\theta}{dt} + \frac{d\varphi}{dt}\right)\right] + \mathrm{M}ga \sin\theta = 0.$$

L'énergie totale E du système (sol inclus) est la somme de la demi force vive, de l'énergie potentielle de la pesanteur et de l'énergie potentielle des forces intérieures autres que la pesanteur. La force vive est

$$\Sigma m \left(\frac{dr}{dt}\right)_2 + \Sigma mr^2 \left(\frac{d\theta}{dl} + \frac{d\varphi}{dt}\right)^2.$$

L'énergie potentielle de la pesanteur est, à une constante près, $-\mathrm{M}ga \cos \theta$. Nous avons donc, en appelant U le potentiel des forces intérieures :

$$\mathrm{E} = \frac{1}{2} \Sigma m \left(\frac{dr}{dt}\right)^2 + \frac{1}{2} \Sigma m r^2 \left(\frac{d\theta}{dt} + \frac{d\varphi}{dt}\right)^2 - \mathrm{M}ga \cos \theta + \mathrm{U}.$$

D'autre part, la demi-force vive T_r du mouvement relatif est :

$$\mathrm{T}_r = \frac{1}{2} \Sigma m \left(\frac{dr}{dt}\right)^2 + \frac{1}{2} \Sigma m r^2 \left(\frac{d\varphi}{dt}\right)^2$$

ce qui permet d'écrire :

$$(2) \qquad \mathrm{E} = \frac{d\theta}{dt} \Sigma m r^2 \left(\frac{d\theta}{dt} + \frac{d\varphi}{dt}\right) - \frac{1}{2} \left(\frac{d\theta}{dt}\right)^2 \Sigma m r^2 - \mathrm{M}ga \cos \theta + \mathrm{T}_r + \mathrm{U}.$$

$\mathrm{T}_r + \mathrm{U}$ est l'énergie E_r correspondant au mouvement relatif, c'est-à-dire la part d'énergie qui dépend uniquement des déformations du système. Ceci posé, en prenant la dérivée de l'équation (2) par rapport au temps et tenant compte de l'équation (1) il vient :

$$(3) \qquad \frac{d\mathrm{E}}{dt} = \frac{d^2\theta}{dt^2} \Sigma m r^2 \frac{d\varphi}{dt} - \left(\frac{d\theta}{dt}\right)^2 \Sigma m r \frac{dr}{dt} - \mathrm{M}g \cos \theta \frac{da}{dt} + \frac{d\mathrm{E}_r}{dt}.$$

L'énergie relative E_r oscille périodiquement entre certaines limites. Supposons qu'aux instants t_0 et t_1, E_r prenne la même valeur et intégrons l'équation (3) de t_0 à t_1. Si nous appelons ω la vitesse angulaire $\frac{d\theta}{dt}$ et ω' sa dérivée, il vient, pour l'accroissement ΔE de l'énergie totale :

$$(4)\ \Delta E = \int_{t_0}^{t_1} \omega' \ \Sigma mr^2 d\varphi - \int_{t_0}^{t_1} \omega^2 \Sigma mr dr - Mg \int_{t_0}^{t_1} \cos\theta \, da.$$

Le gymnasiarque doit combiner ses mouvements de telle taçon que ΔE soit positif et égal au moins, en valeur absolue, au travail des résistances passives, que nous avons laissées de côté (résistance de l'air, frottement des points d'attache, raideur des cordes, etc.). Nous pouvons, en sacrifiant un peu de la rigueur, mettre ΔE sous une forme plus simple. A cet effet, désignons par θ_0 la valeur maxima qui serait atteinte par θ, en l'absence de résistances passives, si le mouvement relatif cessait brusquement à l'instant t; la théorie du pendule composé donne :

$$\omega^2 \ \Sigma mr^2 = 2 \, Mga \, (\cos\theta - \cos\theta_0)$$

d'où :

$$(5)\ Mg \int \cos\theta \, da = Mg \int \cos\theta_0 \, da + \frac{1}{2} \int \omega^2 \frac{da}{a} \ \Sigma mr^2.$$

θ_0 est fonction du temps ; mais c'est une fonction qui ne peut éprouver que des variations très faibles pendant la durée d'une oscillation. Les variations de $\cos\theta_0$ sont encore moins prononcées. Nous pouvons donc, sans crainte de grosse erreur, traiter $\cos\theta_0$ comme une constante. Admettons en outre qu'aux limites d'intégration t_0 et t_1, la longueur OG reprenne, comme E_r, la même valeur.

Dans ces conditions l'intégrale $\int \cos \theta_0 da$ est nulle, et la combinaison des équations (4) et (5) donne :

$$(6) \qquad \Delta E = \int_{t_0}^{t_1} \omega' \Sigma mr^2 d\varphi - \frac{1}{2}\int_{t_0}^{t_1} \omega^2 \frac{d(a\Sigma mr^2)}{a}.$$

L'accroissement d'énergie découle donc de deux groupes de termes bien distincts : le premier, dépendant uniquement des forces d'inertie tangentielles, comme le montre la présence du facteur ω'; le second, proportionnel, toutes choses égales d'ailleurs, à ω^2, et lié par conséquent à l'existence des forces centrifuges. Autrement dit, l'homme a deux moyens de réaliser son but : il peut agir à chaque instant soit sur la valeur de $\Sigma mr^2 d\varphi$, soit sur celle de $\frac{d(a\Sigma mr^2)}{a}$. L'influence de $\Sigma mr^2 d\varphi$ est proportionnelle à ω' : l'instant le plus favorable à cet égard est celui de l'écart maximum, et le signe de $\Sigma mr^2 d\varphi$ doit changer en même temps que celui de ω', c'est-à-dire au moment du passage par la verticale. L'influence de $\frac{d(a\Sigma mr^2)}{a}$ est proportionnelle à ω^2 : elle est d'autant plus grande que le centre de gravité est plus rapproché de la verticale, et elle est nulle au moment du maximum d'écarts. Remarquons encore que, pour un pendule de forme invariable, la plus grande valeur de ω' est proportionnelle au sinus de l'angle d'écart et la plus grande valeur de ω^2 est proportionnelle à l'excès de l'unité sur le cosinus de ce même angle, c'est-à-dire au carré du sinus de l'angle moitié : d'après cela, tant que le balancement est très faible, l'effet utile est dû presque entièrement aux termes en ω'. La théorie élémentaire de

Delaunay ne fait entrer en ligne de compte que l'action des forces centrifuges, représentée par les termes en ω^2; elle laisse complètement de côté les termes en ω'.

L'observation confirme pleinement les résultats qui précèdent. Considérons, par exemple, un gymnasiarque debout sur son trapèze. Si, comme le suppose Delaunay, il maintient son corps dans le plan des cordages, se bornant à fléchir ou à redresser les jambes, le balancement ne peut être dû qu'aux variations du produit $a\Sigma mr^2$, accru par la flexion, diminué par le redressement. Il faut alors, d'après ce que nous avons vu, que le redressement ait lieu brusquement au moment du passage par la verticale, les mouvements de flexion, dont l'effet est défavorable, étant réservés aux instants pour lesquels ω est nul, c'est-à-dire aux instants d'écart maximum : c'est bien ce qu'indique la pratique. En second lieu, si le gymnasiarque se tient raide, il lui reste la ressource de pencher alternativement le corps en avant ou en arrière. Dans ce cas, le moment d'inertie ne varie pas sensiblement non plus que la distance a du centre de gravité au point d'attache, car la rotation a lieu sensiblement autour du centre de gravité : c'est donc le terme en ω' qui intervient seul.

Analysons de plus près ce qui arrive dans la seconde hypothèse, et pour cela, assimilons le corps à une tige rigide, tournant autour de son centre de gravité : soit, à un instant quelconque, ψ l'angle aigu formé par la tige avec le prolongement de OG au-delà de G. Nous supposerons que la rotation ψ nécessaire pour amener la droite OG prolongée en coïncidence avec la tige s'effectue dans le même sens que les variations positives de θ. Prenons sur la tige un point quelconque A situé à la distance r de O et à la distance $\pm \rho$ de G. En évaluant de deux manières différentes l'aire élémentaire décrite par la portion de tige GA, on trouve aisément la relation :

$$r^2 d\varphi = \rho^2 d\psi + a\rho \cos \psi d\psi$$

d'où

$$\Sigma m r^2 d\varphi = d\psi \Sigma m\rho^2 + a d\psi \Sigma \rho \cos \psi.$$

Mais, pour l'ensemble de la tige, la somme $\Sigma\rho \cos \psi$ est nulle : il reste donc :

$$\Sigma m r^2 d\varphi = d\psi \Sigma m\rho^2.$$

Ainsi, l'effet d'une rotation élémentaire $d\psi$ est, toutes choses égales d'ailleurs, proportionnel au moment d'inertie $\Sigma m\rho^2$ par rapport au centre de gravité et indépendant de l'inclinaison ψ. En outre la formule (6) montre que $d\psi$, pour avoir un effet favorable, doit être du même signe que ω. Par conséquent, dans la demi-oscillation descendante, ψ doit être croissant ; dans la demi-oscillation ascendante il doit devenir décroissant. Autrement dit, pendant le mouvement de descente, l'extrémité inférieure du corps doit se porter en avant ; pendant le mouvement de montée, elle doit revenir en arrière, ce qui est d'accord avec l'expérience.

Il va sans dire qu'en réalité les choses se passent d'une manière plus complexe. Les deux modes de travail se combinent et mettent en jeu simultanément, dans des conditions très variées, les muscles de l'opérateur.

CHAPITRE IV

MOUVEMENTS DIVERS

144. **Toupie.** — Le mouvement d'une toupie dont la pointe O (fig. 62) repose sans frottement dans un godet fixe s'obtient aisément, quand la rotation ω est très rapide, par application du principe de l'effet gyroscopique (n° 53).

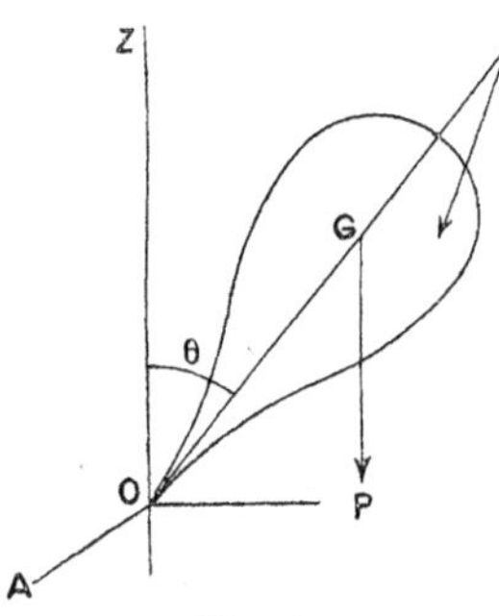

Fig. 62.

Si l'on désigne par P le poids de la toupie, par a la distance de son centre de gravité G à la pointe, par θ l'angle de son axe avec la verticale, le moment de la pesanteur par rapport à la pointe est $\mathrm{P}a \sin\theta$; il est figuré par un vecteur OA, perpendiculaire au plan vertical ZOG. Le moment cinétique, dirigé sensiblement suivant l'axe, est $\mathrm{I}\omega$, I représentant le moment d'inertie par rapport à l'axe. L'extrémité E du vecteur qui figure ce moment cinétique devant avoir une vitesse identique à OA, et par conséquent perpendiculaire au plan ZOG, il en résulte d'abord que l'angle θ ne varie pas. Soit φ la vitesse avec laquelle ce plan tourne autour de la verticale. La vitesse de E est $\mathrm{I}\omega\varphi \sin\theta$, et il faut égaler cette quantité à $\mathrm{P}a \sin\theta$. Donc $\varphi = \frac{\mathrm{P}a}{\mathrm{I}\omega}$. On remarque que φ est indépendant de l'inclinaison θ. Il est essentiel de se rappeler que ces résultats sont purement approximatifs, et cesseraient de s'appliquer si la vitesse ω n'était pas très grande.

Le cas d'une toupie dont la pointe glisse *sans frottement* sur un plan horizontal se traite avec la même facilité. La pression du plan sur la pointe étant verticale, le moment résultant des forces par rapport au centre de gravité G est horizontal. Si alors nous appliquons le principe de l'effet gyroscopique à des axes de direction fixe menés par G, nous voyons ici encore que l'axe conserve une inclinaison constante ; G n'a donc aucune accélération verticale, et cela exige que la pression du plan soit égale au poids P. Dès lors cette pression joue, par rapport aux axes menés par G, le même rôle que joue le poids P par rapport à la pointe quand celle-ci est maintenue fixe. Le centre de gravité demeure fixe ou bien possède un mouvement horizontal qui est rectiligne et uniforme. La pointe décrit sur le plan une circonférence ou bien une cycloïde qui peut être plus ou moins allongée ou raccourcie. Quand il y a frottement de la pointe sur le plan, le problème se complique singulièrement, lors même que la rotation est supposée très rapide, et nous ne chercherons pas à le résoudre ici.

145. **Cerceau.** — Un autre problème intéressant et difficile est celui du mouvement d'un cerceau roulant ou glissant avec frottement au contact d'un plan horizontal. Nous avons étudié (n° 80) le cas relativement simple du cerceau vertical. Traitons encore celui d'un cerceau qui roule sans glissement en conservant une inclinaison constante. Nous négligerons les résistances passives. Comme le centre reste par hypothèse à une hauteur invariable, la force vive ne change pas.

Soient xOy (fig. 63) le plan horizontal, G le centre du cerceau, O son point de contact avec le plan, Ox la projection horizontale de OG, i l'angle de OG avec la verticale Oz. Admettons, a priori, que le mouvement s'effectue de la façon suivante : le plan du cerceau tourne avec une vitesse angulaire constante, ω, autour d'une verticale fixe DD′ rencontrant OD. En même temps le cerceau tourne avec une vitesse angulaire constante, φ, autour de la normale en G à son plan. Le vecteur φ est dirigé vers le haut et le vecteur ω, vers le bas. Nous allons voir qu'il est possible de trouver pour ω et φ des valeurs répondant à toutes les conditions du problème.

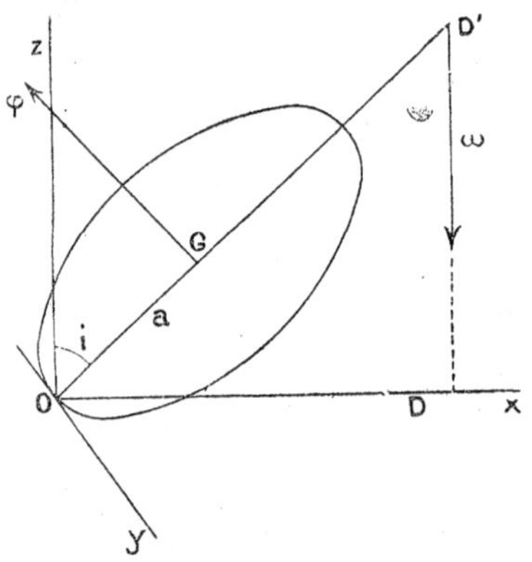

Fig. 63.

La vitesse absolue du point O du cerceau est nulle par hypothèse. Si nous désignons par a le rayon du cerceau et par l la distance OD, la vitesse de O est $\varphi a - \omega l$. Donc : $\varphi a = \omega l$.

Soient p et r les projections de la rotation résultante sur GD′ et sur la normale $G\varphi$. On a :

$$p = -\omega \cos i, \qquad r = \varphi - \omega \sin i.$$

Le rayon de la circonférence décrite par G est

$$l - a \sin i.$$

La vitesse V de G est

$$\omega(l - a \sin i) = a(\varphi - \omega \sin i) = ar.$$

L'accélération de ce point se réduit à sa composante centripète :

$$\frac{V^2}{l - a \sin i} = \omega^2(l - a \sin i) = a\omega r.$$

L'action du plan sur le cerceau, au point de contact O, est dirigée dans le plan vertical zOx, puisque le centre de gravité a son accélération dans ce plan. Sa composante verticale est égale au poids μg du cerceau (μ désignant la masse). Sa composante horizontale T a pour valeur $\mu\omega r$.

Considérons trois axes liés invariablement au cerceau et coïncidant, à l'instant considéré, avec $G\varphi$, GD', et la perpendiculaire en G au plan zox. Soit C le moment d'inertie par rapport à $G\varphi$; soit A la valeur commune des moments d'inertie par rapport aux deux autres axes. p, q, r désignant les composantes de la rotation instantanée suivant ces axes, et L, M, N les sommes des moments des forces, nous avons (nos 51 et 55) :

$$(1)\qquad \begin{cases} A\dfrac{dp}{dt} + (C - B)qr = L, \\ B\dfrac{dq}{dt} + (A - C)rp = M, \\ C\dfrac{dr}{dt} + (B - A)pq = N. \end{cases}$$

Ici, B est égal à A. Les moments L et N sont nuls, puisque l'action du plan, seule force extérieure à considérer, rencontre les axes GD' et $G\varphi$. Le moment M a pour valeur : $a(\mathrm{M}g \sin i - \mathrm{T} \cos i)$. La composante q de la rotation est nulle à l'instant considéré, mais il est essentiel de remarquer que sa dérivée $\frac{dq}{dt}$ ne l'est pas. En effet, les axes situés dans le plan du cerceau possèdent, dans ce plan, la vitesse de rotation φ. Au bout du temps dt, celui qui était parallèle à Oy fait avec l'horizontale, dans le sens descendant, un angle

$$\varepsilon = \varphi dt,$$

et la quantité φ acquiert ainsi la valeur :

$$-p \sin r = -p\varphi dt.$$

Donc :

$$\frac{dq}{dt} = -p\varphi.$$

La dérivée $\frac{dp}{dt}$ est nulle, parce que la projection de la rotation sur l'axe dirigé d'abord suivant GD′ n'éprouve qu'une variation du second ordre.

Dans ces conditions, la première et la troisième des équations (1) disparaissent identiquement, et la seconde donne :

$$-\mathrm{A}p\varphi + (\mathrm{A} - \mathrm{C})rp = a(\mu g \sin i - \mu a\omega r \cos i),$$

ou bien, en remplaçant p et r par leurs valeurs :

$$(\mathrm{C} - \mathrm{A} + \mu a^2)\omega^2 \sin i \cos i - (\mathrm{C} + \mu a^2)\omega\varphi \cos i + \mu a g \sin i = 0.$$

Cette formule a lieu quels que soient A et C : elle serait donc applicable à un corps de révolution, de forme lenticulaire, présentant une tranche apte à jouer le rôle du cerceau. Si on assimile celui-ci à un anneau de section infiniment mince, les valeurs des moments d'inertie sont :

$$C = \mu a^2, \qquad A = \frac{1}{2}\mu a^2,$$

et il vient, en divisant par μa^2 :

$$\frac{3}{2}\omega^2 \sin i \cos i - 2\omega\varphi \cos i + \frac{g}{a} \sin i = 0.$$

Telle est la relation existant entre les deux vitesses de rotation ω et φ, pour une valeur donnée de l'angle i. On peut choisir arbitrairement ω et en déduire la valeur de φ. Il resterait à discuter les conditions de stabilité ; mais cette recherche nous entrainerait trop loin[1].

La composante horizontale T de l'action du plan doit, pour que le cerceau ne dérape pas, être inférieure à $f\mu g$, f désignant le coefficient de frottement. En remplaçant T par sa valeur, on obtient la condition :

$$\omega(\varphi - \omega \sin i) < fg$$

qui, eu égard à la relation trouvée entre φ et ω, peut s'écrire :

$$f > \frac{1}{2a} \operatorname{tg} i - \frac{\omega^2}{4g} \sin i.$$

146. **Bicyclette.** — Nous allons maintenant parler de l'équilibre de la bicyclette, qui est, en somme, un assemblage de deux cerceaux reliés par un cadre pourvu d'une articulation. Nous admettrons que les forces d'inertie peu-

[1] Voir Carvallo « Théorie du motocycle et de la bicyclette ».

vent être calculées comme si les roues glissaient sans tourner : cette hypothèse ne peut entraîner un grosse erreur, attendu que les roues sont relativement légères et ont en outre une forte partie de leur masse concentrée au moyeu.

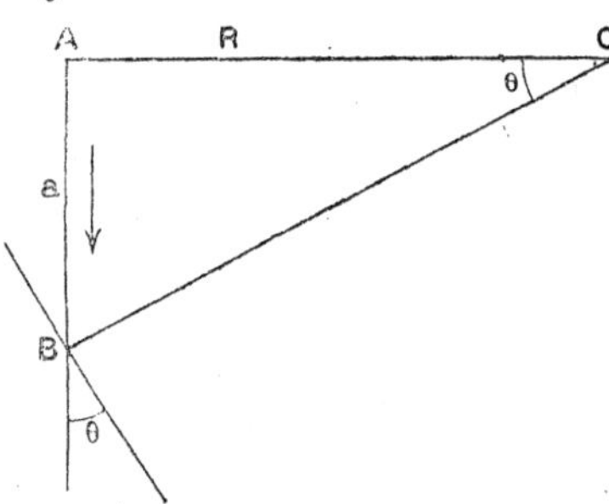

Fig. 64.

Soient A et B (fig. 64) les points de contact de la roue d'arrière et de la roue d'avant avec le sol. Soit a la longueur AB. Nous supposons la vitesse constante, le guidon maintenu dans une position invariable par rapport au cadre, et nous cherchons la condition pour que l'appareil ne bascule pas autour de sa base d'appui AB. Tant qu'il n'y a pas dérapage, la vitesse de A est dirigée suivant AB et celle de B, dirigée dans le plan de la roue d'avant, fait un angle déterminé θ avec le prolongement de AB. Le centre instantané du mouvement de AB, dans le plan horizontal, est le point C situé à la rencontre des normales en A et B à ces deux vitesses. La distance AC a la valeur constante

$$R = a\mathrm{Cotg}\theta.$$

Les deux points A et B décrivent des cercles de rayons $a\mathrm{cotg}\theta$ et $\frac{a}{\sin \theta}$ autour du point fixe C.

L'ensemble du système peut ainsi être considéré comme un corps solide que certaines liaisons (réactions du sol en

A et B) obligent, s'il ne bascule pas, à tourner autour de la verticale du point C.

Rapportons maintenant le système à trois axes fixes coincidant, à l'instant considéré, avec les trois droites que voici :

l'axe des x, avec AC ;

l'axe des y, avec AB ;

l'axe des z, avec la verticale ascendante de A.

Chaque point décrit une circonférence horizontale ayant son centre sur la verticale de C. Si ω désigne la vitesse angulaire de rotation, la force d'inertie d'un point de masse m, dont les coordonnées sont x, y, z, a pour projections sur les axes :

$$m\omega^2(x - R), \qquad m\omega^2 y, \qquad 0.$$

Le moment de cette force d'inertie par rapport à AB est $m\omega^2 z\ (x - R)$. Nous admettrons que toutes les abscisses x sont négligeables en présence de R. Le moment par rapport à AB se réduit alors à $-m\omega^2 Rz$. La somme des moments des forces d'inertie est donc, par rapport à AB, $- M\omega^2 Rz_1$, en appelant M la masse totale et z_1 la hauteur du centre de gravité au-dessus du sol. Soient h la distance du centre de gravité G à la base AB (fig. 64 *bis*), et i l'inclinaison sur la verticale du plan ABG, on a :

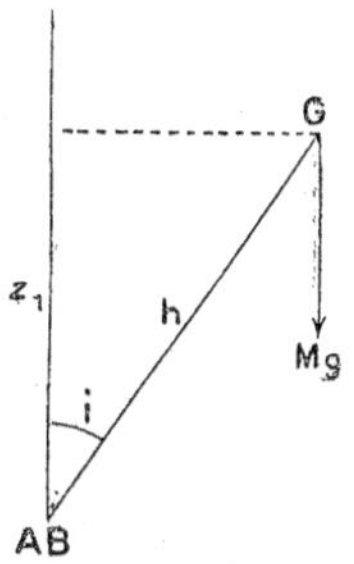

Fig. 64bis.

$$z_1 = h \cos i.$$

D'autre part le moment de la pesanteur est évidemment $Mgh \sin i$.

Ecrivons que la somme des moments de toutes les forces par rapport à l'axe des y est nulle. Les réactions du sol, appliquées en A et B, ont des moments nuls. Il vient donc simplement :

$$Mgh \sin i - M\omega^2 Rh \cos i = 0,$$

d'où :

$$\operatorname{tg} i = \frac{\omega^2 R}{g}.$$

D'ailleurs, si V est la vitesse du point A, on a :

$$V = \omega R.$$

Par suite :

$$\operatorname{tg} i = \frac{V^2}{gR}.$$

Cette formule fait connaître l'angle d'inclinaison i correspondant à l'état d'équilibre. En remplaçant R par $a\operatorname{Cotg}\theta$, on peut encore écrire :

$$\operatorname{tg} i = \frac{V^2}{ga} \operatorname{tg} \theta.$$

L'équilibre ainsi obtenu est instable : car, lorsque i éprouve un petit accroissement sans variation de θ, le moment de la pesanteur augmente tandis que celui de la force d'inertie diminue. Pour rétablir l'équilibre il faut augmenter θ de telle façon que tg θ redevienne égal à $\frac{ga}{V^2} \operatorname{tg} i$.

Les réactions du sol doivent, en projection horizontale, équilibrer la force d'inertie $M\frac{V^2}{R}$ qui peut s'écrire $Mg \operatorname{tg} i$.

Pour qu'il n'y ait pas dérapage il faut, en appelant f le coefficient de frottement des bandages sur le sol, que l'on ait $Mg \operatorname{tg} i < Mgf$, d'où $\operatorname{tg} i < f$. En d'autres termes, l'inclinaison i doit être inférieure à l'angle de frottement. Si l'on craint le dérapage, il faut diminuer i, et, comme

$$\operatorname{tg} i = \frac{V^2}{gR},$$

il faut diminuer V ou bien augmenter R.

147. **Appareil à mesurer les balourds.** — Il existe aux ateliers de la Compagnie de l'Ouest un appareil curieux dont l'invention est due à M. Haffner, et qui a pour objet de résoudre expérimentalement le problème suivant :

Etant donné un essieu monté, c'est-à-dire le système formé par une paire de roues de wagon et l'essieu qui les réunit, reconnaître si l'axe de l'essieu est un axe principal d'inertie pour chacune des roues. Dans le cas où cette condition n'est pas remplie, déterminer le balourd de la roue, c'est-à-dire la masse qu'il faudrait ajouter ou retrancher en un point de la jante pour que l'axe devienne principal.

On comprendra l'intérêt de cette recherche si l'on remarque que l'absence de balourd est évidemment une condition nécessaire pour qu'une roue puisse, dans son roulement, exercer sur le rail une pression constante.

L'appareil se compose essentiellement d'un cadre mobile c, c_1 (fig. 65), mobile autour d'un axe vertical z, z', et portant deux pointes p, p', entre lesquelles se monte l'essieu à vérifier. La ligne pp' est horizontale et rencontre la verticale zz'.

L'essieu étant placé de telle façon que le plan moyen de l'une des roues, r_1, contienne l'axe vertical zz', on donne à cet essieu une rotation uniforme autour de son axe.

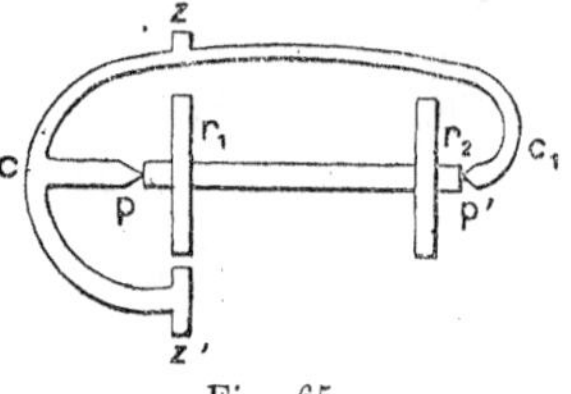

Fig. 65.

Nous allons chercher le mouvement d'un pareil système en admettant que chacune des roues présente un balourd assimilable, ainsi que nous venons de le dire, à une petite masse additionnelle placée en un point de sa jante, et en supposant, tout d'abord, que les frottements soient négligeables.

148. — Commençons par traiter le problème plus général se rapportant au cas où le corps porté par les deux pointes p, p' est un solide absolument quelconque, et supposons d'abord que le système soit abandonné à lui-même après qu'on lui a donné un mouvement initial quelconque.

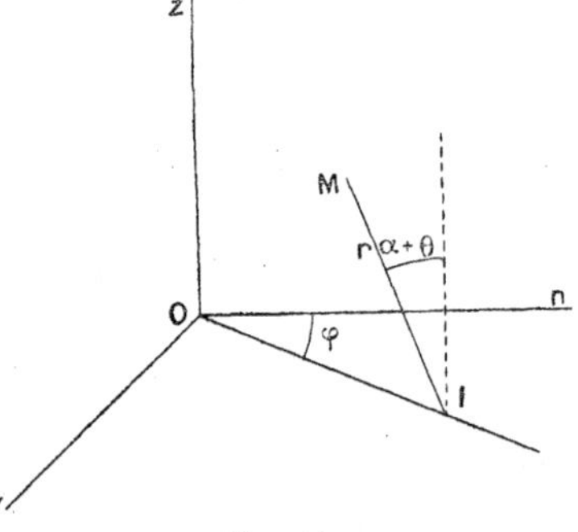

Fig. 66.

Soient ox, oy, oz (fig. 66) trois axes fixes, dont le troisième coincide avec la verticale zz' de la figure précédente et dont l'origine o est au point de rencontre de zz' avec la ligne des pointes. Celle-ci est une droite ol du plan xoy; soit φ l'angle xol. Soit θ l'angle que forme avec le plan vertical zol un plan mené par ol et par le centre de gravité G du corps.

La position d'un élément m du corps peut être définie soit par ses coordonnées x, y, z rapportée aux axes fixes, soit par la distance l de sa projection sur ol, à l'axe oz, sa distance r à l'axe ol et l'angle α compris entre les deux plans loG et lom. Les quantités l, r, α sont indépendantes du temps et l'on a les relations :

$$\begin{aligned} x &= l \cos \varphi - r \sin (\theta + \alpha) \sin \varphi, \\ y &= l \sin \varphi + r \sin (\theta + \alpha) \cos \varphi, \\ z &= r \cos (\theta + \alpha), \end{aligned}$$

d'où :

$$\begin{aligned} \frac{dx}{dt} &= - y \frac{d\varphi}{dt} - z \sin \varphi \frac{d\theta}{dt}, \\ \frac{dy}{dt} &= x \frac{d\varphi}{dt} + z \cos \varphi \frac{d\theta}{dt}, \\ \frac{dz}{dt} &= - r \sin (\theta + \alpha) \frac{d\theta}{dt}. \end{aligned}$$

On en déduit pour le carré de la vitesse :

$$v^2 = (x^2 + y^2)\varphi'^2 + r^2\theta'^2 + 2z(x \cos \varphi + y \sin \varphi)\varphi'\theta'.$$

ou bien :

$$v^2 = \left[l^2 + r^2 \sin^2 (\theta + \alpha)\right] \varphi'^2 + r^2\theta'^2 + 2rl \cos (\theta + \alpha) \varphi'\theta'$$

Posons :

$$\begin{array}{lll} \Sigma ml^2 = \mathrm{A} & \Sigma mr^2 \sin^2 \alpha = a & \Sigma mrl \sin \alpha = p \\ \Sigma mr^2 = \mathrm{B} & \Sigma mr^2 \cos^2 \alpha = b & \Sigma mrl \cos \alpha = q \\ & \Sigma mr^2 \sin \alpha \cos \alpha = c & \end{array}$$

La force vive $2T$ du corps est :

$$2T = \Sigma mv^2 = [A + a\cos^2\theta + b\sin^2\theta + 2c\sin\theta\cos\theta]\varphi'^2 + B\theta'^2 + 2(q\cos\theta - p\sin\theta)\varphi'\theta'.$$

La seule force extérieure est la pesanteur. Si R est la distance de G à Ol, le potentiel a pour valeur $MgR\cos\theta$. Le théorème des forces vives donne donc, en appelant h une constante :

$$2T + MgR\cos\theta = h.$$

D'autre part, le moment cinétique par rapport à oz est évidemment constant ce qui, en appelant k une autre constante donne la seconde équation :

$$\Sigma m\left(x\frac{dy}{dt} - y\frac{dx}{dt}\right) = k.$$

Mais :

$$x\frac{dy}{dt} - y\frac{dx}{dt} = \left[l^2 + r^2\sin^2(\theta+\alpha)\right]\varphi' + rl\cos(\theta+\alpha)\theta'$$

Par suite :

$$(A + a\cos^2\theta + b\sin^2\theta + 2c\sin\theta\cos\theta)\varphi' + (q\cos\theta - p\sin\theta)\theta' = k$$

Cette dernière relation peut se mettre sous la forme

$$\frac{\partial T}{\partial\varphi'} = k$$

qu'on obtiendrait immédiatement en appliquant les formules de Lagrange à la valeur trouvée ci-dessus pour $2T$.

Posons pour abréger :

$$A + a\cos^2\theta + b\sin^2\theta + 2c\sin\theta\cos\theta = \lambda$$
$$q\cos\theta - \mu\sin\theta = \mu$$

Les équations du mouvement sont :

$$\lambda\varphi'^2 + B\theta'^2 + 2\mu\varphi'\theta' + MgR\cos\theta = h$$
$$\lambda\varphi' + \mu\theta' = k$$

Par l'élimination de φ', il vient :

$$[B\lambda - \mu^2]\,\theta'^2 = \lambda h - k^2 - \lambda Mg\cos\theta$$

d'où en remplaçant θ' par $\frac{d\theta}{dt}$:

$$dt = \sqrt{\frac{B\lambda - \mu^2}{\lambda h - k^2 - \lambda MgR\cos\theta}}\,d\theta.$$

λ et μ étant des fonctions de θ, on est ramené à une quadrature. On a ensuite φ en fonction de θ par la nouvelle quadrature :

$$d\varphi = \frac{kdt - \mu d\theta}{\lambda}.$$

Nous avons raisonné comme si la masse du cadre était négligeable; mais il est bien facile d'en tenir compte. Soit en effet C le moment d'inertie de ce cadre par rapport à oz. Sa force vive est $C\varphi'^2$ et la seule modification du calcul consiste à remplacer A par A + C.

Supposons maintenant que l'on fasse agir sur le solide porté par les pointes un couple extérieur capable de maintenir sensiblement constante sa vitesse angulaire $\frac{d\theta}{dt}$. Cette condition est remplie, dans l'appareil de la compagnie de l'Ouest, au moyen d'une courroie qui embrasse d'une part une poulie de l'atelier, d'autre part une poulie calée sur l'essieu. Cette courroie est assez longue pour qu'on puisse négliger les effets de torsion dus aux variations de l'angle φ. On peut d'ailleurs, comme on l'a fait dans certains cas, remplacer cette courroie par un fil conducteur, amenant un courant électrique à une dynamo montée sur l'essieu.

Admettons donc que $\frac{d\theta}{dt}$ soit égal à une constante ω. Dans ces conditions il n'y a plus à tenir compte de l'équation des forces vives ; mais l'équation des aires subsiste et donne :

$$\lambda \frac{d\varphi}{dt} = k - \mu\omega$$

avec les valeurs :

$$\lambda = A + a \cos^2 \omega t + b \sin^2 \omega t + 2c \sin \omega t \cos \omega t$$
$$\mu = q \cos \omega t - p \sin \omega t;$$

φ est alors obtenu au moyen d'une quadrature dépendant uniquement de fonctions trigonométriques et logarithmiques.

En pratique, l'essieu peut être regardé comme entièrement symétrique autour de son axe, sauf la présence de deux petites masses additionnelles (les balourds), placées sur les jantes des deux roues. Si la masse m_2 appartient à la roue dont le plan moyen contient oz, on a, pour cette masse $l = 0$ d'où $p = q = 0$. La masse m_1 est dans le plan moyen de l'autre roue, et donne :

$$p = m_1 rl \sin \alpha \qquad q = m_1 rl \cos \alpha.$$

Ici, l désigne la longueur de l'axe et r le rayon de la roue.

Par raison de symétrie, les autres éléments matériels de l'essieu et des roues n'interviennent aucunement dans les valeurs de p et q.

En ce qui concerne A, B, a, b, c, on a :

$$\text{Pour la masse } m_1 \left\{ \begin{array}{l} A_1 = m_1 l^2 \\ B_1 = m_1 r^2 \\ a_1 = m_1 r^2 \sin^2 \alpha_1 \\ b_1 = m_1 r^2 \cos^2 \alpha_1 \\ c_1 = m_1 r^2 \sin \alpha_1 \cos \alpha_1 \end{array} \right.$$

$$\text{Pour la masse } m_2 \left\{ \begin{array}{l} A_2 = 0 \\ B_2 = m_2 r^2 \\ a_2 = m_2 r^2 \sin^2 \alpha_2 \\ b_2 = m_2 r^2 \cos^2 \alpha_2 \\ c_2 = m_2 r^2 \sin \alpha_2 \cos \alpha_2 \end{array} \right.$$

L'ensemble de l'essieu et des roues, abstraction faite de m_1 et m_2, donne des valeurs A_0, B_0, a_0, b_0, c_0 des cinq coefficients satisfaisant, par raison de symétrie aux relations $a_0 = b_0$ et $c_0 = 0$.

Les valeurs de λ et de μ sont ainsi :

$$\begin{aligned} \lambda &= A_0 + C + a_0 + (a_1 + a_2) \cos^2 \theta + (b_1 + b_2) \sin^2 \theta \\ &\quad + 2(c_1 + c_2) \sin \theta \cos \theta \qquad (\theta = \omega t) \\ \mu &= m_1 r l \cos (\alpha + \theta). \end{aligned}$$

On remarque que μ est indépendant de m_2.

Admettons que les masses additionnelles m_1, m_2 soient assez petites pour que λ puisse être réduit à la partie $A_0 + C + a_0$ qui ne dépend pas de ces masses, λ devient constant, et la relation

$$\lambda \frac{d\varphi}{dt} = k - \mu\omega$$

s'intègre immédiatement, ce qui donne :

$$\lambda\varphi = kt - \frac{m_1 r l}{\omega} \sin (\alpha + \omega t)$$

D'après cette formule la rotation de l'essieu autour de la verticale s'effectue avec la vitesse moyenne $\frac{k}{\lambda}$; la vitesse réelle varie entre les deux limites

$$\frac{k}{\lambda} \pm \frac{m_1 r l}{\lambda};$$

la période de variation est $\frac{2\pi}{\omega}$. Si, en particulier, les données initiales sont telles que la constante k soit nulle, la valeur de φ oscille perpétuellement entre les deux limites

$$\varphi = \pm \frac{m_1 r l}{\omega}$$

qui sont atteintes pour les valeurs du temps

$$t = \frac{1}{\omega}\left(n\frac{\pi}{2} - \alpha\right)$$

n étant un nombre entier quelconque. En mesurant les écarts extrêmes φ, on a l'importance du balourd m_1 par la relation $m_1 = \frac{\omega\varphi}{rl}$. A l'instant où φ atteint l'une de ces valeurs limites, $\alpha + \theta$ est égal à $\frac{\pi}{2}$ ce qui veut dire que le balourd m_1 traverse le plan horizontal xoy, ce qui donne le moyen de marquer la position de ce balourd.

L'expérience ne confirme pas les résultats qui précèdent. Les discordances que l'on observe doivent être attribuées à l'influence des résistances passives que nous avons laissées de côté. Le pivotement de l'axe vertical développe des frottements qui varient à chaque instant avec la position des balourds. De là résultent des phénomènes compliqués dont l'étude nous entrainerait trop loin. Nous renverrons sur ce point à un travail de M. Appell[1].

149. **Turbines à axe flexible.** — Les turbines à vapeur tournent avec une énorme vitesse pouvant atteindre jusqu'à 400 à 500 tours par seconde. Pour pouvoir donner à un solide une pareille rotation, il est indispensable de prendre des précautions particulières. Le profil méridien doit présenter une forme d'égale résistance à la force centrifuge, et il faut de plus que le système soit parfaitement équilibré : on arrive à faire en sorte que le centre de gravité ne se trouve pas à plus de $\frac{5}{1000}$ de millimètre de de l'axe de rotation. L'expérience a montré d'ailleurs que le meilleur moyen de lutter contre les effets de l'inertie consiste à laisser à la tige une certaine flexibilité, grâce à laquelle la turbine se maintient dans l'espace en vertu de sa stabilité propre[2], c'est-à-dire avec des vibrations imperceptibles, tandis qu'une tige rigide résisterait difficilement. Mais la flexibilité de la tige a l'inconvénient de permettre au centre de gravité des écarts variables par rapport à l'axe et l'on constate que, pour certaines valeurs de la vitesse, l'appareil tend à prendre une allure désordonnée.

On peut se proposer d'étudier théoriquement les déformations de l'axe. Pour prendre le problème sous sa forme la plus simple, imaginons que le système soit

[1] Machine à déterminer les balourds, par M. Paul Appell (*Journal de l'Ecole polytechnique*, 1904).

[2] Le jeu du *diabolo* est une application directe de ce genre de stabilité.

assimilé à un disque plan, placé exactement au milieu de la tige et rigoureusement normal à cette tige. Alors, par raison de symétrie, le disque se meut dans un plan fixe.

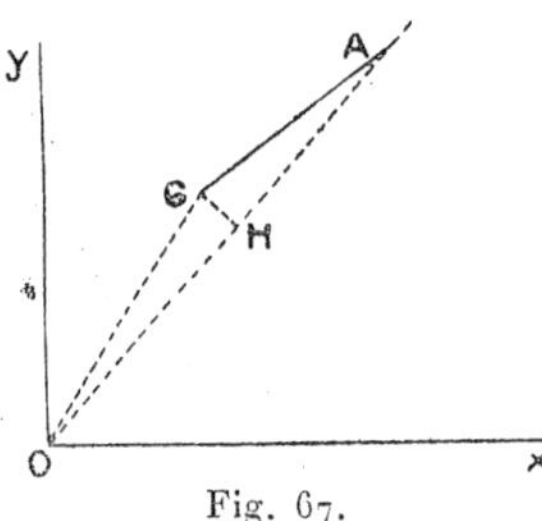

Fig. 67.

Supposons que, quand il quitte sa position d'équilibre statique, il soit sollicité par une force de rappel appliquée au point A (fig. 67) qui, au repos, coïncide avec un point O de l'axe, force proportionnelle à l'écart OA et dirigée de A vers O. Admettons enfin que les forces extérieures, motrices et résistantes, appliquées au système se fassent équilibre par rapport à l'axe de rotation et cherchons, dans ces conditions, comment se meut le centre de gravité.

Soient x, y les coordonnées du centre de gravité G par rapport à deux axes rectangulaires fixes menés par O, θ l'angle de GA avec Ox, a la longueur constante GA, M la masse du disque, Mk^2OA la force de rappel appliquée en A.

En écrivant que G se meut comme un point libre, de masse M, soumis à l'action de la force de rappel, on obtient les deux équations :

$$M \frac{d^2x}{dt^2} = - Mk^2 (x + a \cos \theta)$$

$$M \frac{d^2y}{dt^2} = - Mk^2 (y + a \sin \theta)$$

ou bien

$$\frac{d^2x}{dt^2} + k^2 (x + a \cos \theta) = 0 \quad (1)$$

$$\frac{d^2y}{dt^2} + k^2 (y + a \sin \theta) = 0. \quad (2)$$

D'autre part, la rotation autour de G s'effectue comme autour d'un point fixe. Si donc c désigne le rayon de gyration et si GH est la distance de G à OA, on a :

$$Mc^2 \frac{d^2\theta}{dt^2} = Mk^2 OA.GH.$$

Mais OA.GH est le double de la surface du triangle OGA, égale à

$$\frac{1}{2} a (x \sin \theta - y \cos \theta).$$

Donc

$$(3) \qquad c^2 \frac{d^2\theta}{dt^2} - k^2 a (x \sin \theta - y \cos \theta) = 0.$$

Les équations (1), (2), (3) entre les trois inconnues x, y, θ définissent le mouvement du système.

Le théorème du moment cinétique fournit une intégrale première. La seule force appliquée passant par O, le moment cinétique par rapport à ce point est constant. Ce moment est d'ailleurs égal au moment cinétique, par rapport à O, de la quantité de mouvement de G. D'après cela, si h est la constante d'intégration on a :

$$(4) \qquad c^2 \frac{d\theta}{dt} + x \frac{dy}{dt} - y \frac{dx}{dt} = h.$$

Le théorème des forces vives fournit d'autre part l'intégrale :

$$(5) \qquad \begin{cases} c^2\left(\frac{d\theta}{dt}\right)^2 + \left(\frac{dx}{dt}\right)^2 + \left(\frac{dy}{dt}\right)^2 + k^2 (x + a \cos \theta)^2 \\ \qquad + k^2 (y + a \sin \theta)^2 = \text{const.} \end{cases}$$

Il parait impossible de se procurer d'autres intégrales, et, par conséquent, de parvenir à la solution générale et rigoureuse du problème.

Il y a une solution particulière très simple, qu'on obtient en posant :

$$x = \lambda \cos \theta \qquad y = \lambda \sin \theta.$$

En substituant ces valeurs dans les équations (3) et (4), il vient :

$$\frac{d^2\theta}{dt^2} = 0 \qquad (c^2 + \lambda^2)\frac{d\theta}{dt} = h.$$

$\frac{d\theta}{dt}$ a donc alors une valeur constante ω, et λ est également constant. Le centre de gravité possède, autour de O, un mouvement circulaire et uniforme, et les trois points O, A, G sont en ligne droite. Les équations (1) et (3) donnent en outre, dans ces conditions :

$$\omega^2\lambda = k^2(\lambda + a) \qquad \text{d'où} \qquad \lambda = \frac{k^2 a}{\omega^2 - k^2}$$

relation qu'on trouverait immédiatement en exprimant que la force centrifuge de G est égale à la force de rappel. Suivant que ω est supérieur ou inférieur à k, la valeur de λ est positive ou négative : cela signifie que, dans un cas, G est entre O et A, tandis que dans l'autre O se trouve entre G et A. Pour la valeur $\omega = k$, λ devient infini : il n'y a plus alors d'équilibre possible entre la force de rappel et la force centrifuge.

La solution qui précède, toute particulière qu'elle soit, met déjà en évidence l'existence d'une *vitesse critique* pour laquelle l'écart du centre de gravité tend à augmenter sans limite. Elle fait connaître d'ailleurs le seul cas pour lequel la rotation du disque puisse s'effectuer avec une vitesse constante. Il va sans dire que cette solution particulière ne saurait se réaliser que par un concours de circonstances tout à fait exceptionnel.

Supposons, comme cela a lieu en réalité, que le rayon de gyration c soit très grand par rapport à la longueur GO. Si l'on pose

$$\frac{h}{c^2} = \omega \qquad \frac{1}{c^2} = \varepsilon \qquad x\frac{dy}{dt} - y\frac{dx}{dt} = \frac{d\varphi}{dt}$$

l'équation (4) devient :

$$\frac{d\theta}{dt} = \omega - \varepsilon\frac{d\varphi}{dt}$$

d'où, à une constante près $\theta = \omega t - \varepsilon\varphi$.

Vu la petitesse supposée des rapports $\frac{x}{c}$, $\frac{y}{c}$, la vitesse angulaire $\frac{d\theta}{dt}$ diffère peu de la constante ω. Si nous prenons *à titre de première approximation*, $\theta = \omega t$, les équations (1) et (2) s'intègrent immédiatement et donnent :

$$(6) \qquad \begin{cases} x = p\cos(kt + \alpha) + \lambda\cos\omega t \\ y = q\sin(kt + \beta) + \lambda\sin\omega t. \end{cases}$$

en appelant p, q, α, β quatre constantes arbitraires et conservant la notation $\lambda = \frac{k^2 a}{\omega^2 - k^2}$.

D'après cela :

Si la vitesse angulaire est regardée comme ayant une valeur constante ω, le mouvement du centre de gravité s'obtient en composant une rotation uniforme de vitesse ω

sur une circonférence de rayon λ avec un mouvement elliptique à accélération centrale, possédant la période $\frac{2\pi}{k}$.

Cette solution, qui a été indiquée par M. Föppl, de Münich[1], laisse complètement de côté l'équation (3). On peut obtenir une seconde approximation, en ayant recours à la méthode de variation des constantes arbitraires. Mais les calculs se compliquent alors beaucoup, et nous nous bornerons ici à énoncer le résultat, qui est le suivant[2].

Au second degré d'approximation, c'est-à-dire quand on tient compte de la seconde puissance du rapport $\frac{a}{c}$, *l'ellipse de Föppl doit être considérée comme possédant autour de son centre une rotation uniforme, d'autant plus rapide qu'on approche davantage de la vitesse critique. En outre, au même degré d'approximation, le mouvement est troublé par un grand nombre de petites oscillations périodiques de durées différentes.*

La vitesse angulaire μ avec laquelle tournent les axes de l'ellipse est donnée par la formule :

$$\mu = -\frac{k^4\omega}{2(k^2 - \omega^2)^2} \times \frac{a^2}{c^2}.$$

150. **Dérivation des projectiles.** — Les projectiles de l'artillerie moderne sont des corps de révolution à méridienne ogivale possédant, à leur sortie de la pièce, une grande vitesse du centre de gravité jointe à une rapide rotation autour de leur axe. La rotation, obtenue au moyen

[1] *Civilingenieur*, 1895 et 1896.

[2] Sur les turbines à axe flexible, par M. L. Lecornu (*Journal de l'Ecole Polytechnique* 1906).

des rayures, a pour objet de leur procurer une stabilité grâce à laquelle ils cheminent la pointe en avant, condition indispensable pour atténuer les effets de la résistance de l'air. Mais, si cette stabilité était absolue, l'axe demeurerait rigoureusement parallèle à lui-même, et, comme la tangente à la trajectoire du centre de gravité s'incline de plus en plus vers le bas, l'axe formerait avec la tangente un angle croissant à l'excès; en même temps le couple produit par la résistance de l'air, agissant dans le plan vertical de la trajectoire, tendrait, ainsi qu'on s'en rend compte par le principe de l'effet gyroscopique, à dévier l'axe par rapport à ce plan, et par conséquent à occasionner une poussée oblique ayant pour effet de faire sortir le centre de gravité lui-même du plan de tir. L'observation indique que les choses ne se passent pas tout à fait de cette manière. Le centre de gravité sort réellement du plan de tir, dans un sens dépendant de celui de la rotation ; mais l'axe, au lieu de demeurer parallèle à lui-même, s'incline de plus en plus sans trop s'écarter de la tangente. La détermination du mouvement véritable est un problème extrêmement difficile pour l'étude duquel toutes les ressources de la mécanique rationnelle doivent être mises à contribution. C'est en somme l'une des plus belles applications de la dynamique. Nous ne pouvons malheureusement en dire davantage sur ce sujet spécial. Il a fait l'objet de travaux nombreux et importants, parmi lesquels nous citerons notamment ceux du commandant Charbonnier.

Nous terminerons ce chapitre en citant encore quelques applications de la stabilité que possède l'axe d'un corps de révolution, quand celui-ci tourne très vite autour de lui. Le *monorail Brennam* est un wagon roulant sur un seul rail. Pour le maintenir en équilibre deux volants sont montés sur un axe transversal et animés de rotations rapides, sous l'action d'un moteur électrique [1]. Afin de diminuer l'effet de la résistance de l'air, on enferme ces volants dans une boîte où l'on fait le vide. Un procédé analogue peut être employé pour combattre en mer le roulis. Cette idée, émise par M. Otto Schlick, a été réalisée en 1906 sur un bateau de 35 mètres, ancien torpilleur de la marine allemande. M. Stuart Bruce propose d'avoir reeours au même moyen pour douer les machines volantes de la stabilité nécessaire.

[1] *Engineering*, juin 1907.

QUATRIÈME PARTIE

THÉORIE DES MACHINES

CHAPITRE PREMIER

PRODUCTION ET UTILISATION DE LA FORCE VIVE

151. **Puissance d'une machine.** — Une machine est un appareil destiné à l'utilisation industrielle de l'énergie. Elle comporte un *récepteur* sur lequel agissent les forces naturelles, un mécanisme de transmission et un ou plusieurs outils disposés en vue du travail que l'on veut produire.

Les récepteurs, appelés aussi *moteurs*, se divisent en plusieurs classes suivant la nature de l'énergie qui leur est fournie. On distingue les récepteurs hydrauliques (roues, turbines), pneumatiques (moulins à vent), thermiques (moteurs à vapeur, à air chaud, à gaz, à pétrole), électriques (dynamos, etc.). Nous laisserons entièrement de côté, comme sortant de notre cadre, l'étude des conditions dans lesquelles se développe l'énergie des moteurs thermiques ou électriques, et nous nous bornerons à quelques généralités sur le fonctionnement des moteurs hydrauliques ou pneumatiques, renvoyant pour plus de détails aux ouvrages spéciaux.

Dans le langage ordinaire, on attribue souvent le nom de machine à un simple récepteur, et l'on dit : une machine hydraulique, une machine à vapeur, etc. Il n'y a aucun inconvénient à adopter cette manière de parler, et nous l'adopterons dans ce qui va suivre.

L'unité de travail usitée dans la mécanique industrielle est le kilogrammètre, c'est-à-dire le travail nécessaire pour élever verticalement d'un mètre un poids d'un kilogramme.

On appelle *puissance* d'une machine, le travail utile qu'elle peut fournir dans l'unité de temps. L'unité de puissance est le *cheval-vapeur*, correspondant à un travail de 75 kilogrammètres par seconde. Watt a adopté cette unité comme représentant la puissance d'un cheval de forte taille. Mais, en réalité, il serait impossible à un cheval, même très vigoureux, de fournir 75 kilogrammètres par seconde pendant une période prolongée. Il est vrai, comme le fait remarquer Poncelet dans son *Introduction à la mécanique industrielle* que « la grande activité imprimée à l'industrie anglaise y fait souvent considérer comme plus avantageux de surmener les animaux, au risque d'en hâter le dépérissement ».

On emploie parfois comme unité de puissance le *Poncelet* qui représente un travail de 100 kilogrammètres par seconde.

152. **Récepteurs hydrauliques.** — Dans les machines hydrauliques, l'énergie mise en jeu est celle d'une masse d'eau descendant d'une certaine hauteur. Il faut donc avant tout disposer d'une chute d'eau convenable. Cette chute d'eau est fournie par la nature ou bien on l'obtient artificiellement en barrant une rivière. La partie située en

dessus du barrage s'appelle le *bief d'amont*; la partie en dessous s'appelle le *bief d'aval*. La hauteur de la chute est la différence de niveau des deux biefs. Le poids de liquide qui s'écoule dans une seconde est le débit de la chute. Soient h la hauteur de la chute en mètres et P le débit en kilogrammes. Le produit Ph est, par définition, la puissance de la chute (estimée en kilogrammètres par seconde). Nous verrons dans un instant que cette expression mesure sensiblement le travail disponible. La puissance en chevaux est $\frac{Ph}{75}$.

Il existe deux grandes classes de machines hydrauliques. La première comprend des machines tournant d'un mouvement continu autour d'un axe horizontal ou vertical : ce sont les roues et les turbines. Dans la seconde classe, moins répandue, se rangent les machines à colonne d'eau, où le liquide agit à l'intérieur d'un cylindre sur un piston animé d'un mouvement alternatif; cette classe comprend également les *béliers hydrauliques*. Nous nous occuperons uniquement des machines tournantes.

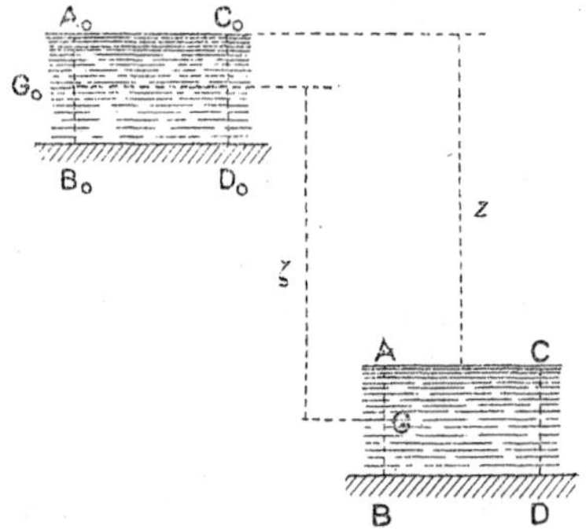

Fig. 68.

Soient A_0B_0 et AB (fig. 68) deux sections verticales faites, l'une dans le bief d'amont, l'autre dans le bief d'aval, assez loin de la chute pour que, dans chacune de ces sections, le mouvement de l'eau soit à peu près rectiligne et uniforme. Nous allons appliquer à la masse d'eau comprise entre ces deux sections l'équation suivante, fournie par la théorie de l'énergie (n° 40)

$$(1) \qquad \Delta H = \Theta$$

dans laquelle ΔH est la variation de l'énergie totale, tandis que Θ est le travail dû aux forces extérieures. Si la masse doit recevoir du dehors le travail Θ, elle produit, par réaction, un travail extérieur Θ' égal à $-\Theta$. Nous pouvons donc, dans l'équation précédente, remplacer Θ par $-\Theta'$. Comme, d'autre part, la masse d'eau change de température en traversant la machine, il faut adjoindre à sa variation d'énergie mécanique (cinétique et potentielle) ΔE la variation d'énergie thermique, que nous désignerons par ΔK. L'équation (1) prend ainsi la forme :

$$(2) \qquad \Delta E + \Delta K + \Theta' = 0.$$

153. — Les machines dont nous nous occupons ont ce caractère commun de tourner autour d'un axe fixe, et de posséder par rapport à cet axe une symétrie en vertu de laquelle une rotation $\frac{2\pi}{n}$, n étant un certain nombre entier, ramène la même position géométrique. Nous admettrons que, dans l'état de régime, l'eau présente une périodicité correspondante, c'est-à-dire qu'au bout du temps très court Δt employé pour effectuer la rotation $\frac{2\pi}{n}$, le fluide se retrouve dans la même situation, et nous choisirons ce laps de temps pour l'application de l'équation précédente.

Au bout du temps Δt, la masse d'eau comprise d'abord entre les sections A_0B_0, AB est limitée par les deux surfaces C_0D_0, CD voisines de ces deux sections. Comme, dans chaque bief, la vitesse de l'eau n'est pas la même en tous les points de la section, les surfaces C_0D_0, CD ne sont pas planes; mais les différences de vitesse sont assez faibles pour que les courbures de ces surfaces ne puissent être bien sensibles, et, l'on ne saurait commettre une grosse erreur en disant que les tranches A_0B_0, AB se sont déplacées parallèlement à elles-mêmes en C_0D_0, CD : c'est une hypothèse que l'on fait souvent en hydraulique, et qu'on désigne sous le nom d' « hypothèse du parallélisme des tranches ». Les rapports $\frac{A_0C_0}{\Delta t} = v_0$ et $\frac{AC}{\Delta t} = v$ représentent alors les vitesses moyennes de l'eau dans les sections A_0B_0, AB des deux biefs.

La masse d'eau comprise entre C_0D_0 et AB n'ayant pas changé d'état, les variations ΔE, ΔK proviennent de la différence d'état des deux masses égales $A_0B_0C_0D_0$ et ABCD. Puisque, dans l'unité de temps, il s'écoule un poids d'eau égal à P, la valeur commune de ces deux masses est $\frac{P}{g}\Delta t$. La différence de leurs énergies cinétiques est $\frac{P}{2g}\Delta t(v^2 - v_0^2)$. Si ζ désigne la hauteur du centre de gravité G_0 de A_0B_0 au-dessus du centre de gravité G de AB, la différence des énergies potentielles est

$$-\frac{P}{g}\Delta t \times \zeta.$$

On a donc

$$\Delta E = P\Delta t + \left(\frac{v^2}{2g} - \frac{v_0^2}{2g} - \zeta\right).$$

La variation ΔK de l'énergie physique provient essentiellement de la différence de température des deux masses ; nous posons $\Delta K = P\Delta t\varepsilon$, ε désignant l'accroissement d'énergie thermique de l'unité de poids du liquide dans le passage du bief d'amont au bief d'aval.

Θ' est le travail extérieur exercé, dans le temps Δt, par la masse totale comprise entre A_0B_0 et AB. Ce travail comprend d'une part le travail $\mathfrak{T}'$ de l'eau sur le récepteur, d'autre part le travail $\mathfrak{T}''$ exercé par la masse sur les sections mobiles A_0B_0 et AB. Soient a_0 et a les distances de G_0, G aux surfaces libres A_0C_0 et AC. Soit p_a la pression atmosphérique. Soit ϖ le poids spécifique de l'eau. La pression en G_0 est $p_a + \varpi a_0$. La pression totale sur A_0B_0 est $(p_a + \varpi a_0) \times$ aire A_0B_0 et quand la section passe de A_0B_0 en C_0D_0, cette pression développe le travail négatif

$$-(p_a + \varpi a_0) \times \text{aire } A_0B_0 \times A_0C_0 = -(p_a + \varpi a_0) \times \frac{P\Delta t}{\varpi}.$$

On verra de même que la pression sur AB donne le travail positif :

$$(p_a + \varpi a) \times \frac{P\Delta t}{\varpi}.$$

Donc $\mathfrak{T}'' = P(a - a_0)\Delta t$ et par suite $\Theta' = \mathfrak{T}' + P(a - a_0)\Delta t$.

L'équation (3) devient ainsi :

$$P\Delta t\left[\frac{v^2}{2g} - \frac{v_0^2}{2g} - \zeta + a - a_0 + \varepsilon\right] + \mathfrak{T}' = 0.$$

Remarquons maintenant que $\zeta + a - a_0$ n'est autre chose que la différence de niveau des surfaces libres des deux biefs, c'est-à-dire la hauteur de chute h.

On peut donc écrire :

$$\mathfrak{T}' = \mathrm{P}\Delta t\left(h + \frac{v_0^2}{2g} - \frac{v_0^2}{2g} - \varepsilon\right).$$

D'après la théorie de l'énergie, le travail $\mathfrak{T}'$ dont nous obtenons ainsi l'expression est, rigoureusement parlant, égal et de signe contraire au travail que la machine exerce sur l'eau. Ce travail $\mathfrak{T}'$ diffère un peu de celui que l'eau développe sur la machine, et la différence correspond au frottement de l'eau contre les surfaces qu'elle actionne ; mais l'écart est assez faible et d'ailleurs on peut en tenir compte en le comprenant dans le terme — $\mathrm{P}\Delta t\varepsilon$.

Soit maintenant $\mathfrak{T}_m$ le travail moteur fourni par l'eau à la machine dans l'unité de temps. On a évidemment $\mathrm{T}_m\Delta t = \mathfrak{T}'$, et il vient :

$$\mathfrak{T}_m = \mathrm{P}h + \frac{\mathrm{P}}{2g}(v_0^2 - v^2) - \mathrm{P}\varepsilon.$$

Soient z et z_0 les hauteurs, au-dessus d'un plan de comparaison inférieur, des surfaces libres en A_0 et A.

On a $h = z_0 - z$, d'où :

$$\mathfrak{T}_m = \mathrm{P}\left(z_0 + \frac{v_0^2}{2g}\right) - \mathrm{P}\left(z + \frac{v^2}{2g}\right) - \mathrm{P}\varepsilon.$$

Comme la pression est la même en A_0 et en A_1 la différence

$$\left(z_0 + \frac{v_0^2}{2g}\right) - \mathrm{P}\left(z + \frac{v^2}{2g}\right)$$

mesure la perte de charge, c'est-à-dire l'abaissement du plan de charge entre ces deux points ; la présence de la machine équivaut donc à une résistance produisant la perte de charge $q = \frac{\mathfrak{T}_m}{P} + \varepsilon$. Si ε était égal à zéro, le travail moteur serait égal à la perte de charge multipliée par le débit : cette limite n'est jamais atteinte parce que ε n'est pas nul.

En pratique, la variation $\frac{v_0^2 - v^2}{2g}$ est généralement négligeable en présence de la hauteur de chute, h de sorte que l'on a simplement $\mathfrak{T}_m = Ph - P\varepsilon$.

154. **Turbines.** — Une turbine diffère surtout d'une roue hydraulique proprement dite en ce que chaque filet fluide est guidé de façon à suivre, dans la turbine, un parcours bien déterminé, sans rebroussements, et à sortir par une voie différente de l'entrée. On peut, de la manière suivante, analyser les phénomènes qui se produisent dans une turbine quelconque.

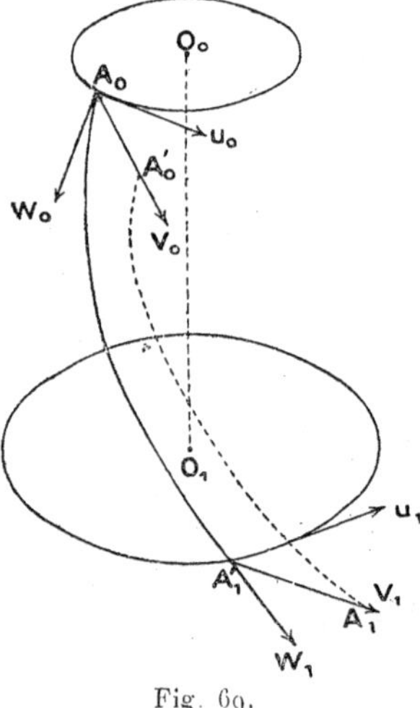

Fig. 69.

Soit $A_0 A_1$ (fig. 69) la trajectoire relative d'un élément à l'intérieur de la turbine. Cette courbe est entraînée avec la vitesse angulaire ω de l'appareil. En A_0 l'élément pénètre avec la vitesse absolue v_0 ; en A_1 il sort avec la vitesse absolue v_2.

Soient u_0 et u_1 les vitesses d'entraînement en ces deux points. La vitesse relative à l'entrée est la résultante w_0

de v_0 et de $-u_0$, la vitesse relative à la sortie est la résultante de v_1 et de $-u_1$. Appelons a_0 et a_1 les projections de v_0 et de v_1 sur les directions de u_0 et de u_1.

Soit m la masse élémentaire qui, dans le temps dt, pénètre en A_0 dans la turbine ; une masse égale sort en même temps en A_1 ; la masse contenue dans le filet $A_0 A_1$ se déplace infiniment peu et vient en $A'_0 A'_1$. Ce déplacement entraîne pour elle une variation dans le moment cinétique par rapport à l'axe $O_0 O_1$. Si l'on appelle r_0 et r_1 les distances A_0O_0 et $A_1 O_1$, la variation est $m(a_1r_1 - a_0r_0)$. Faisons la somme des quantités analogues pour tous les filets fluides. En attribuant à $a_1r_1 - a_0r_0$ une valeur moyenne entre celles qui conviennent à tous les filets, nous avons pour cette somme : $(a_1 r_1 - a_0r_0). \Sigma m$. Si P est le débit en poids par unité de temps, on a : $\Sigma m = \frac{P\,dt}{g}$. La variation du moment cinétique de la masse fluide contenue à l'instant considéré dans la turbine est donc :

$$\frac{P}{g}(a_1r_1 - a_0r_0)\,dt.$$

En vertu du principe d'égalité de l'action et de la réaction combiné avec le théorème des moments, cette somme est égale et de signe contraire au couple moteur $C dt$ exercé par l'eau sur les aubes de la turbine, et l'on a par suite :

$$C = \frac{P}{g}(a_0r_0 - a_1r_1)$$

formule fondamentale dont la première indication est due à Euler.

La quantité a_0 est facile à calculer dès que l'on connaît la direction et la vitesse de l'eau à son entrée. Pour avoir a_1, il faut connaître la vitesse à la sortie.

Ici, il y a deux cas à distinguer. Certaines turbines, dites *à réaction*, sont complètement remplies d'eau ; la vitesse de l'eau à la sortie se calcule en égalant le volume qui sort au volume qui entre. Pour d'autres turbines, dites *à impulsion* les intervalles entre les aubes ne sont pas complètement remplis et le débit ne détermine pas la vitesse de sortie. On procède alors de la manière suivante :

Appliquons à un filet fluide, dans le mouvement relatif, la formule de Bernouilli :

$$wdw + \frac{dp}{\rho} + dU = o,$$

Le potentiel U des forces extérieures est gr pour la pesanteur et $-\frac{\omega^2 r^2}{2}$ pour la force d'inertie d'entraînement. Il n'y a pas à tenir compte de la force centrifuge composée, dont le travail est nul. En désignant par ϖ le poids spécifique égal à ρg, et remarquant que ωr ne diffère pas de la vitesse d'entraînement u, on est conduit à l'équation :

$$\frac{w_1^2 - u_1^2}{2g} + \frac{p_1}{\varpi} + z_1 = \frac{w_0^2 - u_0^2}{2g} + \frac{p_0}{\varpi} + z_0.$$

Il y aurait seulement lieu d'introduire un terme correctif pour tenir compte des pertes de charge variables avec le type de turbine ; on admet que ce terme est égal à une fonction linéaire de w_0^2, w_1^2, u_0^2, u_1^2, dont les coefficients sont déterminés expérimentalement.

Cette formule est générale. Dans le cas des turbines à impulsion, comme l'air circule librement entre les aubes, on peut admettre que p_1 ne diffère pas de p_0. Si l'on appelle en outre h la hauteur $z_0 - z_1$ de la turbine et si l'on néglige le terme correctif, on a simplement :

$$w_1^2 = w_0^2 + u_1^2 - u_0^2 + 2gh.$$

La direction de u_1 est celle de la tangente à la circonférence d'entraînement, au point considéré. La direction de w_1 est déterminée par la somme et la position des cloisons au voisinage du même point. Connaissant u_1 et w_0, on en déduit la grandeur et la direction de la résultante v_1, et par conséquent a_1. On possède ainsi tous les éléments nécessaires pour calculer le couple moteur C.

155. **Récepteurs pneumatiques.** — Considérons un moulin à vent dans lequel l'axe de rotation soit orienté parallèlement au vent. Soit V la vitesse de celui-ci. Soit $d\sigma$ (fig. 70), un élément superficiel de l'une des ailes, v sa vitesse qui est, par hypothèse, perpendiculaire à V. Si nous appelons i l'angle de V avec la normale à $d\sigma$, la composante suivant cette normale de la vitesse relative du vent est V cos i — v sin i.

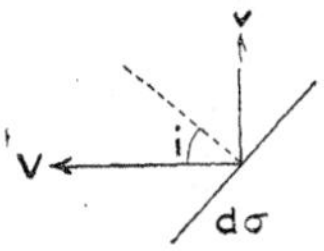

Fig. 70.

Admettons que la pression du vent sur l'élément soit proportionnelle au carré de cette vitesse relative et représentons-la par :

$$A(V\cos i - v\sin i)^2\, d\sigma.$$

Le travail du vent dans l'unité de temps est, en négligeant l'effet du frottement tangentiel :

$$A(V\cos i - v\sin i)^2\, v\sin i\, d\sigma.$$

Si nous supposons A connu ainsi que la vitesse du vent et la surface de l'élément, ce travail dépend des deux quantités v et i. Pour une valeur donnée de i, il est maximum quand la dérivée par rapport à v est nulle, ce qui donne :

$$v = \frac{1}{3} \text{ V Cotg } i.$$

Si cette condition est remplie, l'expression du travail devient :

$$\frac{4}{24} \text{AV}^3 \cos^3 i.$$

Son maximum $\frac{4}{27}$ AV^3 a lieu pour $i = 0$, et correspond à une valeur infinie de v.

Ce raisonnement suppose que, pour chaque élément, i et v peuvent être choisis d'une façon complètement arbitraire. En réalité, les éléments sont liés les uns aux autres de telle façon que leurs vitesses varient proportionnellement à la distance r à l'axe. Si ω désigne la vitesse angulaire, on a $v = \omega r$.

L'aile est une surface gauche engendrée par un segment de droite de longueur l, dont le milieu parcourt une droite, perpendiculaire commune au segment et à l'axe du moulin, tandis que l'angle α du segment avec l'axe varie en fonction de la distance r de ces deux droites. Supposons la longueur l assez petite et l'angle α assez lentement variable pour que la portion de surface comprise entre deux positions du segment, définies par les distances r et $r + dr$, se confonde sensiblement avec le plan tangent au milieu du segment correspondant à la distance r et pour que tous les éléments $d\sigma$ de cette portion de surface puissent être regardés comme possédant la même vitesse ωr. En remarquant que l'angle α est le complément de l'angle i précédemment envisagé, on trouve pour expression du travail développé sur l'aile dans l'unité de temps, l'intégrale

$$Al\omega \int_{r_0}^{r_1} (V \cos i - \omega r \sin i)^2 r \sin i dr$$

r_0 et r_1 étant les valeurs de r correspondant aux deux extrémités de l'aile, i est une fonction de r et il faut choisir cette fonction de façon que l'intégrale soit maxima. D'après les principes du calcul des variations, on obtient ce résultat en annulant la dérivée par rapport à i de la quantité placée sous le signe $\int$, ce qui conduit à la relation :

$$V(\cos^2 i + 2 \sin^2 i) = 3\omega r \sin i \cos i$$

ou bien :

$$2 \operatorname{tg}^2 i - \frac{3\omega r}{V} \operatorname{tg} i + 1 = 0.$$

La racine positive de cette équation fournit la solution de la question. On voit que la forme d'aile la plus avantageuse varie avec le rapport $\frac{\omega}{V}$. Un moulin donné doit donc autant que possible être réglé de telle façon que sa vitesse angulaire demeure dans un rapport déterminé avec la vitesse du vent : résultat confirmé par l'expérience.

156. **Influence du déplacement de l'axe de rotation.** — Sans insister davantage sur cette théorie, remarquons que le travail produit par le vent n'est pas le même avec un appareil à axe fixe qu'avec un appareil à axe mobile. Imaginons par exemple un anémomètre à godets installé sur un bateau ou sur un véhicule et cherchons de quelle manière cet appareil peut être employé pour commander

un mécanisme capable de faire avancer le véhicule dans une direction contraire à celle du vent. L'axe de rotation est ici, dirigé perpendiculairement au vent.

Soient (fig. 71), v la vitesse du vent, u celle du véhicule dirigée en sens inverse de v. Soit w la vitesse de l'un des godets, G, de l'anémomètre au moment où il reçoit utilement l'action du vent. Prenons pour direction positive de w celle de v. La vitesse relative du vent par rapport au godet est $v - w$ et l'on peut admettre que la pression du vent est $K(v-w)^2$, en désignant par K une constante, qui dépend du mode de construction de l'anémomètre. Le travail développé dans l'unité de temps est $K(v-w)^2 w$: ce qui montre que, pour obtenir un effet moteur, il faut que w soit positif, c'est-à-dire dirigé en sens inverse de la vitesse de translation u du véhicule. Il faut en outre que w soit inférieur à v : sans quoi le sens de la pression sur le godet se trouverait renversé, et le travail deviendrait négatif; la vitesse w doit donc être comprise entre zéro et v. Si v est donné, le maximum de travail est obtenu pour $w = \frac{v}{3}$ et il a pour valeur $\frac{4}{27} Kv^3$; il est indépendant de la vitesse u. Soit R la résistance opposée par le vent à l'avancement du véhicule. Le travail de cette résistance dans l'unité de temps est Ru. L'avancement n'est donc possible que si l'on a $Ru < \frac{4K}{27} v^3$. Admettons que R soit pro-

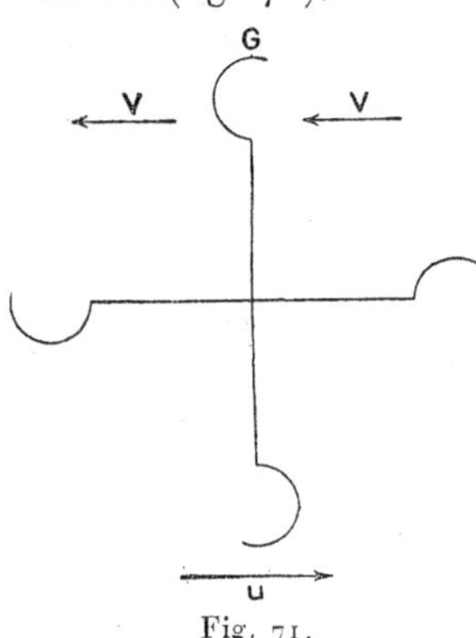

Fig. 71.

portionnel au carré de la vitesse relative $u + v$ et posons en appelant λ une constante $R = \lambda (u + v)^2$. L'inégalité précédente devient :

$$u(u + v)^2 < \frac{27\lambda^2}{4K} v^3.$$

On tire de là le maximum de u. Si u est négligeable en présence de v, on peut écrire simplement : $uv^2 < \frac{4Kv^3}{27\lambda^2}$ d'où $u < \frac{4Kv}{27\lambda^2}$. Si l'on veut obtenir le maximum $\frac{4Kv}{27\lambda^2}$, il faut faire en sorte que pour cette valeur de u, la vitesse w du godet soit égale à $\frac{v}{3}$. Il existe entre w et u un rapport déterminé dépendant de la transmission adoptée. Soit $w = \rho u$. On devra poser $v = 3\rho u$, d'où $\rho = \frac{9\lambda^2}{4K}$, et la transmission sera réglée d'après cette condition.

157. **Rendement.** — Une machine peut être généralement considérée comme un système à liaisons complètes, c'est-à-dire dont la configuration dépend d'un seul paramètre θ. Il suffit donc de connaître, en fonction du temps, la valeur de ce paramètre pour connaître le mouvement de la machine. Le théorème des forces vives fournit l'équation nécessaire ; mais il faut avoir soin de faire entrer en ligne de compte les travaux de toutes les forces, y compris les résistances passives telles que les frottements, la résistance de l'air, etc. Si la machine est le siège de phénomènes thermiques, électriques, etc., on doit naturellement substituer au théorème des forces vives le principe de l'énergie qui en est la généralisation. Nous laissons pour l'instant ce cas de côté.

D'après le théorème des forces vives, le demi-accroissement de force vive de la machine, dans le temps élémentaire dt, est égal à la somme algébrique des travaux des forces. Certaines forces ont un travail positif ; on les appelle *forces motrices* et leur travail est le *travail moteur*. Les autres forces, dites résistantes, ont un travail négatif qui est le *travail résistant*. L'ensemble des forces motrices s'appelle souvent la *puissance* et l'ensemble des forces résistantes s'appelle la *résistance*.

Il y a lieu de faire deux parts dans le travail résistant. La machine, en produisant le travail qui lui est demandé, éprouve de la part des corps sur lesquels elle opère une réaction égale et contraire à son action. Le travail de l'action étant positif, celui de la réaction est négatif ; on l'appelle le *travail utile*. Le surplus du travail résistant est dit *travail des résistances passives*, ou *travail perdu*. Les principales résistances passives sont les frottements et la résistance de l'air. Les chocs et les vibrations de toute nature entraînent également une perte de travail. Les bonnes machines sont essentiellement silencieuses.

Soient, dans le temps dt, $\mathcal{T}_m dt$ le travail moteur, $\mathrm{T}_u dt$ la valeur absolue du travail utile, $\mathcal{T}_p dt$ celle du travail perdu. La demi variation $d\mathrm{T}$ de la force vive est donnée par l'équation :

$$d\mathrm{T} = (\mathcal{T}_m - \mathcal{T}_u - \mathcal{T}_p)dt$$

et la demi variation de force vive dans un temps quelconque $t - t_0$ est :

$$\Delta\mathrm{T} = \int_{t_0}^{t} (\mathcal{T}_m - \mathcal{T}_u - \mathcal{T}_p)dt.$$

La machine est dite à *l'état de régime* quand le paramètre unique θ dont dépend sa configuration est une fonction périodique du temps. La périodicité de θ entraîne celles de $\frac{d\theta}{dt}$ et de la force vive, qui est évidemment une fonction de θ et de $\frac{d\theta}{dt}$. Si l'on applique l'équation précédente à la durée d'une période, ΔT est nul et il en est de même, par suite, de l'intégrale figurant au second membre. Nous écrirons simplement :

$$\mathcal{T}_m - \mathcal{T}_u - \mathcal{T}_p = 0$$

étant entendu que $\mathcal{T}_m$, par exemple, représente l'intégrale du travail moteur pendant une période.

On tire de là :

$$\frac{\mathcal{T}_u}{\mathcal{T}_m} = 1 - \frac{\mathcal{T}_p}{\mathcal{T}_m}$$

$\frac{\mathcal{T}_u}{\mathcal{T}_m}$, rapport du travail utile au travail moteur, est le *rendement* de la machine. Le rendement est toujours inférieur à l'unité.

Si $\mathcal{T}_m$ était nul, la machine ne pourrait se trouver à l'état de régime, à moins que $\mathcal{T}_u$ et $\mathcal{T}_p$ ne fussent également nuls. On peut bien annuler $\mathcal{T}_u$, ce qui revient à faire fonctionner la machine à vide, c'est-à-dire sans effet utile. Mais on ne peut annuler $\mathcal{T}_p$, car on n'est pas maître de supprimer, dans une machine réelle, les frottements et autres résistances passives. Chaque fois que la machine revient à la même configuration, sa force vive, en l'absence de travail moteur, se trouve diminuée, et l'arrêt survient au bout d'un temps plus ou moins long, mais toujours fini. C'est ce qui permet d'affirmer l'impossibilité du mouvement perpétuel.

Il peut arriver que certaines forces soient alternativement motrices et résistantes. Tel est notamment le cas de la pesanteur lorsque la machine comprend des pièces, telles que les bielles, dont le centre de gravité est à une hauteur variable. Mais, pourvu que ces forces admettent un potentiel, leur travail reprend la même valeur chaque fois que la machine revient à la même configuration, et il n'intervient pas, dès lors, dans l'équation $\mathcal{T}_m = \mathcal{T}_u + \mathcal{T}_p$ appliquée à une période. Observons d'ailleurs que $\mathcal{T}_m$, $\mathcal{T}_u$, $\mathcal{T}_p$ croissent indéfiniment avec le temps, tandis que le travail des forces dérivant d'un potentiel demeure compris entre des limites déterminées.

Lorsque la machine part du repos, elle doit, pour atteindre l'état de régime, traverser une phase, dite de mise en train ou de démarrage, pendant laquelle la force vive est progressivement croissante. ΔT étant positif, $\mathcal{T}_m$ surpasse nécessairement $\mathcal{T}_u + \mathcal{T}_p$ et, au moment où s'établit l'état de régime, la demi-force vive acquise représente l'intégrale du travail développé dans la période de démarrage.

Quand on veut arrêter la machine on cesse de faire agir la puissance. La machine, avant de revenir au repos, traverse une phase de ralentissement pendant laquelle elle est soumise uniquement à l'action des résistances. Cette phase persiste jusqu'à ce que le travail négatif des résistances soit égal à la demi-force vive existant dans l'état de régime. Mais nous avons vu que celle-ci est égale au travail accumulé dans la phase de démarrage : ce travail se trouve donc, pendant la marche normale de la machine, emmagasiné en quelque sorte, sous forme de force vive, pour être restitué dans la phase finale de ralentissement.

158. **Remarques diverses sur le travail des machines.** — L'effet utile d'une machine ne consiste pas toujours à produire un travail distinct de celui qui est absorbé par les résistances passives. Dans le transport horizontal des fardeaux, par exemple, on se propose simplement de déplacer un corps et, si l'on pouvait supprimer les résistances passives, l'effet serait obtenu sans consommation de travail. Une horloge a pour objet de mesurer le temps, et le travail de la force motrice (pesanteur ou ressort) sert uniquement à vaincre les résistances qui s'opposent au mouvement du mécanisme.

Considérons encore le cas d'un hélicoptère, c'est-à-dire d'un appareil soutenu en l'air par la rotation d'une ou plusieurs hélices à axes verticaux. Si le système demeure à une hauteur invariable, la pesanteur a un travail nul et, comme c'est elle qui représente les résistances à vaincre, on peut dire que le rendement est nul. Il n'y a donc, théoriquement, aucune limite dans la réduction du travail nécessaire.

Pour analyser les choses de plus près, regardons le système moteur comme réduit à une surface plane, d'aire S, inclinée d'un angle i sur l'horizontale et animée d'un mouvement de rotation donné autour d'un axe vertical. La pression N qui s'exerce normalement sur la surface donne une composante verticale $N \cos i$ qui fait équilibre au poids P de l'appareil, d'où $N \cos i = P$. D'autre part, si v est la vitesse du centre de S, le travail $\mathfrak{T}$ absorbé dans l'unité de temps par la résistance de l'air est sensiblement $\mathfrak{T} = N \sin i — v$. Donc $\mathfrak{T} = Pv — \operatorname{tg} i$.

Les deux quantités v et i ne sont pas indépendantes. Nous savons qu'on peut écrire $N = KSV^2\varphi(i)$, $\varphi(i)$ étant une fonction de l'inclinaison i. Par suite $KSV^2\varphi(i) \cos i = P$, d'où

$$\mathcal{T} = \sqrt{\frac{P^3}{S}}\,\psi(i),$$

en posant

$$\psi(i) = \frac{\operatorname{tg} i}{\sqrt{\cos i\varphi(i)}}.$$

Si l'on adopte, par exemple, la loi du sinus : $\varphi(i) = \sin i$, et si l'on suppose de plus l'angle i assez petit pour pouvoir remplacer $\cos i$ par l'unité, on a

$$\psi(i) = \sqrt{\sin i} \qquad \text{et} \qquad \mathcal{T} = \sqrt{\frac{P^3 \sin i}{S}}.$$

D'après cette formule on peut, en augmentant indéfiniment S, diminuer autant qu'on le veut le travail nécessaire pour supporter un poids donné P. Mais il faut remarquer qu'en réalité le poids augmente avec les dimensions de l'hélice, de sorte que le calcul précédent constitue un simple aperçu.

159. **Prix de l'effort statique.** — Dans le même ordre d'idées nous indiquerons comment M. Marcel Deprez définit ce qu'il appelle *le prix de l'effort statique*.

Imaginons avec lui un propulseur qui tire sur un câble amarré en un point fixe. Soient F l'effort de traction, M la masse d'air mise en mouvement dans une seconde et V la vitesse de cette masse. Le théorème des quantités de mouvement donne l'équation : $F = MV$.

D'autre part, en désignant par K le rendement mécanique du propulseur, c'est-à-dire le rapport entre la demi-force vive, communiquée à la masse d'air M et le travail $\mathfrak{T}$ absorbé par le propulseur, on a

$$\mathfrak{T} = \frac{1}{K} \frac{MV^2}{2}.$$

Par l'élimination de M il vient

$$\frac{\mathfrak{T}}{F} = \frac{V}{2K}.$$

C'est ce rapport $\frac{\mathfrak{T}}{F}$ qui constitue le prix de l'effort statique. On voit qu'il est proportionnel à la vitesse que l'air reçoit du propulseur. Il faut donc, pour produire avec un moteur de puissance et de rendement donnés le plus grand effort possible, imprimer à l'air la plus faible vitesse possible. Si l'on se donne $\mathfrak{T}$, F et K, la vitesse V et la masse M sont données par les formules :

$$V = 2K \frac{\mathfrak{T}}{F} \qquad M = \frac{F^2}{2K\mathfrak{T}}$$

Soit μ la masse du mètre cube d'air. La masse M occupe le volume $\frac{M}{\mu}$ et puisque ce volume doit s'écouler dans l'unité de temps avec la vitesse V, il faut lui offrir la section d'écoulement

$$\frac{M}{\mu V} = \frac{F^3}{4\mu K^2 \mathfrak{T}^2}.$$

On est ainsi conduit à donner au propulseur de grandes dimensions.

Supposons, par exemple, qu'on veuille produire sur le câble un effort de 100 kilogrammes au moyen d'un moteur de 100 chevaux ayant un rendement de 0,5. En prenant comme unités le mètre, la seconde et le kilogramme-poids, on trouve :

$$V = 7^{m},5 \qquad\qquad M = 13,333$$

Le poids de cette masse est 13,333 × 9,81 = $130^{kg},8$.

Si l'on admet qu'un mètre cube d'air pèse $1^{kg},2$, c'est un volume de 109 mètres cubes qu'il faut faire écouler par seconde, à la vitesse de $7^{m},50$. La section d'écoulement doit donc être

$$\frac{109}{7,5} = 14^{mq},5.$$

160. **Conditions du travail des forces intérieures.** — La définition théorique du travail conduit parfois à des conséquences qui paraissent, de prime abord, un peu singulières. Soit un homme placé dans un wagon et tirant parallèlement à la voie sur une corde fixée à l'un des bouts du wagon. Si celui-ci est immobile, l'effort F exercé par l'homme ne produit évidemment aucun travail. Mais supposons que le wagon soit animé d'une vitesse constante V. Le point d'application de F se déplace avec cette vitesse et, par conséquent, la force F fournit cette fois, dans l'unité de temps, le travail FV. Cependant rien n'est changé dans la situation de l'opérateur, à tel point que si le wagon est clos, il est impossible à cet homme de se rendre compte de la différence des deux cas.

Poncelet, dans son *Introduction à la mécanique industrielle* (deuxième édition, page 71), cherche à éviter cette difficulté en disant : « il n'y a pas nécessairement travail toutes les fois qu'une puissance exerce, d'une manière soutenue et pendant un temps plus ou moins long, un effort dans la direction du chemin parcouru par son point d'application; car il faut encore que le mouvement actuel de ce point ne soit pas indépendant de l'action considérée comme la cause directe et nécessaire qui modifie ou qui entretient le mouvement. » En parlant ainsi, Poncelet se place à un point de vue très exact en pratique, mais qui a l'inconvénient d'être incompatible avec la définition si précise et si générale que l'on donne, en mécanique rationnelle, du travail d'une force. Il vaut donc mieux dire que si le wagon est en mouvement, le travail dépensé par l'homme lui est à chaque instant restitué par le wagon lui-même obéissant ou semblant obéir à la traction de la corde. Il y a en somme deux forces F égales et contraires, qui, du moment où la distance de leur point d'application demeure constante, ont une somme de travaux nulle, sans que le travail soit nul pour chaque force prise individuellement.

Le travail développé par un ouvrier dans l'appareil appelé *treuil des carriers* présente une particularité également digne de remarque. On sait que cet appareil est constitué par une sorte de cage d'écureuil, dans laquelle l'ouvrier agit en grimpant sur les barreaux d'une échelle circulaire qui se dérobe constamment sous ses pas. Si la rotation est utilisée pour élever, avec une vitesse constante, une charge donnée, et si l'ouvrier maintient son propre centre de gravité à une hauteur invariable, l'effort musculaire de ses jambes, qui pressent sur les échelons, fournit un travail qui est à chaque instant absorbé par l'ascension de la charge. L'homme lui-même peut être grossièrement assimilé à une masse ABCD (fig. 72) qui demeure immobile dans l'espace, tandis que sa jambe, pendant qu'elle se redresse, fait fonction d'un piston P qui descend verticalement en surmontant une résistance extérieure F. Le travail négatif de cette résistance absorbe le travail positif de l'organisme, et, en faisant abstraction du poids de la jambe pour ne considérer que le poids du reste du corps, on peut dire que ce poids ne développe aucun travail musculaire puisque le centre de gravité ne descend pas. Néanmoins la pesanteur est indispensable à la production du travail musculaire : sans elle, il n'y aurait plus aucune pression de la jambe sur l'échelon. La pesanteur fournit en quelque sorte le point d'appui sans lequel les muscles perdraient tout moyen d'action.

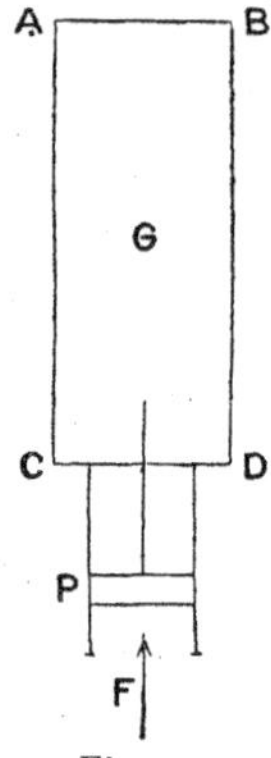

Fig. 72.

161. **Escarpolette.** — Le travail des forces intérieures, pour une déformation donnée, peut encore dépendre de l'état de repos ou du mouvement du système. Soit par exemple un homme qui se balance sur une escarpolette. L'un des moyens qu'il peut employer pour entretenir, malgré les résistances passives, l'amplitude des oscillations, consiste ainsi que nous l'avons vu (n° 143) à rapprocher et éloigner alternativement son centre de gravité de l'axe de suspension.

Pour nous rendre compte sommairement du mode de production du travail moteur, admettons que la masse M du corps puisse être regardée comme réunie au centre de gravité G. Soient a la distance de G à l'axe de suspension O ;

θ l'inclinaison de OG sur la verticale; ω la vitesse angulaire, égale à $\frac{d\theta}{dt}$. La pression du corps sur les jambes est

$$M(\omega^2 a + g \sin \theta).$$

Si la distance OG varie de da les jambes développent le travail

$$- M(\omega^2 a + g \sin \theta)\, da.$$

La partie $- Mg \sin \theta\, da$ de ce travail est absorbée par la résistance de la pesanteur ; le surplus, soit $- M\omega^2 a da$, est employé à faire varier la force vive ; suivant que da est négatif ou positif, il y a accroissement ou diminution de force vive.

162. **Role utile du frottement.** — Bien que le frottement ne puisse jamais produire un travail positif, son existence est parfois nécessaire à l'existence du travail moteur. C'est le frottement qui permet la marche sur le sol, c'est lui qui fournit l'adhérence rendant possible la traction des trains.

Soit par exemple une locomotive qui démarre sur une voie horizontale en partant du repos. Les roues motrices, poussées par la vapeur, exercent sur la voie un effort tangentiel T dirigé en sens inverse du mouvement et reçoivent par réaction un effort T dirigé dans le sens du mouvement. Soit P le poids de la locomotive, soit v sa vitesse. En négligeant la résistance de l'air, on a l'équation du mouvement :

$$\frac{P}{g}\frac{dv}{dt} = T.$$

Si nous supposons que toutes les roues soient accouplées et contribuent par suite à la propulsion, le poids adhérent est P. Ce poids ne représente pas rigoureusement la pression totale des roues sur la voie ; la différence provient des forces verticales d'inertie dues aux bielles, aux manivelles, etc. On cherche à réduire autant que possible, par des contrepoids appropriés, l'influence de ces forces verticales, qui ne prennent d'ailleurs d'importance qu'aux grandes vitesses. Nous admettrons ici qu'on peut confondre la pression avec le poids. Dès lors, le maximum de T est fP, f désignant le coefficient de frottement des roues sur le sol, et $\frac{dv}{dt}$ ne peut dépasser la limite fg : en cherchant à obtenir une plus grande accélération, on n'obtiendrait pas d'autre résultat que de faire patiner les roues. Le travail du frottement sur les rails, qui est nul tant que T demeure inférieur à fP, prend, dès que le patinage commence, une valeur négative qui absorbe alors en pure perte une partie du travail fourni par la vapeur.

Cherchons le maximum de l'effort que les bielles motrices peuvent exercer sur les roues sans que le patinage apparaisse. Admettons à cet effet que toutes les roues fonctionnent dans des conditions identiques, et désignons pour chacune d'elles par μ la masse, par μk^2 le moment d'inertie, par R le rayon, par FR le couple moteur, par p la pression verticale sur le rail, par θ l'effort tangentiel, par hp le couple de résistance au roulement, par ε le couple de résistance au glissement de la fusée dans le coussinet. Le théorème du moment cinétique, appliqué à la roue considérée, donne l'équation :

$$\mu k^2 \frac{d^2\theta}{dt^2} = \mathrm{FR} - \theta \mathrm{R} - hp - \varepsilon$$

d'ailleurs :

$$v = R \frac{d\theta}{dt}$$

Donc :

$$\mu \frac{k^2}{R^2} \frac{dv}{dt} = F - \theta - h \frac{p}{R} - \frac{\varepsilon}{R}$$

En faisant la somme des équations analogues pour les n roues, puis remplaçant $n\mu$ par $\frac{P}{g}$ et $n\theta$ par T, il vient :

$$\frac{P}{g} \frac{k^2}{R^2} \frac{dv}{dt} = nF - T - \frac{n}{R}(hp + \varepsilon).$$

Mais nous savons d'autre part que $\frac{P}{g}\frac{dv}{dt}$ est égal à T. Donc :

$$nF = T\left(1 + \frac{k^2}{R^2}\right) + \frac{n}{R}(kp + \varepsilon).$$

Le maximum de T étant fP, celui de nF a une valeur un peu supérieure à fP. En d'autres termes la somme des couples moteurs exercés sur les roues peut dépasser légèrement l'adhérence totale : la différence représente l'inertie due à la rotation des roues, et les résistances passives.

Le problème suivant montre bien le rôle tantôt utile, tantôt nuisible du frottement.

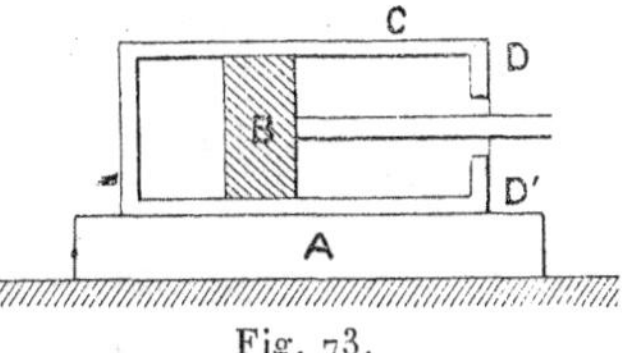

Fig. 73.

Un plateau A (fig. 73), reposant avec frottement sur un sol horizontal, porte un cylindre ouvert à un bout dans lequel peut se mouvoir un piston B. On fait brûler dans le cylindre un mélange détonant qui développe sur le piston un effort F supposé constant. Le piston, projeté en avant, arrive à bout de course et reste alors adhérent à un collier DD′ fixé au cylindre. Supposant le frottement sur le sol suffisant pour que le cylindre n'éprouve pas de recul, on demande quelle vitesse il va prendre après l'achèvement de la course du piston, quel est le chemin qu'il va parcourir avant de s'arrêter et quel est le maximum de ce chemin.

Soient p le poids du piston, P celui du cylindre et du plateau, f le coefficient de frottement sur le sol. La condition pour qu'il n'y ait pas recul est $F < f(P + p)$. La vitesse v du piston au bout de la course l, est :

$$v = \sqrt{2 \frac{F}{p} gl}.$$

Au moment où le piston choque le collier, se produit une percussion à la suite de laquelle l'ensemble du système est animé de la vitesse $v' = \frac{p}{P + p} v$. Le chemin x parcouru ensuite jusqu'à l'arrêt est donné par la formule

$$v'^2 = 2fgx$$

d'où :

$$x = \frac{1}{2fg} \left(\frac{p}{P + p}\right)^2 v^2 = \frac{1}{2fg} \left(\frac{p}{P + p}\right)^2 \times \frac{2Fgl}{p} = \frac{Fl}{f} \frac{p}{(P + p)^2}$$

Ce chemin est maximum quand F atteint la limite $f(P+p)$. Le maximum est donc $l \frac{p}{P + p}$. On remarque qu'il est indépendant du coefficient de frottement. Mais si le coefficient de frottement devenait infiniment petit, il faudrait, pour réaliser ce maximum, faire tendre vers zéro la valeur de F et par conséquent augmenter indéfiniment le temps employé pour faire parcourir au piston la longueur du cylindre.

Dans la première phase de l'expérience, c'est-à-dire pendant que le piston chemine dans le cylindre, le frottement a une influence utile et même nécessaire. Dans la seconde phase (glissement sur le sol), le frottement intervient pour détruire peu à peu la vitesse de progression qu'il avait permis de créer, et l'on constate finalement une sorte de compensation entre ces deux effets.

CHAPITRE II

RÉGULARISATION DU MOUVEMENT

163. **Moment moteur et moment résistant.** — On distingue les machines fixes, possédant un bâti relié invariablement au sol, et les machines mobiles, telles que les locomotives. Nous allons, dans ce qui suit, considérer exclusivement les machines fixes. Une pareille machine possède un ou plusieurs arbres tournant autour d'axes fixes. Soit θ l'angle dont l'un de ces arbres a tourné au bout du temps t. Nous pouvons regarder θ comme étant le paramètre qui détermine la configuration de la machine. La vitesse angulaire de l'arbre est $\omega = \frac{d\theta}{dt}$ et sa force vive est $I\omega^2$, I désignant son moment d'inertie par rapport à son axe. Pour un autre arbre tournant, la vitesse est $\omega' = K\omega$, K désignant un coefficient constant, qu'on peut calculer par les méthodes de la cinématique. La force vive de cet arbre est pareillement $I'\omega'^2$, ou $I'K^2\omega^2$. En opérant de même pour toutes les parties tournantes, on met la force vive de l'ensemble de ces parties sous la forme $A\omega^2$, A étant un coefficient constant. Considérons maintenant une pièce qui n'a pas d'axe fixe, une bielle par exemple. La vitesse de chaque point dépend à la fois de la configuration de la machine à l'instant t et de la vitesse ω. Il est clair d'ailleurs que, si l'on change ω en $n\omega$, la vitesse du point envisagé est multiplié par n. Cette vitesse doit donc avoir une expression de la forme $\varphi(\theta) \times \omega$,

dans laquelle $\varphi(\theta)$ désigne une fonction de θ admettant la période 2π. La force vive correspondante est $m\varphi^2(\theta)\omega^2$, m désignant la masse du point. La force vive de la bielle est $\omega^2\Sigma m\varphi^2(\theta)$. Un calcul analogue peut être fait pour toutes les pièces sans axe fixe et l'on en conclut que la force vive totale de ces pièces est $f(\theta)\omega^2$, $f(\theta)$ étant une fonction connue de θ, qui admet encore la période 2π. Finalement la force vive de la machine est $[A + f(\theta)]\omega^2$.

Il existe généralement, parmi les arbres tournants, un arbre dit principal, pour lequel I a une valeur prédominante. On appelle vitesse de la machine la vitesse angulaire de cet arbre, et l'on choisit, pour le calcul de l'expression précédente, la rotation θ du même arbre.

On entend par *moment moteur* une quantité P telle que $Pd\theta$ soit le travail moteur correspondant à la rotation élémentaire $d\theta$. De même le *moment résistant* Q est défini par la condition que $Qd\theta$ soit le travail résistant élémentaire.

La différence P — Q est le *moment effectif*.

Il est à peine besoin de faire remarquer que le moment moteur et le moment résistant ne doivent pas être confondus avec la puissance et la résistance qui étaient précédemment désignées par les mêmes lettres P et Q.

Avec ces définitions, le théorème des forces vives s'exprime par l'équation :

$$\frac{1}{2}d\left[(A + f(\theta))\,\omega^2\right] = (P - Q)d\theta.$$

Dans la marche à l'état de régime, P et Q sont toujours, en pratique, soit des quantités constantes, soit des fonctions de θ admettant la période 2π. Si l'on intègre dans ces conditions, pour la variation 2π de θ, l'équation précédente, chacun des deux membres doit donner un résultat nul. Il faut pour cela que les deux intégrales $\int_0^{2\pi} Pd\theta$ et $\int_0^{2\pi} Qd\theta$ aient la même valeur. On exprime ce fait en disant qu'à l'état de régime le moment moteur moyen est égal au moment résistant moyen.

Quand cette condition n'est pas remplie, l'état de régime n'existe pas, et l'on a, pour une rotation d'un tour, en se rappelant que $f(\theta)$ admet la période 2π :

$$\left[A + f(\theta)\right](\omega^2 - \omega_0^2) = 2\int_\theta^{\theta+2\pi} (P - Q)dt.$$

On voit que ω est supérieur ou inférieur à ω_0 suivant que le moment moteur moyen est supérieur ou inférieur au moment résistant moyen. Supposons, par exemple, que la valeur moyenne de P surpasse celle de Q. La machine augmente de vitesse à chaque tour et, si les choses restaient en l'état, il n'y aurait aucune limite à cette augmentation : la machine s'emballerait de plus en plus.

En réalité, il existe toujours dans le fonctionnement d'une machine des résistances qui croissent avec la vitesse. Telle est, par exemple, la résistance de l'air. En outre les chocs, les vibrations contribuent, de leur côté, à absorber de la force vive, dans une mesure croissante avec la vitesse, et l'on peut également faire figurer leurs effets dans le terme — Q. Le moment résistant doit donc être regardé comme une fonction lentement croissante de la vitesse. Inversement, le moment moteur tend, par le seul fait de l'augmentation de vitesse, à éprouver une diminution progressive, due, par exemple, aux pertes de charge qui se produisent dans les conduites d'eau ou de vapeur.

Si au contraire c'est Q qui surpasse P, la machine tend à se ralentir et ce ralentissement diminue la différence Q — P en faisant croître P et décroître Q.

On conçoit dès lors que, si l'égalité des moyens moments, moteur et résistant, n'est pas rigoureusement remplie, l'état de régime puisse néanmoins finir par se réaliser. Nous verrons d'ailleurs bientôt par quel procédé on peut, dans tous les cas, obliger la machine à ne pas s'écarter d'un régime déterminé.

164. **Volant.** — Supposons, pour l'instant, que l'état de régime soit obtenu, et proposons-nous d'étudier de plus près les circonstances du mouvement, dans la durée d'une période.

Le coefficient $A + f(\theta)$, qui multiplie ω^2 dans l'expression de la force vive, est une fonction de θ. Mais les variations relatives de cette fonction sont, en somme, assez faibles, parce que les masses tournant autour d'axes fixes ont toujours, en réalité, une importance prépondérante. On peut d'ailleurs augmenter à volonté A, sans modifier $f(\theta)$. Il suffit pour cela de caler sur l'arbre principal une masse supplémentaire ayant son centre de gravité sur l'axe de rotation et disposée de façon à présenter un moment d'inertie considérable. Cette masse se nomme le *volant*. On lui donne la forme d'un tore de grand diamètre relié à l'arbre par des bras d'une résistance convenable. De cette façon on peut, dans le coefficient $A + f(\theta)$, négliger les variations de $f(\theta)$ en remplaçant cette fonction par sa valeur moyenne. Nous supposerons désormais que cette valeur moyenne est comprise dans le terme constant

A et nous écrirons l'équation des forces vives sous la forme :

$$(1) \qquad A(\omega^2 - \omega_0^2) = 2\int_0^\theta (P - Q)\,d\theta$$

en commençant à compter les angles θ à partir d'un instant arbitrairement choisi pour origine de la période que nous voulons étudier. ω_0 est la valeur initiale de ω.

Prenons deux axes de coordonnées rectangulaires et portons en abscisses les valeurs de θ, en ordonnées celles de P et de Q (fig. 74). Nous obtenons deux courbes P_0PP_1, Q_0QQ_1 qui représentent les variations respectives du moment moteur et du moment résistant. Ces moments étant des fonctions de θ qui admettent la période 2π, les ordonnées O_1P_1, O_1Q_1 à la fin du tour, c'est-à-dire pour $\theta = 2\pi$, sont égales aux ordonnées initiales. En outre les aires $OP_0PP_1O_1$ et $OQ_0QQ_1O_1$ sont égales, car elles représentent le travail moteur et le travail résistant pour un tour. Il s'ensuit que les deux courbes se coupent au moins en deux points, et dans tous les cas en un nombre pair de points. Nous supposerons pour fixer les idées, qu'il y a seulement deux points d'intersection M, N.

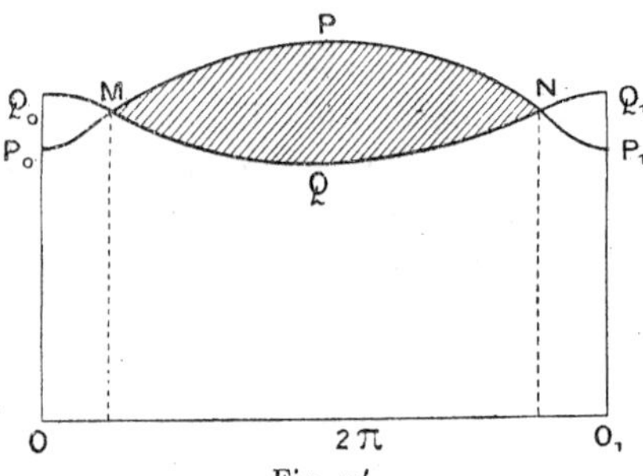

Fig. 74.

Au passage de chacun de ces points le moment moteur

est égal au moment résistant. D'ailleurs l'équation (1) donne :

$$A\omega \frac{d\omega}{d\theta} = P - Q.$$

On a donc en M et en N

$$\frac{d\omega}{d\theta} = 0,$$

c'est-à-dire que la vitesse angulaire ω passe alors par un maximum ou un minimum. La figure montre que le moment moteur, un peu avant le passage par M, est inférieur au moment résistant, pour devenir supérieur après le passage. Par conséquent la vitesse est décroissante, puis croissante ; autrement dit M correspond à un minimum de vitesse. On verrait de même que N correspond à un maximum. Appelons ω_1, ω_2 le minimum et le maximum.

Le théorème des forces vives, appliqué entre les valeurs θ_1 et θ_2 de θ qui correspondent à ω_1 et ω_2, fournit la relation :

$$A(\omega_2^2 - \omega_1^2) = 2\int_{\theta_1}^{\theta_2} (P - Q)d\theta = 2S.$$

L'intégrale S n'est autre chose que l'aire, couverte de hachures, comprise entre les arcs MPN et MQN.

Posons :

$$w = \frac{\omega_1 + \omega_2}{2}.$$

Cette expression représente sensiblement la vitesse moyenne de régime. Posons en outre :

$$\omega_2 - \omega_1 = \frac{w}{n}.$$

Le coefficient n s'appelle le *coefficient de régularité*. Avec ces notations, on a :

$$A\frac{w^2}{n} = S,$$

d'où :

$$A = \frac{nS}{w^2},$$

et l'on sait ainsi quelle valeur il faut donner à A pour obtenir le coefficient de régularité qu'on s'est fixé d'avance. Le moment d'inertie du volant doit être choisi en conséquence.

La formule précédente peut se mettre sous une autre forme, plus commode en pratique. Soit Σ l'aire $OP_0PP_1O_1$ qui, à l'échelle adoptée, représente le travail moteur $\mathfrak{T}m$ pour un tour. On a :

$$S = \frac{S}{\Sigma}\mathfrak{T}_m.$$

D'ailleurs, si C désigne la puissance exprimée en chevaux-vapeur, le travail moteur dans une minute exprimé en kilogrammètres est 60×75 C. Soit $2N\pi$ l'angle total dont tourne l'arbre du volant dans le même temps. N est, à une fraction de tour près, le nombre de tours par minute.

Le travail moteur pour un tour est $\mathfrak{T}_m = \frac{60 \times 75\,C}{N}$. Enfin la vitesse moyenne w (angle de rotation dans une seconde) est égale à $\frac{2\pi N}{60}$. De cette façon on est conduit à poser :

$$A = n\frac{S}{\Sigma} \times \frac{60 \, . \, 75\,C}{N} \times \frac{60^2}{4\pi^2 N^2}$$

ou, en effectuant les calculs :

$$A = 410450\ C \times \frac{n}{N^3} \times \frac{S}{\Sigma}.$$

Pour appliquer cette formule, on mesure sur l'épure, construite à une échelle arbitraire, le rapport des aires s et Σ. La force en chevaux C, le coefficient de régularité n et le nombre N de tours par minute sont des données de construction. On a ainsi tous les éléments nécessaires pour la détermination du volant. On remarque que, toutes choses égales d'ailleurs, le moment d'inertie que doit posséder le volant diminue très rapidement à mesure qu'augmente la vitesse de régime adoptée par la machine.

Ce rapport $K = \frac{S}{\Sigma}$ peut être calculé théoriquement quand on connaît la loi du moment moteur et celle du moment résistant. Voici quelques exemples de ce genre de calcul.

165. **Manivelle à simple effet.** — Soit un arbre sur lequel agissent deux forces : une résistance tangentielle constante F_1 et une puissance constante F_2 appliquée au bouton B de la manivelle par une bielle dont on néglige l'obliquité (fig. 75). La manivelle est à simple

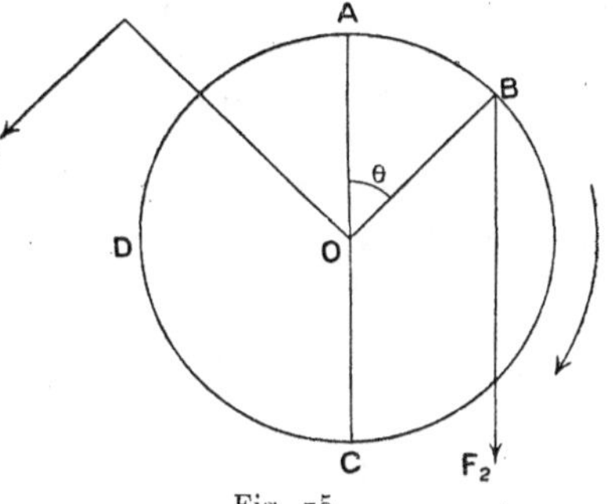

Fig 75.

effet, c'est-à-dire que B n'est actionné que sur la demi-circonférence ABC. Désignant par a la distance de F_1 à l'axe, par b le rayon de la manivelle, par θ l'angle AOB, l'on a :

$$P - Q = F_2 \theta \sin \theta - F_1 a \quad \text{sur l'arc ABC}$$
$$P - Q = - F_1 a \quad \text{sur l'arc CDA.}$$

La condition de périodicité de la vitesse

$$\int_0^{2\pi} (P - Q)\, d\theta = 0.$$

devient ici :

$$\pi F_1 a = F_2 b.$$

Le maximum et le minimum de la vitesse correspondant aux racines de l'équation. Sin $\theta = \frac{1}{\pi}$. Ces racines sont (en degrés, minutes et secondes.)

$$\theta_1 = 15°.\ 33',\ 40''$$
$$\theta_2 = 161°,\ 26',\ 20''.$$

La première donne un minimum et la seconde, un maximum. Leur somme est égale à 180°.

La somme des travaux des forces, pour la rotation $\theta_2 - \theta_1$, est :

$$\int_{\theta_1}^{\theta_2} (P - Q)\, d\theta = 2F_2 b \cos \theta_1 - F_1 a (\theta_2 - \theta_1)$$
$$= 2F_2 b \left(\cos \theta_1 - \frac{\theta_2 - \theta_1}{2\pi}\right).$$

Dans cette formule θ_1 et θ_2 doivent être exprimés en fonction de l'unité trigonométrique. Comme $2F_2b$ représente le travail moteur pour un tour, on a :

$$K = \cos \theta_1 - \frac{\theta_2 - \theta_1}{2\pi} = 0.552.$$

166. **Manivelle à double effet.** — Dans ce dispositif l'action constante F_2 après s'être produite comme précédemment pour l'arc ABC persiste pour l'arc CDA, mais en se renversant brusquement de façon à demeurer motrice. On a alors, pour tout le parcours :

$$P - Q = F_2 b \sin \theta - F_1 a.$$

La condition pour l'existence de l'état de régime est :

$$\pi F_1 a = 2 F_2 b.$$

Le maximum et le minimum de vitesse correspondent aux racines de l'équation Sin $\theta = \frac{2}{\pi}$, d'où les deux valeurs

$$\theta_1 = 39^\circ\ 32'\ 24''.$$
$$\theta_2 = 140^\circ\ 27'\ 36''.$$

La première donne un minimum et la seconde, un maximum. La valeur de K est :

$$K = \frac{1}{2}\left(\cos \theta_1 - \frac{\theta_2 - \theta_1}{\pi}\right) = 0{,}105.$$

On voit que, toutes choses égales d'ailleurs, le volant peut être cinq fois plus faible qu'avec une manivelle à simple effet.

Deux manivelles à double effet rectangulaires. — Associons maintenant à la manivelle OB, à double effet, une seconde manivelle également à double effet, calée à angle droit sur la première et sollicitée aussi par une force constante F_2. Nous avons :

$$P - Q = F_2 b (\sin \theta + \cos \theta) - F_1 a.$$

Le maximum et le minimum de vitesse correspondent aux racines de l'équation :

$$\sin \theta + \cos \theta = \frac{4}{\pi}$$

d'où :

$$\cos\left(\frac{\pi}{4} - \theta\right) = \frac{2\sqrt{2}}{\pi}$$

Les racines sont :

$$\theta_1 = 19^\circ, 12'$$
$$\theta_2 = 70^\circ, 48'.$$

θ_1 correspond au minimum et θ_2 au maximum.

La valeur de K est :

$$K = \frac{1}{2}\left(\frac{\cos \theta_1 - \cos \theta_2 + \sin \theta_2 - \sin \theta_1}{4} - \frac{\theta_2 - \theta_1}{\pi}\right) = 0,0106.$$

Le volant nécessaire est donc rendu, toutes choses égales d'ailleurs, 10 fois moindre qu'avec une seule manivelle à double effet.

167. **Volant élastique.** — Le volant agit, comme nous venons de le voir, avec d'autant plus d'énergie que son moment d'inertie est plus considérable. Malheureusement, le prix d'acquisition et les frottements sur

l'axe augmentent en proportion du poids, ce qui limite pratiquement la grandeur de ce moment d'inertie. On peut, dès lors, se demander s'il n'y aurait pas avantage à rendre certaines parties du volant mobiles par rapport à la masse principale, en les reliant à celle-ci par des ressorts dont la tension variable emmagasinerait, pendant les périodes d'accélération, une fraction du travail en excès pour la restituer pendant les périodes de ralentissement. Cette idée a été émise par Raffard, qui prit même en 1890 un brevet pour l'invention d'un volant appelé par lui *isochrone*, portant quatre masses satellites guidées à peu près radialement, conjuguées entre elles de manière à neutraliser l'action de la pesanteur, et rappelées par des ressorts. Mais l'inventeur n'a donné, à vrai dire, aucune théorie de son appareil, et, surtout, il n'a pas recherché si les oscillations inséparables de la présence des ressorts ne présenteraient pas des inconvénients inadmissibles. Nous avons repris la question par le calcul [1], et voici quelques-uns des résultats obtenus.

Soit A le moment d'inertie de la masse principale. Supposons, pour simplifier, qu'il y ait une seule masse satellite, de grandeur M, possédant un moment d'inertie *a* par rapport à son centre de gravité G. Admettons que celui-ci soit guidé suivant une droite D, de position quelconque (fig. 76), et rappelé par un ressort en hélice dont une extrémité est fixée en un point de D. Faisons d'abord tourner

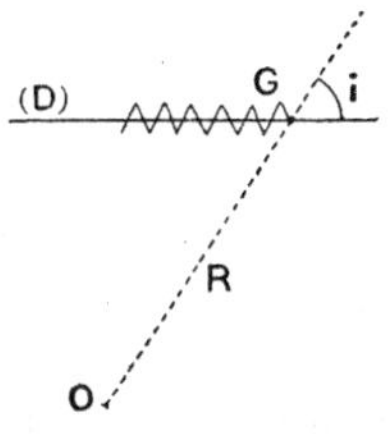

Fig. 76.

[1] *Journal de l'Ecole polytechnique* 1900, et *Mémoires présentés au Congrès de Liège* (1905).

le volant avec une vitesse constante ω, égale à sa vitesse moyenne de régime. G se place sur la droite D, à une distance R du centre du volant, et la droite OG forme alors avec D un certain angle i. Si nous posons :

$$B = A + a + MR^2,$$

la quantité B est le moment d'inertie total du volant pour la position considéré de G. En négligeant les frottements, le ressort prend une tension égale à $M\omega^2 R \cos i$. Désignons par $M\omega^2\rho^2$ le rapport entre la tension du ressort et son allongement : si le volant était maintenu immobile, la masse M, à la suite d'un choc effectuerait des oscillations ayant pour période $\frac{2\pi}{\omega\rho}$.

Imaginons maintenant que le volant soit sollicité par un moment effectif P — Q égal à C sin $r\omega t$, expression dans laquelle C et r sont deux constantes. Quand C est assez petit pour que la vitesse angulaire reste voisine de ω, la variation $\Delta\omega$ est donnée par la formule :

$$\omega\Delta\omega = \frac{C}{r}\,\frac{1 - \cos r\omega t}{B + MR^2\,\dfrac{4\cos^2 i + r^2 \sin^2 i}{\rho^2 - r^2 - 1}}.$$

Si, toutes choses égales d'ailleurs, le ressort était rendu rigide, de manière à immobiliser M dans sa position moyenne, ρ deviendrait infini et le dernier terme du dénominateur disparaitrait.

L'influence du ressort atténue donc les oscillations pourvu que l'on ait $\rho^2 > r^2 + 1$. En particulier, quand $\rho^2 = r^2 + 1$, la variation de vitesse est supprimée : le travail moteur est alors entièrement absorbé par le déplacement relatif de la masse auxiliaire. Pour une valeur donnée de r, on se rapproche d'autant plus de l'isochronisme, que l'expression

$$4 \cos^2 i + r^2 \sin^2 i$$

ou :

$$4 + (r^2 - 4) \sin^2 i$$

a une plus grande valeur. On voit que si r surpasse 2, il y a avantage à adopter le guidage radial ($i = 0$) ; si au contraire r est inférieur à 2, le guidage tangentiel ($i = 90°$) est préférable.

Quelle que soit la loi du moment effectif, on peut, par la formule de Fourier, le décomposer en une série de termes de la forme C sin $r\omega t$, en prenant convenablement, pour chaque terme, l'origine du temps. Généralement il y aura dans la série un terme prédominant, et c'est surtout en vue de ce terme que devra être fait le réglage. Plus la série renferme de termes sensibles d'un ordre élevé, plus le ressort doit être rigide. Ajoutons qu'en supposant r infiniment petit, on peut, au moyen des mêmes formules, étudier le passage d'un état de régime à un autre, sous l'action d'un moment moteur lentement croissant. La condition $\rho^2 > r^2 + 1$ se réduit alors à $\rho > 1$.

Pour que la question soit complètement élucidée, il faut encore se rendre compte de l'effet d'une percussion exercée sur le volant, pendant qu'il marche à l'état de régime : on doit en effet se préoccuper des oscillations de vitesse qui naîtraient, par exemple, à la suite d'une variation brusque de résistance due à la mise en marche d'un outil. L'étude rigoureuse de ce genre d'oscillations dépend d'une intégrale hyperelliptique. Quand le moment P de la percussion est très petit, l'écart E entre le maximum et le minimum de vitesse est donné par la formule :

$$E = \frac{4PMR^2 \cos i}{B(\rho^2 - 1) + 4MR^2 \cos^2 i} \sqrt{\frac{4 \cos^2 i + (\rho^2 - 1) \sin^2 i}{B(B - MR^2 \sin^2 i)}}$$

et la durée T d'une oscillation de vitesse est :

$$T = \frac{2\pi}{\omega} \sqrt{\frac{B - MR^2 \sin^2 i}{B(\rho^2 - 1) + 4MR^2 \cos^2 i}}.$$

On voit que, pour $i = 90°$, l'écart E est nul (au premier degré d'approximation). C'est là un avantage important du guidage tangentiel sur le guidage radial. Pour le cas du guidage radial ($i = 0$), on a simplement :

$$E = \frac{8PMR^2}{B^2(\rho^2 - 1) + 4BMR^2}.$$

L'importance de l'écart E diminue donc avec le rapport $\frac{MR^2}{\rho^2 - 1}$, tandis que la variation $\Delta\omega$ dépend, comme on l'a vu, du rapport $\frac{MR^2}{\rho^2 - r^2 - 1}$, qu'il faut rendre aussi grand que possible. C'est en tenant compte de cette double condition qu'on peut, dans chaque cas particulier trouver les meilleures valeurs de ρ et de MR^2.

168. **Ruptures des volants.** — Pendant son mouvement de rotation, un volant est soumis, du fait des forces d'inertie, à des efforts capables, comme le montre malheureusement l'expérience, d'amener parfois sa rupture.

Supposons d'abord que la rotation soit uniforme. La force centrifuge intervient seule, et voici comment on peut se rendre compte sommairement de la grandeur des efforts qu'elle impose au volant. Soit ABC (fig. 77), une moitié du tore constituant la masse principale du volant. Considérons la partie MNM′N′ comprise entre deux sections méridiennes formant les angles φ et $\varphi + d\varphi$ avec le plan méridien AB qui limite ACB. A chaque élément superficiel $d\sigma$ de la section MN, situé à la distance r de l'axe, correspond un élément $rd\sigma \,.\, d\varphi$ de cette partie MNM′N′.

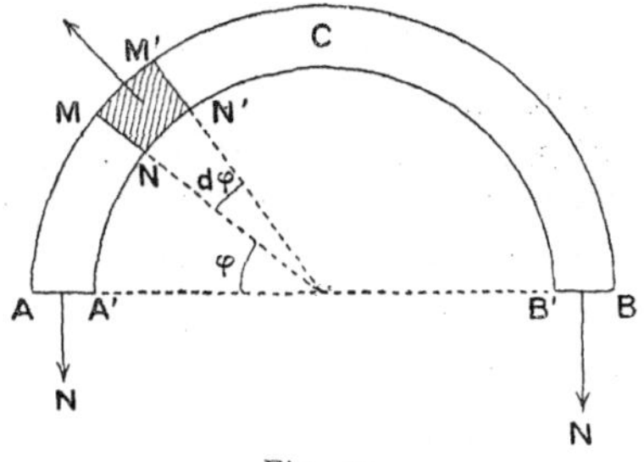

Fig. 77.

Soit ρ la densité et soit ω la vitesse de rotation ; la force centrifuge de l'élément est :

$$\rho\omega^2 r^2 d\sigma \sin \varphi d\varphi.$$

Pour la masse MNM′N′, la somme des projections analogues est :

$$\rho\omega^2 \sin \varphi \, d\varphi \,.\, \int r^2 d\sigma.$$

L'intégrale $\int r^2 d\sigma$ est le moment d'inertie de la section MN par rapport à l'axe. Si S est l'aire de la section et R son rayon de gyration, on a :

$$\int r^2 d\sigma = R^2 S.$$

La force centrifuge de MNM′N′ a donc pour projection sur AB :

$$\rho\omega^2 R^2 S \sin \varphi d\varphi.$$

Intégrons maintenant par rapport à φ depuis $\varphi = 0$

jusqu'à $\varphi = \pi$, et nous trouvons que la somme des projections des forces centrifuges du demi tore est $2\rho\omega^2 R^2 S$. Si nous faisons abstraction de la résistance des bras du volant, et si nous appelons N l'effort moyen exercé sur chacune des sections limites AA', BB', la somme ainsi déterminée doit être équilibrée par deux forces égales à NS. Il vient ainsi, en divisant par S :

$$N = \rho\omega^2 R^2.$$

ωR est la vitesse linéaire V d'un point situé à une distance de l'axe égale au rayon de gyration. Donc $N = \rho V^2$. On voit que, pour une substance de densité donnée, la tension moyenne N dépend uniquement de la vitesse linéaire V.

Quand la vitesse de rotation est variable, l'inertie tangentielle entre en jeu ; les effets de cette force peuvent acquérir une grande intensité en cas de variation brusque de la vitesse. L'inertie tangentielle fatigue surtout les bras du volant, auxquels elle impose des efforts de flexion dont nous n'entreprendrons pas ici le calcul [1].

169. **Régulateur.** — Le volant réduit, ainsi que nous l'avons vu, les écarts de vitesse existant dans l'état de régime ; mais il est impuissant à assurer le maintien de cet état. Si le travail moteur pour un tour n'est pas exactement égal au travail résistant et si H désigne la différence de ces deux travaux, le carré ω^2 de la vitesse éprouve, au bout d'un tour, la variation $\frac{2H}{A}$. Le volant n'ayant aucune action sur H, au bout de n tours ω^2 varie de $\frac{2nH}{A}$ et

[1] On trouvera ce calcul dans le *Traité de mécanique générale* de Résal, tome III.

comme n augmente indéfiniment, il en est de même de cette variation, quelle que soit la grandeur de A due à la présence du volant.

A la vérité, ainsi que nous l'avons déjà fait observer (n° 163) la variation de vitesse tend par elle-même à diminuer H. Mais cette influence est trop faible pour maintenir, en général, les écarts de vitesse dans des limites tolérables.

Il faut donc, par un procédé plus énergique, rétablir l'égalité entre le travail moteur et le travail résistant, chaque fois que cette égalité est troublée. Aussitôt que le travail utile demandé à la machine vient à varier, il est nécessaire de lui faire fournir, pour chaque tour de volant, une plus grande ou une plus petite somme de travail moteur.

Le régulateur est l'appareil chargé de proportionner ainsi à chaque instant la dépense de travail moteur à la production de travail utile en vue d'assurer la permanence de l'état de régime. C'est là une besogne délicate, et qui semble même à première vue, nécessiter l'intervention du mécanicien. En fait, si l'on pouvait compter sur la présence et sur l'attention constantes de celui-ci, il n'y aurait pas lieu de chercher autre chose. Tel est, du reste, le parti adopté pour les locomotives, ainsi que pour la plupart des bateaux à vapeur ; mais la main d'œuvre est trop coûteuse pour qu'on ne cherche pas en général à l'économiser dans la mesure du possible, et ainsi est né le problème de la régularisation automatique, l'un des plus difficiles de la mécanique appliquée.

La solution générale de ce problème est basée sur le principe suivant. Imaginons que, par un procédé quelconque, on ait établi un mécanisme accessoire dont une pièce M, que nous appellerons le *manchon*, ait sa position fixée par un seul paramètre q qui dépende uniquement de la vitesse de régime ω de la machine. Tant que l'état de régime subsiste ω est constant et il en est de même de q : le manchon demeure immobile. Dès que l'état de régime se trouve troublé, ω et par suite q deviennent variables. Le manchon se met en mouvement, et l'on utilise son déplacement pour faire varier, dans le sens convenable, la grandeur du travail moteur.

Si, par exemple, il s'agit d'une machine à vapeur, le manchon manœuvre une valve placée sur le conduit amenant la vapeur de la chaudière à la machine.

La construction de l'appareil est telle que le manchon est assujetti à ne pas dépasser deux positions extrêmes : pour l'une d'elles le travail moteur est entièrement supprimé; pour l'autre le travail moteur est maximum et doit alors avoir une valeur inférieure au plus grand travail résistant prévu dans l'emploi de la machine.

170. **Régulateurs à force centrifuge.** — Pour faire en sorte que la position du manchon soit fonction de la vitesse de rotation ω, Watt a imaginé de mettre en jeu la force centrifuge.

Le régulateur à force centrifuge de Watt dérive du pendule mobile dans un plan tournant, dont nous avons fait précédemment la théorie (n° 140).

Il se compose essentiellement de deux tiges égales AB, A'B (fig. 78) articulées à charnière en B, sur l'axe verticale de rotation BD, et portant à leurs extrémités libres deux boules identiques. Deux autres tiges CD, C'D égales entre elles s'articulent : d'une part en C et C' sur les précédentes, d'autre part en D sur le manchon susceptible de glisser le long de l'axe.

L'arbre vertical est relié cinématiquement à l'arbre qui porte le volant, de façon à tourner avec une vitesse proportionnelle à celle de cet arbre. Les articulations en B sont établies de telle manière que la rotation de l'arbre entraîne tout le régulateur. En d'autres termes, les tiges AB, A'B sont mobiles dans un plan vertical qui est assujetti à tourner autour de BD avec une vitesse ω proportionnelle à celle du volume.

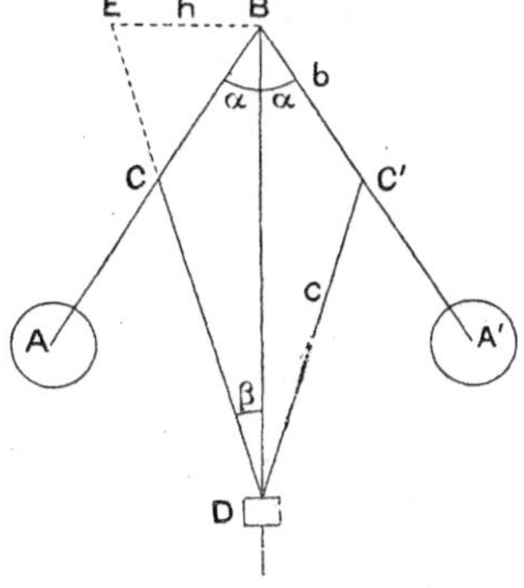

Fig. 78.

A l'état de régime, le système est en équilibre relatif dans le plan vertical tournant. Négligeons les masses des tiges et cherchons la position d'équilibre.

Soient P le poids d'une boule, Q celui du manchon, a, b, c les longueurs AB, BC, CD, α l'angle de AB sur la verticale. Les forces appliquées sont : les deux poids P, le poids Q, la résistance R qu'oppose au déplacement du manchon le mécanisme auquel il est relié ; enfin, la force centrifuge des boules. On peut réduire le système à la moitié située à gauche de l'axe, en admettant qu'au point D est appliquée la moitié seulement de la force Q + R qui agit sur le manchon. On a alors affaire à une manivelle BC articulée à une bielle CD guidée en D, et l'on peut appliquer la condition d'équilibre que donne la statique.

Cette condition est $C + h = 0$, C désignant le moment par rapport à B des forces directement appliquées à la manivelle, F la force appliquée à l'extrémité de la bielle, et h la longueur BE interceptée à partir de B, sur la perpendiculaire à BD, par le prolongement de la bielle.

Ici :

$$C = \frac{P}{g} \omega^2 a^2 \sin \alpha \cos \alpha - Pa \sin \alpha \quad \text{et} \quad F = Q + R.$$

D'ailleurs, si β désigne l'angle CDB, on trouve sans peine :

$$h = b \sin \alpha \left(1 + \frac{b \cos \alpha}{c \cos \beta}\right) = b \sin \alpha \left(1 + \frac{b \cos \alpha}{\sqrt{c^2 - b^2 \sin^2 \alpha}}\right).$$

Substituons dans l'équation d'équilibre et divisons par $\sin \alpha$. Il vient :

$$\frac{\omega^2 a \cos \alpha}{g} P = P + (Q + R) \frac{b}{2a} \left(1 + \frac{b \cos \alpha}{\sqrt{c^2 - b^2 \sin^2 \alpha}}\right).$$

Telle est la relation existant, dans l'équilibre relatif, entre la vitesse angulaire ω de l'arbre du régulateur et le paramètre α. Si l'on veut prendre comme paramètre la distance $Z =$ BD du manchon au point fixe B, il suffit d'exprimer α en fonction de Z, au moyen de la formule :

$$Z = b \cos \alpha + c \cos \beta = b \cos \alpha + \sqrt{c^2 - b^2 \sin^2 \alpha}$$

Le régulateur est dit isocèle quand $b = c$.

La relation d'équilibre est alors :

$$\frac{\omega^2 a \cos \alpha}{g} P = P + \frac{b}{a} (Q + R)$$

et dans ce cas :

$$Z = 2b \cos \alpha.$$

Si l'on fait, de plus $b = a$, la relation se simplifie encore et l'on obtient alors le régulateur dit de Porter (fig. 79) dans lequel les centres des boules sont aux sommets C et C′ du parallélogramme BCDC′.

Il existe des types innombrables de régulateurs à force centrifuge dérivant plus ou moins directement du régula- de Watt. Beaucoup d'entre eux font intervenir des ressorts. Tel est celui de Foucault (fig. 80) dans lequel le

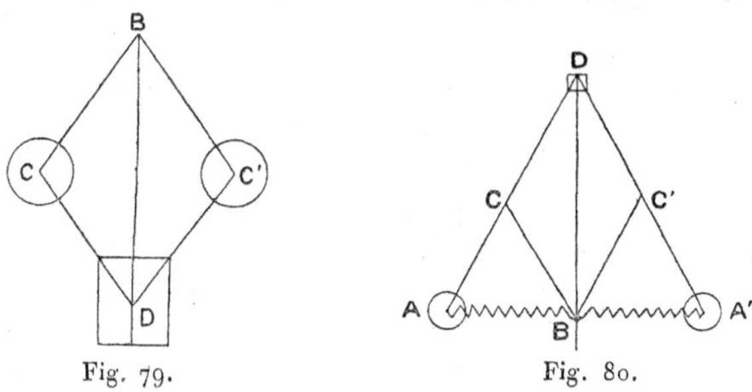

Fig. 79. Fig. 80.

manchon est placé au sommet supérieur D du parallélogramme BCDC′ tandis que le point d'articulation B est au niveau des boules qui sont reliées entre elles par un ressort AA′.

Avec cette disposition, les boules ne peuvent quitter le plan horizontal passant par B de sorte que le travail virtuel de leur poids est nul. En outre le poids du manchon tend évidemment, comme la force centrifuge, à écarter les boules de l'axe, de sorte que le ressort est indispensable pour leur permettre de demeurer en équilibre relatif. Les appareils de ce genre sont beaucoup plus sensibles que celui de Watt, c'est-à-dire qu'une variation donnée de ω entraîne un plus grand déplacement du manchon.

171. **Régulateurs isochrones.** — Les régulateurs à force centrifuge donnent lieu à une objection assez grave. Le rétablissement de l'écart de régime n'est obtenu que grâce à un déplacement du manchon, et comme la position de celui-ci est fonction de la vitesse angulaire de la machine, le nouveau régime qui s'établit correspond ainsi à une vitesse différente de celle qui existait primitivement. C'est là un inconvénient sérieux pour certaines industries. On a cherché à l'éviter en établissant des régulateurs dit *isochrones*.

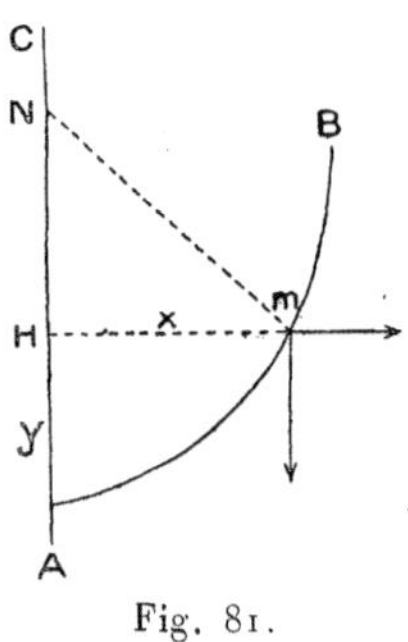

Fig. 81.

Un régulateur isochrone est un appareil dans lequel le manchon ne peut être en équilibre que pour une seule valeur de ω. Cherchons d'abord quelle doit être la forme d'une courbe plane et verticale AB (fig. 81) tournant uniformément autour d'une verticale AC de son plan, pour qu'un point matériel pesant m soit en équilibre indifférent sur cette courbe, supposée parfaitement polie.

Soient x et y les distances de m à AC et à l'horizontale passant par A. La pesanteur est mg, la force centrifuge $m\omega^2x$. La somme des travaux virtuels de ces forces est

$$m\omega^2xdx - mgdy.$$

En écrivant qu'elle est nulle on a :

$$\omega^2xdx - gdy = 0$$

d'où :

$$\omega^2x^2 - 2gy = \text{const.}$$

C'est l'équation d'une parabole ayant pour axe AC et pour paramètre $\frac{g}{\omega^2}$. Le même raisonnement montrerait que, pour une courbe de force quelconque, la position d'équilibre de m est déterminée par la condition :

$$\frac{dy}{dx} = \frac{\omega^2 x}{g}.$$

Si l'on appelle n la sous normale NH, on a :

$$n = x\frac{dx}{dy} = \frac{g}{\omega^2}.$$

L'indifférence de l'équilibre sur la parabole est due à ce que la sous normale est constante.

Ceci posé, remplaçons les boules de Watt par deux disques (fig. 82) disposés de façon à pouvoir rouler sur un guide PP′ ; les centres de ces disques décrivent une courbe parallèle à PP′ et si cette courbe est parabolique les deux disques sont en équilibre indifférent pour une vitesse de rotation déterminée.

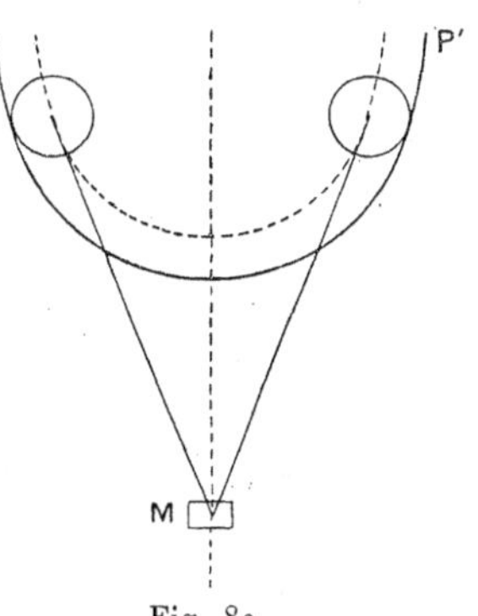

Fig. 82.

Relions les disques au manchon M par deux tiges articulées et supposons ces disques assez massifs pour qu'on puisse négliger les forces appliquées au manchon : nous avons un régulateur isochrone.

Farcot est arrivé au même résultat, d'une façon plus simple et suffisamment exacte, en substituant à l'arc de parabole, dans la partie de cette courbe qu'on veut utiliser, l'un de ses cercles osculateurs. Le rayon de courbure de la parabole étant supérieur à la normale, les tiges AB, A'B' (fig. 83) qui portent les boules se prolongent au-delà de l'axe, et sont articulées à l'extrémité d'une barre horizontale BB'. Cet appareil est connu sous le nom de régulateur à bras croisés.

Il existe une foule d'autres dispositions propres à rendre isochrone un régulateur à force centrifuge. Nous citerons seulement le régulateur Büss dont l'idée première, due à Villarceau, est particulièrement intéressante.

Considérons d'abord une figure plane, de forme quelconque, ayant son centre de gravité en G (fig. 84) et dont

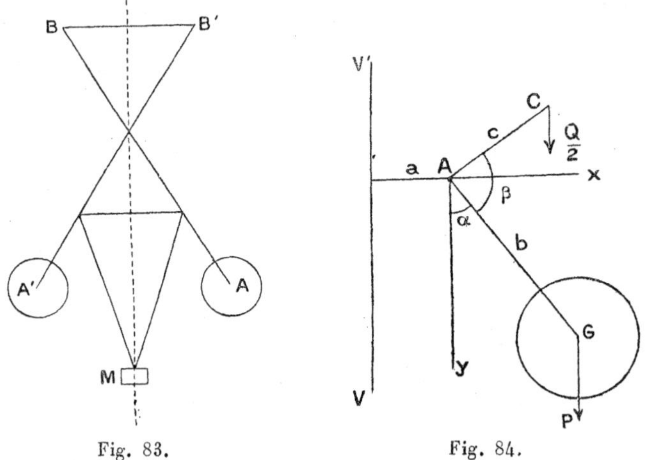

Fig. 83. Fig. 84.

le plan tourne autour d'un axe vertical VV'. Cette figure est reliée à une tige AG qui peut tourner autour d'un point fixe A du plan.

Si l'on désigne par a la distance de A à l'axe de rotation et par x, y les coordonnées d'un point quelconque de la figure, rapportées à deux axes Ax, Ay menés par le point A, la somme des moments des forces centrifuges, par rapport à A est évidemment $\omega^2 \Sigma m\,(a + x)\,y$.

La sommation, ou plutôt l'intégration, doit être étendue à tous les éléments $dx\,dy$ de la figure, en prenant pour m la masse de chaque élément. On admet d'ailleurs que m peut n'être pas proportionnel à $dxdy$, c'est-à-dire que la densité de l'aire plane peut varier d'un point à un autre. Imposons-nous la condition que, dans toutes les positions de la figure, on ait $\Sigma mxy = 0$. Si P est le poids total de la figure et Y l'ordonnée de son centre de gravité, on a :

$$\Sigma my = \frac{P}{g} Y$$

Désignons par b la longueur AG, par α l'angle GAy. Alors $Y = b \cos \alpha$. Le moment des forces centrifuges se réduit donc à

$$\omega^2 \frac{P}{g} ab \cos \alpha.$$

Le moment de la pesanteur est d'autre part $- Pb \sin \alpha$.

Considérons maintenant une seconde tige AC de longueur c, faisant avec AG un angle β et supportant à son extrémité supérieure C la moitié $\frac{Q}{2}$ du poids du manchon. Le moment de cette force par rapport à A est ;

$$-\frac{Q}{2} c \sin (\alpha + \beta).$$

La condition d'équilibre est donc ;

$$\omega^2 \frac{P}{g} ab \cos \alpha = Pb \sin \alpha + \frac{Q}{2} c \sin (\alpha + \beta)$$
$$= \left(Pb + \frac{Q}{2} c \cos \beta\right) \sin \alpha + \frac{Q}{2} c \sin \beta \cos \alpha.$$

Si l'on établit les données de construction de manière à avoir :

$$Pb + \frac{Q}{2} c \cos \beta = 0,$$

on voit que l'équation précédente se réduit à :

$$\omega^2 \frac{P}{g} ab = \frac{Q}{2} c \sin \beta$$

et par conséquent l'appareil est alors isochrone.

Tout se réduit donc à trouver, dans le plan de l'aire considérée, un point A pour lequel on ait $\Sigma mxy = 0$, quelle que soit la direction des axes rectangulaires passant par le point A. Or ceci est toujours possible : il faut et il suffit qu'en A les moments principaux d'inertie soient égaux et la théorie générale enseigne qu'il existe, dans le plan d'une figure quelconque, deux points symétriquement placés par rapport au centre de gravité et jouissant tous les deux de cette propriété.

En réalité, il n'est pas nécessaire de donner la forme plane à la masse soumise à l'action de la force centrifuge : il suffit que cette masse admette un plan de symétrie, car on peut, sans rien changer aux considérations qui précèdent, remplacer chaque couple d'éléments symétriques, de masse m, par une masse $2\,m$ située dans le plan de symétrie, au point où se projettent les deux éléments.

172. **Inconvénients de l'isochronisme absolu.** — Il faut bien remarquer que ces divers appareils soi-disant isochrones ne procurent pas, en pratique, un véritable isochronisme, attendu que nous avons laissé de côté les résistances passives opposées au déplacement du manchon, résistances qui ne sont jamais négligeables. D'ailleurs, quand on examine les choses de près, on reconnait que l'isochronisme parfait aurait plus d'inconvénients que d'avantages. Il est bien vrai que, théoriquement, la même vitesse de régime serait compatible avec des positions variables du manchon, correspondant à des valeurs variables du travail moteur. Mais, dès que l'état de régime se trouverait troublé par une cause quelconque, les boules se mettraient à parcourir leurs trajectoires sans s'arrêter en temps utile, attendu que la variation de moment moteur due à leur déplacement demande un certain temps pour ramener la vitesse de la machine à sa valeur normale. Les boules se porteraient ainsi à l'extrémité de la course qui leur est permise ; puis, le point voulu étant déplacé, elles ne tarderaient pas à cheminer en sens inverse jusqu'à l'autre extrémité de leur course, et ainsi de suite indéfiniment. De là des oscillations perpétuelles entraînant corrélativement, pour la machine, des oscillations de vitesse inadmissibles.

173. **Théorie générale des régulateurs centrifuges.** — Nous allons montrer maintenant comment on peut établir, d'une manière générale, la théorie des régulateurs à force centrifuge, indépendamment de leur forme. L'appareil est soumis à diverses forces directement appliquées, poids ou ressorts, qui agissent dans un sens déterminé et dépendent uniquement de la configuration du système.

Il subit, en outre, les forces centrifuges qui dépendent également de cette configuration et sont en outre proportionnelles à ω^2. Restent enfin les résistances passives qui, si l'on néglige la résistance de l'air, se réduisent aux frottements. Cherchons, par le théorème des travaux virtuels, la condition d'équilibre relatif. Il y a un seul paramètre arbitraire, qui est par exemple le chemin z parcouru par un point du manchon à partir d'une origine arbitraire. Pour un déplacement virtuel dz les forces centrifuges développent un travail $A\omega^2 dz$, A désignant une fonction de z. Le travail des forces directement appliquées est Bdz, B désignant une autre fonction de z. Quant au travail virtuel des forces de frottement, il peut se représenter par $Cfdz$, C étant une troisième fonction de z, et f un coefficient dont on sait seulement qu'il est en valeur absolue, inférieur au coefficient f_1 du frottement de glissement. Ecrivons que la somme des travaux est nulle et divisons par dz. Nous obtenons l'équation d'équilibre sous la forme $A\omega^2 + B + Cf = 0$, ou, plus simplement, $A\omega^2 + B + F = 0$ en posant $Cf = F$.

Comme le premier membre de cette équation peut être multiplié ou divisé par un coefficient arbitraire, nous admettrons que B représente la grandeur d'une force unique qui, appliquée au manchon parallèlement à l'axe sur lequel glisse cet organe, pourrait, sans troubler l'équilibre, être substituée aux forces données (poids et ressorts).

Si l'on remplace ω^2 par x, on peut considérer l'équation $Ax + B + Cf = 0$ comme faisant correspondre à chaque état d'équilibre du régulateur un point dont les coordonnées, rapportées à deux axes rectangulaires ox, oz seraient x et z. C'est ce que nous appellerons le *point figuratif*.

Quand la machine se maintient à l'état de régime, on peut admettre que le manchon n'a aucune tendance à se déplacer et que, par conséquent, les forces de frottement sont nulles. On doit faire alors $f = 0$ et il reste

$$Ax + B = 0.$$

La ligne représentée par cette équation s'appelle la *ligne d'équilibre théorique*. Sa partie utile se limite aux valeurs extrêmes permises à z par le mode de construction du régulateur. L'origine de z étant arbitraire, on peut, sans inconvénient admettre que la ligne d'équilibre théorique est un arc mn (fig. 85) ayant l'une de ses extrémités sur l'axe ox.

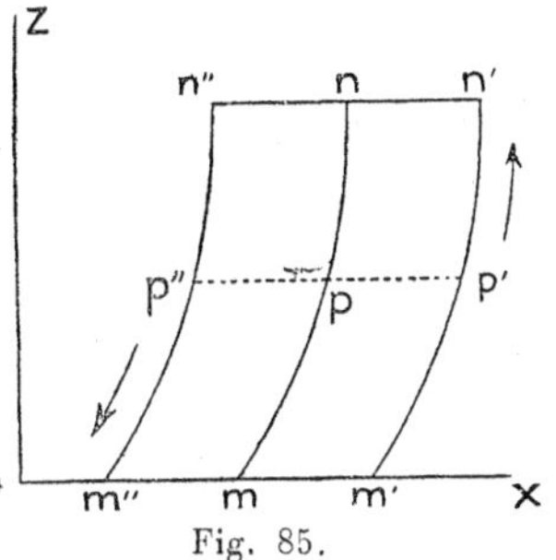

Fig. 85.

Prenons un point déterminé p de cet arc et supposons que, le point figuratif occupant cette position, la vitesse de la machine vienne à augmenter progressivement. x devient croissant; mais z demeure un certain temps constant : car le manchon ne peut se mettre en mouvement qu'à l'instant où les frottements sont vaincus. Dans cette période de transition, l'équation $Ax + B = 0$ est remplacée par $Ax + B + F = 0$, et F croît progressivement de zéro jusqu'à sa valeur limite. En même temps, A, B, C qui sont des fonctions de z, demeurent constants. Dans cette période, le point figuratif se déplace horizontalement de p en p' ; si la vitesse de la machine augmente encore un tant soit peu, l'équilibre est rompu, et le manchon commence à s'élever.

A chaque point p de l'axe mn correspond ainsi, sur la même horizontale, un point p'. Le lieu des points p' est *la ligne d'équilibre à la montée*; son équation est

$$Ax + B + F = 0.$$

Il existe de même, à gauche de mn, une *ligne d'équilibre à la descente*, dont l'équation est $Ax + B - F = 0$.

174. **Sensibilité.** — Soient ω' et ω'' les vitesses qui correspondent aux deux positions p' et p''. Tant que ω reste compris entre ces deux limites, le manchon demeure insensible aux variations de vitesse. On appelle coefficient de sensibilité l'expression

$$\frac{\frac{\omega' + \omega''}{2}}{\omega' - \omega''},$$

c'est-à-dire le rapport entre la moyenne des vitesses limites et leur différence. Cette expression peut s'écrire :

$$\frac{(\omega' + \omega'')^2}{2\left(\omega'^2 - \omega''^2\right)},$$

ω'' différant peu de ω', on peut encore adopter pour le coefficient de sensibilité la valeur

$$\frac{\omega'^2 + \omega''^2}{\omega'^2 - \omega''^2}$$

dont le rapport à la précédente est

$$1 + \left(\frac{\omega' - \omega''}{\omega' + \omega''}\right)^2.$$

Comme on a

$$A\omega'^2 + B + F = 0 \quad \text{et} \quad A\omega''^2 + B - F = 0$$

on voit que le coefficient de sensibilité est égal à $\frac{B}{F}$. Il varie avec z.

Pour un régulateur donné et pour une valeur donnée F des résistances, on peut à volonté augmenter la sensibilité en faisant croître B, c'est-à-dire en chargeant davantage le manchon. Pour maintenir l'équilibre dans ces conditions, il faut, en vertu de l'équation $A\omega^2 + B = 0$ qui concerne l'équilibre de régime, faire croître ω^2 en proportion de B. C'est la raison d'être des régulateurs à grande vitesse ; ces appareils, très employés dans l'industrie moyenne, ne permettent que de faibles variations relatives de la vitesse.

175. **Régularité.** — Soient Ω' et Ω'' la plus grande et la plus petite de toutes les vitesses qui interviennent dans le fonctionnement du régulateur : ces vitesses correspondent aux sommets n' et m'' du diagramme. La différence $\Omega' - \Omega''$ mesure l'irrégularité de la machine, et l'on appelle *coefficient de régularité* le rapport

$$\frac{\frac{\Omega' + \Omega''}{2}}{\Omega' - \Omega''}$$

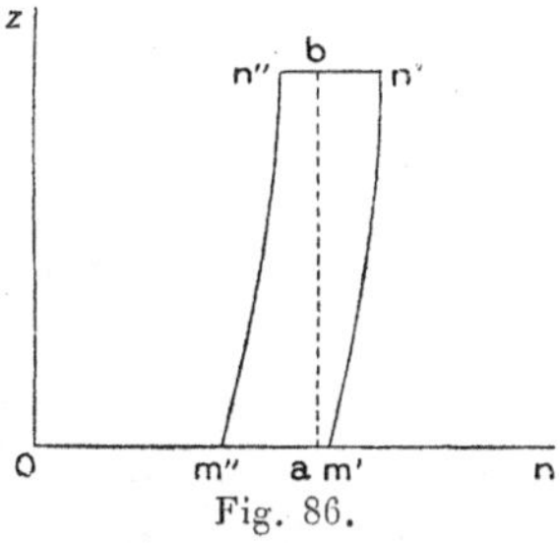

Fig. 86.

On admet qu'en pratique la régularité est suffisante si l'abscisse du sommet m' surpasse celle du sommet n'' de sorte qu'on puisse tracer au moins une verticale ab (fig. 86) rencontrant les deux bases du diagramme. S'il en est ainsi, il existe évidemment une même vitesse de marche compatible avec toutes les positions du manchon. Dans le cas purement théorique où les résistances passives seraient négligeables, les dimensions horizontales du diagramme se réduiraient à zéro, et la condition précédente reviendrait à faire coïncider le diagramme avec la verticale ab : c'est ce que réalisent les régulateurs isochrones, dont nous avons vu les inconvénients.

176. **Stabilité.** — A côté de la sensibilité et de la régularité, il y a lieu de considérer une troisième qualité, qui est la stabilité. Pour la définir admettons que les frottements soient négligeables en sorte que l'équation d'équilibre puisse s'écrire $A\omega^2 + B = 0$. Imaginons alors que, sans modifier ω, on écarte subitement, par un moyen quelconque, le régulateur de sa position d'équilibre. A et B prennent de nouvelles valeurs A', B' et l'équilibre est rompu. Pour le rétablir il faudrait appliquer au manchon une force auxiliaire X vérifiant l'équation $A'\omega^2 + B' + X = 0$, d'où

$$X = -(A'\omega^2 + B) = \frac{BA' - B'A}{A}.$$

En particulier, si le déplacement est infiniment petit, il vient :

$$X = \frac{BdA - AdB}{A} = -Ad\left(\frac{B}{A}\right).$$

Soit $d\omega^2$ l'accroissement qu'il faudrait donner à ω^2 pour obtenir l'équilibre, dans la nouvelle position, sans adjonction d'une force auxiliaire. On a

$$\omega^2 = -\frac{B}{A}$$

d'où

$$d\omega^2 = -d\frac{B}{A}.$$

Par suite :

$$X = A d\omega^2 = -B\frac{d\omega^2}{\omega^2}.$$

Puisque, dans la nouvelle position, il faut une force X pour maintenir l'équilibre, c'est que le manchon est sollicité à retourner vers sa position primitive par une force $-$ X ou B $\frac{d\omega^2}{\omega^2}$. Suivant que cette force est de même signe que dz ou de signe contraire, l'équilibre du manchon est stable ou instable.

La condition de stabilité est donc que $\frac{d\omega^2}{dz}$ soit positif. Il est naturel de prendre pour mesure de la stabilité le rapport entre la force de rappel et le déplacement qui donne naissance à cette force. Aussi appelle-t-on coefficient de stabilité l'expression :

$$S = \frac{B}{\omega^2}\frac{d\omega^2}{dz} = \frac{2\,B d\omega}{\omega dz} = A\,\frac{d\left(\frac{B}{A}\right)}{dz}.$$

Géométriquement, la condition de stabilité $\frac{d\omega^2}{dz} = 0$ signifie que la ligne d'équilibre mn (fig. 87) doit s'éloigner de l'axe oz à mesure que z augmente.

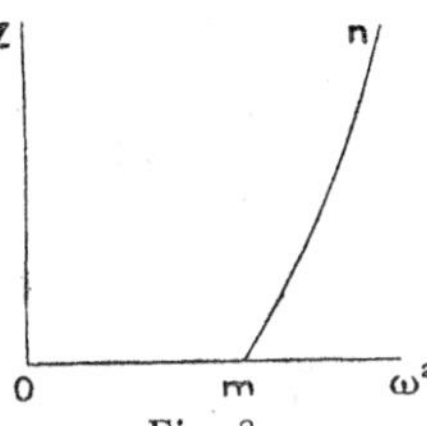

Fig. 87.

Dans le cas des régulateurs isochrones, mn est une parallèle à oz et l'équilibre est alors indifférent.

177. **Isochronisme pratique.** — La valeur du *coefficient de régularité* dépend non seulement du mode de construction du régulateur et de son état d'entretien, mais encore de l'excursion totale admise pour le manchon, et par conséquent du mode de liaison de celui-ci avec la valve ainsi que des conditions d'installation de la valve elle-même.

Il est évident qu'avec un régulateur donné agissant sur une valve également donnée, on peut, en choisissant convenablement la transmission, se rapprocher à volonté de l'isochronisme théorique : il suffit pour cela de faire en sorte que l'ouverture et la fermeture de la valve correspondent à deux positions du manchon très voisines l'une de l'autre. Cherchons jusqu'à quelle limite on peut, en tenant compte des résistances passives, faire avantageusement descendre l'écart de ces deux positions.

A la vitesse normale, on a : $A\omega^2 + B = 0$. Quand le manchon est en haut de sa course, A et B prennent de nouvelles valeurs que nous représenterons par $A + \alpha h$ et $B + \beta h$ en appelant h le déplacement du manchon et en négligeant les termes qui dépendent des puissances de h supérieures à la première. Soit d'autre part $\omega^2 (1 + \varepsilon)$ la plus grande valeur du carré de la vitesse : ε est un très petit nombre.

L'équation qui donne ε est :

$$(A + \alpha h)(1 + \varepsilon)\omega^2 + B + \beta h + F = 0.$$

En tenant compte de la relation $A\omega^2 = - B$ et négligeant $\alpha h\varepsilon$ en présence de αh, il vient :

$$B\varepsilon = (\alpha\omega^2 + \beta)h + F.$$

La même équation s'appliquerait à la plus petite valeur

du carré de la vitesse, ε, h et F étant simplement changés de signes.

La résistance F se compose de deux parties : l'une F_1, due au régulateur lui-même, est indépendante de la course $2h$; l'autre, F_2, provenant de la valve, peut être considérée comme égale à $\frac{\mathfrak{T}}{h}$, $\mathfrak{T}$ désignant le travail nécessaire pour faire passer la valve de l'ouverture complète à la fermeture. Nous écrirons donc :

$$B\varepsilon = (\alpha\omega^2 + \beta)\ h + F_1 + \frac{\mathfrak{T}}{h}.$$

Nous voulons rendre ε le plus petit possible : il faut donc choisir h de manière à avoir un minimum de la somme

$$(\alpha\omega^2 + \beta)\ h + \frac{\mathfrak{T}}{h},$$

ce qui donne

$$h = \sqrt{\frac{\mathfrak{T}'}{\alpha\omega^2 + \beta}}.$$

Ce résultat peut être énoncé d'une manière très simple. Si en effet, laissant constante la vitesse de rotation ω, on oblige, avec la main, le manchon à se relever d'une hauteur h, il faut, pour le maintenir dans cette position, exercer un effort X déterminé par l'équation :

$$(A + \alpha h)\ \omega^2 + B + \beta h = X$$

d'où

$$X = (\alpha\omega^2 + \beta)\ h.$$

La condition du minimum revient donc à poser $X = \frac{\mathfrak{T}}{h}$, c'est-à-dire $X = F_2$. D'après cela :

Pour que l'écart entre les vitesses extrêmes admises par le régulateur soit le plus petit possible, il faut que, le manchon étant amené à bout de course sans changement de la vitesse de rotation, l'effort de rappel développé sur lui fasse équilibre à la résistance de la valve.

On peut donner à ce résultat une autre forme. En effet, le binôme $\alpha\omega^2 + \beta$, mesurant le rapport entre la force de rappel X et le déplacement correspondant h, est sensiblement égal au coefficient de stabilité S, tel que nous l'avons précédemment défini. La formule $h = \sqrt{\frac{\mathfrak{T}}{S}}$ montre alors que :

Quand l'isochronisme pratique est rendue aussi parfait que possible, le carré de la demi-course du manchon est égal au travail $\mathfrak{T}$, *correspondant au demi-déplacement de la valve, divisé par le coefficient de stabilité.*

Cette condition étant remplie, on a $\varepsilon = \frac{F_1 + 2\sqrt{\mathfrak{T}S}}{B}$. Tel est le degré d'isochronisme qu'il est impossible de dépasser.

178. **Régulateurs d'inertie.** — Les régulateurs dont nous avons parlé jusqu'ici sont basés sur ce qu'on peut appeler le *principe de Watt*, consistant à équilibrer certaines forces données (pesanteur, tension de ressorts) par la force centrifuge développée dans un mouvement de rotation.

En 1845, Werner et Wilhelm Siemens ont remarqué que la force d'inertie tangentielle peut fournir le principe d'un mode différent de régularisation : c'est ce que M. Stodola[1] a appelé le *principe de Siemens*. Le dispositif

[1] *Journal de l'Union des Chemins de fer Allemands*, 1899.

proposé par Werner et Siemens consiste essentiellement dans l'emploi de deux demi arbres A, B (fig. 88) placés en prolongement l'un de l'autre et reliés par un train différentiel D.

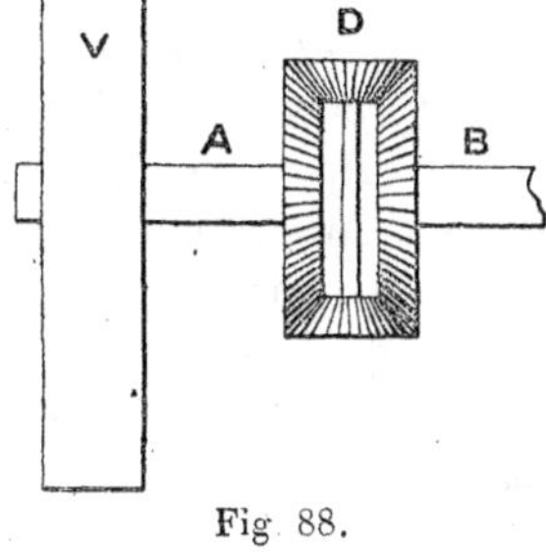

Fig. 88.

Le demi-arbre B tourne avec une vitesse égale ou proportionnelle à celle de l'arbre moteur.

Le demi-arbre A, entraîné par l'intermédiaire du différentiel, porte un volant V ; il tourne en sens inverse de B. L'équipage du différentiel ne peut se déplacer sans mettre en jeu le mécanisme de régularisation, et la résistance que ce mécanisme oppose à l'action du différentiel est supposée supérieure à l'effort d'entraînement produit, à l'état de régime par les roues coniques calées sur B et A. Dès lors, le différentiel demeure immobile. Quand le régime vient à être troublé pour une cause quelconque, B éprouve une accélération angulaire γ qui tend à se transmettre à A. Mais alors intervient l'inertie tangentielle du volant. Si celle-ci est suffisante, la résistance du mécanisme de régularisation est vaincue, et l'appareil entre ainsi en fonction.

Il importe de bien voir à quel point le principe de Siemens diffère de celui de Watt. A la suite d'une perturbation de régime, la force centrifuge varie d'une façon continue et avec d'autant plus de lenteur que la masse du volant est plus grande. Il faut donc un temps plus ou moins long, mais toujours sensible, pour que la variation de cette force devienne capable de vaincre la résistance du mécanisme. Mais, quelle que soit la masse du volant, quelle que soit la résistance à vaincre, on est assuré que les écarts de vitesse ne pourront dépasser des limites déterminées sans mettre en mouvement le manchon. Avec le principe de Siemens, toute variation de régime développe *instantanément* l'effort de régularisation, avec son maximum d'intensité. Il semblerait donc permis d'espérer que chaque perturbation de régime va se trouver immédiatement corrigée, sans laisser à la vitesse le temps d'éprouver un variation appréciable. Malheureusement il faut tenir compte des résistances passives. L'appareil ne fonctionne que si le moment de la force d'inertie tangentielle surpasse la résistance du mécanisme de régularisation. Toute perturbation qui ne remplit pas cette condition laisse le régulateur insensible. Le principe de Siemens ne limite donc aucunement la grandeur des écarts de vitesse ; il ne limite que la rapidité de ces écarts ; et dès lors il ne suffit pas pour donner à lui seul une bonne régularisation. La vraie solution consiste à le combiner, dans une juste mesure, avec le principe de Watt.

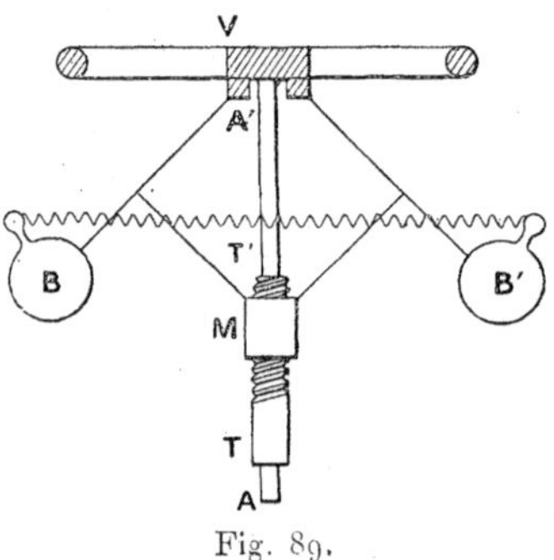

Fig. 89.

L'idée de faire concourir l'inertie tangentielle avec la force centrifuge pour obtenir une action plus prompte a été jadis appliquée par Foucault, de la manière suivante :

Les tiges portant les boules B, B' (fig. 89) sont suspendues à un volant horizontal V, et le manchon M forme écrou sur un pas de vis porté par la tige TT′ reliée à la valve. Cette tige est creuse et concentrique à l'axe AA′ du régulateur, le long duquel elle peut glisser sans tourner relativement à lui. Quand l'inertie tangentielle du volant est mise en jeu, le plan des tiges prend, par rapport à l'axe AA′, une déviation qui fait monter ou descendre la tige TT′ à l'intérieur du manchon.

179. **Régulateurs volants.** — La création, relativement récente, de machines à vapeur possédant une allure très rapide et destinées principalement à conduire des dynamos a occasionné l'apparition d'un type particulier de régulateurs portant directement l'excentrique de distribution. Ces appareils sont montés à l'intérieur du volant principal ou d'un volant auxiliaire, et méritent pour ce motif le nom de *régulateurs-volants*. On les appelle aussi, quelquefois, *régulateurs américains* parce que c'est en Amérique qu'ils ont reçu leur consécration définitive. Ils se prêtent très bien à l'application simultanée des principes de Watt et de Siemens.

La disposition d'un régulateur volant est essentiellement la suivante.

Dans le plan du volant V, (fig. 90), qui tourne à grande vitesse autour de son axe O, sont disposées plusieurs masses M, (dont une seule est figurée).

Chacune de ces masses est articulée au volant en un point A, et articulée, d'autre part, en un point B de l'excentrique de distribution.

Les choses sont disposées de façon que lorsque le volant est immobile, l'excentricité, c'est-à-dire la distance entre le centre E de l'excentrique et le centre O du volant soit maximum. Un ressort R fixé d'une part au volant, d'autre part à la pièce M, rappelle sans cesse l'excentrique vers cette position d'équilibre. Mais, quand le volant se met à tourner, la force centrifuge et l'inertie tangen-

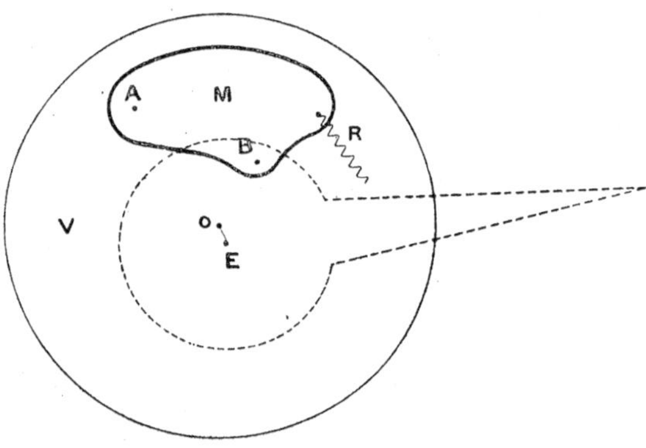

Fig. 90.

tielle tendent à déplacer la pièce M en la faisant pivoter autour de A, et à diminuer par suite l'excentricité OM, de façon à réduire l'admission de vapeur.

Proposons-nous de déterminer par le calcul les actions composées de la force centrifuge et de la force d'inertie tangentielle. A cet effet, supposons qu'il existe une seule masse M, assimilée à un disque plan, de contour d'ailleurs quelconque. Les mouvements de ce disque autour de B peuvent être étudiés comme si OB était fixe, à condition d'appliquer sur chaque élément *m* les forces apparentes, qui sont : la force centrifuge, la force d'inertie tangentielle et la force centrifuge composée.

Cette dernière, par définition, est perpendiculaire à la vitesse relative. Comme ici le mouvement relatif est une rotation autour de B (fig. 91) la force centrifuge composée est dirigée de la position P de chaque élément m vers B, et son moment par rapport à B est nul. La force centrifuge proprement dite est dirigée suivant le prolongement de OP. Son moment par rapport à B est

$$m\omega^2\rho \times a \sin \theta$$

expression dans laquelle ρ désigne la distance OP, a, la longueur OB et θ, l'angle POB. Reste la force d'inertie tangentielle, perpendiculaire à OP est égale à $m\rho \frac{d\omega}{dt}$. Le moment de cette force par rapport à B est :

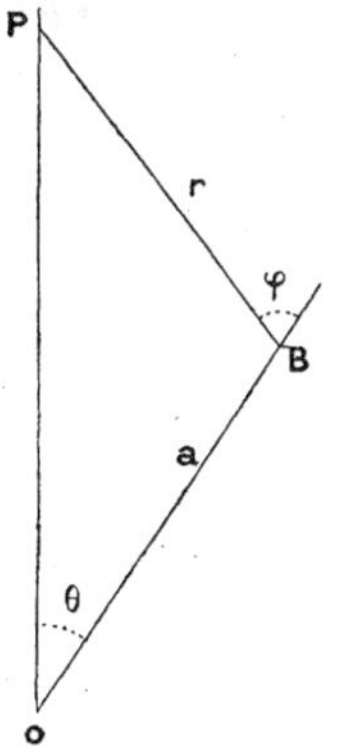

Fig. 91.

$$m\rho \frac{d\omega}{dt} (\rho - a \cos \theta).$$

Posons maintenant BP $= r$ et soit φ l'angle de BP avec le prolongement de OB. Nous avons :

$$\rho \sin \theta = r \sin \varphi \quad \text{et} \quad \rho \cos \theta = a + r \cos \varphi.$$

D'après cela, la somme des moments des forces apparentes appliquées en P est, par rapport à B :

$$m\omega^2 ar \sin \varphi + m \frac{d\omega}{dt} (r^2 + ar \cos \varphi),$$

et, pour l'ensemble du disque, il vient, en appelant L le moment résultant :

$$L = a\omega^2 \Sigma mr \sin \varphi + \frac{d\omega}{dt} (\Sigma mr^2 + a\Sigma mr \cos \varphi.)$$

Soient M la masse totale, R et Φ les coordonnées polaires du centre de gravité du disque par rapport à B (l'axe polaire étant le prolongement de OB) ; soit K le rayon de gyration par rapport à B. On a :

$$\Sigma mr \sin \varphi = \text{MR} \sin \Phi \qquad \Sigma mr \cos \varphi = \text{MR} \cos \Phi$$
$$\Sigma mr^2 = \text{MK}^2.$$

Donc :

$$\text{L} = \text{M}\,\omega^2\, a\, \text{R} \sin \Phi + \text{M} \frac{d\omega}{dt} (\text{K}^2 + a\, \text{R} \cos \Phi).$$

A l'état de régime $\frac{d\omega}{dt}$ est nul. Si l'on désigne par ω_0 la vitesse ordinaire de régime et par Φ_0 la valeur correspondante de Φ, le moment des forces apparentes se réduit, pour cet état de régime, $\text{M}\omega^2 a\text{R} \sin \Phi_0$; il doit être équilibré par l'action du ressort. Quand $\sin \Phi_0$ est nul, l'appareil fonctionne presque exclusivement sous l'action de l'inertie tangentielle. Quand au contraire c'est l'expression $\text{K}^2 + a\, \text{R} \cos \Phi_0$ qui est nulle ou négligeable, la force centrifuge agit à peu près seule. Chaque fois que l'une des longueurs a ou R est nulle, c'est-à-dire chaque fois que le centre de rotation relative B coïncide avec le centre du volant ou bien avec le centre de gravité de M, le régulateur n'est influencé que par l'inertie tangentielle.

Lorsqu'il y a plusieurs masses, elles sont généralement réunies par des bielles de manière à former un système à liaisons complètes. Si l'axe de rotation n'est pas vertical, il faut, pour éliminer l'action de la pesanteur, que le centre de gravité de l'ensemble ne puisse s'écarter de cet axe. Cependant, quand la rotation est rapide, l'action de la pesanteur devient négligeable en présence de celle de la force centrifuge, quelle que soit la disposition du système.

180. **Régulateur dynamométrique.** — Poncelet[1], a donné la description d'un appareil appelé par lui « Régulateur à ressort et instantané. » Voici le principe de cet appareil.

L'arbre moteur (fig. 92) est coupé en deux parties A, A′ placées bout à bout, et reliées par des ressorts flexibles placées dans une boite B. Ces deux parties portent deux roues dentées R, R′ qui engrènent l'une avec un pignon r calé sur l'axe d'une vis V, parallèle à l'axe AA′, l'autre avec un pignon r' de grande épaisseur taillé intérieurement en forme d'écrou mobile le long de la vis V. Le pignon r' est articulé à l'extrémité d'un levier L qui commande la valve ou la vanne de réglage.

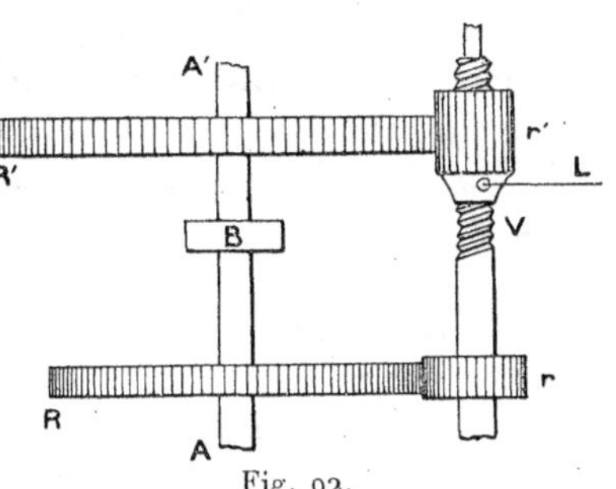

Fig. 92.

A l'état de régime, les deux parties de l'arbre tournent avec la même vitesse ; il en est de même des pignons r, r' et le levier reste immobile. Dès que la puissance ou la résistance vient à varier, la tension des ressorts se modifie ; les deux roues prennent alors un déplacement relatif ; le pignon r' chemine le long de la vis, et le levier L se met en mouvement, ce qui a pour effet de modifier le travail moteur. C'est donc la différence P — Q des moments moteur et résistant qui détermine le déplacement de l'organe de réglage. Comme P — Q est proportionnel à l'accéléra-

[1] *Traité de mécanique appliquée aux machines.*

tion angulaire du volant, le fonctionnement est analogue à celui d'un régulateur d'inertie.

Poncelet a fait aussi remarquer qu'on pourrait adapter ce dispositif à un axe indépendant de la machine, mais qui en recevrait directement le mouvement de rotation, et qui porterait un volant à ailettes dont la résistance, croissant rapidement avec la vitesse, produirait la torsion relative des deux parties de l'arbre. Le fonctionnement se rapprocherait alors beaucoup de celui du régulateur à force centrifuge.

181. **Régulateur chronométrique.** — Un procédé de régularisation qui semble à première vue devoir donner des résultats très précis consiste à synchroniser la marche du moteur avec celle d'un appareil auxiliaire doué d'un mouvement indépendant et uniforme. Cet appareil auxiliaire est, par exemple un petit cheval faisant tourner un écrou qui peut se visser dans un sens ou dans l'autre, sur un arbre mis en rotation par le grand moteur. Les mouvements de translation de l'écrou sont utilisés pour la manœuvre de la valve, et celle-ci ne peut rester en repos que si la vitesse angulaire de l'arbre est rigoureusement égale à celle de l'écrou. Au lieu d'un petit cheval, on peut employer une simple horloge.

Ces appareils ne sont pas entrés dans la pratique, et la raison principale de leur insuccès parait résider dans les oscillations de vitesse auxquels ils donnent lieu. Cherchons, en effet la loi du mouvement d'un moteur ainsi gouverné. Soit ω la vitesse proportionnelle à celle du volant, qu'on veut synchroniser avec la vitesse constante ω_1. L'appareil différentiel commandant l'organe d'admission tourne avec une vitesse proportionnelle à $\omega - \omega_1$. Il est évident, dans ces conditions, que le régime ne peut s'établir que si ω et ω_1 sont égaux. Mais vienne une perturbation représentée par une diminution constante c du moment résistant. La vitesse du moteur va s'accroître : le déplacement de la valve va produire une réduction de moment moteur qui, pour chaque élément de temps dt, peut-être approximativement représentée par K $(\omega - \omega_1)\, dt$, en appelant K un facteur constant. Si donc $n\omega$ est la vitesse du volant et si A désigne le moment d'inertie du volant, on a l'équation :

$$An \frac{d\omega}{dt} = c - K \int (\omega - \omega_1)\, dt$$

d'où :

$$An \frac{d^2\omega}{dt^2} + K (\omega - \omega_1) = o.$$

L'intégration introduit nécessairement des fonctions périodiques du temps : la tendance au mouvement oscillatoire est par là rendue manifeste.

Il est évident que le même inconvénient n'existerait pas si l'on pouvait faire en sorte que l'intégration introduisît, au lieu de fonctions trigonométriques (sinus et cosinus) des exponentielles de la forme $e^{-\alpha t}$, α désignant une constante réelle et positive. On peut y parvenir de différentes façons. Considérons par exemple deux axes situés, dans un même plan vertical (fig. 93) et faisant entre eux un petit angle i. Ces axes tournent en sens contraire avec les vitesses ω et ω_1. Le premier, horizontal, AB, porte une vis sur laquelle peut se mouvoir un écrou placé au centre

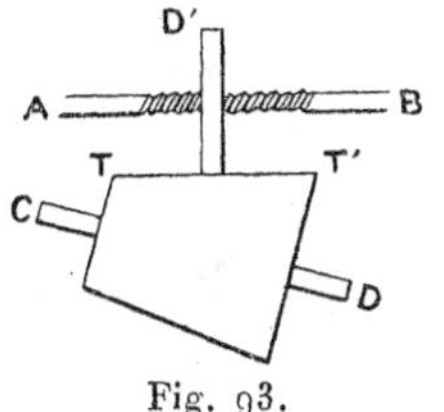

Fig. 93.

d'un disque mince D'. Ce disque touche la génératrice supérieure, horizontale, TT', d'un tambour tronconique ayant pour axe CD. Le rayon ρ du disque est égal au rayon moyen du tambour, et, à l'état de régime, le contact a lieu sur le parallèle moyen. On admet qu'il n'y a pas de glissements, résultat qu'on obtiendrait en striant au besoin les deux surfaces. Supposons qu'à un instant quelconque, l'arbre AB tournant avec la vitesse variable ω tandis que ω_1 demeure constant, le disque se trouve à une distance x de sa position moyenne. Si h désigne le pas de la vis et si le filetage est fait dans un sens convenable, on a l'équation :

$$\frac{dx}{dt} = h\left(\omega - \omega_1 - \frac{x \sin i}{\rho}\,\omega_1\right).$$

Si d'autre part, le moteur surpasse, à l'instant initial, le moment résistant d'une quantité donnée c et si un déplacement x du disque diminue le moment moteur d'une quantité λx, le mouvement de la machine est donné par l'équation :

$$\mathrm{A}n\,\frac{d\omega}{dt} = c - \lambda x.$$

L'élimination de ω conduit à l'équation :

$$\frac{d^2x}{dt^2} + \frac{h\omega_1 \sin i}{\rho}\,\frac{dx}{dt} + \frac{\lambda h}{\mathrm{A}n}\,x = \frac{hc}{\mathrm{A}n}\,.$$

Imposons-nous la condition :

$$\left(\frac{h\omega_1 \sin i}{\rho}\right)^2 > \frac{4\,h\lambda}{\mathrm{A}n}\,.$$

Alors les racines de l'équation du second degré :

$$z^2 + \frac{h\omega_1 \sin i}{\rho}\,z + \frac{\lambda h}{\mathrm{A}n} = 0$$

sont réelles et négatives. En les désignant par α et β, on trouve sans peine :

$$x = \frac{c}{\lambda}\left(1 - \frac{\alpha e^{-\beta t} - \beta e^{-\alpha t}}{\alpha - \beta}\right)$$

et :

$$\omega - \omega_1 = \frac{c}{\lambda h(\alpha - \beta)}\left[\alpha^2\left(1 - e^{-\beta t}\right) - \beta^2\left(1 - e^{-\alpha t}\right)\right].$$

D'après cela, x et ω tendent, asymptotiquement, sans oscillations, vers les valeurs limites :

$$x = \frac{c}{\lambda} \qquad \omega = \omega_1\left(1 + \frac{c \sin i}{\lambda\rho}\right).$$

Lorsque c, au lieu de demeurer constant, est une fonction quelconque du temps, on a :

$$\omega = \omega_1 + \frac{\alpha + \beta}{\mathrm{A}n(\alpha - \beta)}\left[e^{-\beta t}\int ce^{\beta t}\,dt - e^{-\alpha t}\int ce^{\alpha t}\,dt\right].$$

Si par exemple, on a une variation périodique

$$c = c_0 \sin \gamma t,$$

c_0 et γ étant des constantes, et si l'on pose

$$tg\varphi = \frac{(\alpha + \beta)\gamma}{\alpha\beta - \gamma^2},$$

il vient :

$$\omega = \omega_1 + \frac{c_0}{\mathrm{A}n}\frac{\alpha + \beta}{\sqrt{(\alpha^2 + \gamma^2)(\beta^2 + \gamma^2)}}\sin(\gamma t - \varphi).$$

La vitesse angulaire éprouve donc une variation de même

période que celle du moment effectif, avec une différence de phase égale à φ. L'amplitude est :

$$\frac{2c_0}{An} \frac{\alpha + \beta}{\sqrt{(\alpha^2 + \gamma^2)(\beta^2 + \gamma^2)}}.$$

En l'absence de tout régulateur, elle serait $\frac{2c_0}{An\gamma}$. On en conclut aisément que le régulateur atténue l'amplitude des oscillations dues aux petites variations périodiques du moment effectif, exception faite du cas où l'on aurait $\gamma = \sqrt{\alpha\beta}$. En pareil cas, l'effet du régulateur serait nul au point de vue de cette oscillation particulière. Rappelons d'ailleurs que le soin d'atténuer l'effet des variations périodiques du moment effectif incombe en principe au volant, et non pas au régulateur.

182. **Régulateurs divers.** — Nous mentionnerons seulement pour mémoire l'existence de régulateurs basés sur d'autres principes, tels que les régulateurs hydrauliques ou pneumatiques. Les régulateurs hydrauliques mettent généralement en jeu la résistance, variable avec la vitesse, qu'un liquide oppose au déplacement relatif d'un corps solide. Les régulateurs pneumatiques ont plutôt recours aux variations de pression qui se produisent à l'intérieur d'un réservoir dans lequel une pompe, mue par la machine, envoie sans cesse de l'air qui s'écoule d'autre part par un petit orifice, réglable à volonté. Ces appareils sont fort peu répandus.

183. **Compensateur.** — Nous savons que la plupart des régulateurs ont l'inconvénient de ne pouvoir rétablir, quand elle est troublée, l'égalité entre le moment moteur et le moment résistant qu'à condition de changer la vi-

tesse de régime de la machine. L'appareil appelé *compensateur* a pour but d'obliger la machine à revenir peu à peu à la vitesse primitive. A cet effet, le manchon, dès qu'il s'écarte de sa position moyenne, embraie, dans un sens ou dans l'autre, une transmission auxiliaire qui a pour effet de modifier la liaison existant entre ce manchon et la valve de réglage. De cette façon l'équilibre ne peut subsister sans que le manchon soit ramené à sa position moyenne, ce qui exige évidemment le retour à la vitesse correspondant à cette position.

184. **Servomoteur.** — Le servomoteur est un moteur auxiliaire destiné à fournir la force nécessaire pour la manœuvre de la valve. On peut ainsi, avec un régulateur de faibles dimensions, gouverner une machine de grande taille ; il faut même prendre garde que l'excès de puissance obtenu par ce moyen ne produise une action trop brutale. On s'arrange généralement pour que les lumières du servomoteur se referment dès que le piston réalise un déplacement proportionnel à celui du manchon.

L'application du servomoteur à la régularisation est connue depuis longtemps. Dans le *Traité des machines marines* de Ledieu (1879), on trouve la description d'un servomoteur Farcot fonctionnant sur le navire « Océan » pour la conduite d'une machine de 950 chevaux. Le tiroir relié au manchon n'avait pas plus d'un centimètre de longueur.

185. **Régulateurs à action indirecte.** — Les régulateurs à action indirecte au lieu d'avoir recours à un moteur auxiliaire, demandent au moteur principal la manœuvre de la valve, en laissant simplement au régulateur

le soin d'embrayer ou de débrayer, en temps utile, la transmission du moteur à la valve. L'action est puissante, mais nécessairement lente. Pour les moteurs hydrauliques, la grande résistance de la vanne qu'il s'agit de manœuvrer rend presque inévitable l'emploi de l'action indirecte. La même difficulté n'existe pas en général, pour le moteur à vapeur. Aussi les régulateurs indirects se rencontrent-ils beaucoup plus rarement dans ce cas, d'autant plus que les servomoteurs procurent, avec une puissance aussi grande, une régularisation plus rapide.

186. **Dynamique du régulateur. Corrélation du régulateur avec la machine.** — Une machine en marche constitue un ensemble dans lequel toutes les parties se tiennent d'une façon étroite ; mais la relation du régulateur avec les autres organes affecte un caractère tout particulier. Abstraction faite du régulateur la machine est, nous l'avons déjà remarqué, un système à liaisons complètes, c'est-à-dire que la position d'un seul point du système détermine celles de tous les autres. Il n'y a d'ambiguïté géométrique qu'au passage des points morts ; c'est alors seulement que la vitesse acquise intervient pour déterminer le sens dans lequel doit se continuer le mouvement. Le régulateur, au contraire, n'est pas lié géométriquement avec la machine. C'est un appareil présentant deux degrés de liberté : en même temps que son axe est entraîné dans le mouvement général, le manchon est susceptible de glisser d'une façon quelconque le long de cet axe ; sa position ne se trouve finalement déterminée que par la grandeur des forces mises en jeu. En un mot, la liaison du régulateur avec la machine est d'ordre purement *dynamique*.

Cette circonstance explique comment on a été conduit à voir dans le régulateur une entité distincte, et à l'étudier en lui-même, indépendamment de la machine ; mais il est clair qu'une pareille étude est très loin de suffire pour élucider son fonctionnement. Il faut donc rétablir la corrélation du régulateur avec l'ensemble de la machine, et chercher leurs actions mutuelles. A ce point de vue, on peut dire qu'il n'existe pas de bon ni de mauvais régulateur : toute la question est de savoir si le régulateur, par sa sensibilité, par sa stabilité, par sa promptitude d'action s'adapte convenablement à la machine qu'il est chargé de gouverner.

Nous ne pouvons approfondir ici ce problème fort complexe, et nous devons nous borner à un simple aperçu.

Reprenons la représentation graphique à laquelle nous avons eu déjà recours : elle consiste à considérer un *point représentatif* dont l'abscisse x (fig. 94) mesure le carré ω^2 de la vitesse angulaire de l'arbre du régulateur, tandis que l'ordonnée z représente la hauteur du manchon (nous avons en vue un régulateur à force centrifuge et à axe vertical). Construisons, comme précédemment, la ligne $m'n'$ d'équilibre à la montée et la ligne $m''n''$ d'équilibre à la descente.

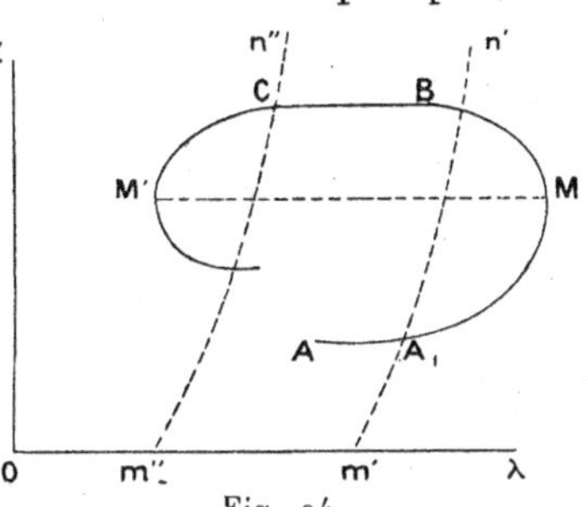

Fig. 94.

La machine étant d'abord à l'état de régime, le travail moteur pour un tour est égal au travail résistant, et le point figuratif est dans une position fixe tel que A.

Supposons que le travail résistant vienne à diminuer. La vitesse s'accélère peu à peu, l'abscisse x devient croissante, et le point figuratif se déplace de A en A_1. En A_1, le manchon commence à s'élever, et le point décrit alors un arc de courbe A_1MB, qui diffère de la ligne d'équilibre à cause de l'inertie des pièces en mouvement. Le point M pour lequel la tangente est verticale correspond à un maximum de la vitesse ω et par conséquent il y a à cet instant égalité entre le moment moteur et le moment résistant. Si le manchon pouvait s'arrêter subitement à la hauteur donnée par le point M, l'état de régime serait rétabli. Mais en réalité cette position est dépassée, et le manchon ne s'arrête que dans une position B pour laquelle le moment moteur se trouve réduit outre mesure. Par suite, la vitesse de la machine diminue. Le point figuratif passe peu à peu de B en C, où il atteint la ligne d'équilibre à la descente, et ainsi de suite.

On se rend compte ainsi des oscillations de vitesse qui ne peuvent manquer de se produire. L'essentiel est que ces oscillations aillent en s'atténuant, et l'on y parvient en proportionnant convenablement le régulateur à la machine. On peut admettre que le but est atteint quand le point B se trouve plus rapproché que le point A de l'horizontale MM′ correspondant à l'établissement du nouveau régime. Pour vérifier si cette condition est remplie, il faut se procurer, au moins d'une manière approximative l'équation de la courbe A_1MB. Voici l'indication de la méthode à suivre.

187. **Loi du mouvement du manchon.** — La vitesse angulaire Ω de la machine est proportionnelle à la vitesse angulaire ω de l'arbre du régulateur. Posons, en appelant r

une constante : $\Omega = r\omega$. L'équation du mouvement de la machine est :

$$Ar \frac{d\omega}{dt} = P - Q.$$

A l'état de régime $P = Q$. Si Q vient à éprouver une petite diminution h, on a, dans la période qui précède le déplacement du manchon :

$$Ar \frac{d\omega}{dt} = h.$$

Soit ensuite ε le déplacement éprouvé par le manchon à un instant quelconque. Admettons que la diminution du moteur P soit $K\varepsilon$, K étant une constante. Alors on a, pendant que le manchon se déplace :

$$Ar \frac{d\omega}{dt} = h - K\varepsilon.$$

Soient x_1 et z_1 les coordonnées du point A_1 du diagramme et x, $z + \varepsilon$ celles d'un point P de la courbe cherchée A_1MB (fig. 95). Négligeons la courbure de la ligne d'équilibre à la montée, $A_1A'_1$, et appelons $\frac{1}{a}$ son coefficient angulaire, supposé positif. Le point α situé sur l'horizontale de P a pour coordonnée $x_1 + \varepsilon a$ et $z_1 + \varepsilon$. La longueur aP est donc égale à $x - x_1 - \varepsilon a$, c'est-à dire à $\omega^2 - \omega_1^2 - \varepsilon a$. Si le point figuratif coincidait avec α, la force centrifuge, rapportée à l'unité de masse, aurait la

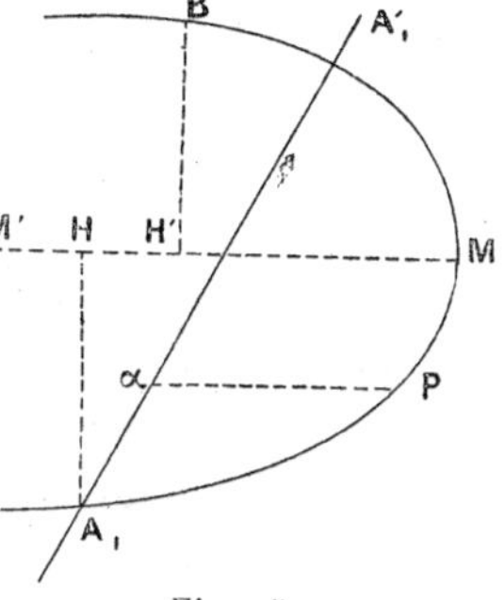

Fig. 95.

valeur $\omega_1^2 + \varepsilon a$ et le régulateur se trouverait, par hypothèse, en équilibre. En réalité ce point figuratif est en P, avec la force centrifuge ω^2.

Admettons que la force sollicitant le manchon à se déplacer est proportionnelle à la différence de ces deux forces centrifuges, c'est-à-dire à $\omega^2 - \omega_1^2 - \varepsilon a$ et écrivons, en conséquence, en appelant l une autre constante :

$$\frac{d^2\varepsilon}{dt^2} = l(\omega^2 - \omega_1^2 - \varepsilon a).$$

Différentions par rapport au temps et éliminons ensuite $\frac{d\omega}{dt}$ au moyen de l'équation du mouvement de la machine. Il vient :

$$\frac{d^3\varepsilon}{dt^3} + la\frac{d\varepsilon}{dt} + \frac{2\,\mathrm{K}l\omega}{\mathrm{A}r}\left(\varepsilon - \frac{h}{\mathrm{K}}\right) = 0.$$

La vitesse angulaire ω qui figure encore dans cette équation est variable, mais on ne commet évidemment pas une grosse erreur en la regardant comme égale à sa valeur moyenne. Posons, pour abréger :

$$\varepsilon - \frac{h}{\mathrm{K}} = y \qquad la = p^2 \qquad \frac{2\,\mathrm{K}l\omega}{\mathrm{A}r} = q^3$$

et nous avons :

$$\frac{d^3y}{dt^3} + p^2\frac{dy}{dt} + q^3y = 0.$$

Cette équation différentielle du troisième ordre définit le mouvement du manchon. La nouvelle variable y est la distance du manchon à l'horizontale MM′ du nouveau régime. Le coefficient p^2 de $\frac{dy}{dt}$ étant positif, l'équation en u :

$$u^3 + p^2u + q^3 = 0$$

a une seule racine réelle, et, comme le produit $-q^3$ des trois racines est négatif, cette racine réelle est négative. Désignons la par $-s$ et soient $\alpha \pm i\beta$ les deux racines imaginaires. On a les relations :

$$s = 2\alpha \qquad \alpha^2 + \beta^2 + 2\alpha s = p^2 \qquad (\alpha^2 + \beta^2)s = q^3$$

$$\beta^2 - 3\alpha^2 = p^2 \qquad 2\alpha(\alpha^2 + \beta^2) = q^3 \qquad 2\alpha(4\alpha^2 + p^2) = q^3$$

α est nécessairement positif. Le signe de β est arbitraire ; nous le supposerons également positif. En appelant C, D et γ trois constantes arbitraires, on obtient sans peine l'intégrale générale :

$$y = Ce^{-2\alpha t} + De^{\alpha t}(\cos \beta t - \gamma).$$

Pour déterminer les trois constantes C, D, γ, il faut avant tout connaître la valeur initiale y_0 de y, c'est-à-dire la distance A_1H à laquelle le manchon se trouve de la position correspondant au nouveau régime à l'instant où commence la perturbation. Cette distance mesure précisément l'importance de la perturbation. On remarquera ensuite qu'au début de la perturbation la vitesse du manchon est nulle. Il en est de même de son accélération, puisqu'à l'instant initial le manchon est sur la ligne d'équilibre. Nous écrirons donc que pour $t = 0$ on a $y = y_0$ et $\frac{dy}{dt} = \frac{d^2y}{dt^2} = 0$. Il vient ainsi :

$$\operatorname{tg} \gamma = \frac{\beta^2 - 3\alpha^2}{4\alpha\beta}$$

$$C = y_0 \frac{\beta^2 + \alpha^2}{\beta^2 + 9\alpha^2} \qquad D \cos \gamma = y_0 \frac{8\alpha^2}{\beta^2 + 9\alpha^2}$$

et le mouvement du manchon est dès lors entièrement connu. Ce mouvement s'arrête au point B pour lequel la dérivée $\frac{dy}{dt}$ s'annule de nouveau.

188. **Coefficient caractéristique de la corrélation.** — Imaginons que l'on multiplie α et β par un même nombre arbitraire n et qu'en même temps on change t en $\frac{t}{n}$. Pour une perturbation donnée, et par conséquent pour une valeur donnée de y_0, les constantes C, D, γ restent les mêmes et l'équation du mouvement n'est pas modifiée. Par suite le rapport $\frac{A_1H}{BH'}$ des distances des points A_1 et B à la ligne de régime MM′ reste le même, ce qu'on peut exprimer en disant que l'*effet utile* du déplacement du manchon dépend uniquement du rapport $\frac{\beta}{\alpha}$. Ce rapport est d'ailleurs fonction du rapport $\frac{p}{q}$, car on a :

$$\left(\frac{p}{q}\right)^6 = \frac{\left(\frac{\beta^2}{\alpha^2} - 3\right)^3}{4\left(\frac{\beta^2}{\alpha^2} + 1\right)^2}.$$

On est ainsi conduit à cette conséquence fondamentale :

Le rapport $\frac{p}{q}$ est une caractéristique des propriétés du régulateur : deux appareils pour lesquels ce rapport a la même valeur sont dynamiquement équivalents, en ce sens qu'à la suite d'une perturbation donnée le déplacement du manchon, entre deux arrêts consécutifs de ce manchon, corrige dans la même proportion l'écart de régime. Seule-

ment ils n'agiront pas dans le même temps; la rapidité d'action est en raison inverse de la grandeur absolue des constantes α, β.

D'après les définitions de p et q, l'on a :

$$\left(\frac{p}{q}\right)^6 = \frac{A^2 r^2 a^3 l}{4K^2\omega^2} = \frac{A^2 r^4 a^3 l}{4K^2\Omega^2}.$$

Dans cette expression A et Ω sont des caractéristiques de la machine : A est son moment d'inertie et Ω sa vitesse. a et l sont des caractéristiques du régulateur. a est, comme nous l'avons vu, l'inverse du coefficient angulaire de la ligne d'équilibre, c'est-à-dire le rapport entre la variation de force centrifuge et le déplacement correspondant du manchon. Précédemment (n° 175) nous avons défini le coefficient de stabilité par la relation

$$S = \frac{B}{\omega^2}\frac{d\omega^2}{dz}:$$

On a donc :

$$S = \frac{B}{\omega^2} a.$$

Il existe ainsi un lien intime entre le coefficient de stabilité et la constante a que nous rencontrons ici. Quand à la constante l, elle mesure, d'après sa définition, l'accélération éprouvée par le manchon pour un écart donné entre la force centrifuge actuelle et celle qui procurerait l'équilibre : on peut donc dire que l est le *coefficient de promptitude*.

Les deux autres constantes, r et K, figurant dans l'expression de $\frac{p}{q}$, ont un caractère mixte : elles dépendent de la corrélation établie entre le régulateur et la machine.

Nous avons, en effet, appelé r le rapport $\frac{\Omega}{\omega}$ entre la vitesse de l'arbre du volant et la vitesse de l'arbre du régulateur ; d'autre part K représente le rapport entre la diminution du moment moteur et le déplacement correspondant du manchon.

189. **Rôle utile du frottement.** — L'équation :

$$y = Ce^{-2\alpha t} + De^{\alpha t}(\cos \beta t - \gamma)$$

à laquelle nous sommes parvenus pour représenter le mouvement du manchon conduirait, si on la supposait valable pour des valeurs du temps indéfiniment croissantes, à admettre que le manchon présente des oscillations *divergentes,* c'est-à-dire dont l'amplitude va sans cesse en augmentant.

Un auteur russe, Wischnegradski, qui, l'un des premiers, a réussi à établir la théorie analytique de la régularisation, a conclu de là qu'il était nécessaire, pour obtenir un régulateur stable, de lui adjoindre un *dash-pot,* c'est-à-dire un frein capable de développer une résistance proportionnelle à la vitesse. Cette conclusion est contredite par l'expérience, et il est facile de s'expliquer pourquoi. Wichnegradski néglige l'influence des frottements, et suppose par conséquent confondues les lignes d'équilibre à la montée et à la descente. En prenant soin de distinguer ces deux lignes, on reconnait que le mouvement est essentiellement discontinu. A la fin de la période d'ascension que nous venons d'étudier, c'est-à-dire au moment où $\frac{dy}{dt}$ s'annule pour la première fois, le manchon, empêché par le frottement de revenir immédiatement en arrière ainsi que l'exige l'équation, reste un instant en repos. Quand ensuite il commence à redescendre, le mouvement est représenté par la même équation, mais *avec de nouvelles valeurs des constantes arbitraires* ; ces nouvelles valeurs peuvent être déterminées en déplaçant l'origine du temps de façon à la faire coïncider avec l'instant initial de la descente. En opérant de même pour toutes les oscillations successives d'une machine on voit que l'exponentielle $e^{\alpha t}$ n'a plus aucune raison de croître indéfiniment. En résumé le frottement joue le rôle d'un encliquetage momentané, contrariant le mouvement de recul et rompant ainsi la continuité que suppose l'emploi d'une seule et même formule.

L'addition d'un frein exerçant une résistance proportionnelle à la vitesse revient, au point de vue analytique, à compléter l'équation différentielle du troisième ordre par l'addition d'un terme en $\frac{d^2y}{dt^2}$. L'intégrale générale est encore de la forme :

$$y = C_1 e^{\alpha_1 t} + C_2 e^{\alpha_2 t} + C_3 e^{\alpha_3 t},$$

α_1, α_2, α_3 désignant les racines de l'équation du troisième degré en α à laquelle conduit la substitution :

$$y = Ce^{\alpha t}.$$

Pour que la valeur de y ainsi trouvée demeure finie quand t augmente indéfiniment, il est nécessaire et suffisant que α_1, α_2, α_3 soient des quantités réelles négatives où imaginaires à partie réelle négative. Cette condition, impossible à remplir en l'absence de frein, puisque la somme des racines est alors nulle, est au contraire réalisable dans le cas de l'équation complète.

Ajoutons que, pour assurer la stabilité en l'absence de frein, le frottement ne doit pas descendre au-dessous d'une certaine limite. Pour nous en rendre compte, remarquons que si la position B, pour laquelle le point figuratif atteint son ordonnée maxima, se trouve *à gauche* de la ligne d'équilibre à la descente D_1, D'_1 (fig. 96), la descente du manchon succède immédiatement à sa montée de sorte que les conditions nécessaires pour la rupture d'intégrale ne se trouvent plus remplies. Il faut donc que la zone comprise entre les lignes d'équilibre $A_1A'_1$ et $D_1D'_1$ soit assez large pour contenir le point B.

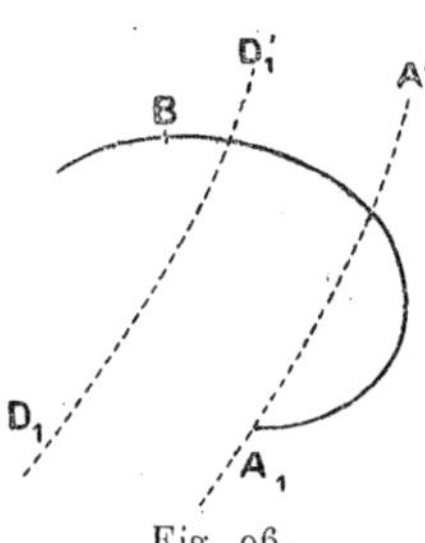

Fig. 96.

190. **Théorie de l'action indirecte.** — Nous avons vu précédemment que, lorsque la manœuvre de l'organe de réglage nécessite un effort considérable (ce qui est notamment le cas des vannes des moteurs hydrauliques), on est conduit à faire exécuter cette manœuvre par le moteur lui-même : le rôle du régulateur se bornant en pareil cas, à embrayer ou désembrayer, en temps utile, le mécanisme de commande de la vanne. C'est ce que l'on appelle la *régularisation par action indirecte*.

Essayons d'analyser le fonctionnement d'un pareil régulateur.

A l'état de régime, le régulateur, constitué généralement par un appareil à boules, tourne d'un mouvement uniforme, et son manchon se maintient à une hauteur constante. Si, pour une cause quelconque, le travail moteur par tour vient à surpasser le travail résistant, la vitesse s'accélère progressivement. Les boules, néanmoins, restent encore un certain temps au repos relatif. Comme, d'autre part, les résistances passives sont toujours légèrement croissantes avec la vitesse, il peut se faire que l'équilibre se rétablisse de lui-même, sans intervention du régulateur, avec une vitesse de régime supérieur à la vitesse initiale. Jusqu'ici rien ne distingue le régulateur à action indirecte du régulateur à action directe. Mais, si le régime ne peut se rétablir spontanément, il arrive un moment où les boules s'écartent, et, par le fait de cet écart, elles ne tardent pas à mettre en jeu l'embrayage de fermeture de la vanne. Dès lors le travail moteur commence à décroître. L'idéal serait que l'embrayage fonctionnât juste le temps nécessaire pour amener la vanne dans la position correspondant au nouvel état de régime ; mais on conçoit facilement qu'en pratique les choses ne peuvent se passer ainsi. Le débrayage suppose, en effet, une nouvelle intervention du régulateur, en sens inverse de la première. Or, en raison de l'existence des frottements, l'écart des boules ne diminue, comme nous le savons, que quand la vitesse a déjà subi une réduction notable, nécessitant la chute du travail moteur au-dessous du travail résistant. D'ailleurs, en l'absence même de tout frottement, un certain temps serait nécessaire pour que la vitesse, après avoir continué à croître pendant la mise en train de l'embrayage, prît la valeur correspondant au débrayage. Le but se trouvant ainsi dépassé, le travail moteur par tour est maintenant inférieur au travail résistant : le mouvement continue donc à se ralentir, et, si le ralentissement ne suffit pas pour rétablir l'état de régime, il arrive un moment où les boules se rapprochent assez pour mettre en jeu à son tour l'embrayage d'ouverture de la vanne, et ainsi de suite. La production d'oscillations à longue période apparaît donc comme une sorte de mal inévitable : tout ce qu'on peut espérer, c'est d'en restreindre autant que possible les limites et surtout de faire en sorte que ces oscillations, une fois commencées, aillent en décroissant et non pas en affectant un caractère permanent ou même en s'exagérant de plus en plus.

191. — On peut représenter à chaque instant l'état du système par un point *figuratif* ayant pour abscisse l'ouverture α de la vanne et pour ordonnée la vitesse ω de la machine (fig. 97).

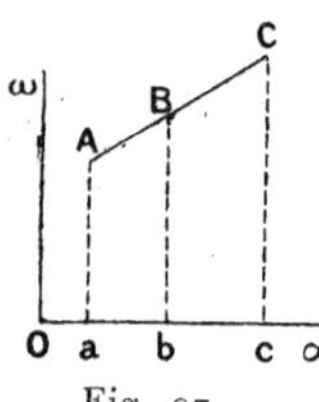

Fig. 97.

L'état de régime étant atteint pour une certaine position A du point figuratif, imaginons que, sans rien changer au travail résistant on augmente un peu l'ouverture de la vanne de façon à faire croitre le travail moteur. La vitesse s'accélère, les résistances augmentent en même temps et si le déplacement *ab* donné à la vanne n'est pas trop considérable, un nouvel état de régime, correspondant a un point B, ne tarde pas à s'établir. Un second déplacement *bc* du manchon conduirait de même à un troisième état de régime figuré par le point C et ainsi de suite. Le lieu des points A, B, C est une courbe qui prend le nom de *ligne de régime*.

A chaque valeur du travail résistant utile correspond ainsi une ligne de régime. Ces diverses lignes ne se coupent pas, sans quoi, pour une même ouverture de vanne et une même vitesse, par conséquent pour une même valeur du travail moteur, on aurait, à l'état de régime, deux valeurs différentes du travail résistant, ce qui est évidemment impossible.

En parlant des régulateurs directs, nous avons supposé implicitement que les lignes de régime étaient des parallèles à l'axe des vitesses, chaque régime étant regardé comme correspondant à une position déterminée de la valve d'admission. Cette hypothèse, que nous avons faite dans un but de simplification, était sans inconvénient pratique à cause des limites étroites dans lesquelles un régulateur direct maintient généralement les oscillations de vitesse de la machine. Ici elle serait moins admissible, étant donné que les régulateurs indirects opèrent d'une façon moins précise.

Voyons maintenant comment se traduit graphiquement l'effet du régulateur. Partons d'un état de régime figuré par le point A de la ligne de régime CD (fig. 98). Si la résistance diminue, le régime est troublé et ne peut se rétablir que pour une nouvelle position du point figuratif, située sur la ligne de régime C'D', qui correspond à la nouvelle résistance. Au début de la perturbation, la vitesse s'accroît sans que la vanne soit encore embrayée ; le point figuratif s'élève donc verticalement. Si, dans son mouvement d'ascension, il atteint la ligne C'D' avant que l'embrayage de fermeture soit mis en jeu, le régime est par cela même rétabli. Mais supposons au contraire que la verticale du point A rencontre en A_1 l'horizontale correspondant à la vitesse V_1 d'embrayage de fermeture avant d'atteindre la ligne C'D'. Immédiatement la vanne commence à se fermer et le point figuratif décrit alors un arc de courbe $A_1 A_2$ jusqu'à sa rencontre en A_2 avec l'horizon-

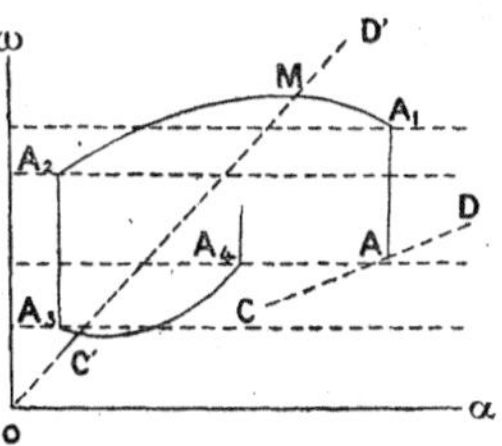

Fig. 98.

tale correspondant à la vitesse V_2 de débrayage de fermeture. En raison des frottements la vitesse V_2 est inférieure à V_1. Le point M où cet arc de courbe croise la ligne de régime C'D' est caractérisé par ce fait qu'il y a momentanément équilibre entre le travail moteur et le travail résistant total : c'est donc un point pour lequel la vitesse passe par un maximum et où la tangente devient par suite horizontale.

Pour la position A_2, l'ouverture de vanne est rendue trop petite : le point figuratif descend alors verticalement. Si, dans son mouvement de descente, il rencontre la ligne de régime avant d'atteindre l'horizontale qui correspond à la vitesse v_2 d'embrayage d'ouverture, l'état stable est rétabli. Dans le cas contraire, la vitesse v_2 se trouve atteinte pour la position A_3. A partir de là, un arc curviligne A_3A_4, analogue à l'arc A_1A_2 mais tournant sa concavité en sens contraire, conduit le point figuratif jusqu'à la rencontre en A_4 de l'horizontale correspondant à la vitesse v_1 nécessaire pour le débrayage d'ouverture et ainsi de suite.

192. **Cycles.** — On appelle *cycle* le circuit (généralement ouvert) formé par les quatre périodes AA_1, A_1A_2, A_2A_3, A_3A_4. Pour préciser, on convient que le cycle commence toujours à l'une des quatre horizontales (V_1, V_2, v_1, v_2) ; il se termine sur l'horizontale de départ,

Le cycle est dit nuisible ou utile, suivant que le point terminal est plus rapproché ou plus éloigné que le point initial par rapport à la ligne de régime qu'il s'agit d'atteindre, la distance étant comptée horizontalement pour chacun des deux points. Le cycle est fermé si le point initial et le point terminal coïncident.

Pour pousser plus loin l'étude des cycles, il est nécessaire de se procurer, au moins d'une façon approximative, l'équation des courbes de déplacement telles que A_1MA_2. Nous ne pouvons entrer ici dans ces calculs compliqués, et nous nous bornerons à énoncer sans démonstration quelques uns des résultats obtenus par M. Léauté [1].

I. Deux courbes de déplacement quelconques ne se coupent jamais, à moins de coïncider.

II. Les divers cycles d'une même ligne figurative vont toujours en s'épanouissant ou en se concentrant, autrement dit, ces cycles forment une sorte de spirale continue. comme le montre la figure 99.

III. Les amplitudes d'oscillation de la vanne et de la vitesse vont constamment en augmentant, ou enfin restent invariable, ce qui correspond au cas du cycle fermé, c'est-à-dire des oscillations indéfinies. Elles ne peuvent jamais diminuer à un moment donné pour croître à un autre ou réciproquement.

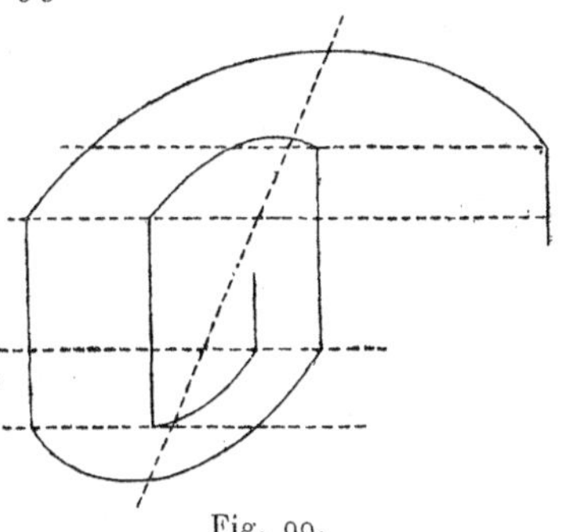

Fig. 99.

IV. Les cycles successifs d'une même ligne figurative vont toujours en se rapprochant les uns des autres.

V. Il ne peut y avoir qu'un cycle fermé, quelque soit l'état initial.

[1] Sur les oscillations à longue période (*Journal de l'Ecole polytechnique* 1885.

VI. Quand il existe un cycle fermé, le point figuratif, quelle que soit sa position initiale, tend asymptotiquement vers ce cycle qui représente l'état final du système. Il y aura

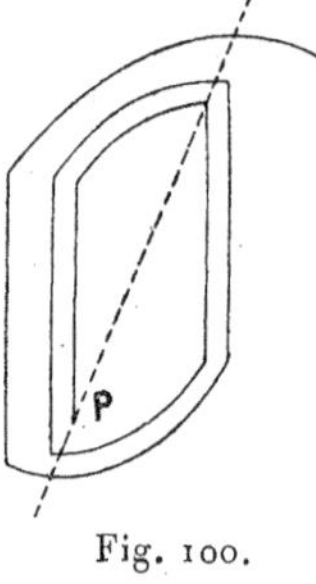

Fig. 100.

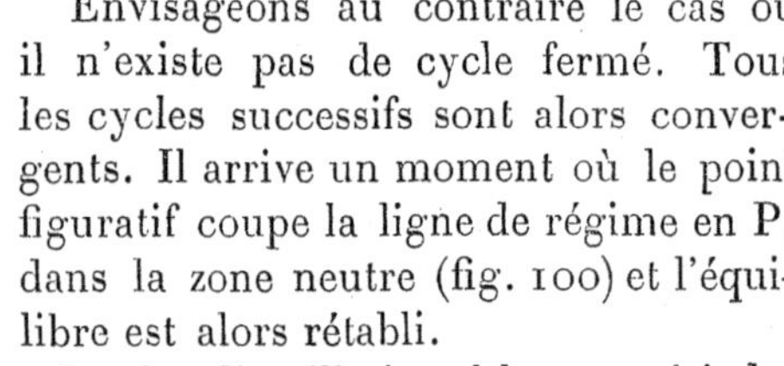

donc toujours des oscillations permanentes à longue période s'il existe un cycle fermé.

Envisageons au contraire le cas où il n'existe pas de cycle fermé. Tous les cycles successifs sont alors convergents. Il arrive un moment où le point figuratif coupe la ligne de régime en P, dans la zone neutre (fig. 100) et l'équilibre est alors rétabli.

Pour éviter la production d'oscillations à longue période, il faut en somme s'arranger de telle manière qu'il n'existe pas de cycle fermé.

CHAPITRE III

FREINS

193. — Un frein est un dispositif destiné à absorber, en tout ou partie, la force vive d'une machine. Tandis que le régulateur agit en réduisant le travail moteur, le frein augmente le travail résistant. Cet accroissement du travail résistant diminue nécessairement le rendement ; aussi ne doit-on y avoir recours que si la question économique n'entre pas en ligne de compte. Tel est par exemple le cas lorsqu'on veut modérer la descente d'un véhicule sur une pente ou d'une cage dans un puits de mine. La force motrice est alors la pesanteur, et comme il n'existe généralement aucun moyen pratique d'emmagasiner son travail, on est conduit à faire usage d'un frein. Le freinage s'impose également quand la sécurité exige l'arrêt, aussi rapide que possible, d'une machine.

Le modérateur à ailettes dont nous avons déjà indiqué le principe (n° 106) est un véritable frein à action lente.

194. **Frein à lame flexible.** — Cet appareil est constitué par une lame métallique OMB (fig. 101) qui entoure en partie la circonférence d'un plateau calé sur l'arbre tournant C, et dont les extrémités sont l'une fixe en O, l'autre attachée en B à l'extrémité d'un levier AB mobile autour de O. Pour mettre le frein en action, on exerce en A, sur le levier, une traction verticale F.

Soient T et t les tensions des parties rectilignes

OD, BE de la lame et α l'angle au centre correspondant à l'arc embrassé DME. On a (n° 84) : $T = te^{f\alpha}$. Appelons a, b les distances OA et OH du point O à A et à BE. Le levier demeurant en équilibre il en résulte $Fa = bt$, d'où : $t = \frac{Fa}{b}$ et par suite $T = \frac{Fa}{b} e^{f\alpha}$. L'équation du mouvement de l'arbre est, en appelant R le rayon du plateau :

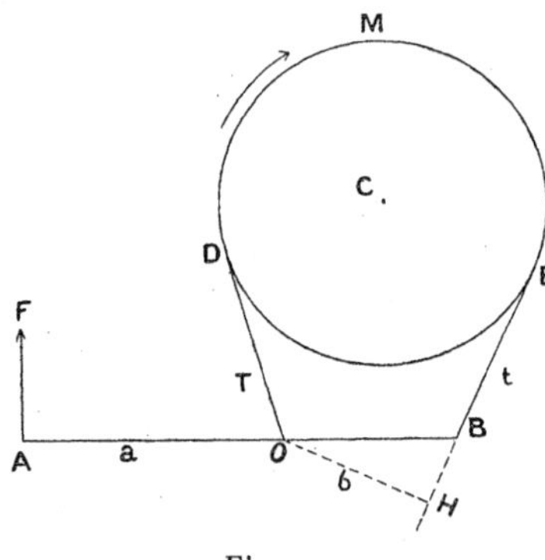

Fig. 101.

$$I \frac{d\omega}{dt} = P - Q - (T - t) R = P - Q \frac{Fa}{b} (e^{f\alpha} - 1) R$$

Pour des valeurs constantes de P, Q, F, le mouvement est uniformément varié. Si ω_0 désigne la vitesse à l'instant où le frein entre en action, l'arrêt est obtenu au bout d'un temps égal à :

$$\frac{I\omega_0}{\frac{Fa}{b} R (e^{f\alpha} - 1) - P + Q}.$$

Pour rendre le frein très puissant, il faut donner de grandes valeurs à $\frac{a}{b}$. à R et à α.

Le frein Lemoine, employé dans les omnibus parisiens, est fondé sur le même principe ; la lame est remplacée par une corde enroulée sur le moyeu de la roue. Cette corde est à diamètre variable calculé de façon que la section soit partout proportionnelle à la tension.

195. **Frein hydraulique.** — Le frein hydraulique, employé notamment pour combattre le recul des pièces d'artillerie, est basé sur l'emploi d'un cylindre dans lequel le recul fait pénétrer un piston lié à la pièce. Le piston, en s'enfonçant, refoule un liquide visqueux, qui passe de sa face antérieure à sa face postérieure grâce à un jeu ménagé entre le piston et la paroi du cylindre. Soit, à un instant quelconque du recul, σ la surface totale du jeu, et u la vitesse de passage du liquide. Le volume du liquide qui passe dans le temps dt est $\sigma u dt$. Dans le même temps, si v désigne la vitesse et L la surface des pistons, celui-ci déplace un volume $SVdt$. On a donc :

$$SV = \sigma u.$$

Soit P la pression de l'eau contre le piston au même instant. On peut, par analogie avec le théorème de Torricelli (n° 59), admettre que u^2 est proportionnel à P et écrire, en appelant K une constante :

$$u^2 = 2KP. \tag{2}$$

La pression P produit sur le canon une effort retardateur PS qu'il y a intérêt à rendre sensiblement constant, de façon à développer à chaque instant la plus grande résistance compatible avec la solidité des organes. Supposons cette condition remplie (nous allons voir bientôt comment on y parvient). Admettons en outre que les autres résistances éprouvées pendant le recul par le canon et le piston qui lui est lié soient également constantes et représentées par une force R ajoutée à PS.

Le théorème des forces vives appliqué pour un déplacement élémentaire dx du piston, donne en appelant M la masse totale du piston et du canon et supposant la vitesse de l'ensemble égal à v :

$$Mvdv = -(PS + R)\,dx.$$

Intégrons depuis une valeur initiale quelconque de x jusqu'à la valeur finale $x = L$ pour laquelle le recul est terminé et pour laquelle, par suite, la vitesse s'annule. Il vient :

$$(3) \qquad Mv^2 = 2\,(PS + R)\,(L - x)$$

D'ailleurs, en vertu des équations (1) et (2), v^2 est égal à $\frac{2\sigma^2 KP}{S^2}$. Substituant dans l'équation (3), les seules quantités variables sont σ et $L - x$, et l'on voit que σ doit varier proportionnellement à $\sqrt{L^2 - x^2}$. Pour réaliser la variation progressive du jeu σ, on peut, par exemple donner à la méridienne du cylindre une courbure convenable. En pratique, il convient de faire en sorte que le jeu ne soit pas tout à fait nul pour $x = L$, de manière à faciliter le retour du piston à sa position initiale.

196. **Frein de Prony.** — Le frein de Prony a pour objet la mesure du travail utile disponible sur un arbre de machine. Il absorbe la totalité de ce travail en développant un travail résistant dont on peut, comme nous allons le voir, trouver aisément la valeur.

L'appareil consiste essentiellement en deux pièces évidées M, M' (fig. 102) appelées mâchoires, réunies par de longs boulons. On applique ces mâchoires sur la jante d'une poulie circulaire A, calée sur l'arbre, et l'on serre progressivement les boulons. Le frottement développé entre les mâchoires et la poulie tend alors à entraîner les mâchoires; on s'oppose à cet entraînement en plaçant des poids P dans un plateau suspendu en D, à l'extrémité d'une tige liée à la machine supérieure. Cette tige doit demeurer horizontale. Deux butoirs fixes E et F, limitent ses oscillations. En variant le serrage des boulons, et les poids P,

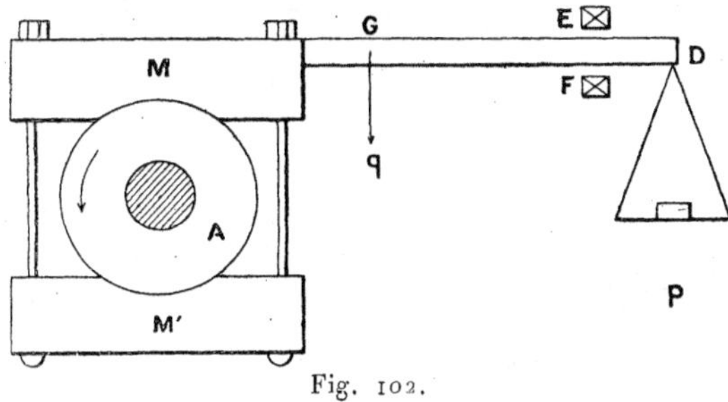

Fig. 102.

on arrive par tâtonnement, à faire en sorte que l'arbre tourne à sa vitesse de régime en même temps que la tige demeure horizontale, sans toucher les butoirs, Soient alors par rapport à l'axe de l'arbre, N le moment moteur, N′ le moment des forces de frottement développées au contact des mâchoires, N″ celui des poids p et du poids q du frein. On a d'une part, puisque l'arbre possède une vitesse uniforme : $N = N'$; d'autre part puisque le frein est en équilibre : $N' = N''$. Il en résulte : $N = N''$. En multipliant par 2π et remarquant que $2\pi N$ est le travail moteur $\mathfrak{T}_m$ pour un tour, il vient :

$$\mathfrak{T}_m = 2\pi N''.$$

Le moment N″ se calcule par la formule $N'' = pa + qb$, dans laquelle a et b sont les distances de l'axe aux verticales du point D et du centre de gravité G du point. La quantité constante qb est déterminée une fois pour toutes en plaçant le frein sur un couteau A (fig. 103), et cherchant, à l'aide d'une balance B quelle force verticale p_0 appliquée en D, dans le sens ascendant est susceptible de produire l'équilibre.

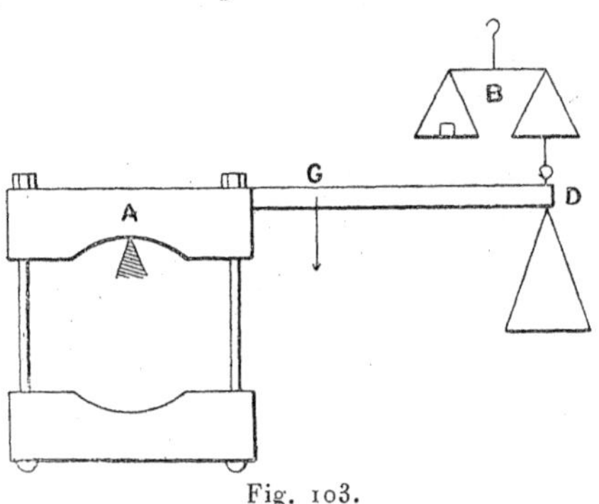

Fig. 103.

On a évidemment $p_0 a = qb$ de sorte que l'équation précédente peut s'écrire :

$$\mathfrak{T}_m = 2\pi a\,(p + p_0).$$

Soit n le nombre de tours que fait l'arbre dans une minute. La force utile en chevaux est $2\pi a(p + p_0)\,\frac{n}{60 \times 75}$.

Il est à peu près impossible, en pratique d'arriver à l'équilibrage parfait du frein pendant la rotation de l'arbre. Tout ce qu'on peut faire c'est de déterminer deux valeurs voisines p_1 et p_2 du poids p, telles que pour $p = p_1$ la tige vienne s'appuyer sur le butoir inférieur F et que, pour $p = p_2$ elle se porte contre le butoir supérieur E. Ceci fait, on admet pour la valeur cherchée de p la moyenne de p_1 et p_2.

Quand le travail moteur par seconde n'est pas trop considérable, on substitue avantageusement au frein de Prony un simple corde appliquée sur la poulie et amarrée verticalement à un point fixe A par l'intermédiaire d'un peson à ressort R (fig. 104). L'autre extrémité de la corde supporte un poids p que l'on fait croitre jusqu'à ce que l'arbre tourne à sa vitesse de régime. Soit, à ce moment, t la tension du ressort, et soit N la pression normale de la corde en un point quelconque M de l'arc embrassé. Si l'arbre tourne d'un angle $d\theta$ et si R désigne le rayon de la poulie, le travail de la force de frottement en M, pour un élément ds de la corde est $f\text{N}ds \times \text{R}d\theta$. D'ailleurs en appelant T la tension de la corde au même point, on a $\frac{d\text{T}}{ds} = f\text{N}$. Le travail sur l'arc ds placé en M est donc $d\text{T} \times \text{R}d\theta$. Le travail élémentaire pour la totalité de l'arc embrassé est donc $\text{R}d\theta \int d\text{T}$, c'est-à-dire $(p - t)\,\text{R}d\theta$ et le travail pour un tour est $2\pi\text{R}\,(p - t)$. Comme on connaît p et t, cette expression fait connaître le travail du frottement, et par conséquent le travail moteur $\mathcal{C}_m$.

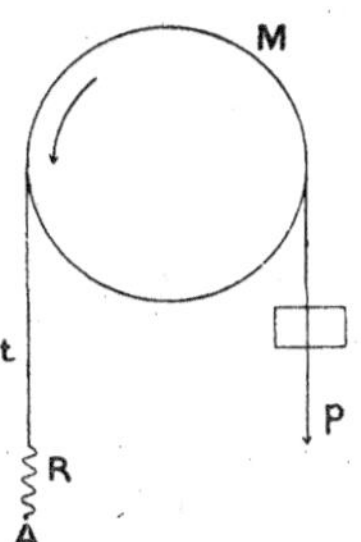

Fig. 104.

197. **Freinage d'un train.** — Le problème du freinage d'un train de chemin de fer consiste à déterminer quelle proportion du poids du train doit être enrayable pour qu'il puisse être arrêté dans un parcours déterminé L. On entend par poids enrayable la somme des pressions exercées sur la voie par les roues freinées.

Commençons par évaluer la force vive du train marchant à la vitesse V. Si P est son poids total, sa force vive de translation est $\frac{\text{P}}{g}\,\text{V}^2$. Il faut y ajouter la force vive de rotation des parties tournantes. Soient P′ le poids de ces parties tournantes, R′ le rayon de gyration d'un essieu et de sa paire de roues, R le rayon de roulement des roues. La vitesse de rotation de chaque essieu est $\frac{V}{R}$ et la force vive de rotation est par suite

$$\frac{P'}{g} R'^2 \frac{V^2}{R^2}.$$

La force vive totale est donc :

$$\frac{V^2}{g} \left[P + \frac{R'^2}{R^2} P'\right].$$

On admet en pratique que

$$P' = 0{,}16 \text{ P} \qquad \text{et} \qquad R'^2 = 0{,}5 \text{ R}^2$$

Soit p le poids enrayable par les moyens d'arrêt dont dispose le mécanicien (freins proprement dits et contre vapeur). Soit p' la fraction de ce poids qui correspond aux parties tournantes (on admet que $p' = 0{,}16\ p$).

Si l'on suppose que le poids p soit totalement enrayé, de façon que le poids p' cesse de tourner, la force vive des parties tournantes est à ce moment réduite à :

$$(P' - p') R'^2 \frac{V^2}{R^2},$$

de sorte qu'aussitôt après la mise en action des freins la force vive totale tombe à la valeur :

$$\frac{V^2}{g} \left[P + 0{,}5 (P' - p')\right].$$

La force retardatrice comprend : la résistance fp au glissement des parties enrayées, la résistance $f'(P - p)$ au roulement du reste du train, enfin la résistance propre K des organes de la machine. Si le train descend une pente d'inclinaison i, la pesanteur exerce l'action motrice P sin i que nous retrancherons de la force retardatrice. On peut sans erreur sensible remplacer sin i par i.

Nous comprenons dans le terme $f'(P - p)$ non seulement la résistance au roulement proprement dite, mais encore la résistance de l'air. A vrai dire celle-ci doit être considérée comme proportionnelle à P plutôt qu'à $P - p$ mais, l'erreur ainsi commise n'est pas très importante et d'ailleurs elle est favorable à la sécurité puisqu'elle tend manifestement à faire exagérer le coefficient de freinage. Nous admettrons donc, avec Massieu, cette façon de procéder[1].

Si nous supposons, dans un premier aperçu, que la résistance totale puisse être regardée comme indépendante de la vitesse et si nous désignons par L le chemin total parcouru depuis la mise en action des freins jusqu'à l'arrêt, le théorème des forces vives nous conduit à la relation

$$\left[fp + f'(P - p) + K - Pi\right] L = \left[P + 0{,}5\,(P' - p')\right] \frac{V^2}{2g}$$

Remplaçons p' par $0{,}16\,p$ et P' par $0{,}16\,P$ puis résolvons par rapport à $\frac{p}{P}$. Nous obtenons :

$$\frac{p}{P} = \frac{1{,}08\,\frac{V^2}{2gL} + i - f' - \frac{K}{P}}{f - f' + 0{,}08\,\frac{V^2}{2gL}}\,.$$

En pratique la pente est donnée en millimètres par mètres. Si n désigne ce nombre de millimètres, on doit

[1] Nouveaux Ordres généraux de la Compagnie de l'Ouest, par Massieu (*Annales des Mines*, 1891).

remplacer i par $\frac{n}{1\,000}$. Si d'autre part on veut substituer à la vitesse v en mètres par seconde, la vitesse V en kilomètres à l'heure, il faut écrire $v = \frac{V}{3,6}$.

Admettons que l'on veuille obtenir l'arrêt sur une longueur de 800 mètres. La formule précédente devient, tous calculs faits :

$$\frac{p}{P} = \frac{n - 1\,000\,f' - \frac{1\,000\,.\,K}{P} + 0,0053\,V^2}{1\,000\,(f - f') + 0,0004\,V^2}.$$

L'expérience a conduit à adopter pour f le chiffre moyen 0,104, et pour f' la valeur

$$0,003 + \frac{0,0012\,V^2}{1\,000}$$

qui dépend de la vitesse. Si l'on refait le calcul en tenant compte cette fois de la variation de f' on trouve que le résultat n'est pas modifié à condition d'attribuer à f' la valeur constante :

$$0,003 + \frac{0,0006\,V^2}{1\,000},$$

V désignant la vitesse au début du freinage.

La résistance K dépend du poids de la machine et de son type. Si l'on désigne le poids par q, le rapport $\frac{K}{q}$ est compris entre les valeurs extrêmes de 0,004 (machines à roues libres) et de 0,016 (machine à 8 roues couplées).

198. **Inconvénients du patinage.** — En réalité ainsi que nous l'avons déjà indiqué (n° 69) le coefficient f décroît fortement à mesure que la vitesse de glissement

augmente et nous devons examiner les conséquences pratiques de ce fait au point de vue du freinage.

Tant qu'une roue freinée conserve son mouvement de rotation, la vitesse relative du point de contact avec le rail est nulle, et l'effort retardateur réalisable atteint son maximum. Mais si l'on cherche à dépasser cette limite la roue se bloque et patine sur le rail, de sorte que l'effet du freinage diminue brusquement. Le patinage n'a pas seulement l'inconvénient d'augmenter le chemin parcouru avant l'arrêt. Il produit en outre des méplats sur les roues, il use les rails, il occasionne des secousses violentes.

Pour éviter le patinage et ses effets désastreux, il convient de limiter la pression des sabots sur les roues de telle façon que, pour chaque roue freinée, le frottement de ces sabots soit inférieur à fP, f désignant le coefficient de frottement de la roue sur le rail et P, la charge de cette roue. Il convient d'ailleurs de s'approcher le plus près possible de cette limite. Si nous appelons f_1 le coefficient de frottement des sabots et P_1 leur pression totale sur la roue, on doit, pour obtenir le meilleur freinage possible, donner à chaque instant à P_1 une valeur très voisine de $\frac{f}{f_1}P$ mais un peu moindre que cette quantité.

Remarquons d'autre part qu'en l'absence de patinage la vitesse de glissement des sabots sur les roues est égale à la vitesse V du train. Le mouvement de chaque roue résulte en effet de la translation V, que possèdent également les sabots, et d'une rotation autour du centre, rotation qui donne la vitesse circonférencielle V ; c'est celle-ci qui produit le glissement. Comme, dans la période de freinage, V décroît progressivement jusqu'à zéro, la vitesse de glissement des sabots va en diminuant et il en résulte que f_1 est croissant. Il convient donc que la pression P_1 aille en diminuant à mesure que le train se ralentit. La pratique confirme entièrement cette conclusion.

199. **Freinage d'un wagon sur une voie courbe.** — Considérons un wagon circulant sur une voie circulaire de rayon moyen R, et supposons que ce wagon, animé d'abord de la vitesse constante V_0, ait subitement ses roues bloquées par l'action des freins. Il en résulte une résistance tangentielle F et, si nous désignons par M la masse du véhicule, la vitesse v du centre de gravité varie suivant la loi donnée par l'équation :

$$M \frac{dv}{dt} = - F$$

Soit ω la vitesse de rotation autour de la verticale du centre de gravité. On a constamment $v = R\omega$ d'où ;

$$\frac{d\omega}{dt} = - \frac{F}{MR}.$$

D'autre part, si K désigne le rayon de gyration autour de cette verticale et L la somme du moment des forces par rapport à la même droite, on peut écrire :

$$MK^2 \frac{d\omega}{dt} = L.$$

Par suite :

$$L = - \frac{FK^2}{R}.$$

Assimilons le véhicule à un parallélipipède ayant pour base un rectangle de longueur a et de largeur l (fig. 105).

Chaque roue éprouve une action parallèle aux rails, sensiblement égale pour chacune d'elles, à $\frac{F}{4}$. Il est aisé de voir que la somme des moments de ces quatre forces est nulle. Cette roue reçoit en même temps, de la part du rail avec lequel elle est en contact, une pression P, normale à la voie dont le moment est $P\frac{a}{2}$. Ce moment est positif pour les roues placées aux angles A et D, négatif pour les deux autres.

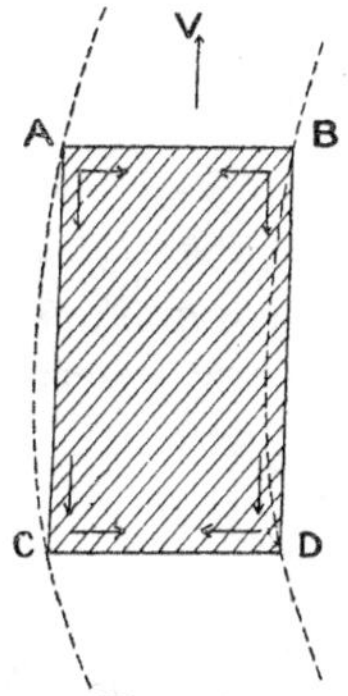

Soit Q la somme algébrique des quatres forces P. On a

$$L = Q\frac{a}{2}$$

Fig. 105.

d'où :

$$Q = -\frac{2FK^2}{Ra}.$$

Cette somme étant négative, on en conclut que la somme des pressions en B et C surpasse celle des pressions en A et D. L'avant du véhicule tend donc à dérailler *vers l'intérieur de la courbe*; cette tendance est encore accentuée par le fait que le dévers de la voie, calculé en vue de la force centrifuge de pleine marche, devient trop grand dès que le véhicule se ralentit.

CHAPITRE IV

DYNAMIQUE DES TRANSMISSIONS

200. **Application du principe de d'Alembert.** — Le théorème des forces vives suffit, ainsi que nous l'avons vu, pour déterminer dans son ensemble le mouvement d'une machine ; mais il ne fournit aucune indication sur la façon dont les efforts se transmettent de proche en proche entre les diverses pièces qui la constituent. Il est cependant nécessaire de savoir calculer ces efforts, afin de pouvoir donner à chaque pièce des dimensions en rapport avec la fatigue qui lui est imposée. Nous allons montrer par quelques exemples la manière de résoudre les problèmes de ce genre.

Voici d'abord une remarque d'ordre général. Considérons une pièce solide quelconque de poids P. Nous pouvons, par la pensée, l'isoler du reste du système et la considérer comme formant à elle seule une machine que sollicitent certaines forces motrices F_m, c'est-à-dire développant un travail positif, et certaines forces résistantes F_r, dont le travail est négatif. A ces forces résistantes correspondent, par réaction, des forces motrices F'_m que la pièce dont il s'agit transmet aux pièces suivantes, (nous faisons abstraction du frottement). En vertu du principe de d'Alembert, il y a à chaque instant équilibre entre les forces motrices F_m, les forces résistantes F_r, le poids P et les forces d'inertie F_i de la pièce considérée. C'est ce qu'exprime l'équation géométrique :

$$F_m + F_r + F_i + P = 0$$

comme $F'_m = - F_r$, on peut encore écrire

$$F'_m = F_m + F_i + P.$$

Il n'y a donc pas équivalence entre les deux groupes de force F_m et F'_m. Toutefois l'équivalence se produit, d'une *manière approchée*, quand la pièce est assez légère pour que son poids et ses forces d'inertie soient négligeables en présence des autres forces.

Soit, par exemple, le cas d'une bielle très longue par rapport à ses dimensions transversales, sollicitée à l'une de ses extrémités par une force motrice F_m et à l'autre extrémité par une force résistante F_r. Si l'on néglige le poids et l'inertie de la bielle, F_m et F_r se font équilibre, ce qui exige que ces deux forces soient égales et directement opposées. Autrement dit, les forces F_m et F'_m sont, ici, équipollentes. On peut exprimer ce résultat en disant qu'une bielle légère ne travaille que suivant sa propre direction et transmet sans altération, d'une extrémité à l'autre, les efforts qui lui sont appliqués. Il en est tout autrement quand il s'agit d'une bielle de forte masse (voir ci-après, n° 209).

201. Tension des barres d'attelage d'un train. — Soit un train de masse M placé sur une voie horizontale et tiré à l'avant par une force F. Admettons que les attelages soient rigides, en sorte que tous les éléments du train aient la même accélération γ, et négligeons les résistances passives.

Considérons en particulier l'un des attelages ayant devant lui la partie M_1 de la masse et derrière lui la partie M_2. Soit T la tension de cet attelage. Le principe de d'Alembert fournit les deux équations :

$$(1) \qquad \begin{aligned} F - T - M_1\gamma &= 0 \\ T - M_2\gamma &= 0 \end{aligned}$$

d'où puisque $M_1 + M_2 = M$:

$$T = \frac{M_2}{M} F.$$

La tension de chaque attelage est donc proportionnelle à la masse située en arrière de lui. Quand le mouvement est uniforme, F est nul et les attelages n'éprouvent aucune tension.

Pour arrêter le train, on supprime l'effort moteur F et l'on fait agir les freins. Ceux-ci, en contrariant le mouvement des roues, provoquent au contact des rails des efforts tangentiels opposés au mouvement. Soit $-F_1$ la somme de ces efforts pour la partie du train située en avant de l'attelage considéré et soit $-F_2$ la somme analogue pour la partie en arrière de l'attelage. Les équations (1) sont remplacées par :

$$\begin{aligned} -F_1 - T - M_1\gamma &= 0 \\ T - F_2 - M_2\gamma &= 0 \end{aligned}$$

d'où en posant $F_1 + F_2 = F$:

$$\gamma = -\frac{F}{M} \qquad T = \frac{M_1F_2 - M_2F_1}{M}.$$

Les freins à air, dits continus, agissent sur toutes les roues du train, en produisant pour chaque véhicule, un effort retardateur proportionnel à sa masse. Dans ce cas $\frac{F_1}{M_1}$ est égal à $\frac{F_2}{M_2}$ et les tensions des attelages sont nulles.

Supposons que le train ne soit que partiellement muni du frein continu : c'est-à-dire que la partie M_1 placée à l'avant soit seule freinée de cette manière, et que le reste du train soit dépourvu de freins. Nous devons faire $F_2 = 0$, d'où :

$$T = -\frac{M_2F_1}{M}.$$

La valeur négative de T indique simplement que l'attelage est comprimé, et non tiré. En prenant la valeur absolue de T et remplaçant en outre les masses par les poids correspondants, on peut écrire :

$$T = \frac{P_2F_1}{P}$$

La résistance F_1 est proportionnelle au poids P_1 de la partie freinée. Posons $F_1 = fP_1$. La valeur de T devient :

$$T = f\frac{P_1P_2}{P}.$$

La symétrie de cette expression par rapport à P_1 et P_2 conduit à l'intéressante conclusion que voici :

En permutant le poids de la partie freinée à l'avant avec le poids de la partie non freinée on ne modifie pas la tension de la barre d'attelage réunissant ces deux parties.

Le maximum de T est atteint quand on freine la moitié du train, et ce maximum est $\frac{1}{2} fP$,

Si l'on se donne T, P et f, la valeur de P_1 est fournie par l'équation du second degré :

$$P_1 (P - P_1) = fTP$$

dont la résolution fait connaître le poids qu'il est possible de freiner à l'avant sans dépasser une valeur donnée de T. Un excès de tension exposerait à une rupture d'attelage et même à un déraillement.

202. **Transmission par courroies.** — Une transmission par courroie entre deux arbres parallèles O, O′ (fig. 106) consiste essentiellement en deux poulies calées sur les deux arbres et embrassées par une courroie sans fin, convenablement tendue. Suivant que l'on veut obtenir des rotations de même sens ou de sens contraire, les parties rectilignes AA′, BB′ sont formées par les tangentes extérieures ou par les tangentes intérieures. Plaçons-nous, pour fixer les idées, dans le premier cas.

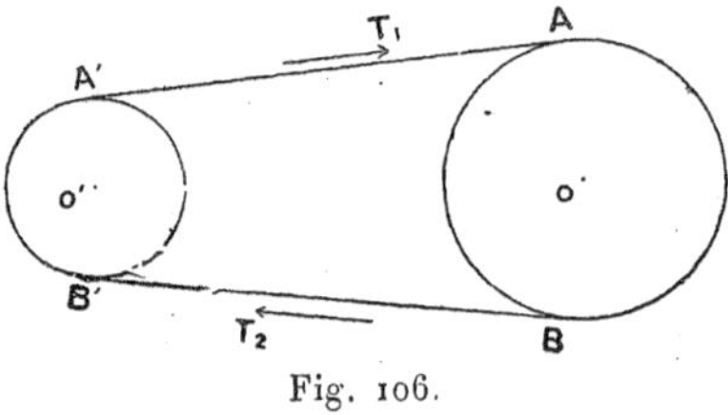

Fig. 106.

Soient R, R′ les rayons des deux poulies, ω et ω' leurs vitesses angulaires. Si l'on admet que la courroie est complètement inextensible, tous ses éléments sont animés de la même vitesse V ce qui conduit immédiatement aux relations

$$V = \omega R = \omega' R'.$$

L'une des poulies, AB par exemple, est la poulie menante : elle est soumise au moment moteur P ; l'autre, qui est la poulie menée, est retenue par le moment résistant Q. Désignons par T_1 et T_2 les tensions des deux brins rectilignes AA′, BB′. Chaque poulie étant, pour l'instant, supposée tourner d'un mouvement uniforme, on a les deux relations :

$$P = (T_1 - T_2) R \qquad Q = (T_1 - T_2) R'$$

d'où :

$$\frac{P}{R} = \frac{Q}{R'} = T_1 - T_2.$$

On peut encore écrire :

$$P\omega = Q\omega' = (T_1 - T_2)\,V.$$

$P\omega$ est évidemment le travail moteur fourni à la transmission dans l'unité de temps ; il est égal au travail transmis par la courroie, et l'on voit que ce travail transmis est égal au produit de la vitesse de la courroie par la tension effective $T_1 - T_2$ (différence des tensions des deux brins). Mais ce résultat suppose la courroie rigoureusement inextensible. En réalité, elle éprouve dès qu'elle est mise en tension, un allongement qui peut être regardé comme proportionnel à cette tension, et de là résultent des phénomènes assez compliqués, dont nous devons dire quelques mots.

203. **Glissement fonctionnel.** Considérons d'abord une courroie appliquée sur une poulie immobile de rayon R (fig. 107) et tirée à ses extrémités par les forces T_1, T_2, ($T_1 > T_2$). Pour que le glissement d'ensemble n'ait pas lieu, il faut que T_1 soit supérieur à $T_2 e^{f\alpha}$, α désignant l'angle des rayons qui aboutissent aux points de contact A et B des deux parties rectilignes. Supposons cette condition remplie. La tension, égale en A à T_1 peut conserver cette valeur sur un certain arc AA'. De même la tension, égale en B à T_2, peut conserver cette valeur sur un certain arc BB'. Mais il est impossible que les points A' et B' coïncident, car en appe-

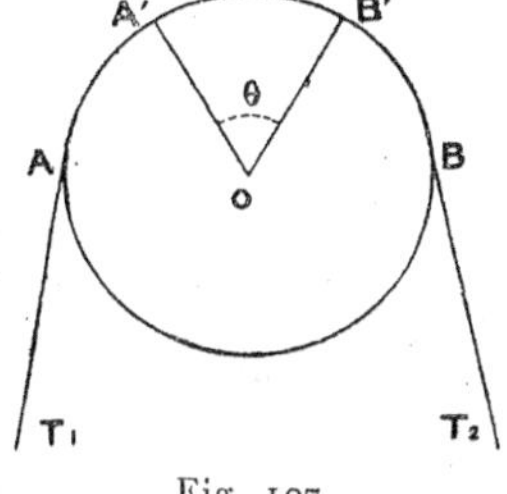

Fig. 107.

lant f le coefficient de frottement le taux de variation de la tension a pour valeur maximum

$$\frac{dT}{dS} = f\frac{T}{R}$$

d'où :

$$\frac{dT}{T} \leqslant f\frac{dS}{R}$$

Soit θ l'angle au centre A'OB'. On a d'après cette formule :

$$\text{Log}\,\frac{T_1}{T_2} \leqslant f\theta \qquad \text{ou} \qquad \theta \geqslant \frac{1}{f}\log\frac{T_1}{T_2}\,.$$

Les choses étant en cet état mettons la poulie en mouvement dans le sens direct (sens de la rotation des aiguilles d'une montre) ; aucun glissement n'étant possible sur les arcs AA', BB', l'arc BB' diminue tandis que l'arc AA' augmente.

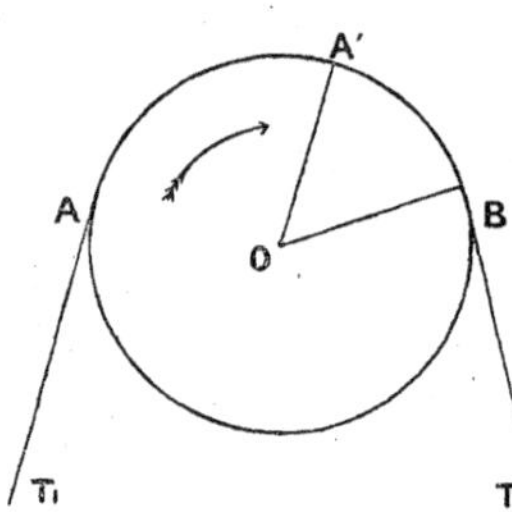

Fig. 108.

Quand le point B' arrive en coïncidence avec B nous avons un arc BA' (fig. 108) sur lequel la tension croît progressivement de T_2 à T_1, suivi d'un arc A'A où la tension possède la valeur constante T_1. Si la rotation continue, le point A' peut encore marcher un instant vers la droite mais dès que l'angle A'OB descend à la valeur

$$\frac{1}{f}\log\frac{T_1}{T_2}$$

il ne peut diminuer davantage ; dès lors, à mesure que la

poulie tourne, l'élément *ds* qui arrive en A' avec la tension T_1 commence à se détendre, de façon à atteindre progressivement, en B_2, la tension T_2. Cette détente entraîne un raccourcissement proportionnel de l'élément considéré, de sorte que de A' en B tous les éléments glissent sur la poulie : c'est ce qu'on appelle le *glissement fonctionnel.*

C'est ainsi que les choses se passent pour la *poulie menante* qui tourne dans le sens allant de la plus grande à la plus petite tension, et l'on voit d'après cela que la poulie menante tourne avec une vitesse périphérique égale à la vitesse du brin rectiligne dont la tension est T_1.

Si maintenant nous portons notre attention sur la *poulie menée* nous n'avons qu'à renverser par la pensée le sens de la rotation de façon que le brin arrivant sur la poulie possède la tension T_2. En raisonnant comme ci-dessus on verra que la tension, sur cette poulie, est égale à T_2. depuis le point de contact du brin possédant cette tension jusqu'à une distance angulaire de l'autre brin égale encore à :

$$\frac{1}{f} \log \frac{T_1}{T_2}$$

Dans la partie où la tension décroît de T_2 à T_1 se produit une détente accompagnée encore d'un *glissement fonctionnel.* La vitesse périphérique de la poulie menée est, en somme, égale à la vitesse du brin dont la tension est T_2.

Il importe d'observer que les vitesses des deux brins rectilignes sont nécessairement inégales. Soient en effet V_1 et V_2 ces vitesses. Soient m_1 et m_2 les masses de l'unité de longueur de chacun des deux brins. Un plan fixe, normal au brin dont la tension est T_1, est traversé, dans l'unité de temps par la masse m_1V_1. De même un plan fixe normal à l'autre brin est traversé, dans l'unité de temps, par la masse m_2V_2. Ces deux masses doivent évidemment être égales, d'où $\frac{V_1}{V_2} = \frac{m_2}{m_1}$. Soit m_0 la masse de l'unité de longueur de la courroie à l'état naturel, c'est-à-dire quand la tension est nulle. On peut admettre que la masse de cette unité de longueur devient, sous la tension T, $m = \frac{m_0}{1 + kT}$, k désignant un coefficient constant. Il en résulte que $\frac{m_2}{m_1}$, et par suite $\frac{V_1}{V_2}$, est égal à

$$\frac{1 + kT_1}{1 + kT_2}.$$

Nous venons d'ailleurs de voir que V_1 et V_2 sont respectivement les vitesses périphériques de la poulie menante et de la poulie menée, c'est-à-dire que $V_1 = \omega R$ et $V_2 = \omega' R'$.

D'après cela le rapport $\frac{\omega}{\omega'}$, qui serait égal à $\frac{R'}{R}$ si la courroie était inextensible, prend réellement la valeur plus grande

$$\frac{R'}{R} \times \frac{1 + kT_1}{1 + kT_2}.$$

L'extension de la courroie entraîne donc un ralentissement de la poulie menée. Les relations

$$P = (T_1 - T_2) R, \qquad Q = (T_1 - T_2) R'$$

subsistent sans modification. Mais le rendement, c'est-à-dire le rapport entre le travail de la résistance et celui de la puissance, n'est plus égal à l'unité. Sa valeur est

$$\frac{Q\omega'}{P\omega} = \frac{\omega' R'}{\omega R} = \frac{V_2}{V_1} = \frac{1 + kT_2}{1 + kT_1} = 1 - \frac{k(T_1 - T_2)}{1 + kT_1}.$$

On voit que, pour une valeur donnée de $T_1 - T_2$, le rendement est d'autant meilleur que les valeurs de T_1 et de T_2 sont plus grandes. Il y a, à cet égard, avantage à tendre fortement la courroie; tandis qu'au point de vue du frottement sur les axes des poulies la courroie doit évidemment être tendue le moins possible.

204. **Tension initiale.** — Ceci nous amène à rechercher quel est le minimum de tension initiale compatible avec l'absence de glissement sur les poulies.

On entend par tension initiale la valeur commune des tensions des deux brins lorsque le système se trouve au repos, P et Q étant nuls. Soit T_0 la tension initiale. Si l'on néglige l'influence du glissement fonctionnel, on peut dire qu'au moment où l'on applique l'effort moteur l'un des brins s'allonge autant que l'autre se raccourcit, et, comme la variation de longueur est sensiblement proportionnelle à la variation de tension, on est conduit à écrire :

$$T_1 - T_0 = T_0 - T_2.$$

d'où

$$T_1 + T_2 = 2\,T_0.$$

Pour une vitesse donnée de la courroie, le travail transmis est proportionnel à la différence $T_1 - T_2$ des tensions des deux brins. Posons $T_1 - T_2 = T$, alors :

$$T_1 = T_0 + \frac{T}{2} \qquad \text{et} \qquad T_2 = T_0 - \frac{T}{2}.$$

Si α désigne l'angle d'enroulement sur la plus petite poulie, il faut, pour que le glissement total ne se produise pas, que l'on ait $T_1 < T_2 e^{f\alpha}$

d'où

$$T_0 + \frac{T}{2} < \left(T_0 - \frac{T}{2}\right) e^{f\alpha}$$

et par suite :

$$T_0 > \frac{T}{2} \frac{e^{f\alpha} + 1}{e^{f\alpha} - 1}.$$

Le rapport $\frac{T_0}{T}$ entre la tension initiale et la tension effective ne peut donc descendre au-dessous de

$$\frac{1}{2} \frac{e^{f\alpha} + 1}{e^{f\alpha} - 1}.$$

Enrouleur Leneveu. — Le capitaine Leneveu a imaginé un dispositif spécial, appelé *enrouleur*, qui consiste essentiellement dans l'emploi d'un galet G (fig. 109) venant presser le brin conduit. Ce galet a l'avantage d'augmenter l'angle d'enroulement qui prend une valeur β supérieure à α. En outre, il conserve à la tension T_2 une valeur constamment égale à T_0. Dans ces conditions, on a : $T_1 - T_0 = T$ et l'inégalité assurant l'absence de glissement devient

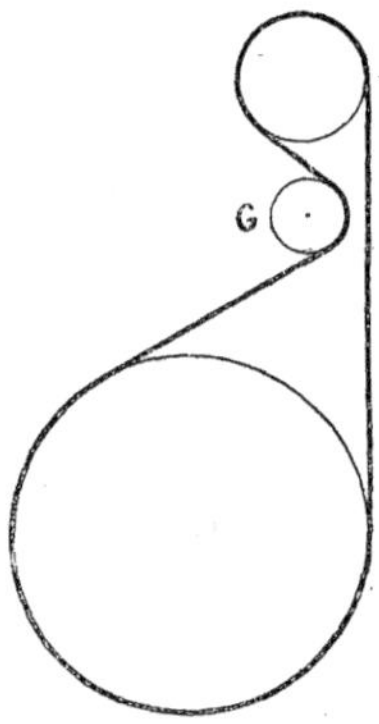

G

Fig. 109.

$$T_1 < T_0 e^{f\beta}$$

ou bien

$$T_0 + T < T_0 e^{f\beta},$$

d'où

$$T_0 > \frac{T}{e^{f\beta} - 1}.$$

Cette limite inférieure de T_0 est beaucoup plus basse que la limite

$$\frac{T}{2} \frac{e^{f\alpha} + 1}{e^{f\alpha} - 1}$$

correspondant à la disposition habituelle.

On peut donc diminuer dans de fortes proportions, la tension initiale de la courroie, ce qui réduit sa fatigue et permet d'employer une courroie de moindres dimensions.

205. **Transmissions par câbles.** — Les câbles métalliques employés dans les transmissions télédynamiques diffèrent surtout des courroies en ce qu'ils sont pratiquement inextensibles : de là un défaut d'élasticité qui expose à de grandes variations de tension. On s'en rend compte aisément en considérant, par exemple, l'influence de la température : si l'on compare une courroie à un câble possédant le même coefficient de dilatation et installés dans des conditions semblables, le même écart de température produira, pour le câble, un changement de tension bien plus grand que pour la courroie, parce que le même allongement suppose un changement de tension d'autant plus important que l'élasticité est plus faible.

Les transmissions télédynamiques marchent toujours à grande vitesse : c'est le moyen de transmettre, dans l'unité de temps un travail important sans avoir à exagérer la tension. Nous savons en effet (n° 201) que ce travail est égal au produit de la vitesse par la tension effective (différence de tension des deux brins). Mais la vitesse a l'inconvénient de réduire l'adhérence sur les poulies, à cause de la force centrifuge qui prend alors une valeur notable. Précisons l'effet de cette diminution d'adhérence.

Lorsqu'un câble est sur le point de glisser sur une poulie immobile sa tension T et sa pression N sur la poulie vérifient les deux équations :

$$\frac{dT}{ds} = fN \qquad T = N\rho$$

dans lesquelle ds est l'arc élémentaire, ρ le rayon de la poulie et f le coefficient de frottement.

Si la poulie tourne avec une vitesse angulaire ω que nous continuons à supposer constante, il faut, pour déterminer l'instant où va se produire le glissement relatif, appliquer à chaque élément de câble la force centrifuge $\frac{\varpi}{g}\omega^2\rho$, expression dans laquelle ϖ désigne le poids de l'unité de longueur du câble. On peut encore écrire :

$$\frac{\varpi}{g}\frac{V^2}{\rho}$$

en appelant V la vitesse du câble.

Les équations précédentes deviennent ainsi :

$$\frac{dT}{ds} = fN \qquad \frac{T}{\rho} = N + \frac{\varpi}{g}\frac{v^2}{\rho}$$

d'où :

$$\frac{dT}{T - \frac{\varpi}{g}V^2} = f\frac{ds}{\rho}.$$

Si l'on intègre et si l'on appelle $\rho\alpha$ l'arc embrassé sur la poulie, on trouve qu'entre les tensions T_1 et T_2 des deux brins séparés par la poutre existe la relation :

$$\frac{T_1 - \frac{\varpi}{g}V^2}{T_2 - \frac{\varpi}{g}V^2} = e^{f\alpha}$$

d'où :

$$\frac{T_1 - T_2}{T_1 + T_2} = \frac{e^{f\alpha} - 1}{e^{f\alpha} + 1}\left(1 - \frac{2\frac{\varpi}{g}V^2}{T_1 + T_2}\right).$$

D'après cela, pour une valeur donnée de la somme $T_1 + T_2$ qui représente le double de la tension initiale, la différence $T_1 - T_2$ diminue à mesure qu'augmente la vitesse. Le travail transmis est mesuré par $(T_1 - T_2)V$. Le maximum est atteint quand s'annule la dérivée du produit

$$V\left(1 - \frac{2\frac{\varpi}{g}V^2}{T_1 + T_2}\right)$$

ce qui donne :

$$V = \sqrt{\frac{g}{\sigma\varpi}(T_1 + T_2)}.$$

On voit que la nécessité d'éviter le glissement limite le travail que peut fournir la transmission avec une tension initiale donnée.

206. **Forme du cable en mouvement permanent.** — Les cables télédynamiques reposent sur des poulies assez écartées les unes des autres pour que, entre deux poulies consécutives, chaque brin présente une courbure sensible. Cherchons la forme prise ainsi par le cable en supposant qu'il marche avec une vitesse V, et que sa figure soit invariable dans l'espace.

Si nous appelons T la tension en un point pour lequel la tangente fait l'angle α avec l'horizontale, s l'arc compté à partir du point le plus bas du brin considéré, et ρ le rayon de courbure, nous pouvons écrire les deux équations :

$$\frac{dT}{ds} = \varpi \sin \alpha \qquad \frac{T}{\rho} = \varpi \cos \alpha + \frac{\varpi}{g} \frac{V^2}{\rho}$$

qui sont immédiatement fournies par la théorie de l'équilibre des courbes funiculaires, combinée avec le principe de d'Alembert. Si nous posons :

$$T - \frac{\varpi}{g} V^2 = \theta$$

il vient :

$$\frac{d\theta}{ds} = \varpi \sin \alpha \qquad \frac{\theta}{\rho} = \varpi \cos \alpha$$

et sous cette forme, nous trouvons des équations identiques à celles de l'équilibre d'un cable homogène pesant soumis en chaque point à la tension θ. La figure du cable en mouvement est donc une chaînette, comme lorsqu'il est au repos.

On démontre que pour un cable au repos la tension au sommet, c'est-à-dire au point le plus bas, est liée au poids ϖ par mètre courant et au paramètre a de la chaînette par la formule $\theta_0 = \varpi a$. Si donc T_0 désigne ici la tension au sommet, le paramètre a pour valeur :

$$a = \frac{1}{\varpi}\left(T_0 - \frac{\varpi}{g} V^2\right) = \frac{T_0}{\varpi} - \frac{V^2}{g}.$$

Par conséquent, quand la tension au sommet est donnée, la translation diminue de la quantité $\frac{V^2}{g}$ le paramètre de la chaînette. D'après les propriétés de cette courbe, le rayon de courbure au sommet est, en valeur absolue, égal au paramètre : il se trouve donc diminué par le fait de la translation.

207. **Réactions des arbres tournants.** — Nous allons maintenant envisager, d'une manière générale, le cas de deux arbres parallèles tournant avec des vitesses variables, et reliés par un engrenage ou une courroie. Nous supposons que l'un d'eux dont le moment d'inertie est I, est soumis à un moment moteur P et possède la vitesse angulaire ω ; que l'autre, dont le moment d'inertie est I', est soumis à un moment résistant Q et possède la vitesse ω'. L'action mutuelle des deux arbres peut être représentée par deux forces égales et directement opposées, qui produisent sur l'arbre moteur un moment négatif — C et sur l'arbre entraîné un moment positif C'.

Le théorème du moment cinétique, appliqué successivement à chacun des deux arbres, donne :

$$I \frac{d\omega}{dt} = P - C$$

$$I' \frac{d\omega'}{dt} = -Q + C'.$$

Le rapport $\frac{\omega}{\omega}$ est invariable dans le cas d'un engrenage Sa constance n'est qu'approchée dans le cas des courroies, à cause de leur extensibilité. En négligeant au besoin les petites variations de $\frac{\omega}{\omega'}$, nous écrivons :

$$\omega R = \omega' R'$$

d'où :

$$R \frac{d\omega}{dt} = R' \frac{d\omega'}{dt}$$

R et R' sont, dans le cas d'un engrenage, les rayons des circonférences primitives ; dans le cas d'une courroie, ce sont les rayons des poulies.

En éliminant $\frac{d\omega}{dt}$ et $\frac{d\omega'}{dt}$ il vient :

$$\frac{R}{I}(P - C) = \frac{R'}{I'}(C' - Q).$$

La somme des travaux des forces de liaison dans le temps dt est $(C'\omega' - C\omega)\,dt$. Si nous faisons abstraction du frottement, cette somme est nulle, d'où $C'\omega' = C\omega$ ou bien : $\frac{C}{R} = \frac{C'}{R'}$. Désignons par T la valeur commune de ces deux rapports. Alors :

$$\frac{R}{I}(P - TR) = \frac{R'}{I'}(TR' - Q).$$

Cette équation fait connaître T, et par conséquent C et C'. On la simplifie en posant :

$$I = MR^2 \qquad P = FR.$$
$$I' = M'R'^2 \qquad Q = F'R'.$$

L'interprétation des masses M, M' et des forces F, F' est évidente : nous substituons fictivement aux deux arbres des anneaux infiniment minces, de rayons R, R' et de masses M, M' et nous supposons les moments P, Q, produits par des forces appliquées tangentiellement à ces anneaux. Avec ces notations, nous avons :

$$\frac{F - T}{M} = \frac{T - F'}{M'}$$

d'où :

$$T = \frac{M'F + MF'}{M + M'}.$$

Cette force T représente, dans le cas d'un engrenage, l'adhérence tangentielle qui s'oppose au glissement des anneaux substitués aux deux roues. Dans le cas d'une transmission par courroie, T est la différence des tensions des deux brins.

La valeur de T conduit à une conclusion pratique d'une grande importance. Supposons que l'effort moteur F éprouve une variation brusque ΔF. Il en résulte pour T une variation ΔT donnée par l'équation :

$$\Delta T = \frac{M'}{M + M'} \Delta F.$$

Pour réduire ΔT, il faut rendre $\frac{M'}{M + M'}$ le plus petit possible, et l'on y parvient en plaçant le volant sur l'arbre moteur. Si au contraire c'est l'effort résistant F' qui peut subir de brusques variations, le volant doit être placé sur l'arbre correspondant.

208. **Cas d'un nombre quelconque d'arbres parallèles.** — Soient n arbres parallèles tournant avec des vitesses ω_1, ω_2, ... ω_n. Admettons, pour fixer les idées, qu'ils soient reliés par des courroies enroulées sur des poulies de rayons R_1, R_2 ... R_n.

Soient F_1R_1, F_2R_2 ... F_nR_n les moments des forces appliquées à ces arbres. Désignons par $M_1R_1^2$, $M_2R_2^2$ ... $M_nR_n^2$ les moments d'inertie et cherchons la tension effective T de la courroie qui relie l'arbre de rang k à l'arbre de rang $k + 1$. La force vive de l'ensemble des k premiers arbres est :

$$(M_1R_1^2\omega_1^2 + M_2R_2^2\omega_2^2 + \dots + M_kR_k^2\omega_k^2).$$

D'ailleurs :

$$R_1\omega_1 = R_2\omega_2 \dots = R_k\omega_k$$

de sorte que cette force vive peut s'écrire :

$$(M_1 + M_2 \dots + M_k)\, R_k^2\omega_k^2 = R_k^2\omega_k^2 \sum_1^k M.$$

Le travail des forces appliquées aux k arbres est, dans le temps dt :

$$(F_1R_1\omega_1 + F_1R_2\omega_2 + F_kR_k\omega_k)dt$$

$$(F_1 + F_2 \dots + F_k)\, R_k\omega_k\, dt = R_k\omega_k dt \sum_1^k F.$$

Cela posé, le théorème des forces vives donne :

$$\frac{1}{2}\, d\left[R_k^2\omega_k^2\Sigma_1^k M\right] = R_k\omega_k dt\Sigma_1^k F + TR_k\omega_k dt,$$

d'où :

$$R_k \frac{d\omega_k}{dt} = \frac{\Sigma_1^k F + T}{\Sigma_1^k M}.$$

Considérons maintenant les $n - k$ autres arbres. Un raisonnement analogue donne, en remarquant que T se trouve remplacé par — T :

$$R_{k+1} \frac{d\omega_{k+1}}{dt} = \frac{\Sigma_{k+1}^n F - T}{\Sigma_{k+1}^n M}.$$

D'ailleurs :

$$R_k \frac{d\omega_k}{dt} = R_{k+1} \frac{d\omega_{k+1}}{dt}.$$

On a donc finalement :

$$T = \frac{(\Sigma_{k+1}^n F)(\Sigma_1^k M) - (\Sigma_1^k F)(\Sigma_{k+1}^n M)}{\Sigma_1^n M}.$$

209. **Dynamomètre enregistreur.** — Le frein de

Prony mesure, comme nous l'avons vu, le travail fourni par une machine en absorbant la totalité de ce travail. Quand il s'agit de mesurer le travail consommé par un outil, on emploie un dynamomètre enregistreur dont l'idée remonte à Poncelet, et qui est basé sur la détermination expérimentale de la réaction de l'arbre conduisant l'outil. Deux plateaux P, P′ (fig. 110), calés aux extrémités de deux arbres indépendants A, A′, sont placés en regard l'un de l'autre et reliés par des ressorts (non figurés). L'arbre A est mis en rotation par le moteur, et l'arbre A′, entraîné par l'intermédiaire des ressorts, actionne l'outil. La jonction est donc constituée ici par les ressorts. Ils sont disposés de façon à éprouver, à chaque instant une flexion proportionnelle au couple résistant opposé par l'outil, et proportionnelle également au déplacement relatif des deux plateaux. Des enregistreurs inscrivent d'une part ce déplacement relatif, d'autre part la vitesse de rotation du moteur. On en déduit aisément la consommation de travail.

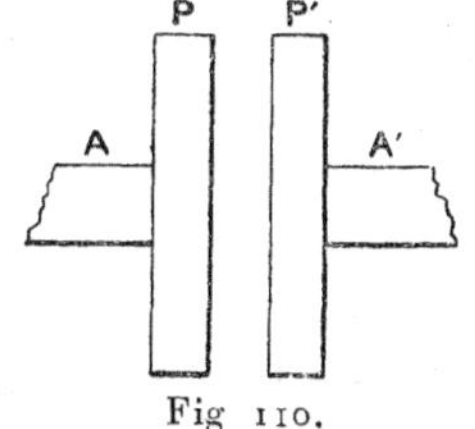

Fig 110.

C'est par un procédé analogue que l'on obtient le travail dépensé pour la traction d'un train. Sur la barre de traction, entre la machine et les wagons, est interposé un système de ressorts dont la déformation, proportionnelle à l'effort de traction, se traduit par le déplacement d'un petit chariot placé dans le fourgon d'expérience. Ce chariot porte un crayon mobile devant un cylindre enregistreur auquel l'une des roues du fourgon communique une rotation proportionnelle au chemin parcouru par le train. L'aire de la courbe mesure le travail cherché.

210. **Tension d'une bielle.** — Soit une bielle AB (fig. 111) reliant une manivelle OA et une tige guidée BT. Nous savons (n° 199) que si cette bielle pouvait être assimilée à une barre rigide infiniment mince et sans masse, la force appliquée à l'une de ses extrémités serait transmise sans altération à l'autre extrémité, et aurait nécessairement la direction de la barre. Il s'agit maintenant de voir ce qui arrive quand on tient compte des forces d'inertie des éléments matériels constituant la bielle. Nous continuons à supposer qu'on peut négliger les dimensions transversales, et nous admettons qu'à chaque élément linéaire ds mesuré sur l'axe de la bielle correspond une masse élémentaire ρds, ρ désignant une constante.

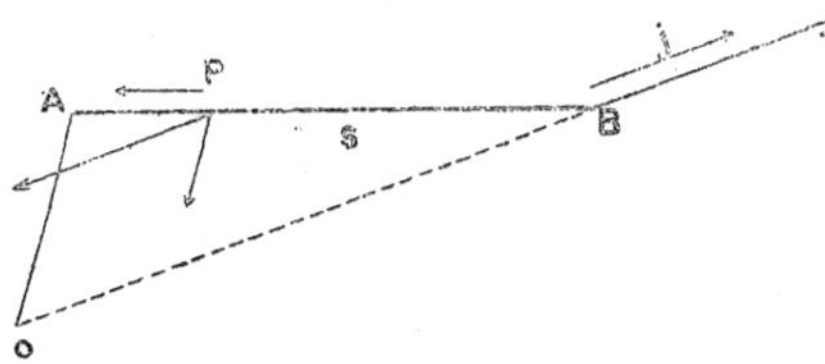

Fig. 111.

Le mouvement de la bielle résulte d'une translation identique au mouvement rectiligne de l'extrémité B, composée avec une rotation autour de B ; la translation peut être regardée comme un mouvement d'entrainement et la rotation, comme un mouvement relatif. L'entrainement étant une translation, il n'y a pas d'accélération complémentaire.

Soit j l'accélération d'entrainement regardée comme positive si elle est dirigée de B vers T. L'élément ρds placé en P, à la distance S de B, possède une force d'inertie d'entrainement égale à $\rho j ds$ et dirigée en sens inverse de j. Soit φ la vitesse de la rotation. La force d'inertie du mouvement relatif a, pour l'élément considéré une composante centrifuge $\varphi^2 \rho s ds$ dirigée de P vers A et une composante $\rho s ds \frac{d\varphi}{dt}$ perpendiculaire à la bielle.

La résultante F_1 des forces $\rho j ds$ a pour valeur Mj, M désignant la masse totale $\int \rho ds$. Cette résultante est appliquée au milieu de la bielle. La résultante F_2 des forces centrifuges a pour résultante :

$$\varphi^2 \rho \int_0^l s ds = \frac{1}{2} \varphi^2 \rho l^2,$$

l désignant la longueur AB. On peut écrire :

$$F_2 = \frac{1}{2} \varphi^2 M l.$$

Cette force est appliquée suivant AB (fig. 112).

La résultante F_3 des forces d'inertie tangentielles $\rho s ds \frac{d\varphi}{dt}$ a de même pour valeur $\frac{1}{2} M l \frac{d\varphi}{dt}$. Elle est perpendiculaire à AB. Soit x la distance de son point d'application au point B. En prenant les moments par rapport à B, on a :

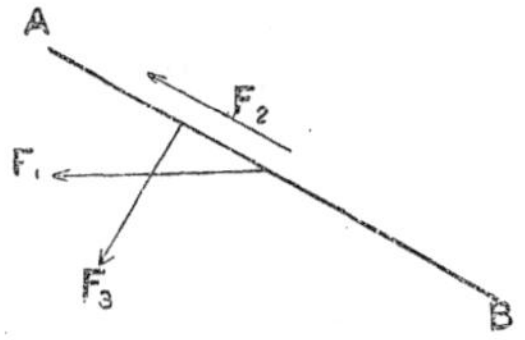

Fig. 112.

$$\frac{1}{2} M l x \frac{d\varphi}{dt} = \rho \frac{d\varphi}{dt} \int_0^l s^2 ds = \frac{1}{3} \rho l^3 \frac{d\varphi}{dt} = \frac{1}{3} M l^2 \frac{d\varphi}{dt}.$$

D'où :

$$x = \frac{2}{3} l.$$

Le point d'application est donc aux deux tiers de la bielle, à partir de B.

En pratique, pour le calcul de ces forces d'inertie, on peut admettre que la manivelle, grâce au volant, tourne avec une vitesse sensiblement constante, et la cinématique permet alors d'obtenir aisément les valeurs de j, φ et $\frac{d\varphi}{dt}$. On connait ainsi F_1, F_2, F_3 ; l'on peut en déduire, par des procédés purement statiques, la relation existant entre la force exercée dans le sens de la tige guidée et le moment exercé sur la manivelle OA, dans sa rotation autour de O.

Si l'on voulait aller plus loin et calculer les tensions élastiques des éléments de la bielle, on n'aurait plus le droit de remplacer les forces d'inertie par le système statiquement équivalent F_1, F_2, F_3. Il ne serait plus non plus permis d'assimiler la bielle à une tige infiniment mince. On aurait alors affaire à un problème d'élasticité extrêmement difficile.

211. **Inertie d'un piston.** — On peut construire géométriquement la vitesse V et l'accélération j d'une tige de piston reliée par une bielle à une manivelle tournant avec la vitesse angulaire constante ω. Commençons par la vitesse V.

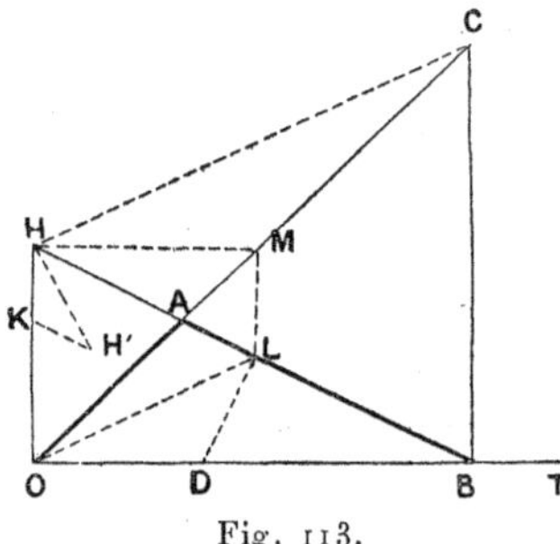

Fig. 113.

Soient AB (fig. 113) la bielle, OA la manivelle, BT la tige guidée, dont le prolongement passe en O. Le centre instantané C de la rotation de la manivelle est à la rencontre du prolongement de la manivelle avec la perpendiculaire BC à OB.

La vitesse de A étant $\omega \times OA$, celle de B est

$$\omega \times OA \times \frac{BC}{AC}.$$

Soit H le point où le prolongement de la bielle rencontre la perpendiculaire en O à OB. On a :

$$OH = OA \times \frac{BC}{AC},$$

d'où $V = \omega \times OH$. La longueur OH fait donc connaître la vitesse V de B.

L'accélération j du même point est, d'après cela, égale à $\omega \times \frac{d.OH}{dt}$. Soit HH' le déplacement éprouvé, dans le temps dt, par le point H considéré comme lié invariablement à la bielle. La direction de celle-ci variant infiniment peù dans le temps dt, il suffit de mener par H' la parallèle à la bielle jusqu'à sa rencontre en K avec OH pour avoir, avec une erreur du second ordre :

$$KH = d{,}OH,$$

d'où :

$$j = \omega \times \frac{KH}{dt}.$$

D'ailleurs, $\frac{HH'}{dt}$ est perpendiculaire à HC et égal à $HC \times \frac{V}{BC}$ c'est à-dire à $\frac{HC \times OH}{BC \times \omega}$ ou encore à $\frac{HC}{\omega} \times \frac{OA}{AC}$.

Menons la parallèle OL à HC et la perpendiculaire LD à AB. Les triangles semblables KHH', OLD donnent :

$$\frac{KH}{HH'} = \frac{OD}{OL},$$

d'où :

$$OD = OL \times \frac{KH}{HH'} = OL \times \frac{AC}{OA \times HC} \times \frac{j}{\omega^2}.$$

Les triangles semblables OAL. AHC donnent d'autre part :

$$OL = \frac{OA \times HC}{AC}.$$

Donc :

$$OD = \frac{j}{\omega^2}.$$

Cette construction, d'une remarquable simplicité, est due à l'ingénieur Mohr [1].

Remarquons encore que, si l'on mène par H une parallèle HM à OB, la droite ML est parallèle à OH. On a en effet la série de proportions :

$$\frac{AM}{OH} = \frac{HA}{AB} = \frac{OA}{AC} = \frac{OL}{HC} = \frac{AL}{HA}.$$

De là une seconde construction de D, à laquelle on à recours quand le point C se trouve trop éloigné pour qu'il soit aisé de se procurer HC.

Signalons aussi la relation :

$$HA^2 = AB \times AL,$$

qui résulte des proportions précédentes.

La connaissance de l'accélération j est nécessaire, ainsi que nous l'avons vu au n° précédent, pour se rendre compte des efforts éprouvés par la bielle. D'autre part elle fournit directement la valeur de la force d'inertie du piston et de sa tige. Cette force d'inertie doit être retranchée de l'action du fluide enfermé dans le cylindre quand on veut déterminer exactement la valeur du couple moteur transmis à la manivelle par l'intermédiaire de la bielle.

[1] Voir *Civil Ingénieur*, tomes XXV et XXVI.

INDEX BIBLIOGRAPHIQUE

—

P. Appell. *Traité de mécanique rationnelle.* Gauthier-Villars. — Sur l'extinction du frottement. *Bulletin de la Société mathématique*, 1907.

J. Boulvin. *Cours de mécanique appliquée aux machines*, Bernard, 1891.

E. Carvallo. Théorie du mouvement du motocycle et de la bicyclette. *Journal de l'École Polytechnique*, 1900-1901.

Charbonnier (Commandant). *Balistique extérieure.* (Bibliothèque de mécanique appliquée et génie.) E. S., 1907.

Clebsch. *Théorie de l'élasticité des corps solides.* Traduction française par Barré de Saint-Venant et Flamant, 1881-1884. Dunod.

Coriolis. *Théorie mathématique des effets du jeu de billard*, Paris, 1835.

Haton de la Goupillière. *Cours de machines*, 1889-1892. Dunod.

Léauté et Bérard. *Transmissions par câbles métalliques.* Encyclopédie des Aide-Mémoire. Gauthier-Villars et Masson.

H. Léauté. *Du frottement de pivotement* (thèse de doctorat, 1876). — Mémoire sur les oscillations à longue période. *Journal de l'École Polytechnique.* 1885.

L. Lecornu. *Les régulateurs des machines à vapeur.* 1903. Dunod. — *Régularisation du mouvement dans les machines.* Encyclopédie des Aide-Mémoire. — *Théorie mathématique de l'indicateur de Watt* (Comptes rendus de l'Académie des Sciences, 1904).

Marey. L'économie de travail et l'élasticité. *Revue des Idées.* 1901.

G. Marié. Les dénivellations de la voie et les oscillations du matériel des chemins de fer. *Annales des Mines.* 1906.

De Mauni. *Les bandages pneumatiques et la résistance au roulement.* 1899. Dunod.

De Maupeou. *Les théories du choc et l'expérience.* Association technique maritime.

A. Petot. *Étude dynamique sur les automobiles*, (Autographie.) Lille. 1906.

PONCELET. *Introduction à la mécanique industrielle*. 3e édition. 1870. Gauthier-Villars.— *Cours de mécanique appliquée aux machines*. 1874. Gauthier-Villars.

H. RÉSAL. *Traité de mécanique générale*. Gauthier-Villars.

E. VICAIRE. *Cours de chemin de fer professé à l'Ecole supérieure des Mines* (rédigé et terminé par F. Maison). (Autographie). Paris, 1899-1901.

TABLE ALPHABÉTIQUE DES AUTEURS ET DES MATIÈRES

TABLE SYSTÉMATIQUE DES MATIÈRES

—

PREMIÈRE PARTIE

Résumé des théories de la mécanique rationnelle

DEUXIÈME PARTIE

Propriétés mécaniques des solides naturels

TROISIÈME PARTIE

Applications diverses de la dynamique

QUATRIÈME PARTIE

Théorie des machines

SAINT-AMAND (CHER). — IMPRIMERIE BUSSIÈRE.

ENCYCLOPÉDIE SCIENTIFIQUE

Publiée sous la direction du Dr TOULOUSE,

Nous avons entrepris la publication, sous la direction générale de son fondateur, le Dr Toulouse, Directeur à l'École des Hautes-Études, d'une ENCYCLOPÉDIE SCIENTIFIQUE de langue française dont on mesurera l'importance à ce fait qu'elle est divisée en 40 sections ou Bibliothèques et qu'elle comprendra environ 1 000 volumes. Elle se propose de rivaliser avec les plus grandes encyclopédies étrangères et même de les dépasser, tout à la fois par le caractère nettement scientifique et la clarté de ses exposés, par l'ordre logique de ses divisions et par son unité, enfin par ses vastes dimensions et sa forme pratique.

I

PLAN GÉNÉRAL DE L'ENCYCLOPÉDIE

Mode de publication. — l'*Encyclopédie* se composera de monographies scientifiques, classées méthodiquement et formant dans leur enchaînement un exposé de toute la science. Organisée sur un plan systématique, cette Encyclopédie, tout en évitant les inconvénients des Traités, — massifs, d'un prix global élevé, difficiles à consulter, — et les inconvénients des Dictionnaires, — où les articles scindés irrationnellement, simples chapitres alphabétiques, sont toujours nécessairement incomplets, — réunira les avantages des uns et des autres.

Du Traité, l'*Encyclopédie* gardera la supériorité que possède un

*

ensemble complet, bien divisé et fournissant sur chaque science tous les enseignements et tous les renseignements qu'on en réclame. Du Dictionnaire, l'*Encyclopédie* gardera les facilités de recherches par le moyen d'une table générale, l'*Index* de l'*Encyclopédie*, qui paraîtra dès la publication d'un certain nombre de volumes et sera réimprimé périodiquement. L'*Index* renverra le lecteur aux différents volumes et aux pages où se trouvent traités les divers points d'une question.

Les éditions successives de chaque volume permettront de suivre toujours de près les progrès de la science. Et c'est par là que s'affirme la supériorité de ce mode de publication sur tout autre. Alors que, sous sa masse compacte, un traité, un dictionnaire ne peut être réédité et renouvelé que dans sa totalité et qu'à d'assez longs intervalles, inconvénients graves qu'atténuent mal des suppléments et des appendices, l'*Encyclopédie scientifique*, au contraire, pourra toujours rajeunir les parties qui ne seraient plus au courant des derniers travaux importants. Il est évident, par exemple, que si des livres d'algèbre ou d'acoustique physique peuvent garder leur valeur pendant de nombreuses années, les ouvrages exposant les sciences en formation, comme la chimie physique, la psychologie ou les technologies industrielles, doivent nécessairement être remaniés à des intervalles plus courts.

Le lecteur appréciera la souplesse de publication de cette *Encyclopédie*, toujours vivante, qui s'élargira au fur et à mesure des besoins dans le large cadre tracé dès le début, mais qui constituera toujours, dans son ensemble, un traité complet de la Science, dans chacune de ses sections un traité complet d'une science, et dans chacun de ses livres une monographie complète. Il pourra ainsi n'acheter que telle ou telle section de l'*Encyclopédie*, sûr de n'avoir pas des parties dépareillées d'un tout.

L'*Encyclopédie* demandera plusieurs années pour être achevée ; car pour avoir des expositions bien faites, elle a pris ses collaborateurs plutôt parmi les savants que parmi les professionnels de la rédaction scientifique que l'on retrouve généralement dans les œuvres similaires. Or les savants écrivent peu et lentement : et il est préférable de laisser temporairement sans attribution certains ouvrages plutôt que de les confier à des auteurs insuffisants. Mais cette lenteur et ces vides ne présenteront pas d'inconvénients, puisque chaque livre est une œuvre indépendante et que tous les volumes publiés sont à tout moment réunis par l'*Index* de l'*Encyclopédie*. On peut donc encore considérer l'Encyclopédie comme une librairie, où les livres soigneusement choisis, au lieu de représenter le hasard d'une production individuelle, obéiraient à un plan arrêté d'avance, de manière qu'il n'y ait ni lacune dans les parties ingrates, ni double emploi dans les parties très cultivées.

Caractère scientifique des ouvrages. — Actuellement, les livres de science se divisent en deux classes bien distinctes : les livres destinés aux savants spécialisés, le plus souvent incompréhensibles pour tous les autres, faute de rappeler au début des chapitres les connaissances nécessaires, et surtout faute de définir les nombreux termes techniques incessamment forgés, ces derniers rendant un mémoire d'une science particulière inintelligible à un savant qui en a abandonné l'étude durant quelques années ; et ensuite les livres écrits pour le grand public, qui sont sans profit pour des savants et même pour des personnes d'une certaine culture intellectuelle.

L'*Encyclopédie scientifique* a l'ambition de s'adresser au public le plus large. Le savant spécialisé est assuré de rencontrer dans les volumes de sa partie une mise au point très exacte de l'état actuel des questions ; car chaque Bibliothèque, par ses techniques et ses monographies, est d'abord faite avec le plus grand soin pour servir d'instrument d'études et de recherches à ceux qui cultivent la science particulière qu'elle présente, et sa devise pourrait être : *Par les savants, pour les savants*. Quelques-uns de ces livres seront même, par leur caractère didactique, destinés à servir aux études de l'enseignement secondaire ou supérieur. Mais, d'autre part, le lecteur non spécialisé est certain de trouver, toutes les fois que cela sera nécessaire, au seuil de la section, — dans un ou plusieurs volumes de généralités, — et au seuil du volume, — dans un chapitre particulier, — des données qui formeront une véritable introduction le mettant à même de poursuivre avec profit sa lecture. Un vocabulaire technique, placé, quand il y aura lieu, à la fin du volume, lui permettra de connaître toujours le sens des mots spéciaux.

II
ORGANISATION SCIENTIFIQUE

Par son organisation scientifique, l'*Encyclopédie* paraît devoir offrir aux lecteurs les meilleures garanties de compétence. Elle est divisée en Sections ou Bibliothèques, à la tête desquelles sont placés des savants professionnels spécialisés dans chaque ordre de sciences et en pleine force de production, qui, d'accord avec le Directeur général, établissent les divisions des matières, choisissent les collaborateurs et acceptent les manuscrits. Le même esprit se manifestera partout : éclectisme et respect de toutes les opinions logiques, subordination des théories aux données de l'expérience, soumission à une discipline rationnelle stricte ainsi qu'aux règles d'une exposition méthodique et claire. De la sorte, le lecteur, qui aura été intéressé par les ouvrages d'une section dont il sera l'abonné régulier, sera amené à consulter avec confiance les livres des autres sections dont il aura besoin, puisqu'il sera assuré de trouver partout la même pensée et les mêmes garanties. Actuellement, en effet, il est, hors de sa spécialité, sans moyen pratique de juger de la compétence réelle des auteurs.

Pour mieux apprécier les tendances variées du travail scientifique adapté à des fins spéciales, l'*Encyclopédie* a sollicité, pour la direction de chaque Bibliothèque, le concours d'un savant placé dans le centre même des études du ressort. Elle a pu ainsi réunir des représentants des principaux Corps savants, Établissements d'enseignement et de recherches de langue française :

Institut.
Académie de Médecine.
Collège de France.
Muséum d'Histoire naturelle.
École des Hautes-Études.
Sorbonne et École normale.
Facultés des Sciences.
Facultés des Lettres.
Facultés de médecine.
Instituts Pasteur.
École des Ponts et Chaussées.
École des Mines.
École Polytechnique.
Conservatoire des Arts et Métiers.
École d'Anthropologie.
Institut National agronomique.
École vétérinaire d'Alfort.
École supérieure d'Électricité.
École de Chimie industrielle de Lyon.
École des Beaux-Arts.
École des Sciences politiques.
Observatoire de Paris.
Hôpitaux de Paris.

III
BUT DE L'ENCYCLOPÉDIE

Au XVIIIe siècle, « l'Encyclopédie » a marqué un magnifique mouvement de la pensée vers la critique rationnelle. A cette époque, une telle manifestation devait avoir un caractère philosophique. Aujourd'hui, l'heure est venu de renouveler ce grand effort de critique, mais dans une direction strictement scientifique ; c'est là le but de la nouvelle *Encyclopédie*.

Ainsi la science pourra lutter avec la littérature pour la direction des esprits cultivés, qui, au sortir des écoles, ne demandent guère de conseils qu'aux œuvres d'imagination et à des encyclopédies où la science a une place restreinte, tout à fait hors de proportion avec son importance. Le moment est favorable à cette tentative ; car les nouvelles générations sont plus instruites dans l'ordre scientifique que les précédentes. D'autre part la science est devenue, par sa complexité et par les corrélations de ses parties, une matière qu'il n'est plus possible d'exposer sans la collaboration de tous les spécialistes, unis là comme le sont les producteurs dans tous les départements de l'activité économique contemporaine.

A un autre point de vue, l'*Encyclopédie*, embrassant toutes les manifestations scientifiques, servira comme tout inventaire à mettre au jour les lacunes, les champs encore en friche ou abandonnés, — ce qui expliquera la lenteur avec laquelle certaines sections se développeront, — et suscitera peut-être les travaux nécessaires. Si ce résultat est atteint, elle sera fière d'y avoir contribué.

Elle apporte en outre une classification des sciences et, par ses divisions, une tentative de mesure, une limitation de chaque domaine. Dans son ensemble, elle cherchera à refléter exactement le prodigieux effort scientifique du commencement de ce siècle et un moment de sa pensée, en sorte que dans l'avenir elle reste le document principal où l'on puisse retrouver et consulter le témoignage de cette époque intellectuelle.

On peut voir aisément que l'*Encyclopédie* ainsi conçue, ainsi réalisée, aura sa place dans toutes les bibliothèques publiques, universitaires et scolaires, dans les laboratoires, entre les mains des savants, des industriels et de tous les hommes instruits qui veulent se tenir au courant des progrès, dans la partie qu'ils cultivent eux-mêmes ou dans tout le domaine scientifique Elle fera jurisprudence, ce qui lui dicte le devoir d'impartialité qu'elle aura à remplir.

Il n'est plus possible de vivre dans la société moderne en ignorant les diverses formes de cette activité intellectuelle qui révolutionne les conditions de la vie ; et l'interdépendance de la science ne permet plus aux savants de rester cantonnés, spécialisés dans un étroit domaine. Il leur faut, — et cela leur est souvent difficile, — se mettre au courant des recherches voisines. A tous, l'*Encyclopédie* offre un instrument unique dont la portée scientifique et sociale ne peut échapper à personne.

IV

CLASSIFICATION DES MATIÈRES SCIENTIFIQUES

La division de l'*Encyclopédie* en Bibliothèques a rendu nécessaire l'adoption d'une classification des sciences, où se manifeste nécessairement un certain arbitraire, étant donné que les sciences se distinguent beaucoup moins par les différences de leurs objets que par les divergences des aperçus et des habitudes de notre esprit. Il se produit en pratique des interpénétrations réciproques entre leurs domaines, en sorte que, si l'on donnait à chacun l'étendue à laquelle il peut se croire en droit de prétendre, il envahirait tous les territoires voisins ; une limitation assez stricte est nécessitée par le fait même de la juxtaposition de plusieurs sciences.

Le plan choisi, sans viser à constituer une synthèse philosophique des sciences, qui ne pourrait être que subjective, a tendu pourtant à échapper dans la mesure du possible aux habitudes traditionnelles d'esprit, particulièrement à la routine didactique, et à s'inspirer de principes rationnels.

Il y a deux grandes divisions dans le plan général de l'*Encyclopédie* ; d'un côté les sciences pures, et, de l'autre, toutes les technologies qui correspondent à ces sciences dans la sphère des applications. A part et au début, une Bibliothèque d'introduction générale est consacrée à la philosophie des sciences (histoire des idées directrices, logique et méthodologie).

Les sciences pures et appliquées présentent en outre une division générale en sciences du monde inorganique et en sciences biologiques. Dans ces deux grandes catégories, l'ordre est celui de particularité croissante, qui marche parallèlement à une rigueur décroissante. Dans les sciences biologiques pures enfin, un groupe de sciences s'est trouvé mis à part, en tant qu'elles s'occupent moins de dégager des lois générales et abstraites que de fournir des monographies d'êtres concrets, depuis la paléontologie jusqu'à l'anthropologie et l'ethnographie.

Étant donnés les principes rationnels qui ont dirigé cette classification, il n'y a pas lieu de s'étonner de voir apparaître des groupements relativement nouveaux, une biologie générale, — une physiologie et une pathologie végétales, distinctes aussi bien de la botanique que de l'agriculture, — une chimie physique, etc.

En revanche, des groupements hétérogènes se disloquent pour que leurs parties puissent prendre place dans les disciplines auxquelles elles doivent revenir. La géographie, par exemple, retourne à la géologie, et il y a des géographies botanique, zoologique, anthropologique, économique, qui sont étudiées dans la botanique, la zoologie, l'anthropologie, les sciences économiques.

Les sciences médicales, immense juxtaposition de tendances très diverses, unies par une tradition utilitaire, se désagrègent en des sciences ou des techniques précises ; la pathologie, science de lois, se distingue de la thérapeutique ou de l'hygiène qui ne sont que les applications des données générales fournies par les sciences pures, et à ce titre mises à leur place rationnelle.

Enfin, il a paru bon de renoncer à l'anthropocentrisme qui exigeait une physiologie humaine, une anatomie humaine, une embryologie humaine, une psychologie humaine. L'homme est intégré dans la série animale dont il est un aboutissant. Et ainsi, son organisation, ses fonctions, son développement s'éclairent de toute l'évolution antérieure et préparent l'étude des formes plus complexes des groupements organiques qui sont offertes par l'étude des sociétés.

On peut voir que, malgré la prédominance de la préoccupation pratique dans ce classement des Bibliothèques de l'*Encyclopédie scientifique*, le souci de situer rationnellement les sciences dans leurs rapports réciproques n'a pas été négligé. Enfin il est à peine besoin d'ajouter que cet ordre n'implique nullement une hiérarchie, ni dans l'importance ni dans les difficultés des diverses sciences. Certaines, qui sont placées dans la technologie, sont d'une complexité extrême, et leurs recherches peuvent figurer parmi les plus ardues.

Prix de la publication. — Les volumes, illustrés pour la plupart, seront publiés dans le format in-18 jésus et cartonnés. De dimensions commodes, ils auront 400 pages environ, ce qui représente une matière suffisante pour une monographie ayant un objet défini et important, établie du reste selon l'économie du projet qui saura éviter l'émiettement des sujets d'exposition. Le prix étant fixé uniformément à 5 francs, c'est un réel progrès dans les conditions de publication des ouvrages scientifiques, qui, dans certaines spécialités, coûtent encore si cher.

TABLE DES BIBLIOTHÈQUES

DIRECTEUR : Dr TOULOUSE, Directeur de Laboratoire à l'École des Hautes-Études.

SECRÉTAIRE GÉNÉRAL : H. PIÉRON, agrégé de l'université.

DIRECTEURS DES BIBLIOTHÈQUES :

1. *Philosophie des Sciences.* P. PAINLEVÉ, de l'Institut, professeur à la Sorbonne.

I. SCIENCES PURES

A. **Sciences mathématiques** :

2. *Mathématiques* . . . J. DRACH, professeur à la Faculté des Sciences de l'Université de Poitiers.

3. *Mécanique* . . . . J. DRACH, professeur à la Faculté des Sciences de l'Université de Poitiers.

B. **Sciences inorganiques** :

4. *Physique.* . . . . A. LEDUC, professeur adjoint de physique à la Sorbonne.

5. *Chimie physique* . . J. PERRIN, chargé de cours à la Sorbonne.

6. *Chimie* . . . . . A. PICTET, professeur à la Faculté des Sciences de l'Université de Genève.

7. *Astronomie et Physique céleste* . . . . . J. MASCART, astronome adjoint à l'Observatoire de Paris.

8. *Météorologie*. . . . J. RICHARD, directeur du Musée Océanographique de Monaco.

9. *Minéralogie et Pétrographie.* . . . . A. LACROIX, de l'Institut, professeur au Muséum d'Histoire naturelle.

10. *Géologie* . . . . . M. BOULE, professeur au Muséum d'Histoire naturelle.

11. *Océanographie physique* . . . . . . J. RICHARD, directeur du Musée Océanographique de Monaco.

C. Sciences biologiques normatives :

12. *Biologie*	A. *Biologie générale* .	G. Loisel, directeur de Laboratoire à l'École des Hautes-Études.
	B. *Océanographie biologique*	J. Richard, directeur du Musée Océanographique de Monaco.
13. *Physique biologique* .		A. Imbert, professeur à la Faculté de Médecine de l'Université de Montpellier.
14. *Chimie biologique* . .		G. Bertrand, chargé de cours à la Sorbonne.
15. *Physiologie et Pathologie végétales* . . .		L. Mangin, professeur au Muséum d'Histoire naturelle.
16. *Physiologie*		J.-P. Langlois, professeur agrégé à la Faculté de Médecine de Paris.
17. *Psychologie*		E. Toulouse, directeur de Laboratoire à l'École des Hautes Études, médecin en chef de l'asile de Villejuif.
18. *Sociologie*		G. Richard, professeur à la Faculté des Lettres de l'Université de Bordeaux.
19. *Microbiologie et Parasitologie*		A. Calmette, professeur à la Faculté de Médecine de l'Université, directeur de l'Institut Pasteur de Lille.
20. *Pathologie.*	A. *Patholog. générale* .	A. Charrin, professeur au Collège de France, médecin des Hôpitaux de Paris.
	B. *Patholog. médicale* .	M. Klippel, médecin des Hôpitaux de Paris.
	C. *Neurologie*. . .	E. Toulouse, directeur de Laboratoire à l'École des Hautes-Études, médecin en chef de l'asile de Villejuif.
	D. *Path. chirurgicale*. .	L. Picqué, chirurgien des Hôpitaux de Paris.

D. Sciences biologiques descriptives :

21. *Paléontologie* . . .		M. Boule, professeur au Muséum d'Histoire naturelle.
22. *Botanique.*	A. *Généralités et phanérogames* . .	H. Lecomte, professeur au Muséum d'Histoire naturelle.
	B. *Cryptogames*. . .	L. Mangin, professeur au Muséum d'Histoire naturelle.

II. Sciences appliquées

A. **Sciences mathématiques :**

B. **Sciences inorganiques :**

C. **Sciences biologiques :**

M. Albert Maire, bibliothécaire à la Sorbonne, est chargé de l'*Index* de l'Encyclopédie scientifique.

Saint-Amand (Cher) — Imprimerie Bussière.

www.ingramcontent.com/pod-product-compliance
Lightning Source LLC
LaVergne TN
LVHW011251110826
845149LV00001B/97